微分几何教学设计

主　编　刘白羽
参　编　李　娜　臧鸿雁　苏永美　储继迅
赵金玲　张志刚　徐　尔　范玉妹

机械工业出版社

本书是由编者参加第五届全国高校青年教师教学竞赛的教案改编而成的，也是编写团队多年教学经验的总结.

本书选取了微分几何课程中的20个教学知识点，对课堂教学行为进行了精心的设计，力图增强学生对概念的直观认识和对抽象内容的理解，增加课程的趣味性，激发学生的学习兴趣，帮助学生在学习中体会科学研究的规律、感受数学思维在科学研究中的指导性和重要性，最终提高教学质量和教学效果.

本书适合高等院校微分几何课程教师参考，也可作为大学生学习微分几何的参考书.

图书在版编目（CIP）数据

微分几何教学设计 / 刘白羽主编 . —北京：机械工业出版社，2023.6
ISBN 978-7-111-73179-5

Ⅰ. ①微… Ⅱ. ①刘… Ⅲ. ①微分几何 – 教学设计 Ⅳ. ① O186.1

中国国家版本馆 CIP 数据核字（2023）第 086614 号

机械工业出版社（北京市百万庄大街 22 号 邮政编码 100037）
策划编辑：汤 嘉　　责任编辑：汤 嘉 张金奎
责任校对：肖 琳 陈 越　　封面设计：马若濛
责任印制：单爱军
北京虎彩文化传播有限公司印刷
2024 年 3 月第 1 版第 1 次印刷
184mm × 260mm · 14.75 印张 · 351 千字
标准书号：ISBN 978-7-111-73179-5
定价：89.00 元

电话服务	网络服务
客服电话：010-88361066	机 工 官 网：www.cmpbook.com
010-88379833	机 工 官 博：weibo.com/cmp1952
010-68326294	金 书 网：www.golden-book.com
封底无防伪标均为盗版	机工教育服务网：www.cmpedu.com

前　言

微分几何是应用微积分的理论研究空间几何问题的数学分支，它以微积分作为主要工具研究平面和空间中曲线、曲面的几何性质. 微分几何课程是数学类本科生在学完解析几何、高等代数和数学分析等基础课程后开设的一门综合性课程，也是重要的专业课之一. 微分几何课程的内容是经典的，但它所蕴含的数学思想和方法，以及运用数学基础知识解决问题的方法，对于培养全面的数学人才是十分重要的.

本书选取了微分几何课程中的 20 个教学知识点，通过“问题提出、问题分析、知识构建、问题解决、应用拓展”的教学模式，对课堂教学行为进行了精心设计，力图增强学生对概念的直观认识和对抽象内容的理解，增加课程的趣味性，激发学生的学习兴趣，帮助学生在学习的过程中体会科学研究的规律、感受数学思维在科学研究中的指导性和重要性. 最终提高教学质量和教学效果.

本书融合了编写团队参加全国高校青年教师教学竞赛的备赛成果，也是编写团队多年教学经验的总结. 主编刘白羽以本书为基本素材于 2020 年参加了第五届全国高校青年教师教学竞赛，并获得理科组一等奖.

编者特别感谢曹丽梅、李博通、何洋、傅双双、张林桐等多位老师在本书的编写过程中提供的帮助.

本书是北京市教育工会授予的“北京高校青年教师示范教研工作室”的建设内容之一，感谢北京市教育工会的资助和北京科技大学工会、教务处的支持.

由于编者水平有限，本书错漏之处在所难免，恳请读者不吝指正.

编　者

教学设计总论

一、课程的一般信息

1. 基本信息

课程名称：微分几何.
课程类别：数学专业必修课.
教学学时：48 学时.
授课对象：数学专业大三本科学生.
先修课程：数学分析、高等代数、解析几何、常微分方程.

2. 课程简介

“微分几何”是应用微积分的理论研究空间几何问题的数学分支，是数学类本科生在学完解析几何、高等代数和数学分析等基础课程后开设的一门综合性课程，也是重要的专业课之一，对培养学生的空间想象能力和直觉能力都有很大的作用. 它以微积分作为主要工具研究平面和空间中的曲线、曲面的局部及整体几何性质，在研究的过程中理解并挖掘微积分的相关内容，培养学生分析和解决问题的能力. 通过“数”与“形”的有机结合，帮助学生架起由初等几何通往现代微分几何的桥梁. 随着计算机科学的迅速发展，大批功能强大的数学软件涌现出来，经典理论和现代信息技术的结合为这门课程注入了新的活力，使其在自然科学和工程技术的各个领域得到了越来越广泛的应用.

3. 主要内容

“微分几何”课程的主要内容由曲线论、曲面论和整体微分几何初步三部分组成. 本课程先介绍曲线或曲面的局部性质，这部分在讲解基本概念、基本理论和基本方法的基础上，着重于基本思维方法的训练，培养学生思维的抽象性、逻辑性和严谨性. 后续的整体微分几何初步的内容是以局部性质为基础来研究曲线和曲面的整体性质，进一步培养学生的抽象思维能力和逻辑推理的能力.

本课程的重点是空间曲线和曲面论的基本概念、技巧、方法和理论. 本课程的难点是抽象性及其用微积分解决几何问题的方法.

4. 教学意义

“微分几何”课程是数学类本科生在学完数学专业基础课程后开设的一门综合性课程，是后续学习“微分流形”“黎曼几何”等课程的先修课程，也是在各个学科领域中进行理论研究和实践工作的必要且重要的基础课程.

微分几何的教学能够培养学生的几何直观和空间想象能力，提高学生运用数学分析、代数等工具来研究、解决几何问题的能力，使学生初步接触到现代几何的思想和方法，为进一步学习现代数学及应用打下基础. 特别是微分几何中应用部分的教学、微分几何中概

念的实际背景的教学，能够帮助学生了解微分几何的实际应用，培养学生理论联系实际的能力，从而提高学生应用数学的意识和综合能力，为自觉地应用数学思想和数学知识解决专业中的问题和以后的学习、工作打下基础.

二、学生的特点分析

1. 知识基础

本课程的对象为数学专业大三本科学生，他们通过前两年对数学专业课程的学习，完成了从中学到大学的过渡，并已掌握了必要的数学方法，具备了一定的数学思想和素养.本课程的先修课程为数学分析、高等代数、解析几何以及常微分方程.

2. 认知特点和学习风格

通过两年大学的学习和生活，大三的学生既具备了学习的心理条件又有较为充分的深入学习的心理准备，他们的学习兴趣和学习热情处于全盛时期，独立学习能力日益增强，这一阶段的学生对于所学理论知识如何应用于实际产生了浓厚的兴趣，学以致用的意识不断增强，学习的专业要求进一步明确，学生的专业方向逐步明晰，因此在授课过程中要根据数学专业学生的课程发展需求，有意识地进行引导，如“是否存在完美的世界地图”与如何度量曲面弯曲程度的问题、肥皂膜实验与极小曲面问题、从平面上的 Crofton 公式扩展到球面上的 Crofton 公式等. 为激发学生的学习主动性和学习热情，在课堂教学中应注重理论应用部分的展示，通过贴近生活的实际应用案例，帮助学生深刻理解相关理论，深化“数”与“形”的有机结合，开阔学生视野，真正达到“学以致用”的目的.

三、教学进程设计

1. 教学手段与教学模式

1）教学手段：动态多媒体课件、数学软件作图、教具，板书和讲解有机结合，将抽象思维同形象思维结合起来，进一步激发学生的学习兴趣，真正让学生享受课堂.

2）教学模式：根据微分几何课程的教学要求，遵循学生学习的特点和认知规律，形成“问题提出、问题分析、知识构建、问题解决、应用拓展”的五步教学模式对课程内容进行设计（见图 1）.

图 1　教学模式图

2. 课堂教学设计思路

充分整合教材与课外资源，多方面、多角度地拓展知识点，而不是仅仅局限于课程章节的学习. 以曲线挠率的讲解为例，从日常所见的具有非零挠率的曲线形状的游乐场过山车设计，到观察具体曲线上基本三棱形的变化类比、观察圆柱螺线的计算结果，再到令人瞩目的挠率在我国自主研发的乒乓球机器人上的应用，直至这一新兴科研领域的前景介绍，

层层递进，极大限度地激发学生的学习兴趣. 一方面能够使学生更好地了解所学知识与实际问题的联系，搭建从学到用的桥梁；另一方面可以在很大程度上提升学生自主学习的内在动力，引发学生的深入思考，培养学生的科学精神和责任担当.

四、教学创新点

1. 以学生深层次的学习需求作为贯穿整个课程的主线

以往的学习，学生往往是被动地接受知识，仅满足于会做题即可，学习具有一定的盲目性. 如果不能很好地解决学生深层次的学习需求，那么整个的学习过程将缺乏一种主动的导向和目标，最终将导致学生丧失学习动力. 学生学习最大的困惑在于不知道为什么学习，不知道学了之后有什么用处，因此在课程的设计、讲授过程中，要致力于解决这个问题，通过教学过程，除了完成知识的转移和传递外，应更进一步告诉学生知识的产生背景，从实际上升到理论，而后，从理论又回归到实际. 比如测地线这个单元，通过展示生活中的测地线——北京至纽约的实际航线、“中国天眼”中测地型索网结构等，让学生切实地感知到知识的“用途”以及其应用的过程. 通过实际—理论—实际这样一个往复的过程，使学生完成了意识上一个螺旋式的上升，达到真正掌握知识的目的.

2. 在教学过程中，利用教具和动画展示，使抽象的数学思考过程形象化

数学问题基本上都具有很强的抽象性，因此在学习理解上会产生一定的难度，所以在课程的教学过程中，要充分运用教具和动画展示，比如，可展曲面的讲解主要是从学过的直纹面入手给出可展曲面的定义，由图形去认知方程，再启发学生思考一条曲线的切线曲面是不是可展曲面，结合动画演示切线曲面与平面的关系让学生直观感受切线曲面是可展曲面. 这种通过平面上的曲线来一步步刻画空间曲面，在空间图形的构建上有一定的难度. 在本节教学过程中，运用了教具和动画展示，更直观地展示了空间图形，将抽象思维同形象思维结合起来.

3. 将 MATLAB 数学软件应用于教学过程

在教学中可以充分发挥数学软件的作用，将其应用于教学过程. 比如在直纹面的教学中，使用 MATLAB 数学软件编程展示建筑广州塔的设计和搭建过程，使学生对一般的直纹面有更深入、更直观的理解. 同时，向学生展示了数学软件 MATLAB 的强大功能，激发学生对课程的兴趣，同时直观展现抽象的数学概念，加深学生的理解，为后续的“微分流形”和“黎曼几何”等课程做铺垫. 如图 2 所示是计算机演示程序运行结果.

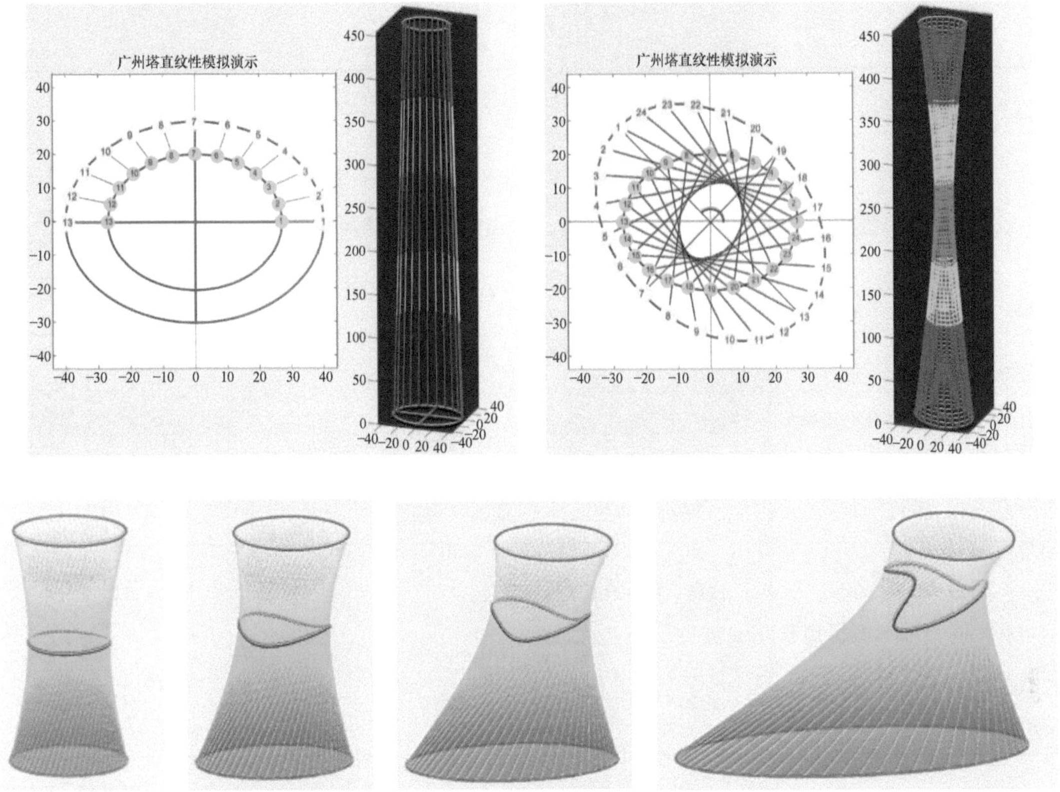

图 2　计算机演示程序运行结果

二维码清单

名称	图形	名称	图形
ch1sec1-1- 自行车行进模拟动画		ch1sec2- 弧圈球轨迹的挠率	
ch1sec1-2- 直线的曳物线模拟动画		ch1sec2- 基本三棱形	
ch1sec1-3- 曳物线所围面积分割		ch1sec2- 弧圈球轨迹	
ch1sec1-4- 面积逼近动画		ch1sec1- 圆的曳物线 3	
ch1sec1-5- 一般平面曲线的曳物线		ch1sec1- 圆的曳物线 2	
ch1sec2- 椭圆柱螺线的曲率和挠率		ch1sec1- 圆的曳物线 4	
ch1sec2- 椭圆锥螺线的曲率和挠率		ch1sec1- 圆的曳物线 1	

（续）

名称	图形	名称	图形
ch2sec11- 庞加莱圆盘测地线		ch2sec10- 双圆锥体滚动模拟	
ch2sec11- 球极投影		ch2sec9- 悬链面的平均曲率	
ch2sec10- 圆锥面堆叠形成伪球面		ch2sec9- 阳光谷生成	
ch2sec10- 伪球面主曲率模拟		ch2sec8- 球面上非平行移动	
ch2sec11- 三种弧长的比较		ch2sec9- 单叶双曲面族面积	
ch2sec10- 伪球面滚动模拟		ch2sec8- 平行移动不是平移	
ch2sec10- 伪球面生成		ch2sec8- 球面上的平行移动	

（续）

名称	图形	名称	图形
ch2sec7- 天眼结构		ch2sec6- 同一直母线的法向量 - 双曲抛物面	
ch2sec8- 傅科摆 - 北极点处		ch2sec6- 切线曲面的可展性	
ch2sec7- 球面测地划分		ch2sec6- 同一直母线的法向量 - 单叶双曲面	
ch2sec10- 滚动实验		ch2sec6-oloid 曲面生成	
ch2sec7- 测地曲率 -2		ch2sec5- 直杆旋转生成曲面	
ch2sec7- 测地曲率 -1		ch2sec5- 教具动画	
ch2sec6- 同一直母线的法向量 - 正螺面		ch2sec5- 旋转单叶双曲面的腰曲线	

（续）

名称	图形	名称	图形
ch2sec5- 曲面运动时的腰曲线		ch2sec4- 双曲抛物面的法曲率	
ch2sec5- 常见直纹面		ch2sec3- 旋转抛物面高斯曲率值变化	
ch2sec5- 广州塔搭建过程		ch2sec2- 墨卡托投影演示 2	
ch2sec4- 球面的法曲率		ch2sec2- 球极投影	
ch2sec4- 椭球面的法曲率		ch2sec1- 悬链面与正螺面的生成	
ch2sec3- 旋转抛物面高斯映射		ch2sec2- 墨卡托投影演示	
ch2sec3- 球面的高斯映射		ch2sec1- 悬链面与正螺面的等距变换过程	

（续）

名称	图形	名称	图形
ch2sec2- 球极投影改变光源点位置		ch3sec6- 交点函数演示 1	
ch2sec1- 染色体结构		ch3sec7- 交点函数演示 1	
ch3sec7- 三叶结切向量转过的角度		ch3sec5- 复杂曲线近似弧长 2	
ch3sec7- 平凡结切向量转过的角度		ch3sec5- 近似计算抛物线弧长	
ch3sec7- 平凡结形变		ch3sec5- 复杂曲线近似弧长 1	
ch3sec6- 交点函数演示 3		ch3sec4- 钻方形孔	
ch3sec6- 交点函数演示 2		ch3sec4- 上海中心大厦	

（续）

名称	图形	名称	图形
ch3sec4- 莱洛三角形在平行直线间滚动		ch3sec1- 南极点附近曲线卷绕数演示	
ch3sec2- 肥皂膜实验		ch3sec1- 北极点附近曲线卷绕数演示	
ch3sec4- 等宽曲线的例子		ch3sec7- 交点函数演示 2	
ch3sec1- 圆环面上的切向量场			

目 录

曳物线

一、教学目标

曳物线是一类特殊的曲线，且在曲面论部分与伪球面有密切的联系. 通过本节内容的学习，使学生理解曲线的概念和参数方程、曲线的切线及方程，了解曳物线的定义与曳物线微分方程的建立过程，掌握直线的曳物线的求解方法，理解曳物线的性质，领会如何在今后的学习和研究中应用数学工具解决实际问题.

二、教学内容

1. 主要内容

（1）曲线的概念和参数方程；
（2）曲线的切线及方程；
（3）曳物线的定义与曳物线微分方程；
（4）直线的曳物线；
（5）曳物线的性质.

2. 教学重点

（1）曲线的参数方程；
（2）曲线的切线及方程；
（3）分析曳物线性质的思想方法.

3. 教学难点

（1）曳物线的微分方程的建立；
（2）直线的曳物线的求解方法.

三、教学设计

1. 教学进程框图

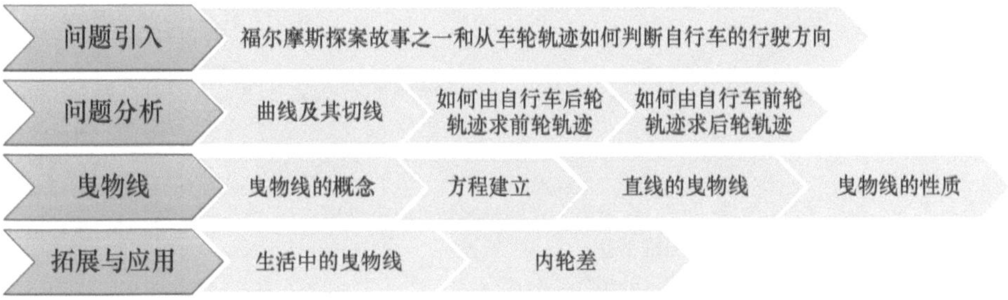

2. 教学环节设计

问题引入	
福尔摩斯探案故事之一 在福尔摩斯探案故事《修道院公学》中，主角仅通过观察自行车在泥地上留下的两条轨迹，就判断出自行车行驶的方向. 他的解释是“……当然是承担重量的后轮，压出的轨迹深. 这里有几处后轮的轨迹和前轮的交叉，前轮的轨迹较浅被埋住了. 无疑是从学校来的.” 福尔摩斯的推理无疑是巧妙的. 但是，当无法辨别两条轨迹的深浅、甚至轨迹重合时，有可能判断自行车的行驶方向吗？ 	教学意图： 通过经典小说的迷人故事，吸引学生的注意力和兴趣. 提问： 能否仅从车轮轨迹判断自行车的行驶方向？
问题 1：从车轮轨迹如何判断自行车的行驶方向？ 已知自行车的前后轮轨迹如下图所示，自行车的行驶方向是由左往右、还是由右往左？ 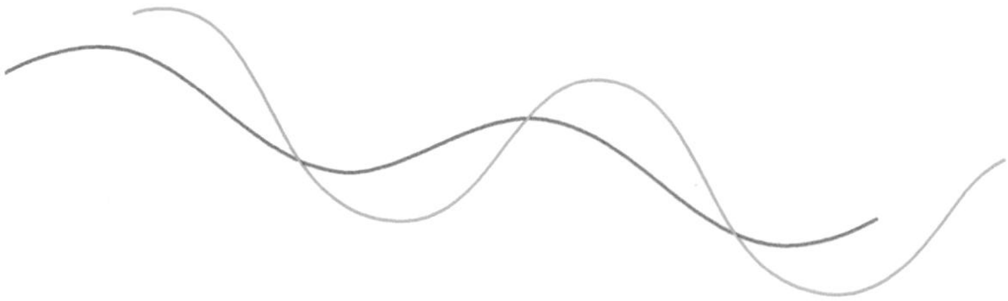 如果把自行车的车轮轨迹看作两条曲线，在数学上它们应该满足以下性质： (1) 前后轮与地面接触点之间的距离保持不变； (2) 前后轮与地面接触点连线是后轮轨迹的切线. 因此，从后轮轨迹上任意一点做指向行进方向的切线，该切线一定通过前轮与地面的接触点，即该切线与前轮轨迹相交，且切点与交点间距为常值.	教学意图： 将实际问题抽象为数学问题. 引导学生利用几何直观给出结论. 提问： 自行车轨迹应该有什么特点？行驶过程中有什么量是保持不变的吗？注意到自行车的后轮固定在车身上，这使得车轮轨迹满足什么性质？

（续）

问题引入

我们可以假定其中一条曲线为后轮轨迹，在其上各点做切线并验证．结果如下图所示．

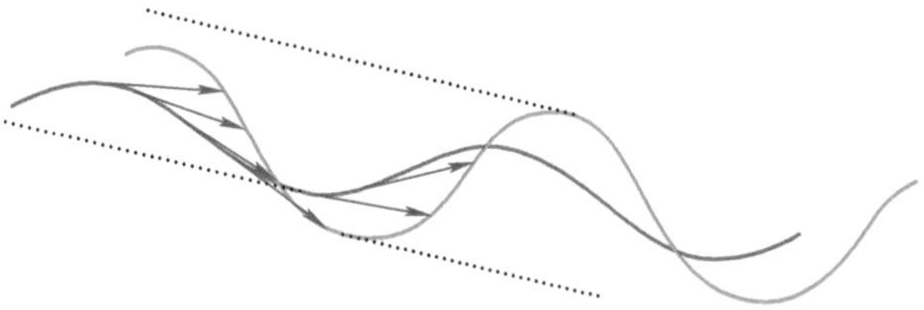

由上图可见若绿色曲线为后轮轨迹，无论自行车的行驶方向是自左向右还是自右向左，则都存在指向行进方向的切线与前轮轨迹不相交（如虚线所对应切线），若红色曲线为后轮轨迹，则每点指向右侧的切线（紫色实线）满足条件，因此行进方向应为由左至右．

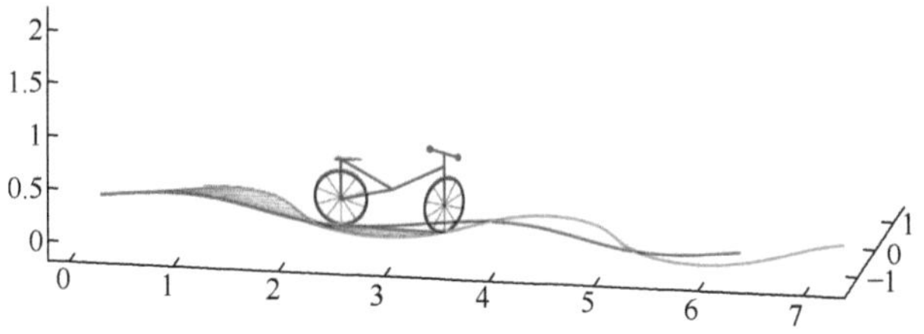

进一步我们提出以下问题：

问题 2：如何由自行车后轮轨迹求出前轮轨迹？

问题 3：如何由自行车前轮轨迹求出后轮轨迹？

通过动画观察自行车的行驶过程．

动画演示：

（ch1sec1-1 自行车行进模拟动画）

问题分析

曲线及其表示

设映射 $\boldsymbol{r}: I \to \mathbb{R}^3$ 是从区间 $I \subset \mathbb{R}$ 到欧氏空间 $\mathbb{R}^3$ 的映射，即对于区间 I 中每一个数 t，都有 $\mathbb{R}^3$ 中的向量 $\boldsymbol{r}(t)=(x(t),y(t),z(t))$ 与其对应，这里 $x(t),y(t),z(t)$ 都是定义在区间 I 上的一元函数．记向径 $\overrightarrow{OP}=\boldsymbol{r}(t)$，则 t 在区间 I 中变化时，P 点的轨迹称为（空间）**曲线**，记为 C．

称

$$\begin{cases} x=x(t), \\ y=y(t), \quad t\in I \\ z=z(t), \end{cases} \quad 或 \quad \boldsymbol{r}=\boldsymbol{r}(t)=(x(t),y(t),z(t)), \quad t\in I,$$

为曲线 C 的**参数方程**，t 称为**曲线的参数**．曲线上参数为 t 的点称为点 $\boldsymbol{r}(t)$，简称为点 t．

设区间 $I=(a,b)$（区间端点 a 可以是 $-\infty$，b 可以是 $+\infty$），若 $x(t),y(t),z(t)$ 是 k 阶连续可微函数，则称曲线 C 为 **C^k 类曲线**．当 $k=1$ 时，C^1 类曲线又称为**光滑曲线**．

教学意图：

介绍曲线方程的概念，将几何图形与向量值函数联系起来．

引导：

回顾向径的概念．一个向量在几何上有什么意义？

曲线的切向量与切线

对于 C^1 类曲线 C，设其参数方程为

$$\boldsymbol{r}=\boldsymbol{r}(t)=(x(t),y(t),z(t)), \quad t\in I .$$

给定曲线上一点 P，曲线上点 Q 沿曲线趋近于 P 点时，割线 PQ 的极限位置为曲线在 P 点的**切线**．

设切点 P 对应参数 t_0，Q 点对应参数 $t_0+\Delta t$，则有

$$\overrightarrow{PQ}=\boldsymbol{r}(t_0+\Delta t)-\boldsymbol{r}(t_0) .$$

教学意图：

推导曲线的切向量与切线方程．

提问：

如何用方程表达割线的极限位置？

（续）

问题分析

在割线 PQ 上做向量 $\overrightarrow{PR}$，使得 $\overrightarrow{PR}=\dfrac{\boldsymbol{r}(t_0+\Delta t)-\boldsymbol{r}(t_0)}{\Delta t}$，当 $Q\to P$ 时，$\Delta t\to 0$，则可得向量 $\overrightarrow{PR}$ 的极限为

$$\boldsymbol{r}'(t_0)=\lim_{\Delta t\to 0}\frac{\boldsymbol{r}(t_0+\Delta t)-\boldsymbol{r}(t_0)}{\Delta t}=\left(x'(t_0),y'(t_0),z'(t_0)\right).$$

根据曲线的切线定义，得到 $\overrightarrow{PR}$ 的极限是切线上一向量 $\boldsymbol{r}'(t_0)$，称其为曲线上点 P 的**切向量**.

指定参数增加的方向为曲线的正向，称向量 $\boldsymbol{r}'(t_0)$ 为曲线在点 P 处的**（正向）切向量**. 若有 $\boldsymbol{r}'(t_0)\neq 0$，则称该点 P 为曲线的**正则点**. 若曲线 C 上的所有点都是正则点，则称 C 为**正则曲线**.

设 $\boldsymbol{\rho}=(X,Y,Z)$ 是 P 点的切线上任一点的向径，由 $\boldsymbol{\rho}-\boldsymbol{r}(t_0)//\boldsymbol{r}'(t_0)$，得 **$P$ 点的切线方程**为

$$\boldsymbol{\rho}-\boldsymbol{r}(t_0)=\lambda\boldsymbol{r}'(t_0),$$

其中 λ 为切线的参数. 对上式进行改写，消去 λ 得

$$\frac{X-x(t_0)}{x'(t_0)}=\frac{Y-y(t_0)}{y'(t_0)}=\frac{Z-z(t_0)}{z'(t_0)},$$

这是**坐标表示的切线方程**.

注：对于平面上的曲线，可将其视为空间曲线的特殊情况，不妨设其所在平面为 xOy，于是上述关于曲线方程和切线方程的描述都可将第三个分量写为零，因此可只考虑前两个分量.

例如，平面上开的椭圆弧的参数方程为

$$\boldsymbol{r}(t)=(a\cos t,b\sin t),\quad 0<t<2\pi.$$

提问：

已知切向量，如何推导切线方程？

引导：

如果将此切线方程用坐标分量表达是什么形式？

请同学自己计算椭圆弧在一点处的切向量与切线方程.

曳物线的概念

问题 2：如何由自行车后轮轨迹求出前轮轨迹

已知后轮轨迹曲线的参数方程 $\boldsymbol{r}=\boldsymbol{r}(t)$，$t\in I$ 表示时间，I 为一区间. 假设前轮轨迹曲线的参数方程为 $\boldsymbol{l}=\boldsymbol{l}(t)$，不妨假设前后轮轨迹均是正则曲线.

在 t 时刻，前后轮与地面接触点坐标分别为 $\boldsymbol{l}(t),\boldsymbol{r}(t)$. 由问题 1 中给出的轨迹性质知，连接这两点线段与后轮轨迹相切，且长度为自行车的前后轮轴距，设为 a（见下图）.

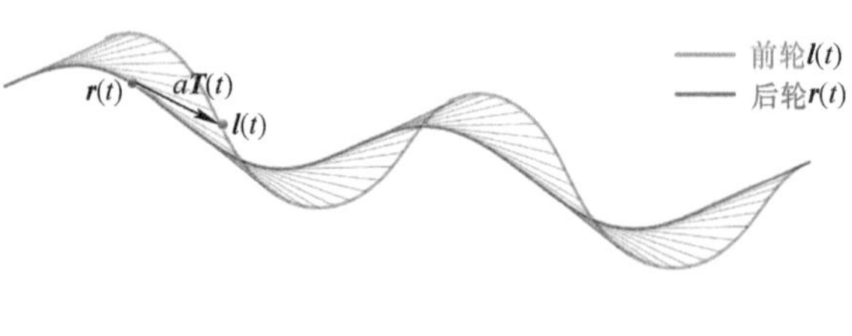

因此，只需计算出后轮轨迹的正向的切向量，然后将后轮轨迹曲线上的每个一点，沿着该点处的正向切方向平移一个固定的前后轮轴距，就可以得到该时刻前轮与地面接触点的坐标.

记 $\boldsymbol{T}(t)$ 为后轮轨迹在 $\boldsymbol{r}(t)$ 点的正向单位切向量，即

$$\boldsymbol{T}(t)=\frac{\boldsymbol{r}'(t)}{|\boldsymbol{r}'(t)|}.$$

则利用曲线的切线方程知前轮轨迹方程为，

$$\boldsymbol{l}(t)=\boldsymbol{r}(t)+a\boldsymbol{T}(t)=\boldsymbol{r}(t)+a\frac{\boldsymbol{r}'(t)}{|\boldsymbol{r}'(t)|},\quad t\in I.$$

教学意图：

回答问题 2，通过解决实际问题加深对曲线方程、曲线的切线方程的理解.

引导思考：

给定两条曲线上点的坐标，如何用向量表达轨迹的性质？

只需找出在同一时刻，前后轮与地面接触点的坐标关系.

（续）

曳物线的概念

问题 3：如何由自行车前轮轨迹求出后轮轨迹

已知前轮轨迹曲线的参数方程为 $\boldsymbol{l}=\boldsymbol{l}(t)$，$t\in I$ 表示时间，I 为一区间. 假设后轮轨迹曲线的参数方程 $\boldsymbol{r}=\boldsymbol{r}(t)$.

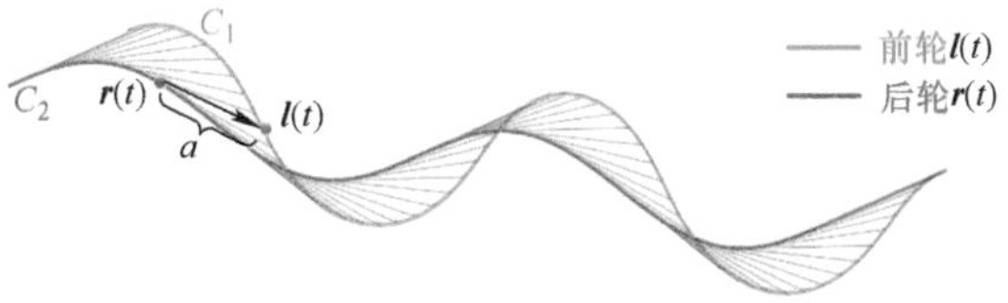

由于后轮轨迹方程 $\boldsymbol{r}(t)$ 未知，切向量 $\boldsymbol{T}(t)$ 未知，无法继续用前述方法，需要借助微分方程. 为此给出曳物线的定义.

曳物线定义

若曲线 C_2 上任意一点的切线上介于切点和 C_1 之间的线段始终保持定长 a，则称曲线 C_2 为曲线 C_1 的**曳物线**.

根据曳物线的定义，给定自行车的前轮轨迹求后轮轨迹，在数学上就是给定一条曲线，求其曳物线.

教学意图：

分析问题 3，同时介绍曳物线的定义.

引导思考：

此时还可以用问题 2 的解法吗？如果不能，困难在什么地方？

曳物线的微分方程

曳物线的微分方程建立

问题 3：如何由自行车前轮轨迹求出后轮轨迹？

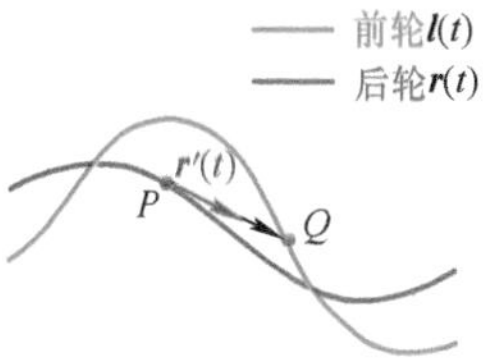

已知前轮曲线的方程为 $\boldsymbol{l}(t)=(\alpha(t),\beta(t))$. 假设要求的后轮曲线的方程 $\boldsymbol{r}(t)=(x(t),y(t))$.

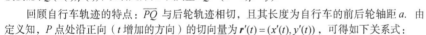

给定时刻 t，则后轮与地面接触点为 $P:(x(t),y(t))$，前轮与地面接触点为 $Q:(\alpha(t),\beta(t))$，如右图所示. 则向量 $\overline{PQ}=(\alpha-x,\beta-y)$.

回顾自行车轨迹的特点：$\overline{PQ}$ 与后轮轨迹相切，且其长度为自行车的前后轮轴距 a. 由定义知，P 点处沿正向（t 增加的方向）的切向量为 $\boldsymbol{r}'(t)=(x'(t),y'(t))$，可得如下关系式：

1. $\overline{PQ}\,/\!/\,\boldsymbol{r}'(t)$，用坐标分量表达为 $(\alpha-x)/x'=(\beta-y)/y'$. 整理可得

$$-(y-\beta)x'+(x-\alpha)y'=0. \tag{1}$$

2. $\left|\overline{PQ}\right|=a$，用坐标分量表达为

$$(x-\alpha)^2+(y-\beta)^2=a^2. \tag{2}$$

由于 x',y' 仅出现在一个等式中，若直接联立方程（1）与（2），无法得到显式的常微分方程. 因此我们对等式（2）两边同时关于变量 t 求导，得 $(x-\alpha)(x'-\alpha')+(y-\beta)(y'-\beta')=0$，将其整理为导数的线性形式得

$$(x-\alpha)x'+(y-\beta)y'=(x-\alpha)\alpha'+(y-\beta)\beta'. \tag{3}$$

联立方程（1）与方程（3），可用显式表达出 x',y'，从而得到非线性常微分方程组

$$x'=\frac{x-\alpha}{a^2}\left[(x-\alpha)\alpha'+(y-\beta)\beta'\right],$$
$$y'=\frac{y-\beta}{a^2}\left[(x-\alpha)\alpha'+(y-\beta)\beta'\right].$$

教学意图：

做出合理假设，推导曳物线方程. 过程中引导学生领会如何建立曲线的微分方程，培养学生将生活中的实际问题转化成数学问题的能力.

提问：

回顾问题 1，为了描述自行车轨迹的两个特征，需要哪些量？

进而提问：

这些量要满足什么关系？

提问：

直接由（1）与（2）可得到可求解的常微分方程吗？

提问：

这是什么类型的常微分方程？

（续）

曳物线的微分方程

给定初始条件 $(x(0),y(0))=(x_0,y_0)$ 满足等式（2），即 $[x_0-\alpha(0)]^2+[y_0-\beta(0)]^2=a^2$. 可得微分方程初值问题

$$\begin{cases} x'=\dfrac{x-\alpha}{a^2}[(x-\alpha)\alpha'+(y-\beta)\beta'], \\ y'=\dfrac{y-\beta}{a^2}[(x-\alpha)\alpha'+(y-\beta)\beta'], \\ x(0)=x_0, y(0)=y_0. \end{cases} \tag{4}$$

根据常微分方程组的存在唯一性定理，可知初值问题（4）存在唯一解．即若已知前轮曲线与自行车的初始位置，则后轮曲线唯一确定，其参数方程是初值问题的解．因此称式（4）为**曳物线的微分方程**.

分析：

推导过程中，式（3）表明切线段长度不变．初值满足式（2）保证了切线段长度为 a.

直线的曳物线

直线的曳物线方程

由于一般的曳物线方程很难求出显式解，这里考虑一种特殊的简单情况——直线的曳物线．在此特殊情况下，曳物线的微分方程可以求出显式解.

不妨设前轮沿 x 轴正向以匀速 1 行驶，即前轮曲线方程为

$$\boldsymbol{l}(t)=(\alpha(t),\beta(t))=(t,0),\quad t\in(0,+\infty).$$

设后轮初始位置在 y 轴上，即为 $(x(0),y(0))=(0,a)$.

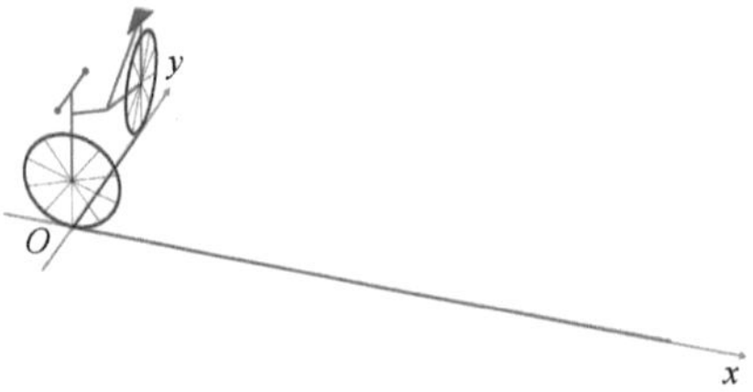

自行车后轮轨迹形成直线的曳物线

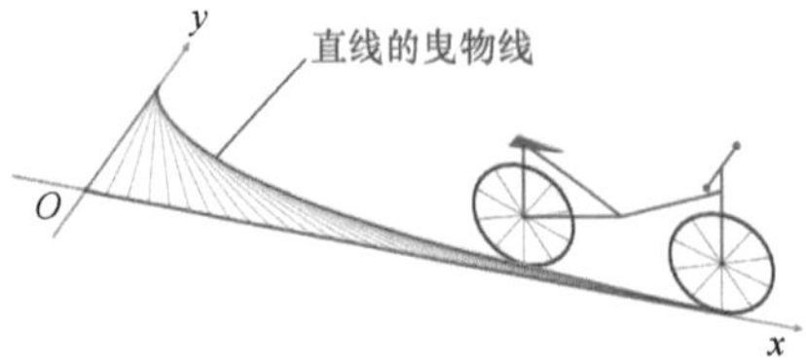

将以上假设代入曳物线的微分方程（4），化简得

$$\begin{cases} x'=\dfrac{x-t}{a^2}(x-t), \\ y'=\dfrac{y}{a^2}(x-t), \end{cases} \quad t\in(0,+\infty).$$

注意到方程右端有同样的因子 $(x-t)$，由隐函数求导可知

$$\frac{\mathrm{d}y}{\mathrm{d}x}=\frac{\mathrm{d}y}{\mathrm{d}t}\Big/\frac{\mathrm{d}x}{\mathrm{d}t}=\frac{y'}{x'}\ .$$

因此可将两式相除，得：

$$\frac{\mathrm{d}y}{\mathrm{d}x}=-\frac{y}{t-x}.$$

教学意图：

重点介绍直线的曳物线方程.

请通过动画观察直线的曳物线生成过程.

动画演示：

（ch1sec1-2- 直线的曳物线模拟动画）

观察：

方程组形式上有什么特点?

板书：

隐函数求导

$$\frac{\mathrm{d}y}{\mathrm{d}x}=\frac{\mathrm{d}y}{\mathrm{d}t}\Big/\frac{\mathrm{d}x}{\mathrm{d}t}$$

提问：

这个常微分方程可以求解吗?

（续）

直线的曳物线

为了得到可求解的微分方程，需要消去变量 t. 观察图像：

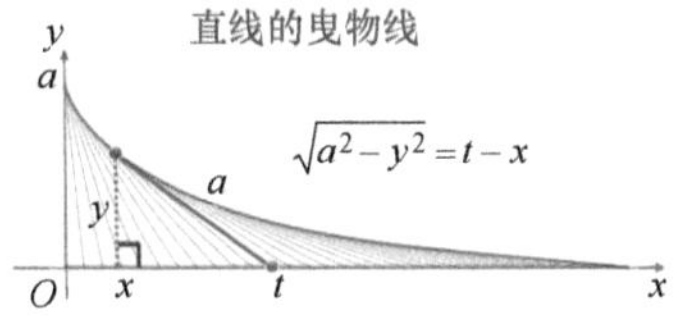

引导：

结合图形得到 $t-x$ 的表达式.

注意到前轮沿 x 轴以匀速 1 行驶，因此 t 时刻前轮与地面接触点的坐标为 $(t,0)$，此时后轮与地面接触点的坐标为 $(x(t),y(t))$. 由曳物线的性质知两点连线长度为 a，即 $(t-x)^2+y^2=a^2$，可求得 $t-x=\sqrt{a^2-y^2}$.

因此，直线的曳物线微分方程为

$$\begin{cases}\dfrac{\mathrm{d}y}{\mathrm{d}x}=-\dfrac{y}{\sqrt{a^2-y^2}}, & x\in(0,\infty),\\ y(0)=a.\end{cases}\tag{5}$$

直线的曳物线方程的求解

方程（5）是可分离变量的常微分方程. 分离变量得，

$$\mathrm{d}x=-\frac{\sqrt{a^2-y^2}}{y}\mathrm{d}y,$$

等式两边积分，$x=-\int\frac{\sqrt{a^2-y^2}}{y}\mathrm{d}y$. 此积分可利用变量代换求解.

教学意图：

利用熟悉的微积分知识，引导学生自己求解出直线的曳物线方程.

引导：

观察积分的形式与图像，可以做什么样的变量代换？

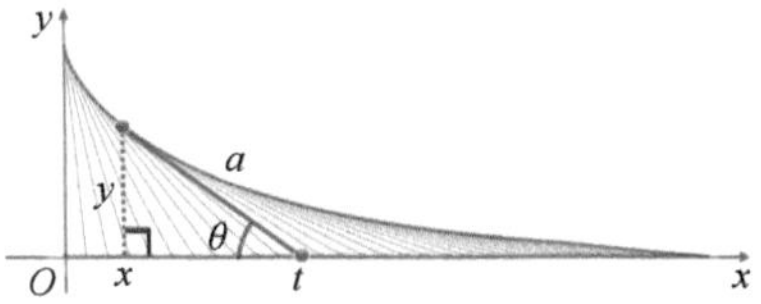

如上图所示，可设 $y=a\sin\theta,\theta\in\left(0,\frac{\pi}{2}\right]$，则

$$\begin{aligned}x&=-\int\frac{\sqrt{a^2-y^2}}{y}\mathrm{d}y=-\int\frac{a\cos\theta}{a\sin\theta}a\cos\theta\mathrm{d}\theta\\&=-a\int\frac{\cos^2\theta}{\sin\theta}\mathrm{d}\theta=-a\int\frac{1-\sin^2\theta}{\sin\theta}\mathrm{d}\theta\\&=-a\left(\int\frac{1}{\sin\theta}\mathrm{d}\theta-\int\sin\theta\mathrm{d}\theta\right)\\&=-a\left(\ln\tan\frac{\theta}{2}+\cos\theta\right)+C.\end{aligned}$$

观察图像可知初始点 $(0,a)$ 处有 $\theta=\frac{\pi}{2},x=0$，代入上式可得 $C=0$.

综上，可得直线的曳物线参数方程为：

$$\begin{cases}x=-a\left(\ln\tan\dfrac{\theta}{2}+\cos\theta\right),\\ y=a\sin\theta,\end{cases}\theta\in\left(0,\frac{\pi}{2}\right].$$

观察：

观察曲线图像，初始时刻 θ 取何值？

（续）

直线的曳物线

数学历史：曳物线的研究历程

Claude Perrault
法国建筑师 1613—1688

1670 年，在法国巴黎一个沙龙上，建筑师 Claude Perrault 提出了问题：将怀表放在水平桌面的中心，沿着桌子边缘拉动表链顶端，怀表运动形成的轨迹是什么曲线？

这一问题分别由莱布尼茨（Gottfried Wilhelm Leibniz）和惠更斯（Christiaan Huygens）给出了解答. 1962 年惠更斯在给友人的信中称这一曲线为曳物线（Tractoria），并分析了曳物线的一些基本性质，其中包括切点沿切线与 x 轴的距离不变，因此曳物线也被称为**等切距曲线**. 需要说明两人均未给出曳物线的坐标方程或者参数方程，而是指明问题可化为“双曲线的积分”，即计算积分 $\int \frac{dx}{x}=\ln|x|+C$. 此外，两人均设计了画曳物线的装置. 此后，雅各布 · 伯努利（Jakob Bernoulli）于 1693 年求出了曳物线方程. 一个世纪后，欧拉（Leonhard Euler）完全解决了曳物线问题.

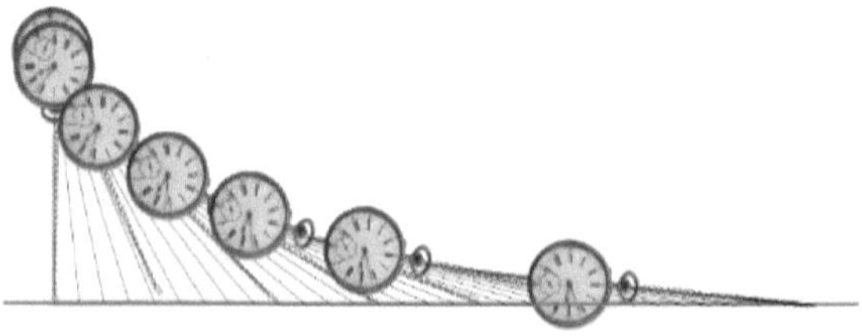

C. Huygens
荷兰 1629—1695

G. Leibniz
英国 1646—1716

教学意图：

介绍曳物线的研究历程.

课程思政：

教师通过对数学历史故事的介绍，展现数学的美，以及数学家和科学家严谨治学的精神，从而提高学生的数学修养和科学精神.

克里斯蒂安 · 惠更斯（Christiaan Huygens）介绍：

惠更斯，荷兰人，他是介于伽利略与牛顿之间一位重要的物理学先驱，是历史上最著名的物理学家之一，他对力学的发展和光学的研究都有杰出的贡献，在数学和天文学方面也有卓越的成就，是近代自然科学的一位重要开拓者.

他曾首先集中精力研究数学问题，如悬链线（他发现悬链线与抛物线的区别）、曳物线、对数螺线等，在概率论和微积分方面也有所成就. 他是概率论的创始人之一，于 1657 年发表了关于概率论的科学论文《论赌博中的计算》. 从 1651 年起，对于圆、二次曲线、复杂曲线、悬链线、曳物线、概率问题等发表了一些论著，他还研究了浮体和求各种形状物体的重心等问题.

教学意图：

介绍著名物理学家、数学家惠更斯.

通过科学家的介绍，科学家的生平、追求及努力可以激发学生的学习积极性.

（续）

曳物线的性质

曳物线的性质

为了更方便地讨论曳物线的性质，首先将直线的曳物线

$$\begin{cases} x=-a\left(\ln\tan\dfrac{\theta}{2}+\cos\theta\right), \theta\in\left(0,\dfrac{\pi}{2}\right] \\ y=a\sin\theta, \end{cases}$$

关于 y 轴对称反射，从而得到一条关于 y 轴对称的曲线，将对称后得到的曲线依然称为**直线的曳物线**，其方程为

$$\begin{cases} x=\pm a\left(\ln\tan\dfrac{\theta}{2}+\cos\theta\right), \theta\in\left(0,\dfrac{\pi}{2}\right]. \\ y=a\sin\theta, \end{cases}$$

图像为

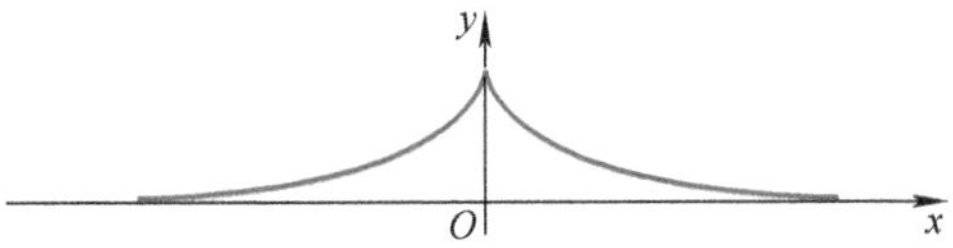

性质 1：参数为 a 的直线的曳物线与直线之间的区域面积等于半径为 a 的半圆的面积，即 $\frac{1}{2}\pi a^2$.

证明：利用曲边梯形的面积公式，直接计算可得

$$S=2\int_0^{+\infty} y\,\mathrm{d}x=\int_0^{\frac{\pi}{2}} a\sin\theta\cdot\mathrm{d}\left(-a(\ln\tan\frac{\theta}{2}+\cos\theta)\right)=\frac{1}{2}\pi a^2 .$$

上述计算可以从直观观察到．做一个以曳物线的参数 a 为半径的半圆，将其沿着半径分割成小扇形区域．将这些小扇形进行平移，使其一个顶点落在 x 轴上，另外一边就拼接出了一条与曳物线非常接近的曲线．注意到在平移的过程中并不改变每个扇形区域的面积，因此扇形区域的面积之和等于最初的半圆的面积．

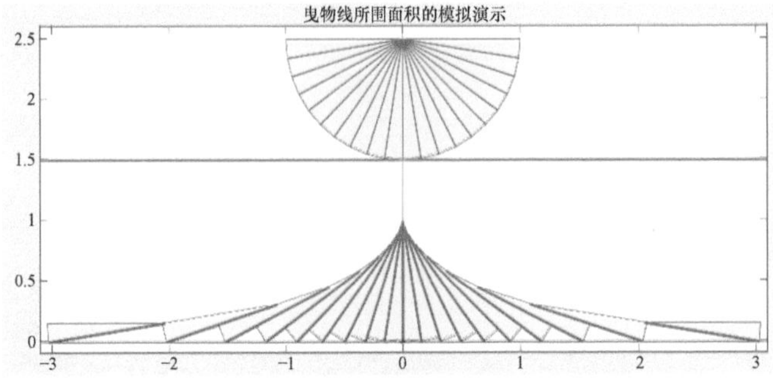

将分割加细，可以看到扇形区域上侧形成的曲线越来越接近直线的曳物线．

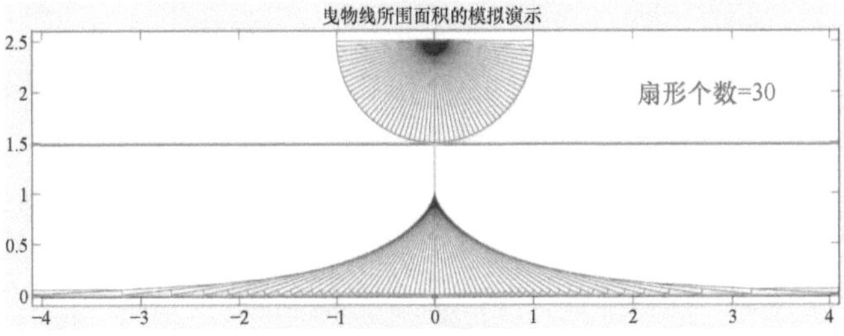

教学意图：

分析直线的曳物线的性质．

引导思考：

直线的曳物线的渐近线是？

动画演示：

（ch1sec1-3-曳物线所围面积分割；ch1sec1-4-面积逼近动画）

通过上面的两个动画从直观上理解性质 1.

由直线曳物线的性质推广到一般，分析一般空间曲线的曳物线的性质．

（续）

曳物线的性质	
可以看出取极限后，直线的曳物线下方的区域面积正好等于半圆的面积.	

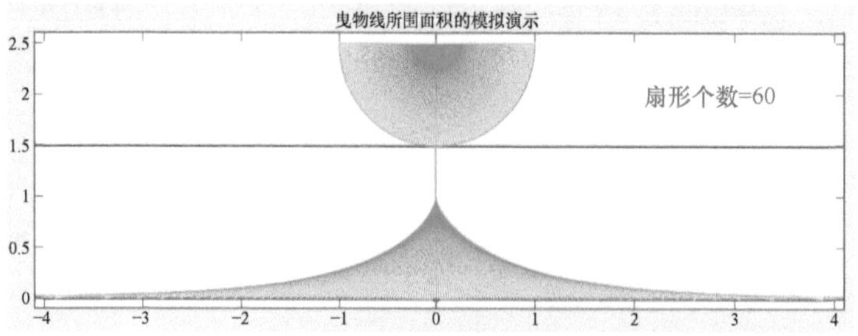

直线的曳物线的上述性质对于一般曲线的曳物线是否也有类似结果？这就是下面要介绍的 Mamikon 定理.

观察曳物线的图形不难发现，直线的曳物线与直线之间的区域恰好是由曳物线上每点处长度为 a 的切线段组成. 或者说，当曳物线上的切点沿着曳物线运动时，对应的长度为 a 的切线段扫过曳物线与直线之间的整个区域，这样的区域称作“切线扫描（tangent sweep）”. 如果将所有切线段平移至同一个起点，这些切线段构成一个新的区域，这样的区域称作“切线簇（tangent cluster）”.

上面性质 1 说明直线的曳物线的切线扫描的面积就等于切线簇的面积. 对于一般曲线，甚至不定长的切线段的扫描区域，这个结论也是成立的，此即 Mamikon 定理.

Mamikon 定理：切线簇的面积与其对应的切线扫描的面积相等.

证明：参见本节拓展阅读资料.

根据 Mamikon 定理，可以得到一般曲线的曳物线的性质.

性质 2：若曲线 $\boldsymbol{l}(t)$ 的曳物线 $\boldsymbol{r}(t)$ 为简单闭凸曲线，则两曲线之间的区域面积为 πa^2，即圆的面积.

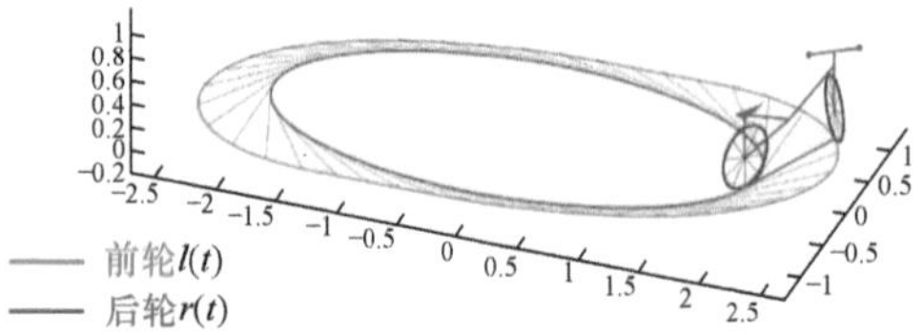

a自行车的前后轮距离

考虑简单闭凸曲线的曳物线，当曳物线上的切点由起点走向终点时，切线段扫过两条曲线之间的区域，因此也是“切线扫描”. 根据 Mamikon 定理，两曲线之间的区域面积等于其对应切线簇的面积，这个切线簇是一个半径为 a 的圆（见下图）. 由此可得性质 2.

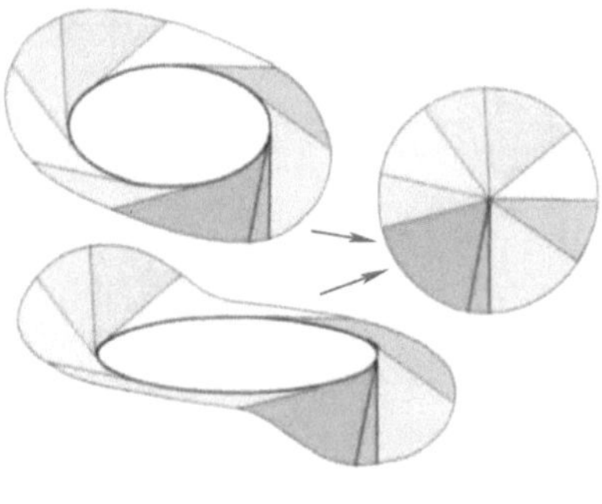

观察：
直线的曳物线与直线之间的区域与切线段之间什么关系？

提问：
直线曳物线的切线簇是什么形状？

动画演示：
（chlsecl-5 一般平面曲线的曳物线，以及两曲线之间的区域）

观察：
两曲线之间的区域有什么特点？

提问：
此时的切线簇是什么形状？

（续）

拓展与应用

生活中的曳物线

曳物线在生活中随处可见，如自行车轨迹、倒下的书籍形成的直线的曳物线.

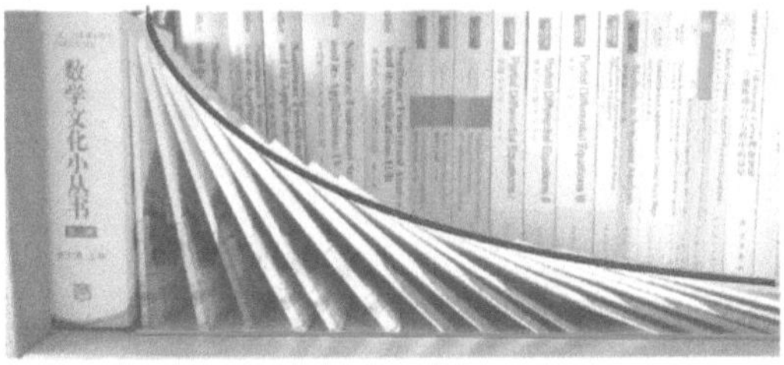

教学意图：

将课程内容与实际生活联系起来.

引导思考：

生活中还见过哪些曳物线？

内轮差

在行车安全准则中，会出现一个术语“内轮差”. 什么是内轮差？内轮差与曳物线又有什么关系？

内轮差是车辆转弯时内前轮转弯半径与内后轮转弯半径之差. 车辆转弯时，前、后车轮的运动轨迹不重合. 两条轨迹之间形成的区域就是内轮差区域，如下图中的阴影区域. 如果驾驶员在行驶过程中只注意前轮能够通过而忘记内轮差，就可能造成后轮驶出路面或碰撞的事故.

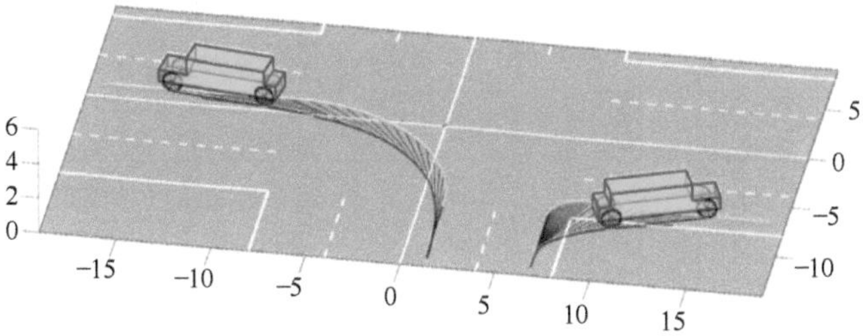

内轮差区域是车辆行驶行车过程中车身扫过的区域，并且与驾驶员的盲区也有很大面积的重合，因此对于行人而言非常危险.

事实上，车辆转弯内侧的后轮轨迹即为相应前轮轨迹的曳物线，而内轮差区域即为前轮轨迹与其曳物线之间的封闭区域. 给定汽车前轮的运行轨迹，我们可以用数值方法求解曳物线方程，从而模拟出汽车左、右转弯时的内轮差区域.

另外，由曳物线的性质以及 Mamikon 定理可知，内轮差区域的面积与车辆转过的角度以及切线段长度，即车辆长度有关. 在内前轮轨迹确定的情况下，车身越长，内轮差区域面积越大. 如下图所示. 图中紫色的长方形表示车身，蓝色的区域是车辆在左转及右转情形下相应的内轮差区域，转过的角度都是 90°.

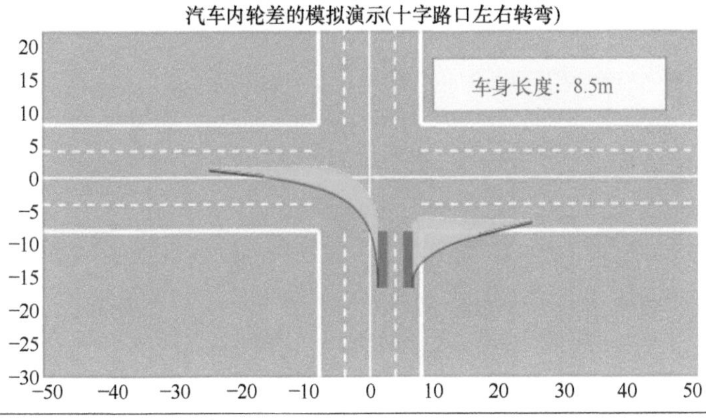

教学意图：

介绍曳物线在交通安全中的应用.

课程思政：

数学并不只是抽象的符号与公式，而是与生活息息相关. 曳物线来源于拉动怀表，也可应用于行车安全问题. 学生学习数学的过程不仅为了学习相关的数学知识，更重要的是理解数学的精神、思想和方法，提高思维能力，融会贯通，训练自己提炼问题、认识问题、解决问题的能力，更好地为国家做出贡献.

引导思考：

四轮汽车的轨迹有什么特点？能否找到曳物线？

提问：

内轮差区域面积与什么有关？

（续）

拓展与应用

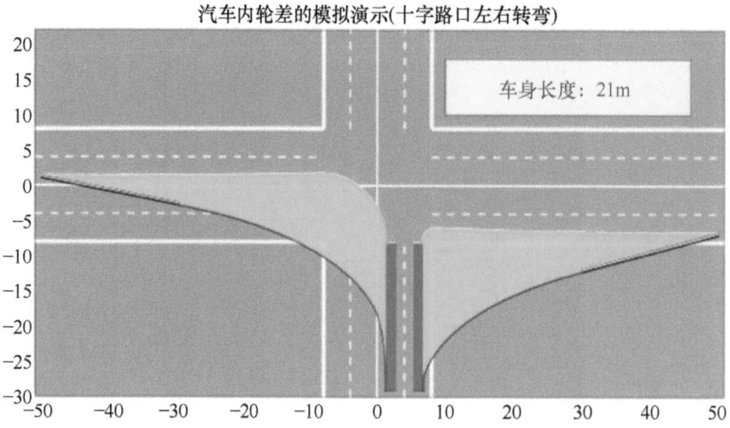

综上分析可得，在转过相同角度的情形下，车身越长，内轮差区域面积越大.

由机动车转弯时内轮差而引发的交通事故并非偶发. 为了避免类似惨剧的发生，机动车驾驶员应当在转弯时密切留意相邻车道的路况. 骑车人或行人一定要远离机动车的内轮差区域，尤其是车身长、或要转急弯的车；尽量不要超车，不要抢先超过正在转弯的机动车，更不要在红灯时，将车辆超越斑马线停靠，否则很容易被转弯车辆的内轮差卷入车轮.

教学意图：

将数学上的分析结果与实际安全指导相结合.

课后思考

课后思考：

（1）圆的曳物线有哪些？

观察动画，动画中展示了自行车前轮沿着一个圆行驶时相应的后轮轨迹，这些后轮轨迹都是圆的曳物线，请分析圆的曳物线有哪些类型，圆的曳物线的类型由哪些参数决定？

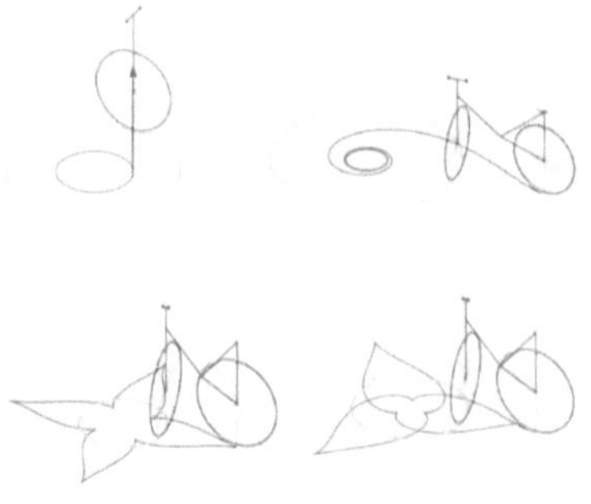

（2）写出空间曲线的曳物线方程.

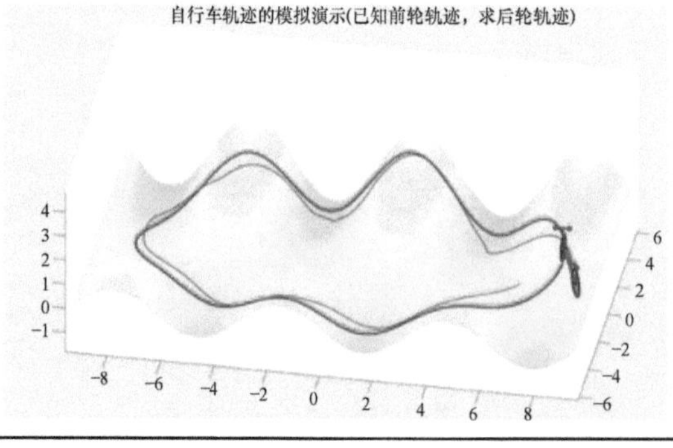

动画演示：

（动画 ch1sec1- 圆的曳物线 1，ch1sec1- 圆的曳物线 2，ch1sec1- 圆的曳物线 3，ch1sec1- 圆的曳物线 4）

四、扩展阅读资料

（1）对曳物线的性质感兴趣的同学可以参考论文：

APOSTOL T M, MNATSAKANIAN M A. Subtangents—an aid to visual calculus [J]. The American Mathematical Monthly, 2002, 109（6）：525-533.

或者文章

APOSTOL T M. A visual approach to calculus problems [J]. Engineering and Science, 2000, 3：22-31.

（2）对自行车轨迹模拟感兴趣的同学可参考论文：

DUNBAR S R, BOSMAN R, NOOIJ S E M. The track of a bicycle back tire [J]. Mathematics Magazine, 2001, 74（4）：273-287.

五、教学评注

在课程设计上，本节以福尔摩斯探案故事中的问题“从车轮轨迹如何判断自行车的行驶方向？”引入，吸引学生注意力，激发学生强烈的兴趣，引导学生思考. 借助丰富的图形和动画模拟演示，直观而形象地将曳物线呈现在学生眼前，便于学生理解曳物线的生成过程和几何特性. 此后，建立曳物线的微分方程，并求解直线的曳物线方程. 方程的建立和求解用到了基本的微积分知识与常微分方程知识，过程中体现出的将几何性质转化为函数性质的技巧是需要学生仔细体会和掌握的，也是教学中要注意强调的. 借助动画模拟分析曳物线的性质，并介绍一种计算切线扫描面积的方法，加深学生对知识点的理解、开阔学生的眼界. 在拓展与应用部分通过对内轮差区域的介绍，展示了曳物线在生活中的应用且有机地融入思政元素. 最后通过课后思考，进一步培养学生独立思考、学以致用的能力.

曲线的曲率、挠率和伏雷内公式

一、教学目标

曲线的曲率和挠率是描述曲线在空间中弯曲和扭曲的重要几何量，伏雷内公式是曲线论中的基本公式，它们全面地描绘了曲线在局部的形状. 通过本节的学习，使学生理解曲率和挠率的概念，掌握曲率和挠率的计算方法，掌握伏雷内公式，并能学会应用曲率和挠率的相关知识去解决具体的几何问题和实际问题.

二、教学内容

1. 主要内容

（1）曲率的定义；

（2）挠率的定义；

（3）伏雷内公式；

（4）曲率和挠率的计算.

2. 教学重点

（1）曲率与挠率的概念；

（2）曲率与挠率的计算.

3. 教学难点

（1）挠率的概念；

（2）具体问题中曲率与挠率的计算.

三、教学设计

1. 教学进程框图

问题引入	不同类型的过山车			
曲率和挠率	曲率的定义	曲率的性质	挠率的定义	伏雷内公式
曲率和挠率的计算	弧长参数下的计算	一般参数下的计算	举例	
应用拓展	过山车的设计	弧圈球的分类		

2. 教学环节设计

<table>
<tr><th colspan="2">问题引入</th></tr>
<tr><td>不同类型的过山车

观察图中两种不同类型的过山车，乘坐时的感受有何不同？左侧的过山车路段剧烈的上下弯曲，乘坐时有强烈的失重感，感受到轨道的弯曲．右侧的过山车路段在很短的一段轨道上做了剧烈的扭曲，乘坐时会感觉头晕目眩．这种感受上的差异很显然是由过山车轨道曲线的不同所引起的，这两种轨道曲线有什么不同？左侧的轨道曲线（近似）是平面曲线，（几乎）只有弯曲，而右侧的轨道曲线不能落在某一个平面上，是一条空间曲线，它不仅有弯曲还有扭曲．更多的时候，弯曲和扭曲的共同作用带来了翻滚过山车的惊险刺激，如下图.</td><td>教学意图：
引出曲线的弯曲与扭曲.

启发思考：
曲线的弯曲程度和扭曲程度如何度量?
在数学上如何区分平面曲线与空间曲线?</td></tr>
</table>

（续）

问题引入

上面这些都是本节所要讨论的问题.

曲率和挠率

知识回顾：

曲线的基本三棱形

设曲线的自然（弧长）参数表示为 $\boldsymbol{r}(s)$，则

切向量：

$$\boldsymbol{\alpha}(s)=\dot{\boldsymbol{r}}(s),$$

主法向量：

$$\boldsymbol{\beta}(s)=\frac{\dot{\boldsymbol{\alpha}}}{|\dot{\boldsymbol{\alpha}}|}=\frac{\ddot{\boldsymbol{r}}(s)}{|\ddot{\boldsymbol{r}}(s)|},$$

副法向量：

$$\boldsymbol{\gamma}=\boldsymbol{\alpha}\times\boldsymbol{\beta}.$$

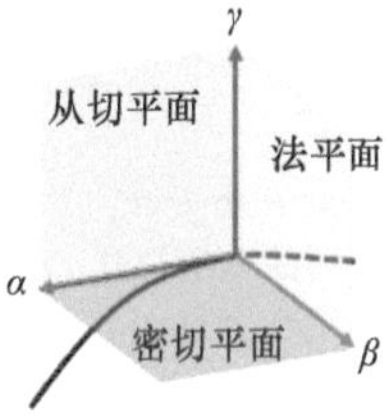

教学意图：

复习本节课需要用到的基本概念.

动画演示：

（ch1sec2- 基本三棱形）

观察动画中随着点的运动基本三棱形的变化

注意：

这三个向量都是单位向量.

曲率的定义

注意到切向量的转动反映了曲线的弯曲. 显然，直线总是与其切线重合，随着直线上点的移动切向量不转动，直线不弯曲. 切向量一旦转动了，曲线就不是直线必然弯曲，并且切向量转动得越快，曲线弯曲得越厉害. 于是，弯曲程度可以用切向量转动的速度来定义. 也就是切向量转过的角度与弧长之比的极限. 这就是曲率的定义.

曲线的弯曲：

（1）曲线离开切线，

（2）切向量转动，

（3）弯曲程度用曲率刻画 .

定义：曲线的曲率为切向量相对于弧长的旋转速度 .

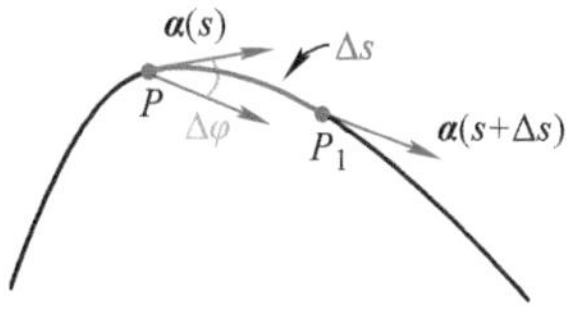

弯曲

• 弯曲程度=**切向量α的转动速度**

$$k(s)=\lim_{\Delta s\to 0}\left|\frac{\Delta\varphi}{\Delta s}\right|\text{（曲率）}$$

注：根据向量值函数的性质知 $k=|\dot{\boldsymbol{\alpha}}|=|\ddot{\boldsymbol{r}}|$.

教学意图：

介绍曲率的概念.

引导：

曲线的弯曲直观上如何描述?

（续）

曲率和挠率

例：计算半径为 2 的圆的曲率．

解：参数方程为 $\boldsymbol{r}(\theta)=(2\cos\theta,2\sin\theta,0)$，$\Delta\varphi=\Delta\theta$，$\Delta s=2\Delta\theta$，由曲率定义知，曲率 $k=\dfrac{1}{2}$．

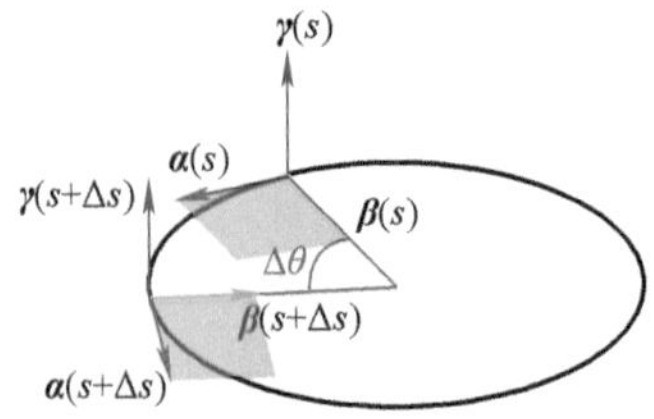

教学意图：

利用定义计算圆的曲率.

提问：

半径为 R 的圆的曲率是多少？

回答：$1/R$.

这一计算结果与直观是一致的，圆的半径越小，弯曲程度越大.

曲率的性质

性质 1：切向量与主法向量满足 $\dfrac{\mathrm{d}\boldsymbol{\alpha}}{\mathrm{d}s}=k\boldsymbol{\beta}$，$k$ 为曲率.

证明：由于 $\boldsymbol{\beta}(s)=\dfrac{\dot{\boldsymbol{\alpha}}}{|\dot{\boldsymbol{\alpha}}|}=\dfrac{\dot{\boldsymbol{\alpha}}}{k}$，即得 $\dfrac{\mathrm{d}\boldsymbol{\alpha}}{\mathrm{d}s}=k\boldsymbol{\beta}$.

性质 2：曲率恒等于零的曲线是直线．

证明：已知 $k=|\ddot{\boldsymbol{r}}|\equiv 0$，因而 $\ddot{\boldsymbol{r}}=0$，由此得 $\dot{\boldsymbol{r}}=\boldsymbol{a}$，其中 $\boldsymbol{a}$ 为常向量．积分得 $\boldsymbol{r}=\boldsymbol{a}s+\boldsymbol{b}$，其中 $\boldsymbol{b}$ 为常向量．

这是一条直线的参数方程.

例：计算圆柱螺线 $\boldsymbol{r}(\theta)=(\cos\theta,\sin\theta,\theta)$，$\theta\in(0,2\pi)$，的曲率

解：该圆柱螺线可以用下面的方法得到，一张边长为 2π 的正方形纸将两条对边粘合成为一个圆柱面，正方形的对角线在圆柱面上形成的曲线就是圆柱螺线．从图形中可以看出 $\Delta s=\sqrt{2}\,\Delta\theta$．

利用参数方程可求出点 P 与点 P_1 处的单位切向量

$$\boldsymbol{\alpha}(\theta)=\frac{\boldsymbol{r}'(\theta)}{|\boldsymbol{r}'(\theta)|}=\frac{1}{\sqrt{2}}(-\sin\theta,\cos\theta,1),$$

$$\boldsymbol{\alpha}(\theta+\Delta\theta)=\frac{1}{\sqrt{2}}(-\sin(\theta+\Delta\theta),\cos(\theta+\Delta\theta),1)\ .$$

将两单位切向量投影到底面，两投影的夹角为 $\Delta\theta$，利用初等立体几何可计算得到 $\Delta\varphi=2\arcsin(\dfrac{\sqrt{2}}{2}\sin\dfrac{\Delta\theta}{2})$．

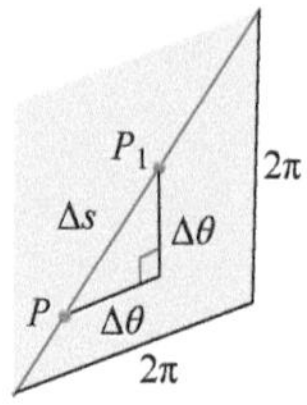

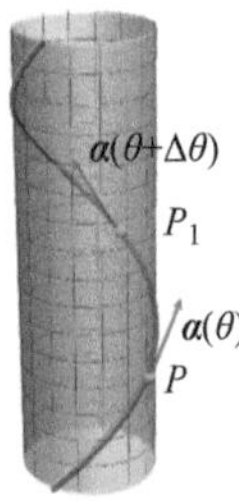

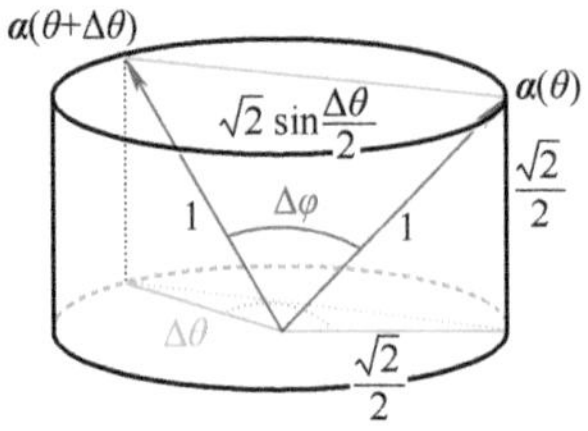

由此，利用曲率的定义知

$$k=\lim_{\Delta\theta\to 0}\frac{2\arcsin(\frac{\sqrt{2}}{2}\sin\frac{\Delta\theta}{2})}{\sqrt{2}\Delta\theta}=\lim_{\Delta\theta\to 0}\frac{2\frac{\sqrt{2}}{2}\frac{\Delta\theta}{2}}{\sqrt{2}\ \Delta\theta}=\frac{1}{2}\ .$$

教学意图：

介绍曲率的两个基本性质.

提问：

曲率能够区分平面曲线与空间曲线吗？

教学意图：

利用定义计算圆柱螺线的曲率．

提问：

不计算微分能求出圆柱螺线的弧长吗？

提问：

如何计算这个极限？

回答：

利用无穷小量代换.

上述两个例子已经说明了曲率并不能区分平面曲线与空间曲线.

（续）

曲率和挠率

这里利用了等价无穷小代换

$$\arcsin x \sim \sin x \sim x \quad (x \to 0) .$$

综合上述两个例子，圆为平面曲线，圆柱螺线为空间曲线，但是它们的曲率却是相等的.

圆

$\boldsymbol{r}(\theta)=(2\cos\theta,\ 2\sin\theta,\ 0)$

曲率 $k=\dfrac{1}{2}$

圆柱螺线

$\boldsymbol{r}(\theta)=(\cos\theta,\ \sin\theta,\ \theta)$

曲率 $k=\dfrac{1}{2}$

因此，曲率不能用来区分平面曲线与空间曲线.

提问：

空间曲线有什么是平面曲线不具有的特点？

曲线的扭曲

直观上，空间曲线除了弯曲还会扭曲，表现为：

（1）曲线离开密切平面，

（2）副法向量转动.

扭曲程度该如何刻画？

仿照曲率的定义方式，如下定义曲线的扭曲程度.

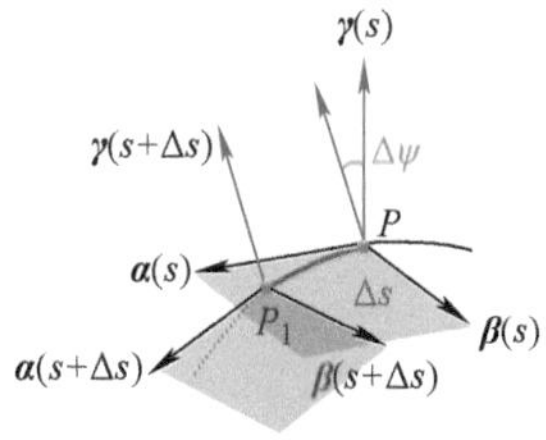

扭曲

- 扭曲程度=**副法向量γ的转动速度**

$$|\dot{\boldsymbol{\gamma}}|=\lim_{\Delta s\to 0}\left|\frac{\Delta\psi}{\Delta s}\right|$$

教学意图：

介绍扭曲程度.

课程思政：

通过类比分析，由曲率描述曲线的弯曲程度引出如何描述曲线的扭曲程度.

通过这些具体的数学知识的发现过程的揭示，将为培养学生的科学思想方法，提高学生分析和解决问题的能力奠定良好的基础.

扭曲程度的性质

曲线为平面曲线 $\Longleftrightarrow$ 扭曲程度 $|\dot{\boldsymbol{\gamma}}|=0$

证明：若曲线为直线则结论自然成立，下面我们只考虑非直线的曲线.

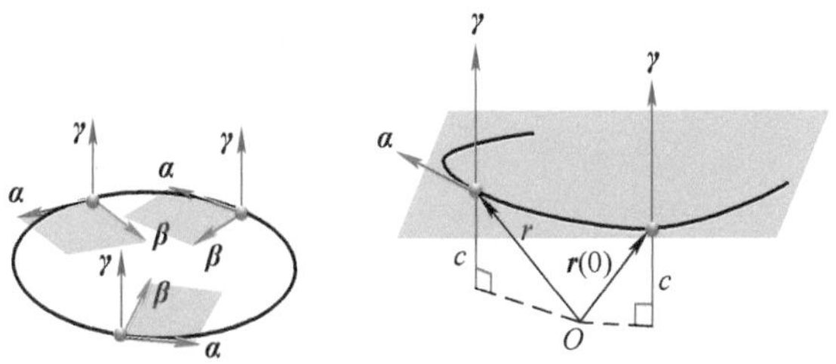

必要性：若曲线为平面曲线，则密切平面与该曲线所在平面重合，曲线上任意点处的副法向量为该平面的法向量，因此，$\boldsymbol{\gamma}$ 固定，$\dot{\boldsymbol{\gamma}}=0$，即 $|\dot{\boldsymbol{\gamma}}|=0$.

充分性：若 $|\dot{\boldsymbol{\gamma}}|=0$，则 $\boldsymbol{\gamma}$ 固定.

另一方面由于 $\boldsymbol{\alpha}\cdot\boldsymbol{\gamma}=0$，则 $\dot{\boldsymbol{r}}\cdot\boldsymbol{\gamma}=0$.

两边积分得 $\boldsymbol{r}\cdot\boldsymbol{\gamma}=\boldsymbol{r}(0)\cdot\boldsymbol{\gamma}=c$，$c$ 为常数，由此知曲线为平面曲线.

教学意图：

介绍区分平面曲线与空间曲线的等价条件.

提问：

平面曲线的扭曲程度是多少？

回答：

直观上平面曲线不扭曲，扭曲程度是零.

反之是否成立？

（续）

曲率和挠率

扭曲程度的计算

考察圆柱螺线 $\boldsymbol{r}=(a\cos\theta, a\sin\theta, b\theta), a>0, b\neq 0$ 的扭曲程度．

直接计算可知 $\mathrm{d}\boldsymbol{r}=(-a\sin\theta, a\cos\theta, b)\mathrm{d}\theta$，

$\mathrm{d}s=|\mathrm{d}\boldsymbol{r}|=\sqrt{a^2+b^2}\,\mathrm{d}\theta$，不妨设 s 的正向和 θ 的相同，得

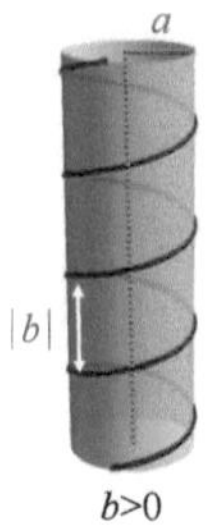

$$\frac{\mathrm{d}\theta}{\mathrm{d}s}=\frac{1}{\sqrt{a^2+b^2}},$$

$$\boldsymbol{\alpha}=\frac{\mathrm{d}\boldsymbol{r}}{\mathrm{d}s}=\frac{\mathrm{d}\boldsymbol{r}}{\mathrm{d}\theta}\frac{\mathrm{d}\theta}{\mathrm{d}s}=\frac{1}{\sqrt{a^2+b^2}}(-a\sin\theta, a\cos\theta, b),$$

$$\boldsymbol{\beta}=\frac{1}{k}\frac{\mathrm{d}\boldsymbol{\alpha}}{\mathrm{d}s}=\frac{1}{k}\frac{\mathrm{d}\boldsymbol{\alpha}}{\mathrm{d}\theta}\frac{\mathrm{d}\theta}{\mathrm{d}s}=\frac{1}{k}\frac{1}{a^2+b^2}(-a\cos\theta, -a\sin\theta, 0).$$

由此得曲率 $k=\dfrac{a}{a^2+b^2}$．

因此，$\boldsymbol{\gamma}=\boldsymbol{\alpha}\times\boldsymbol{\beta}=\dfrac{1}{\sqrt{a^2+b^2}}(b\sin\theta, -b\cos\theta, a)$，

$$\dot{\boldsymbol{\gamma}}=\frac{\mathrm{d}\boldsymbol{\gamma}}{\mathrm{d}s}=\frac{\mathrm{d}\boldsymbol{\gamma}}{\mathrm{d}\theta}\frac{\mathrm{d}\theta}{\mathrm{d}s}=\frac{1}{a^2+b^2}(b\cos\theta, b\sin\theta, 0)=\frac{b}{a^2+b^2}(\cos\theta, \sin\theta, 0).$$

因此该圆柱螺线的扭曲程度为 $|\dot{\boldsymbol{\gamma}}|=\dfrac{|b|}{a^2+b^2}$．

注意到若记 $\tau=\begin{cases}+|\dot{\boldsymbol{\gamma}}|, & \dot{\boldsymbol{\gamma}}\text{与}\boldsymbol{\beta}\text{同向}\\ -|\dot{\boldsymbol{\gamma}}|, & \dot{\boldsymbol{\gamma}}\text{与}\boldsymbol{\beta}\text{反向}\end{cases}$，即 $\tau=\dfrac{b}{a^2+b^2}$，则有

$$\dot{\boldsymbol{\gamma}}=-\tau\boldsymbol{\beta}.$$

当 $b>0$ 时，圆柱螺线符合右手法则，称为右旋螺线，$\tau>0$；当 $b<0$ 时，圆柱螺线符合左手法则，称为左旋螺线，$\tau<0$．

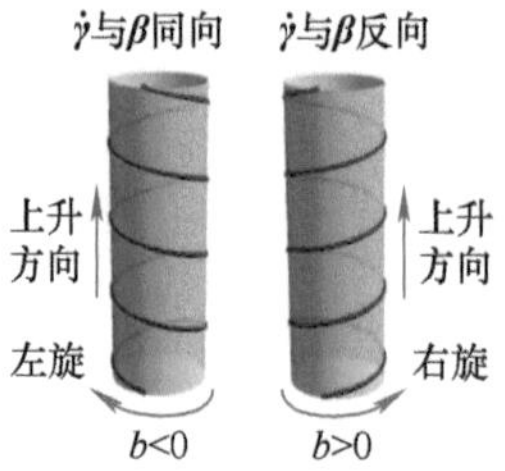

教学意图：

利用定义计算圆柱螺旋的扭曲程度．

观察计算结果，介绍两种扭曲类型．

提问：

定义中使用的是弧长参数，参数方程中的参数并不是弧长参数，如何计算？

回答：

利用复合函数链式求导法则．

强调：

“右旋”是指符合右手法则，即：右手四个手指与曲线弯曲方向一致时，大拇指方向为曲线上升方向．“左旋”则反之．

挠率定义的准备

上面圆柱螺线的例子中 $\dot{\boldsymbol{\gamma}}$ 与 $\boldsymbol{\beta}$ 的平行关系，对于一般曲线依然成立．

对 $\boldsymbol{\gamma}=\boldsymbol{\alpha}\times\boldsymbol{\beta}$ 两边求微商，有

$$\dot{\boldsymbol{\gamma}}=\dot{\boldsymbol{\alpha}}\times\boldsymbol{\beta}+\boldsymbol{\alpha}\times\dot{\boldsymbol{\beta}}=k\boldsymbol{\beta}\times\boldsymbol{\beta}+\boldsymbol{\alpha}\times\dot{\boldsymbol{\beta}}=\boldsymbol{\alpha}\times\dot{\boldsymbol{\beta}}.$$

因此，$\dot{\boldsymbol{\gamma}}\perp\boldsymbol{\alpha}$．

另一方面，由于 $\boldsymbol{\gamma}$ 为单位向量，$\dot{\boldsymbol{\gamma}}\cdot\boldsymbol{\gamma}=0$，因此 $\dot{\boldsymbol{\gamma}}\perp\boldsymbol{\gamma}$．

由以上两个关系知 $\dot{\boldsymbol{\gamma}}\,/\!/\,\boldsymbol{\beta}$．

教学意图：

为给出挠率的定义做准备．

（续）

曲率和挠率

挠率的定义

曲线的挠率定义为

$$\text{挠率}\quad \tau=\begin{cases}+|\dot{\boldsymbol{\gamma}}|, & \dot{\boldsymbol{\gamma}}\text{与}\boldsymbol{\beta}\text{反向},\\ -|\dot{\boldsymbol{\gamma}}|, & \dot{\boldsymbol{\gamma}}\text{与}\boldsymbol{\beta}\text{同向}.\end{cases}$$

挠率的绝对值表示扭曲程度，正负表示扭曲的类型，在挠率大于零的点邻近，曲线类似右旋螺线（见下右图）；在挠率小于零的点邻近，曲线类似左旋螺线（见下左图）.

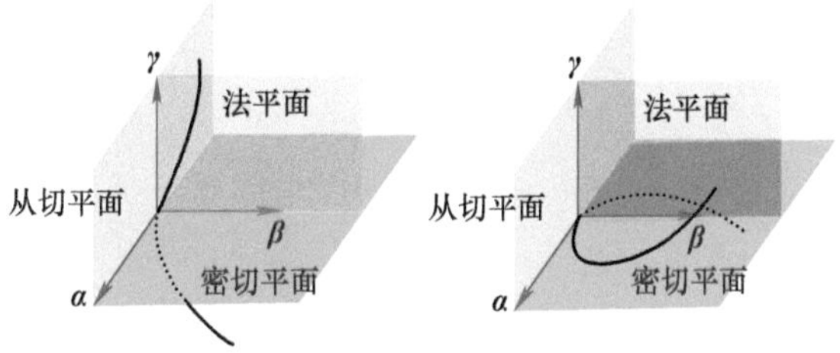

教学意图：

介绍挠率的定义.

在挠率大于零的点邻近，在法平面之“前”（切向量正向的一侧），曲线朝“上”（$\boldsymbol{\gamma}$正向的一方），在法平面之“后”，曲线朝“下”；挠率小于零的点则反之.

伏雷内公式

根据挠率的定义有 $\dot{\boldsymbol{\gamma}}=-\tau(s)\boldsymbol{\beta}$.

另外对 $\boldsymbol{\beta}=\boldsymbol{\gamma}\times\boldsymbol{\alpha}$ 微商得

$$\begin{aligned}\dot{\boldsymbol{\beta}}&=\dot{\boldsymbol{\gamma}}\times\boldsymbol{\alpha}+\boldsymbol{\gamma}\times\dot{\boldsymbol{\alpha}}\\&=-\tau(s)\boldsymbol{\beta}\times\boldsymbol{\alpha}+\boldsymbol{\gamma}\times k(s)\boldsymbol{\beta}\\&=-k(s)\boldsymbol{\alpha}+\tau(s)\boldsymbol{\gamma}\ .\end{aligned}$$

上述两个式子与此前已经得到 $\dot{\boldsymbol{\alpha}}=k\boldsymbol{\beta}$ 的合称为空间曲线的伏雷内公式，即

$$\begin{cases}\dot{\boldsymbol{\alpha}}=k\boldsymbol{\beta},\\ \dot{\boldsymbol{\beta}}=-k(s)\boldsymbol{\alpha}+\tau(s)\boldsymbol{\gamma},\\ \dot{\boldsymbol{\gamma}}=-\tau(s)\boldsymbol{\beta}.\end{cases}$$

这组公式是空间曲线论的基本公式 . 它的特点是基本向量关于弧长的微商可以用线性组合来表示，它的系数组成反对称方阵

$$\begin{pmatrix}0 & k(s) & 0\\ -k(s) & 0 & \tau(s)\\ 0 & -\tau(s) & 0\end{pmatrix}.$$

教学意图：

介绍伏雷内公式的推导过程和结论.

强调：

伏雷内公式把三个基本向量 $\boldsymbol{\alpha},\boldsymbol{\beta},\boldsymbol{\gamma}$ 的一阶导函数写成这三个向量的线性组合.

曲率和挠率的计算

曲率和挠率在弧长参数下的计算公式

对于曲率由定义知在弧长参数下 $k=|\dot{\boldsymbol{\alpha}}|=|\ddot{\boldsymbol{r}}|$.

由伏雷内公式及挠率的定义知 $\dot{\boldsymbol{\gamma}}=-\tau\boldsymbol{\beta}$, 两边点乘 $\boldsymbol{\beta}$ 得 $\dot{\boldsymbol{\gamma}}\cdot\boldsymbol{\beta}=-\tau\boldsymbol{\beta}\cdot\boldsymbol{\beta}=-\tau$，因此

$$\begin{aligned}\tau&=-\dot{\boldsymbol{\gamma}}\cdot\boldsymbol{\beta}=\boldsymbol{\gamma}\cdot\dot{\boldsymbol{\beta}}=(\boldsymbol{\alpha}\times\boldsymbol{\beta})\cdot\dot{\boldsymbol{\beta}}=\left(\boldsymbol{\alpha}\times\frac{1}{k}\dot{\boldsymbol{\alpha}}\right)\cdot\left(\frac{1}{k}\dot{\boldsymbol{\alpha}}\right)^{\cdot}\\&=\left(\boldsymbol{\alpha}\times\frac{1}{k}\dot{\boldsymbol{\alpha}}\right)\cdot\left(\frac{1}{k}\ddot{\boldsymbol{\alpha}}+\left(\frac{1}{k}\right)^{\cdot}\dot{\boldsymbol{\alpha}}\right)=\frac{(\boldsymbol{\alpha},\dot{\boldsymbol{\alpha}},\ddot{\boldsymbol{\alpha}})}{k^2}=\frac{(\dot{\boldsymbol{r}},\ddot{\boldsymbol{r}},\dddot{\boldsymbol{r}})}{k^2}=\frac{(\dot{\boldsymbol{r}},\ddot{\boldsymbol{r}},\dddot{\boldsymbol{r}})}{\ddot{\boldsymbol{r}}^2}\ .\end{aligned}$$

由此知，挠率在弧长参数下的计算公式为

$$\tau=\frac{(\dot{\boldsymbol{r}},\ddot{\boldsymbol{r}},\dddot{\boldsymbol{r}})}{\ddot{\boldsymbol{r}}^2}\ .$$

教学意图：

介绍曲率和挠率的计算公式.

（续）

曲率和挠率的计算	
曲率和挠率在一般参数下的计算公式 对于由一般参数表示的曲线 $\boldsymbol{r}=\boldsymbol{r}(t)$，利用导数计算法则知 $\boldsymbol{r}'=\dot{\boldsymbol{r}}\frac{\mathrm{d}s}{\mathrm{d}t}$，$\boldsymbol{r}''=\ddot{\boldsymbol{r}}(\frac{\mathrm{d}s}{\mathrm{d}t})^2+\dot{\boldsymbol{r}}\frac{\mathrm{d}^2s}{\mathrm{d}t^2}$， $$\boldsymbol{r}'''=\dddot{\boldsymbol{r}}(\frac{\mathrm{d}s}{\mathrm{d}t})^3+3\frac{\mathrm{d}s}{\mathrm{d}t}\frac{\mathrm{d}^2s}{\mathrm{d}t^2}\ddot{\boldsymbol{r}}+\dot{\boldsymbol{r}}\frac{\mathrm{d}^3s}{\mathrm{d}t^3}.$$ 因此有 $\boldsymbol{r}'\times\boldsymbol{r}''=\dot{\boldsymbol{r}}\times\ddot{\boldsymbol{r}}(\frac{\mathrm{d}s}{\mathrm{d}t})^3\sin\theta$．注意到 $\lvert\dot{\boldsymbol{r}}\rvert=1,\dot{\boldsymbol{r}}\perp\ddot{\boldsymbol{r}},\frac{\mathrm{d}s}{\mathrm{d}t}=\lvert\boldsymbol{r}'\rvert$，因而有 $\lvert\boldsymbol{r}'\times\boldsymbol{r}''\rvert=k\lvert\boldsymbol{r}'\rvert^3$，曲率在一般参数下的计算公式为 $$k=\frac{\lvert\boldsymbol{r}'\times\boldsymbol{r}''\rvert}{\lvert\boldsymbol{r}'\rvert^3}.$$ 另一方面，直接计算混合积可知 $(\boldsymbol{r}',\boldsymbol{r}'',\boldsymbol{r}''')=\lvert\boldsymbol{r}'\rvert^6(\dot{\boldsymbol{r}},\ddot{\boldsymbol{r}},\dddot{\boldsymbol{r}})$． 再由 $k=\frac{\lvert\boldsymbol{r}'\times\boldsymbol{r}''\rvert}{\lvert\boldsymbol{r}'\rvert^3}$，得 $\tau=\frac{(\boldsymbol{r}',\boldsymbol{r}'',\boldsymbol{r}''')}{\lvert\boldsymbol{r}'\times\boldsymbol{r}''\rvert^2}$．挠率在一般参数下的计算公式为 $\tau=\frac{(\boldsymbol{r}',\boldsymbol{r}'',\boldsymbol{r}''')}{\lvert\boldsymbol{r}'\times\boldsymbol{r}''\rvert^2}$．	教学意图： 介绍一般参数下曲率和挠率的计算公式. 一般参数下只需应用求导运算的链式法则，并进行化简整理即可.
例：计算圆柱螺线 $\boldsymbol{r}=(a\cos\theta,a\sin\theta,b\theta),a>0,b\neq0$ 的挠率. 解：直接计算可知： $$\boldsymbol{r}'=(-a\sin\theta,a\cos\theta,b),$$ $$\boldsymbol{r}''=(-a\cos\theta,-a\sin\theta,0),$$ $$\boldsymbol{r}'''=(a\sin\theta,-a\cos\theta,0),$$ 于是有 $\lvert\boldsymbol{r}'\rvert=\sqrt{a^2+b^2}$， $$\boldsymbol{r}'\times\boldsymbol{r}''=\begin{vmatrix} i & j & k\\ -a\sin\theta & a\cos\theta & b\\ -a\cos\theta & -a\sin\theta & 0\end{vmatrix}=(ab\sin\theta,-ab\cos\theta,a^2).$$ 因此 $\lvert\boldsymbol{r}'\times\boldsymbol{r}''\rvert^2=a^2(a^2+b^2)$，$(\boldsymbol{r}',\boldsymbol{r}'',\boldsymbol{r}''')=a^2b$． 代入公式 $k=\frac{\lvert\boldsymbol{r}'\times\boldsymbol{r}''\rvert}{\lvert\boldsymbol{r}'\rvert^3}$，$\tau=\frac{(\boldsymbol{r}',\boldsymbol{r}'',\boldsymbol{r}''')}{\lvert\boldsymbol{r}'\times\boldsymbol{r}''\rvert^2}$，得 $\tau=\frac{b}{a^2+b^2}$． 由此可知，圆柱螺旋的曲率和挠率均是常数.	教学意图： 介绍利用公式计算圆柱螺旋挠率的过程.
例：计算椭圆柱螺线 $\boldsymbol{r}(\theta)=(\cos\theta,1.5\sin\theta,0.5\theta)$ 的曲率和挠率． 解：利用曲率和挠率计算公式计算可得 $$k=\frac{2\sqrt{8+\sin^2\theta}}{5(1+\cos^2\theta)^{3/2}},$$ $$\tau=\frac{3}{10+1.25\sin^2\theta}.$$ 椭圆柱螺线的曲率和挠率均周期变化.	教学意图： 展示椭圆柱螺线的计算结果. 提问： 椭圆柱螺线的曲率和挠率也会是常数吗？ 椭圆柱螺线的曲率在哪里取到最大值？挠率在哪里取到最大值？

（续）

曲率和挠率的计算

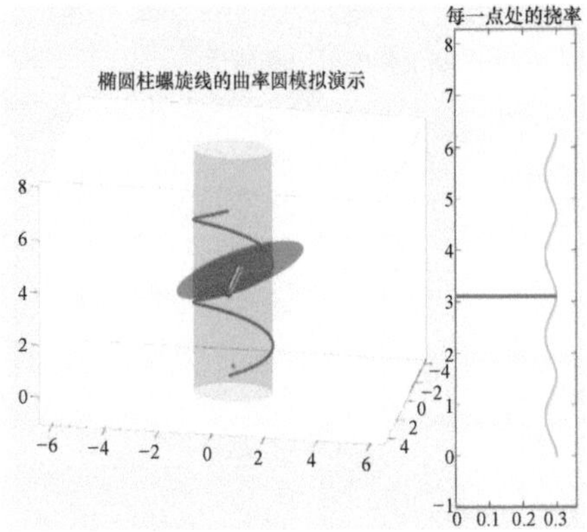

动画演示：

（ch1sec2- 椭圆柱螺线的曲率和挠率）

通过动画直观展示椭圆柱螺线的曲率和挠率的变化规律，找到曲率最大值点及挠率最大值点，与直观是否一致？

图中粉色的圆盘表示椭圆柱螺线上一点处的曲率圆，圆的半径表示该点处曲率的倒数. 曲线上蓝色的线段，其方向为副法向量的方向，长度表示该点处挠率值的大小. 图中的蓝色线段非常短，说明挠率值很小. 为了更清楚地看到挠率的变化，在右侧用蓝色线段长度表示对应高度的点的挠率大小，绿色曲线为挠率随高度变化的函数曲线.

教学意图：

展示椭圆锥螺线的曲率和挠率的结果.

例：椭圆锥螺线 $\boldsymbol{r}(\theta)=((1-0.5z)\cos\theta,(1-0.5z)1.5\sin\theta,z),\ z=\dfrac{2}{T}\theta,\theta\in(0,T)$. 分别计算 $T=4\pi$ ，$T=8\pi$ 时曲率和挠率的最大值 .

解：该曲线的挠率与曲率表达式较烦琐，利用计算机数值计算出曲率与挠率的最大值，并绘出挠率的函数图形，可知越接近圆锥的顶点处，曲率和挠率越大.

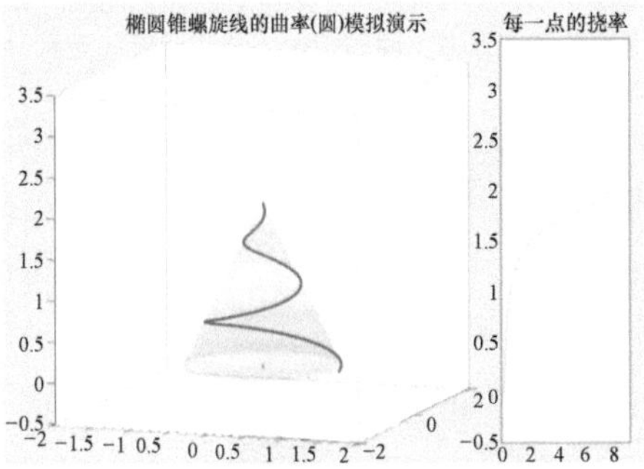

$T=4\pi$ 时，$k_{\max}=7.53982,\tau_{\max}=6.69004$.

$T=8\pi$ 时，$k_{\max}=15.0796,\tau_{\max}=13.3801$.

动画展示：

（ch1sec2- 椭圆锥螺线的曲率和挠率）

配合图形演示，引导学生观察曲率和挠率的变化，并利用动画直观演示.

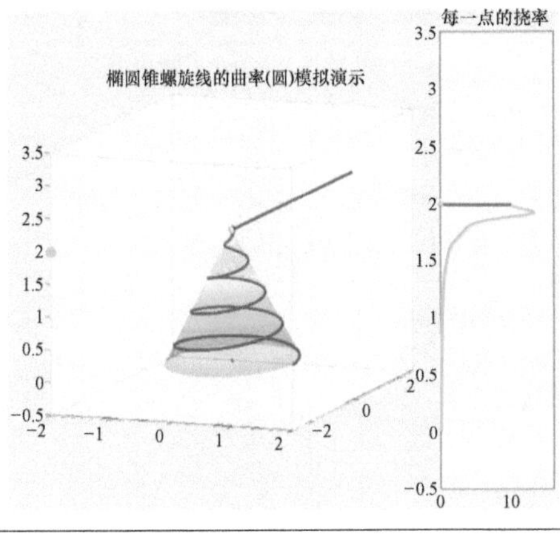

（续）

<table>
<tr><th colspan="2">应用拓展</th></tr>
<tr><td>
应用拓展一：过山车的设计
通过椭圆锥螺线的计算结果，可设计出曲率与挠率急剧变化的过山车轨道.
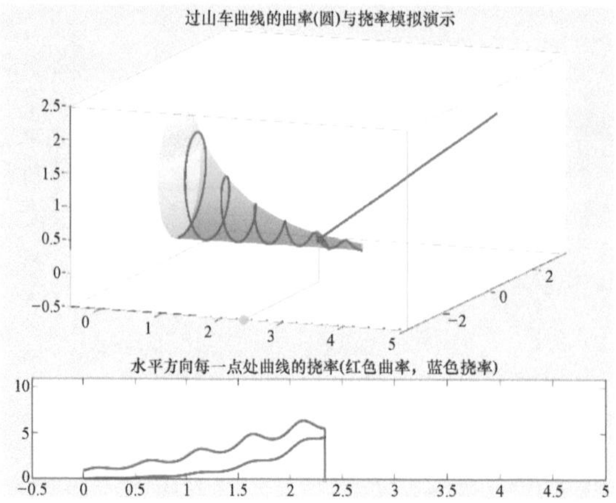

这样的过山车乘坐时会非常刺激.
</td><td>
教学意图：
结合计算结果给出实际应用拓展.
动画展示：
随着曲线上的点靠近顶点处，曲率和挠率都急剧变大.
</td></tr>
<tr><td>
应用拓展二：弧圈球的分类
下图是我国自主研发的乒乓球机器人教练“庞博特”，利用人工智能的方法训练学习乒乓球技术. 经过多年的发展，现阶段的乒乓球机器人的水平还处在“小学”程度，只能接一些简单的直线球，还不能很好的应对弧圈球. 不同的弧圈球有不同的接球方法，如果能提前辨认出弧圈球的类型，便可能设计出能接弧圈球的机器人.
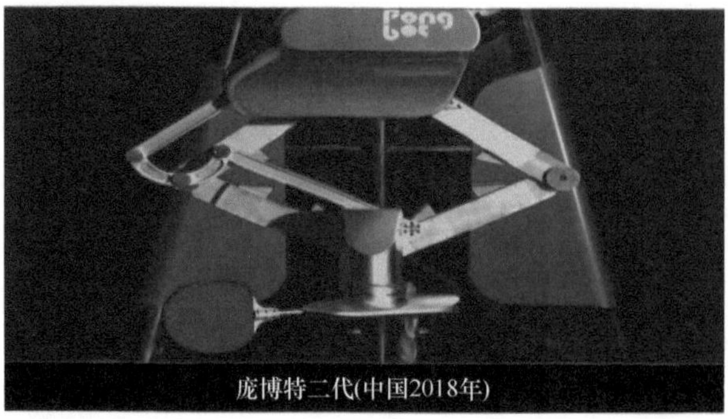
庞博特二代(中国2018年)
</td><td>
教学意图：
介绍乒乓球机器人，引出弧圈球的分类问题.
课程思政：
通过对乒乓球机器人的介绍，尤其是我国自主研发的机器人，来增强学生的民族自豪感和自信心，激励学生努力学习为国争光的情怀.
提问：
利用数学工具能否区分出不同的弧圈球？
</td></tr>
<tr><td>
弧圈球产生的原理和分类
与其他球类运动一样，乒乓球的弧圈球也是由马格努斯效应产生的. 当乒乓球的旋转角速度矢量与飞行速度矢量不重合时，在与旋转角速度矢量和平动速度矢量组成的平面相垂直的方向上将产生一个横向力. 在这个横向力的作用下乒乓球的飞行轨迹发生偏转，这就是马格努斯效应.
以乒乓球为坐标原点，设乒乓球的平动方向为 x 轴的负方向，按照乒乓球的旋转方向可分为左旋、右旋、顺旋、逆旋、上旋、下旋，当然在实际中还有各种组合旋转的情形.
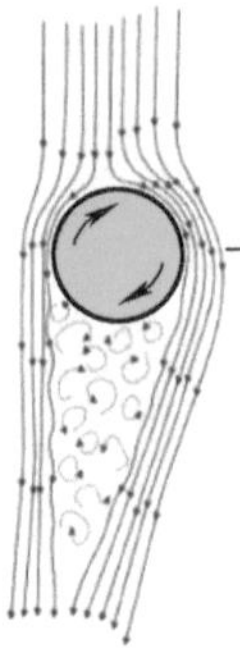

</td><td>
教学意图：
介绍弧圈球的原理和基本分类.
动画展示：
弧圈球轨迹（ch-1sec2-弧圈球轨迹）
</td></tr>
</table>

（续）

应用拓展

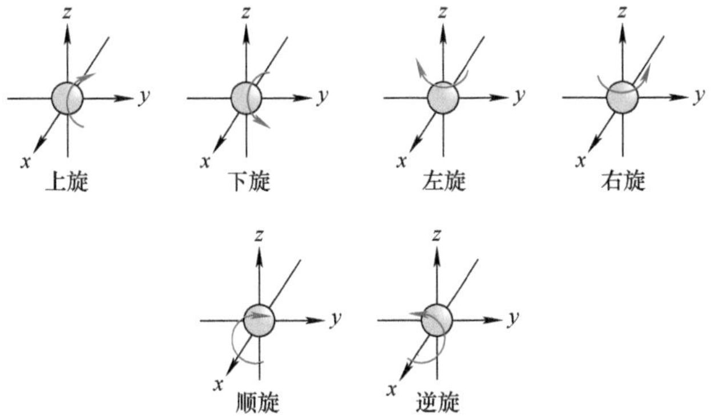

根据马格努斯效应，左旋球的运动轨迹会向左偏还是右偏？

回答：

向右偏.

乒乓球旋转模拟演示

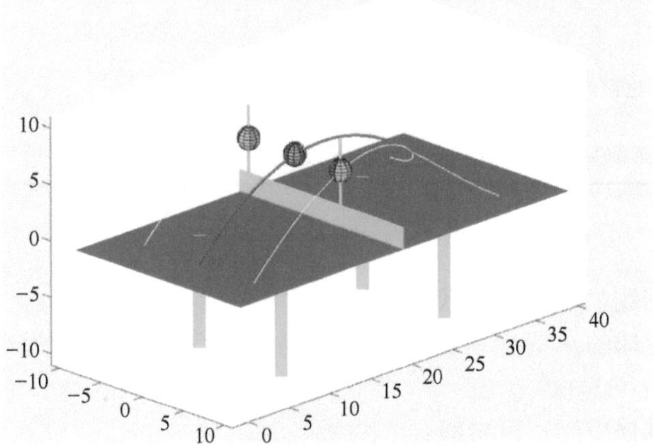

提问：

根据模拟结果，右旋球的轨迹是平面曲线还是空间曲线？

乒乓球弧线挠率的模拟演示

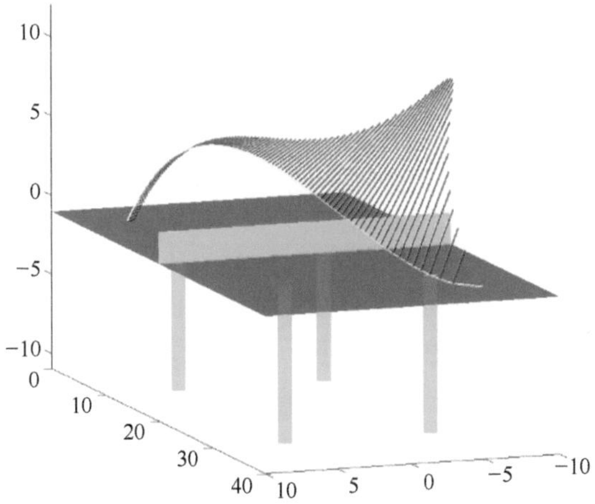

动画展示：

（ch1sec2-弧圈球轨迹的挠率）动画中的红色线段的方向就是运动轨迹曲线的副法向量的方向，长度表示挠率的大小.

模拟右旋球的运动轨迹，图中的红色线段表示乒乓球运动轨迹曲线的副法向量，红色线段的长度表示挠率的大小，由此可知右旋球的过网曲线为空间曲线.

类似分析触台后的触台曲线以及其他几种弧圈球，可得下表. 请同学课后利用本节课所学的曲率和挠率思考如何进一步区分各种弧圈球.

（续）

<table>
<tr><th colspan="2">应用拓展</th></tr>
<tr><td>

	球的旋转类型	过网曲线	触台曲线
第一类	左旋	空间曲线	空间曲线
	右旋	空间曲线	空间曲线
第二类	顺旋	平面曲线	空间曲线
	逆旋	平面曲线	空间曲线
第三类	下旋	平面曲线	平面曲线
	上旋	平面曲线	平面曲线
	不转	平面曲线	平面曲线

</td><td>回答：
由于挠率不为零，是空间曲线.</td></tr>
<tr><th colspan="2">课后思考</th></tr>
<tr><td>课后思考：
（1）曲线的曲率恒等于零，挠率也恒等于零吗？若曲线的挠率恒等于零，曲率也恒为零吗？
（2）证明：若曲线的所有密切平面都经过一个定点，则此曲线是平面曲线.</td><td></td></tr>
</table>

四、扩展阅读资料

（1）关于弧圈球的分类问题，可参考文献：

徐庆和 . 关于乒乓球螺旋球的新概念和新技术——兼论乒乓球运动的数学和力学基础 [J]. 体育科学，2003，23（5）：115-119.

（2）关于曲率和挠率的其他应用，可参阅：

王颖，史旭光 . DNA 自由能与 DNA 空间几何构型关系研究 [J]. 生物数学学报，2017，32（4）：483-491.

魏庆朝，李鸣，吕希奎，李敏，时瑾. 高速铁路三维线形参数及其对列车运动的影响 [J]. 铁道工程学报，2019，36（1）：31-37.

五、教学评注

本节课以“不同类型的过山车乘坐时的不同感受”这一贴近生活的实际问题引入，引起学生的好奇心和学习兴趣，引出如何刻画曲线的弯曲程度和扭曲程度，以及如何区分平面曲线与空间曲线的问题. 然后，通过观察具体曲线上基本三棱形的变化类比给出曲率和扭曲程度的概念. 并通过具体曲线的例子，引导学生得到“曲率不能区分平面曲线与空间曲线”的结论，再进一步观察圆柱螺线的计算结果，给出挠率的定义. 课程设计中遵循“从具体到抽象”的原则，直接从定义入手演示了圆、圆柱螺线的曲率和挠率的计算过程，避免给出定义后直接进入抽象公式的推导，以便于学生更好地接受和理解曲率和挠率. 此后，通过基本的微分运算总结出伏雷内公式，并给出曲率和挠率在弧长参数和一般参数下的计算公式. 最后，通过过山车的设计以及对我国自主研发的乒乓球机器人的介绍，有机融入思政元素，激励学生探索曲率和挠率在实际问题中的应用，培养学生学以致用的能力.

等距变换

一、教学目标

等距变换是在已讨论了空间曲面的概念和曲面的第一基本形式，得到曲面上曲线的弧长、曲面上两曲线的交角以及曲面域的面积都可以利用第一基本量 E, F, G 来计算的基础上，建立的两个正则曲面之间保持第一基本形式不变的对应关系．通过本节内容的学习，使学生理解等距变换的定义和充要条件，掌握特定曲面之间的等距变换并且对于给定的变换能够判断其是否为等距变换，并能够在今后的学习中应用等距变换的相关知识去解决具体问题.

二、教学内容

1. 主要内容

（1）等距变换的定义；
（2）悬链面与正螺面的等距变换；
（3）等距变换的充要条件；
（4）等距变换的应用.

2. 教学重点

（1）等距变换的寻找和判断；
（2）等距变换充要条件的证明.

3. 教学难点

（1）等距变换的理解；
（2）等距变换充要条件的证明.

三、教学设计

1. 教学进程框图

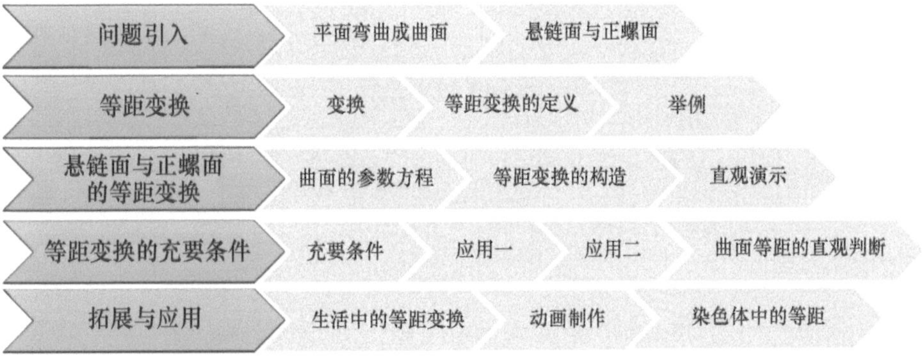

2. 教学环节设计

问题引入

平面弯曲成曲面

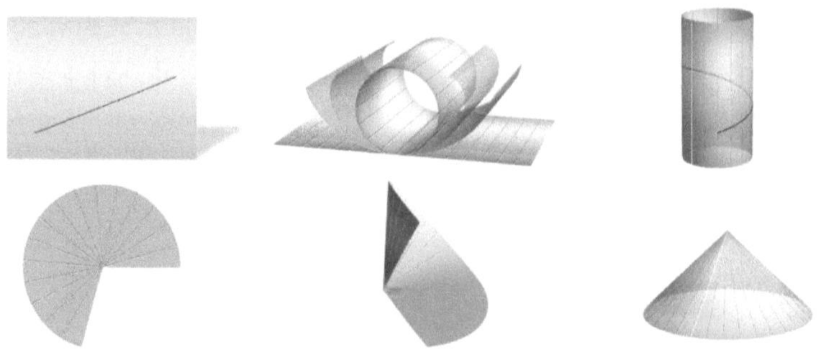

首先，观察熟悉曲面如圆柱面和圆锥面都可以用一张纸（平面的一部分）弯曲得到. 注意到，平面弯曲变成圆柱面的过程中，平面上的红色的直线段，变成圆柱面上的红色的曲线段，但是它的长度是保持不变. 类似的平面还可以弯曲得到圆锥面，弯曲过程中同样保持对应曲线弧长不变.

这种对曲面不拉伸不撕裂的连续弯曲形变，就是本节课我们要介绍的等距变换. 直观上我们就能看出这些简单的曲面之间可以通过弯曲相互转化. 更一般的两个曲面就不那么容易想象了，比如我们学习过的悬链面与正螺面.

教学意图：

引入本节课要讨论的等距变换. 从同学熟悉的将平面弯曲得到一些常见曲面入手，通过交流互动，引导学生理解等距变换.

这种直观的弯曲形变是曲面之间的等距变换的一种情况.

悬链面与正螺面

再考虑两个略复杂的曲面. 一个是悬链面，它是由一条悬链线沿着一个圆旋转一周所形成的，如下左图所示.

另外一个是正螺面，它是由一条直线沿着另外一条直线一边旋转一边上升所形成的. 如下右图所示.

悬链面

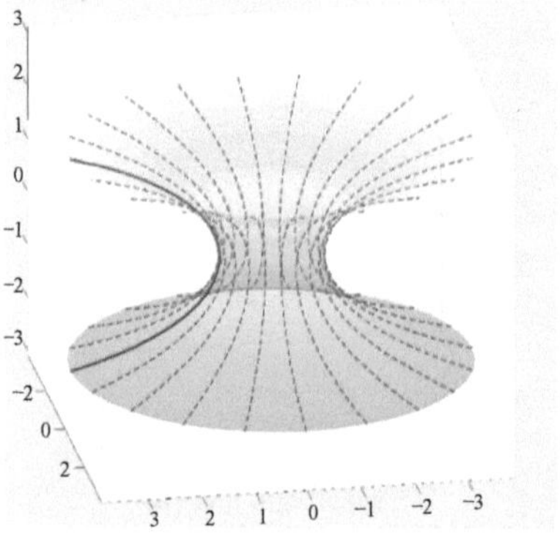

正螺面

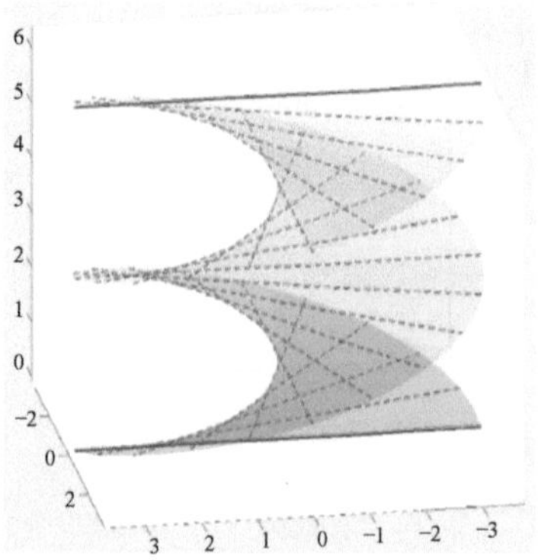

那么如果可以将悬链面（除去其上一条悬链线之后）通过弯曲，变成正螺面，并且还能保持对应曲线的长度不变. 大家觉得这真的可以做到吗？

教学意图：

应用数学最基本的思辨思想，引导学生从简单曲面，过渡到复杂曲面，提出问题：它们之间是否存在等距变换？

动画展示：

（ch2sec1- 悬链面与正螺面的生成）

通过动画观察悬链面与正螺面的生成过程，从而对这两个曲面有更直观的认识.

（续）

问题引入	
悬链面与正螺面之间的形变 将悬链面沿其上一条悬链线剪开，再将其中心的圆圈拉直．在拉直的过程中，整个悬链面被慢慢弯曲，最终变成了正螺面．那么在这样的形变前后，悬链面上的一小段曲线（不穿过被剪开的那条悬链线）形变成正螺面上的曲线之后弧长是否能保持不变？从这个形变过程似乎看不出来，下面我们经过数学上严格地分析来寻找这两个曲面的等距变换．从而可以说明，这里的形变前后对应曲线的弧长是不变的． 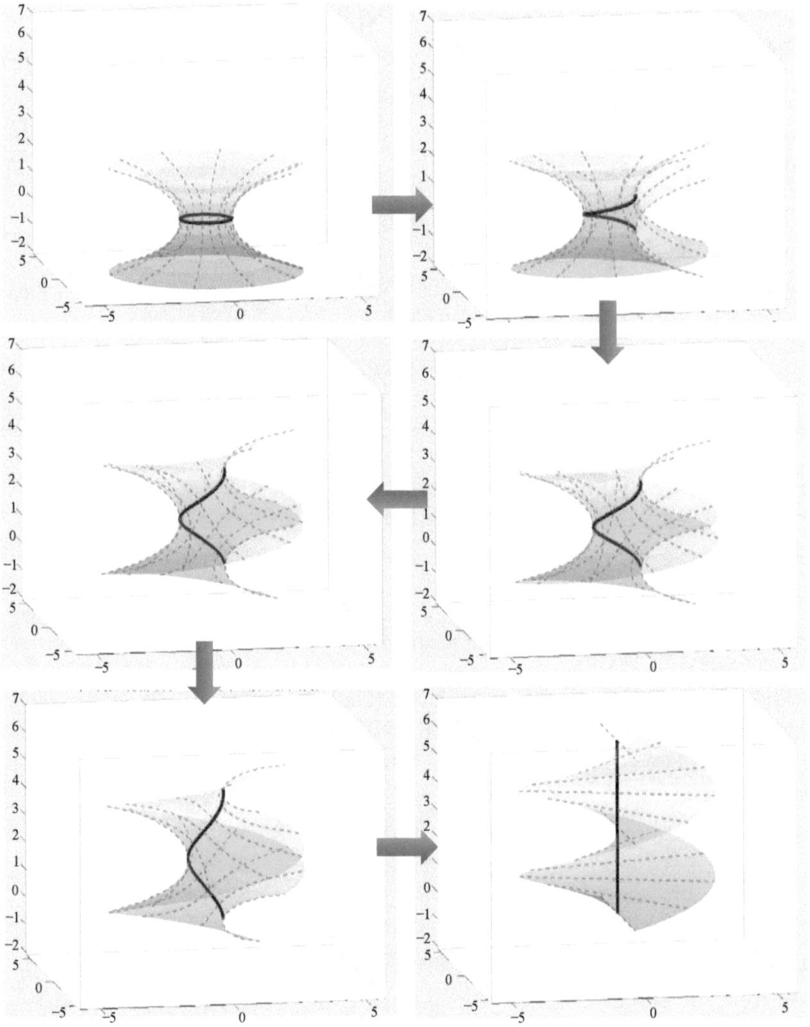	**教学意图：** 通过动画演示直观展示变换过程，引起学生的好奇心，感受数学的奇妙与魅力． **动画演示：** （ch2sec1- 悬链面与正螺面的等距变换过程） **提问：** 在数学上应该如何刻画这种曲面之间的关系？

（续）

<table>
<tr><th colspan="2">等距变换</th></tr>
<tr><td>

知识回顾：变换

首先回顾两个曲面之间的变换．给定两个曲面，参数方程如下：

$$S:\boldsymbol{r}=\boldsymbol{r}(z,\theta),(z,\theta)\in D,$$
$$S^{*}:\boldsymbol{r}^{*}=\boldsymbol{r}^{*}(u,v),(u,v)\in D^{*}.$$

如果能够找到参数之间的一一对应关系

$$\begin{cases}u=u(z,\theta)\\ v=v(z,\theta)\end{cases},(z,\theta)\in D,\ u,v\in C^{1}(D^{*}),\frac{\partial(u,v)}{\partial(z,\theta)}\neq 0,$$

相应的两个曲面上的点与点，曲线与对应曲线之间也可以建立起一一对应的关系，这种一一对应关系就被称为**曲面 S 到曲面 S^{*} 的变换**.

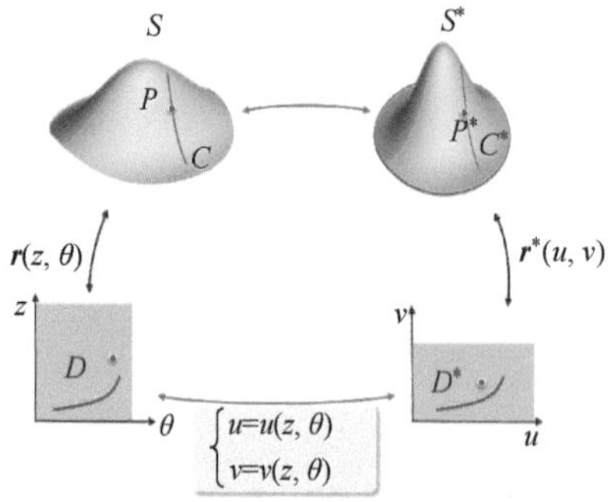

</td><td>

教学意图：

通过回顾一般变换的定义，引导学生给出等距变换的定义.

引导思考：

等距变换作为一种特殊的变换，应该满足什么样的条件呢？

</td></tr>
<tr><td>

等距变换的定义

曲面之间的变换，如果局部上保持曲面上对应曲线的长度不变，就称为**（局部）等距变换**.

若两个曲面之间存在一个（局部）等距变换，则称这两个曲面为**（局部）等距**.

那么该如何寻找等距变换？

</td><td>

教学意图：

明确等距变换的定义.

提问：

如何判断给定的变换是否是等距变换？

</td></tr>
<tr><td>

举例：平面与圆柱面之间的等距变换

前面讨论过可以将平面弯曲成圆柱面，弯曲前后平面上的任意曲线弧段的弧长保持不变，这个事实告诉我们平面与圆柱面之间存在着等距变换．要给出这个等距变换的数学表达式，只需将弯曲前后平面与圆柱面上点的对应关系给出即可，也就是要写出“平面弯曲成圆柱面”这个具体的对应关系相应的“变换”.

首先需要写出平面和圆柱面的参数方程．设给定平面为 xOz 面，并建立空间直角坐标系.

平面 S 的参数方程为

$$\boldsymbol{r}(u,v)=(u,0,v),\ u\in(0,2\pi),v\in(0,h)\ .$$

这里，为了直观起见，只考虑平面的一部分，即一个长 2π 为高为 h 的长方形.

保持长方形上红色的直线不动，将平面弯曲成圆柱面，圆柱面的高是 h，圆柱的半径恰好是 1, 如下图所示．于是，圆柱面 S^{*} 的参数方程为：

$$\boldsymbol{r}^{*}(\theta,z)=(\cos\theta,\sin\theta,z),\quad \theta\in(0,2\pi),z\in(0,h)\ .$$

要写出这两个曲面之间的等距变换．只需将弯曲前后对应点的参数关系找到即可．根据图形可知，蓝色的直线段对应于圆柱面上蓝色的圆弧，且平面与圆柱面上的对应点到平面 xOy 的距离是相同的，因此有

$$\begin{cases}\theta=u,\\ z=v,\end{cases}$$

</td><td>

教学意图：

从平面与圆柱面之间点的几何对应关系出发，建立这两个曲面之间的变换.

引导思考：

直观上，平面上的点与圆柱面上的点是如何对应起来的？

请同学自己动手验证这个变换确实满足等距变换定义中的各条件.

</td></tr>
</table>

（续）

等距变换

这就是我们要寻找的等距变换.

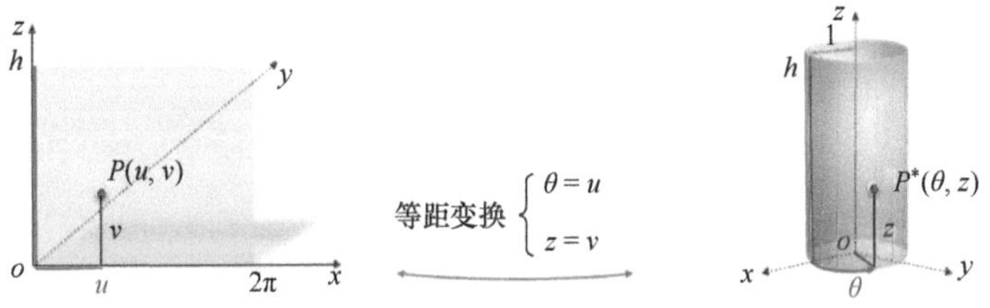

提问：

如何给出悬链面与正螺面的等距变换呢？

悬链面与正螺面的等距变换

悬链面与正螺面的参数方程

那么悬链面与正螺面之间是否真的存在着等距变换？如果存在，那么又该如何找到等距变换的表达式呢？

首先，需要通过建立空间直角坐标系给出两个曲面的参数方程.

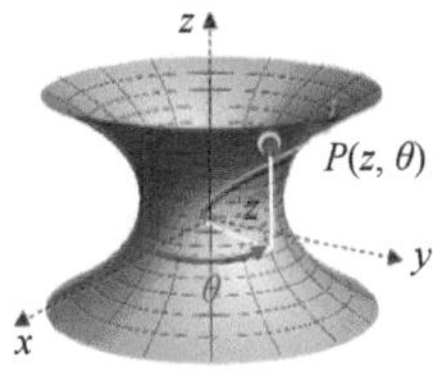

悬链面的参数方程为：

$$S:\boldsymbol{r}(z,\theta)=(\cosh z\cos\theta,\cosh z\sin\theta,z)\ ,$$

其中 $(z,\theta)\in D=(-2,2)\times(0,2\pi)$.

而正螺面的参数方程为

$$S^*:\boldsymbol{r}^*(u,v)=(u\cos v,u\sin v,v)\ ,$$

其中 $(u,v)\in D^*=(-\sinh 2,\sinh 2)\times(0,2\pi)$.

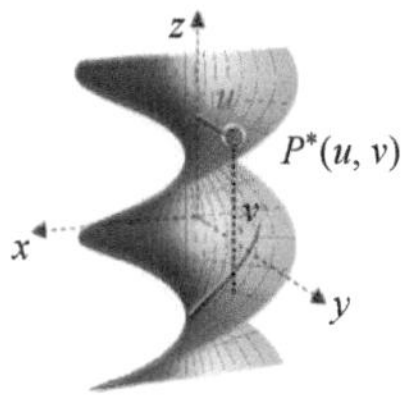

为了寻找这两个曲面之间的等距变换，我们通过以下三个步骤进行分析：

假设给定了一个悬链面与正螺面之间的变换 $\begin{cases}u=u(z,\theta),\\ v=v(z,\theta).\end{cases}$

1. 计算悬链面上任意曲线弧段 C 的弧长；
2. 计算在该变换下正螺面上 C 的对应曲线 C^* 的弧长；
3. 令两个弧长相等，由此构造得到等距变换.

教学意图：

给出悬链面与正螺面的参数方程，以及寻找等距变换的思路.

引导思考：

如果给定了一个具体的变换只需计算对应曲线的弧长是否相等就可以判定该变换是否是等距变换.

由于等距变换应保持对应弧线的弧长不变，利用这个要求，我们可以假设给定了一个变换，分别计算在此变换下对应曲线的弧长. 然后，令对应曲线弧长相等，如果能由此找到满足要求的变换，自然就是等距变换.

悬链面上曲线 C 的弧长

悬链面上任意给定一条曲线弧段 C，设其参数方程为：

$$\boldsymbol{r}(t)=\boldsymbol{r}(z(t),\theta(t)),\quad t\in(t_0,t_1).$$

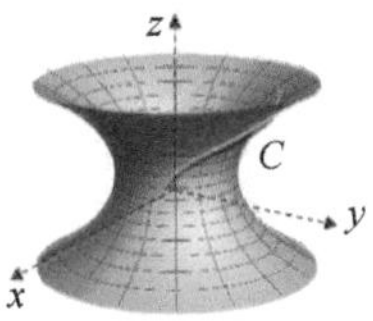

由前面学过的已知曲线参数方程，求曲线弧长的知识，只需要对弧长元 $\mathrm{d}s$ 进行相应的积分，而

$$\begin{aligned}\mathrm{d}s^2&=\boldsymbol{r}'(t)\cdot\boldsymbol{r}'(t)\mathrm{d}t^2\\&=(\boldsymbol{r}_z z'+\boldsymbol{r}_\theta\theta')\cdot(\boldsymbol{r}_z z'+\boldsymbol{r}_\theta\theta')\mathrm{d}t^2\\&=((\boldsymbol{r}_z\cdot\boldsymbol{r}_z)z'^2+2(\boldsymbol{r}_z\cdot\boldsymbol{r}_\theta)z'\theta'+(\boldsymbol{r}_\theta\cdot\boldsymbol{r}_\theta)\theta'^2)\mathrm{d}t^2\\&=(Ez'^2+2Fz'\theta'+G\theta'^2)\mathrm{d}t^2,\end{aligned}$$

其中 E, F, G 是前面介绍过的曲面的第一基本量. 对于悬链面而言

$$\boldsymbol{r}_z=(\sinh z\cos\theta,\sinh z\sin\theta,1),$$
$$\boldsymbol{r}_\theta=(-\cosh z\sin\theta,\cosh z\cos\theta,0),$$

教学意图：

曲线弧长的计算公式对本节课的等距变换十分重要. 通过带领学生一起温习弧长计算公式，为后面证明等距变换的充要条件做好铺垫.

提问：

如何计算曲线的弧长？

（续）

悬链面与正螺面的等距变换

$$\begin{cases} E = \boldsymbol{r}_z \cdot \boldsymbol{r}_z = \cosh^2 z, \\ F = \boldsymbol{r}_z \cdot \boldsymbol{r}_\theta = 0, \\ G = \boldsymbol{r}_\theta \cdot \boldsymbol{r}_\theta = \cosh^2 z. \end{cases}$$

因此悬链面上曲线 C 的弧长为

$$\begin{aligned} L(C) &= \int_{t_0}^{t_1} \sqrt{\mathrm{d}s^2} \\ &= \int_{t_0}^{t_1} \sqrt{Ez'^2 + 2Fz'\theta' + G\theta'^2}\,\mathrm{d}t \\ &= \int_{t_0}^{t_1} \sqrt{(\cosh^2 z)z'^2 + (\cosh^2 z)\theta'^2}\,\mathrm{d}t. \end{aligned}$$

正螺面上与曲线 C 对应的曲线 C^* 的弧长

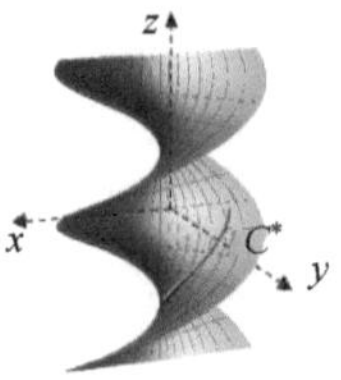

在变换 $\begin{cases} u = u(z,\theta), \\ v = v(z,\theta) \end{cases}$ 下，正螺面上与曲线 C 对应的曲线 C^* 的参数方程

$$C^* : \boldsymbol{r}^*(t) = \boldsymbol{r}^*(u(t), v(t)) \ , \ t \in (t_0, t_1) \ .$$

因此，曲线 C^* 的弧长为：

$$L(C^*) = \int_{t_0}^{t_1} \sqrt{E^*u'^2 + 2F^*u'v' + G^*v'^2}\,\mathrm{d}t.$$

而从正螺面的参数方程可直接计算出其第一基本量为

$$\begin{cases} E^* = 1, \\ F^* = 0, \\ G^* = u^2 + 1. \end{cases}$$

因此，$L(C^*) = \int_{t_0}^{t_1} \sqrt{u'^2 + (u^2+1)v'^2}\,\mathrm{d}t$.

教学意图：

从弧长表达式出发计算正螺面上对应曲线的弧长.

提问：

如何确定正螺面上与曲线 C 对应的曲线 C^*？

悬链面与正螺面的等距变换

比较悬链面上曲线的弧长与正螺面上对应曲线的弧长表达式：

$$\begin{cases} L(C) = \int_{t_0}^{t_1} \sqrt{(\cosh^2 z)z'^2 + (\cosh^2 z)\theta'^2}\,\mathrm{d}t, \\ L(C^*) = \int_{t_0}^{t_1} \sqrt{u'^2 + (u^2+1)v'^2}\,\mathrm{d}t, \end{cases}$$

发现如果令

$$\begin{cases} u' = \dfrac{\mathrm{d}u}{\mathrm{d}t} = (\cosh z)z', \\ v' = \theta', \end{cases}$$

即参数对应关系为 $\begin{cases} u = \sinh z \\ v = \theta \end{cases}$ ，就可以保证变换前后对应曲线的弧长相等 $L(C) = L(C^*)$. 此外，不难验证这个对应关系在所考虑的参数变化区域内是一一对应，且满足变换定义中的光滑性条件，因此这就是我们要找的等距变换.

教学意图：

通过对比对应曲线的弧长表达式，得到等距变换的具体形式.

引导思考：

观察被积函数表达式构造出等距变换.

（续）

悬链面与正螺面的等距变换

悬链面与正螺面在等距变换下的对应曲线

分析刚才得到的等距变换 $\begin{cases} u=\sinh z \\ v=\theta \end{cases}$，可以发现悬链面中的经线（悬链线）对应 $\theta=\theta_0$，对应的正螺面中的曲线是 $v=\theta_0$ 的直母线，弧长均为 $2\sinh 2$.

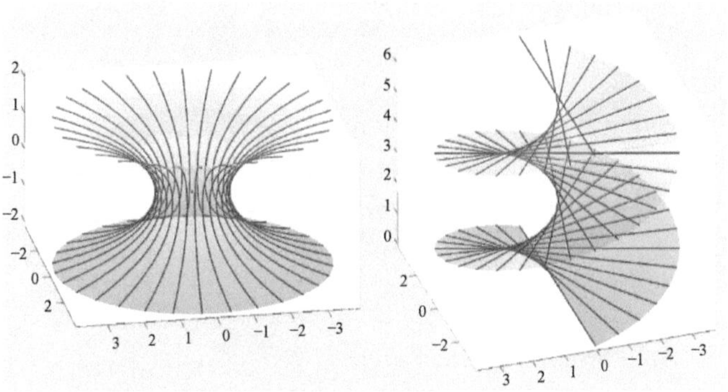

悬链面中的中心纬圆 $z=0$，对应的是正螺面上的中心直线 $u=0$：

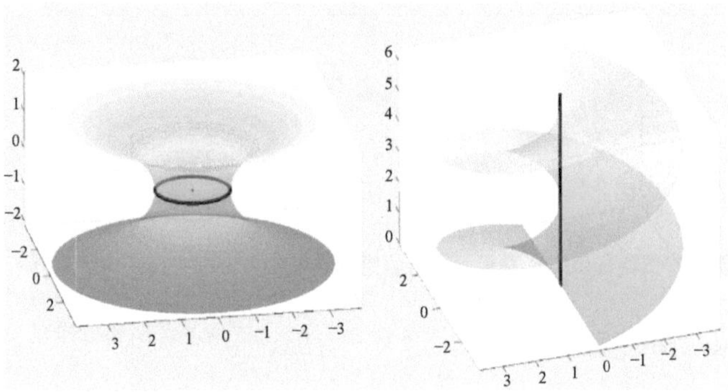

弧长均为 2π .

而悬链面中的非中心纬圆 $z=z_0(\neq 0)$，参数方程为 $(\cosh z_0\cos\theta,\cosh z_0\sin\theta,z_0)$，对应的是正螺面上的圆柱螺线 $u_0=\sinh z_0$，参数方程为 $(u_0\cos v,u_0\sin v,v)$.

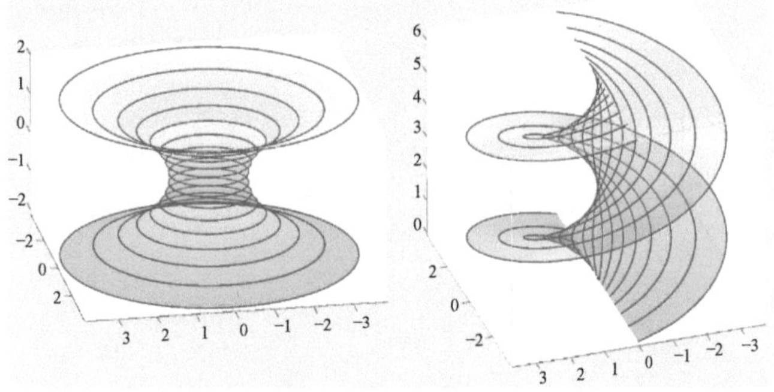

弧长为 $2\pi\cosh z_0$.

教学意图：

通过对悬链面与正螺面上特殊曲线之间的对应，加深学生对等距变换的理解.

引导思考：

将等距变换中的参数取特定值，得到的分别是悬链面和正螺面上的什么曲线？

（续）

悬链面与正螺面的等距变换

注意：等距变换指的是曲面上曲线的弧长对应保持不变，而不是两点之间的空间距离保持不变．例如考虑悬链面上的两个点，连接它们的悬链线对应到正螺面中是直线．从下图可以看到，悬链线上两点之间的空间距离在变换过程中是会变化的．所谓的“等距”指的是曲面上的点在曲面上的“距离”不变．

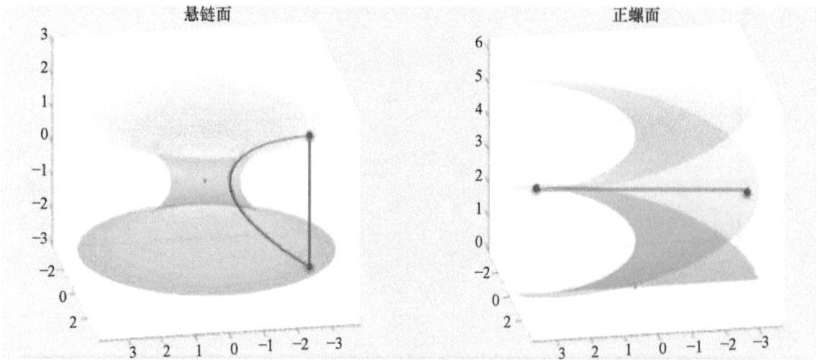

提问：

等距变换能够保持曲面上两点在空间中的距离不变吗？

等距究竟保持的是什么“距离”不变呢？

等距变换的充要条件

判断一个变换是否为等距变换

给出两个曲面 $S:\boldsymbol{r}=\boldsymbol{r}(z,\theta)$ 和 $S^*:\boldsymbol{r}^*=\boldsymbol{r}^*(u,v)$，以及曲面之间的变换 $\begin{cases}u=u(z,\theta)\\ v=v(z,\theta)\end{cases}$，那么如何判断是否为等距变换？

例如，考虑正螺面，由于它是直纹面，因此如果把一小片正螺面压平为一个平面，那这个变换是等距变换吗？

要分析这个问题，还是要从曲面的参数方程出发，对于一小片正螺面，其参数方程为

$$\boldsymbol{r}(u,v)=(u\cos v,u\sin v,v),\quad u\in(-2,2),\ v\in\left(0,\frac{\pi}{2}\right).$$

将其压平为平面后，相应的平面参数方程为

$$\boldsymbol{r}^*(x,z)=(x,0,z),\quad x\in(-2,2),\ z\in\left(0,\frac{\sqrt{2}\pi}{2}\right).$$

所对应的变换为 $\begin{cases}x=u,\\ z=\sqrt{2}v.\end{cases}$

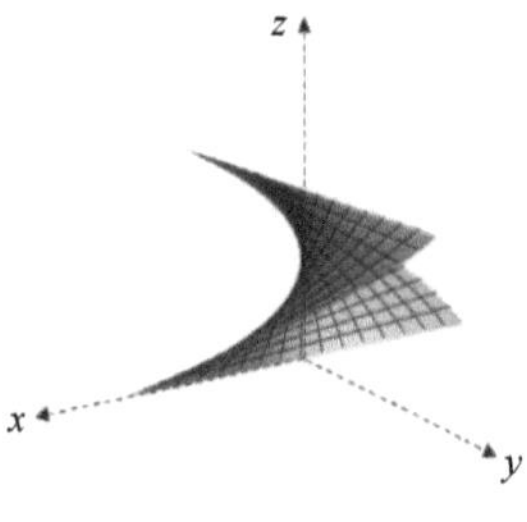

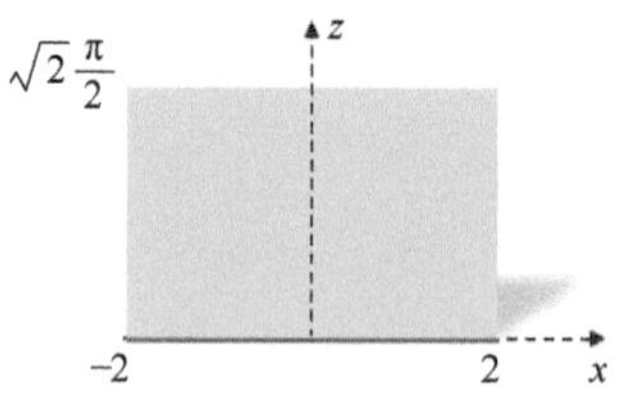

教学意图：

掌握了等距变换的定义以及知道如何寻找特殊曲面之间的等距变换后，另一个重点就是要能够判断给定的变换是否是等距变换．从一个简单的例子引入这一部分内容．

引导思考：

这个变换是等距的吗？在此观察前面的在具体变换下两个曲面对应曲线弧长的计算过程，能够给出判断变换是否是等距变换的一般准则？

（续）

等距变换的充要条件	
等距变换的充要条件 **定理**：两个曲面之间的变换为等距变换的充要条件是经过适当的参数选择后，它们具有相同的第一基本形式，即它们的第一基本量对应相等， $$E=\bar{E},F=\bar{F},G=\bar{G},$$ 其中 $$\begin{cases}E=\boldsymbol{r}_z\cdot\boldsymbol{r}_z,\\F=\boldsymbol{r}_z\cdot\boldsymbol{r}_\theta,\\G=\boldsymbol{r}_z\cdot\boldsymbol{r}_z,\end{cases}\quad\begin{cases}\bar{E}=\boldsymbol{r}_z^*\cdot\boldsymbol{r}_z^*,\\\bar{F}=\boldsymbol{r}_z^*\cdot\boldsymbol{r}_\theta^*,\\\bar{G}=\boldsymbol{r}_\theta^*\cdot\boldsymbol{r}_\theta^*.\end{cases}$$ **证明**： **充分性**：给定两个曲面$S:\boldsymbol{r}=\boldsymbol{r}(z,\theta)$和$S^*:\boldsymbol{r}^*=\boldsymbol{r}^*(u,v)$，以及曲面之间的变换$\begin{cases}u=u(z,\theta),\\v=v(z,\theta),\end{cases}$则 $$S^*:\boldsymbol{r}^*=\boldsymbol{r}^*(u,v)=\boldsymbol{r}^*(u(z,\theta),v(z,\theta)).$$ 考虑两条对应曲线$C:\boldsymbol{r}(t)=(z(t),\ \theta(t))$，$t\in(t_0,t_1)$以及$C^*:\boldsymbol{r}^*(t)=\boldsymbol{r}^*(u(z(t),\ \theta(t)),\ v(z(t),\theta(t)))=\boldsymbol{r}^*(u(t),v(t)),t\in(t_0,t_1)$． 由曲线弧长的计算公式可知曲线$C$的弧长为 $$L=\int_{t_0}^{t_1}\sqrt{Ez'^2+2Fz'\theta'+G\theta'^2}\mathrm{d}t,$$ 其中$E=\boldsymbol{r}_z\cdot\boldsymbol{r}_z$，$F=\boldsymbol{r}_z\cdot\boldsymbol{r}_\theta$，$G=\boldsymbol{r}_z\cdot\boldsymbol{r}_z$为曲面$S$对应参数$(z,\theta)$的第一基本量. 而曲线$C^*$的弧长为$L^*=\int_{t_0}^{t_1}\sqrt{E^*u'^2+2F^*u'v'+G^*v'^2}\mathrm{d}t$， 其中$\begin{cases}E^*=\boldsymbol{r}_u^*\cdot\boldsymbol{r}_u^*\\F^*=\boldsymbol{r}_u^*\cdot\boldsymbol{r}_v^*\\G^*=\boldsymbol{r}_v^*\cdot\boldsymbol{r}_v^*\end{cases}$为曲面$S^*$对应参数$(u,v)$的第一基本量. 由于两个曲面之间的变换为$\begin{cases}u=u(z,\theta)\\v=v(z,\theta)\end{cases}$，因此$L^*$还可以等价的表示为$L^*=\int_{t_0}^{t_1}\sqrt{\bar{E}z'^2+2\bar{F}z'\theta'+\bar{G}\theta'^2}\mathrm{d}t$， 其中$\begin{cases}\bar{E}=\boldsymbol{r}_z^*\cdot\boldsymbol{r}_z^*\\\bar{F}=\boldsymbol{r}_z^*\cdot\boldsymbol{r}_\theta^*\\\bar{G}=\boldsymbol{r}_\theta^*\cdot\boldsymbol{r}_\theta^*\end{cases}$为曲面$S^*$对应参数$(z,\theta)$的第一基本量. 因此，如果利用所给的变换，将两个曲面用相同的参数进行参数表示后，能够使得第一基本量对应相等，即$E=\bar{E},F=\bar{F},G=\bar{G}$，则该变换是等距变换. **必要性**：假设曲面$S$与$S^*$之间的一个变换为等距变换，且对应点取相同的参数，则曲面S上任意一条曲线C与曲面S^*上的对应曲线C^*有相同的长度，即对于$[t_0,t_1]$上任意t有 $$\int_{t_0}^{t}\sqrt{E\left(\frac{\mathrm{d}u}{\mathrm{d}t}\right)^2+2F\left(\frac{\mathrm{d}u}{\mathrm{d}t}\right)\left(\frac{\mathrm{d}v}{\mathrm{d}t}\right)+G\left(\frac{\mathrm{d}v}{\mathrm{d}t}\right)^2}\mathrm{d}t=\int_{t_0}^{t}\sqrt{\bar{E}\left(\frac{\mathrm{d}u}{\mathrm{d}t}\right)^2+2\bar{F}\left(\frac{\mathrm{d}u}{\mathrm{d}t}\right)\left(\frac{\mathrm{d}v}{\mathrm{d}t}\right)+\bar{G}\left(\frac{\mathrm{d}v}{\mathrm{d}t}\right)^2}\mathrm{d}t.$$ 因此 $$E\mathrm{d}u^2+2F\mathrm{d}u\mathrm{d}v+G\mathrm{d}v^2=\bar{E}\mathrm{d}u^2+2\bar{F}\mathrm{d}u\mathrm{d}v+\bar{G}\mathrm{d}v^2,$$ 对曲面S与S^*上的任意曲线都成立. 由于在曲面上任意一点沿任意方向都有曲线，所以上述等式对任意一点和任意方向$(\mathrm{d}u:\mathrm{d}v)$是恒等式，于是， $$E=\bar{E},F=\bar{F},G=\bar{G},$$ 对于对应曲面上任意对应点都成立.	**教学意图**： 等距变换由于是保持曲面上对应曲线的弧长不变，而前面回顾的曲线弧长计算公式可以看到其与曲面的第一基本量之间有非常密切的联系，这里通过给出等距变换的充要条件，让学生进一步地理解第一基本量的重要性，并逐步体会什么是“内蕴”几何量. 前面学过的曲面上曲线的弧长、交角、曲面域的面积也都是可以用第一基本量E, F, G表示的. 这些几何量都成为曲面的内蕴量. **引导思考**： 仔细思考前面寻找等距变换的过程，如果两个曲面经过适当参数选取后第一基本量相同，能否保证其为等距变换？ 充分性：由第一基本量相等推出等距. 启发学生由基本概念出发，结合微积分的知识推出结论. 必要性：由等距推出第一基本量相等. 启发学生由基本概念出发，结合微积分的知识推出结论.

（续）

等距变换的充要条件	
等距变换充要条件的应用一 应用上述等距变换的充要条件，可知要回答正螺面的拉平是否是等距变换，只需要计算其第一基本量之间是否对应相等. 对正螺面 $S:\boldsymbol{r}(u,v)=(u\cos v,u\sin v,v)$，$u\in(-2,2),v\in\left(0,\dfrac{\pi}{2}\right)$，其第一基本量为 $$\begin{cases}E=\boldsymbol{r}_u\cdot\boldsymbol{r}_u=1,\\F=\boldsymbol{r}_u\cdot\boldsymbol{r}_v=0,\\G=\boldsymbol{r}_v\cdot\boldsymbol{r}_v=u^2+1.\end{cases}$$ 而通过变换 $$\begin{cases}x=u,\\z=\sqrt{2}v,\end{cases}$$ 得到的平面在参数 (u,v) 下的参数方程为 $$S^*:\boldsymbol{r}^*(x,z)=(x,0,z)=(u,0,\sqrt{2}v),\quad u\in(-2,2),v\in\left(0,\frac{\pi}{2}\right),$$ 其第一基本量为 $$\begin{cases}\bar{E}=\boldsymbol{r}_u^*\cdot\boldsymbol{r}_u^*=1,\\\bar{F}=\boldsymbol{r}_u^*\cdot\boldsymbol{r}_v^*=0,\\\bar{G}=\boldsymbol{r}_v^*\cdot\boldsymbol{r}_v^*=2.\end{cases}$$ 注意到 $G\neq\bar{G}$，因此，这一变换不是等距变换. 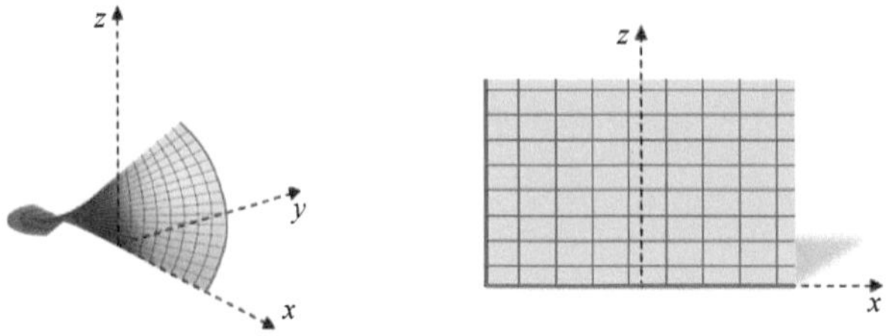 直观上看，这一小片正螺面上最外侧的蓝色曲线在变换过程中确实是长度保持不变的，但是中间的这些蓝色曲线，它们实际上是圆柱螺线的一部分，在变换的过程中被拉长了. 因此，这个变换不是等距变换.	教学意图： 应用等距变换的充要条件去判断正螺面的拉平是否为等距变换，加深同学们对上述定理的理解. 引导思考： 在正螺面拉平为平面的过程中，正螺面上对应圆柱螺线的那些曲线在平面上对应哪些曲线？它们的长度发生变化了吗？
等距变换充要条件的应用二 证明：在螺旋面 $\boldsymbol{r}(u,v)=(u\cos v,u\sin v,u+v)$ 和旋转双曲面 $\boldsymbol{r}(\rho,\theta)=(\rho\cos\theta,\rho\sin\theta,\sqrt{\rho^2-1})$ $(\rho\geqslant1,0\leqslant\theta\leqslant2\pi)$ 之间可以建立等距变换. 证明： 计算螺旋面的第一基本形式得到 $$I=2\mathrm{d}u^2+2\mathrm{d}u\mathrm{d}v+(u^2+1)\mathrm{d}v^2,$$ 旋转双曲面的第一基本形式是 $$\tilde{I}=\frac{2\rho^2-1}{\rho^2-1}\mathrm{d}\rho^2+\rho^2\mathrm{d}\theta^2.$$	教学意图： 应用等距变换的充要条件去证明给定的两个曲面之间存在等距变换.

（续）

等距变换的充要条件

比较上面两个式子，发现如果对螺旋面的第一基本形式的后两项配方可以得到

$$I=(2-\frac{1}{u^2+1})\mathrm{d}u^2+(u^2+1)(\frac{\mathrm{d}u}{u^2+1}+\mathrm{d}v)^2.$$

因此如果令

$$\tilde{u}=u,\ \ \tilde{v}=\arctan u+v,$$

则有

$$I=\frac{2\tilde{u}^2+1}{\tilde{u}^2+1}\mathrm{d}\tilde{u}^2+(\tilde{u}^2+1)\mathrm{d}\tilde{v}^2.$$

将它与 $\tilde{I}$ 相对照，得到如下对应关系：

$$\rho=\sqrt{\tilde{u}^2+1},\ \ \theta=\tilde{v},$$

代入经直接计算可以得到 $I=\tilde{I}$.

因此，由等距变换的充要条件可知，螺旋面与旋转双曲面之间能够建立等距变换，对应的参数变换为

$$\begin{cases}\rho=\sqrt{u^2+1},\\ \theta=\arctan u+v.\end{cases}$$

本例题的解法含有构造技巧，学生在做题的时候也要注意仔细观察，灵活求解.

提问：

基于等距变换的充要条件，这个问题应该如何证明？

进而提问：

请同学编程展示这两个曲面？培养学生学习的兴趣.

曲面等距的直观判断

任给两个曲面，如何判断这两个曲面是否等距？

首先，一个曲面若可以通过弯曲形变贴合到另一个曲面，则这两个曲面一定是等距的. 但是反过来，两个等距的曲面是否一定可以通过弯曲形变相互贴合？答案是否定的. 考虑右旋正螺面和左旋正螺面，它们之间可以建立等距变换，但是却不能通过连续弯曲形变互相贴合.

因此两个等距的曲面并不一定可以通过弯曲形变相互贴合.

从直观上看，两个等距的曲面或者可以通过连续弯曲形变互相贴合，或者可以经过连续弯曲以及一次（关于一个平面的）反射和另一个曲面贴合.

教学意图：

通过给出曲面等距的直观判断，加强学生对抽象数学定理的认识.

引导思考：

右旋正螺面与左旋正螺面之间存在等距变换吗？是否可以将其中一个通过不拉伸、不撕裂的连续弯曲形变变为另一个？

（续）

拓展与应用	
生活中的等距变换 等距变换在生活中是处处可见的. 在真实的三维空间中，存在着很多非刚体运动. 如果只考虑三维物体的表面，在变换的前后，物体表面的内在长度属性并没有变化或者变化很小，因此，物体表面曲线基本没有拉伸或者收缩，这些非刚体运动可以近似看成是一种等距变换. 例如：将人体手臂表面的皮肤视作曲面，手臂伸展过程中，这些曲面之间是等距的；我们身上穿的衣服，随着我们在运动过程中的弯曲，也可以近似看作是做等距变换；随风飘扬的红旗，在不同的时刻形成的曲面之间同样也存在着等距变换.	**教学意图：** 日常生活中处处存在着的对曲面不拉伸、不撕裂的连续弯曲形变都可以看作等距变换. **课程思政：** 引导学生从日常生活中寻找等距变换. 只要用心观察生活，数学与我们的生活息息相关！
动画制作 由于等距变换在生活中随处可见，在动画制作的过程中，为了使得动画效果更加逼真，就需要运用曲面之间的等距变换. 	**教学意图：** 生活中常见的等距变换在动画制作中也有用处.
染色体中的等距 等距变换不仅在宏观世界中随处可见，微观世界中也存在等距变换，比如在人体的每个细胞中都存在着等距变换. 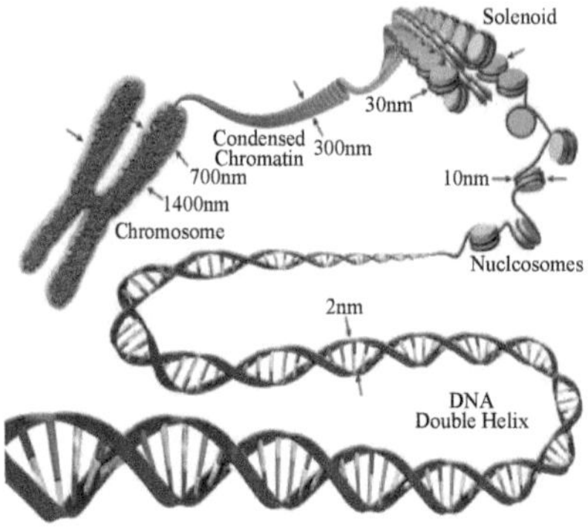 人体内每个细胞中都有染色体，DNA 分子拉长后平均长度约为 4cm，这么长的 DNA 分子是怎么装到细胞中的呢？由于 DNA 链是由碱基组成的，碱基对之间以氢键链接. DNA 的双螺旋链模型非常像我们刚见过的正螺面. 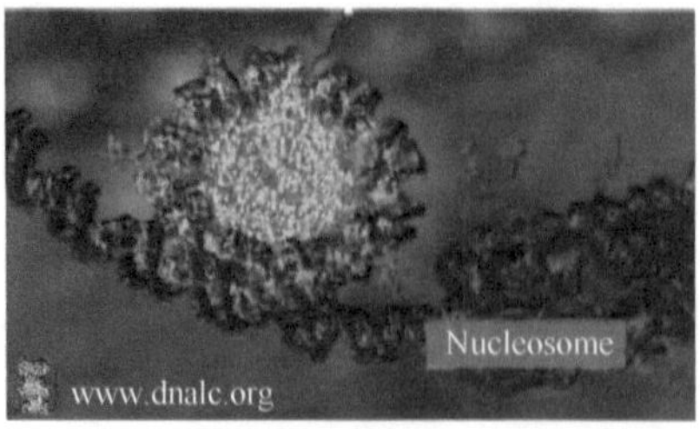 	**教学意图：** 通过一段 DNA 的科普视频，从数学的角度介绍 DNA 中的等距变换. **视频：** （ch2sec1-染色体结构，视频来源：www.youtube.com/watch?v=gbSIBhFwQ4s）

（续）

拓展与应用

视频展示了放大一亿倍的 DNA 双螺旋在蛋白因子和酶的作用下通过多级螺旋盘绕构成核小体，最终变为染色单体的过程.

在上述螺旋盘绕的过程中，不能对 DNA 上的碱基对撕裂和拉伸. 尽管螺旋盘绕过程中 DNA 分子在空间中的长度被压缩了，但是若将其视为曲面，螺旋盘绕过程中，曲面并没有被拉伸或撕裂，只是在空间中的形态发生了变化. 从数学上来看，整个螺旋盘绕的过程就是等距变换. 也正是因为等距变换，才能够保持遗传信息.

课程思政：

通过 DNA 中存在的等距变换的介绍，激励学生用所学的知识去探索更深、更广阔领域的科学技术.

课后思考

课后思考：给出圆柱螺线的切线曲面与平面之间的等距变换.

图片是卢浮宫金字塔内的楼梯，楼梯下侧形成的曲面是圆柱螺线的切线曲面.

该切线曲面与平面是等距的. 给出圆柱螺旋的切线曲面与平面之间的等距变换，并证明它是等距变换.

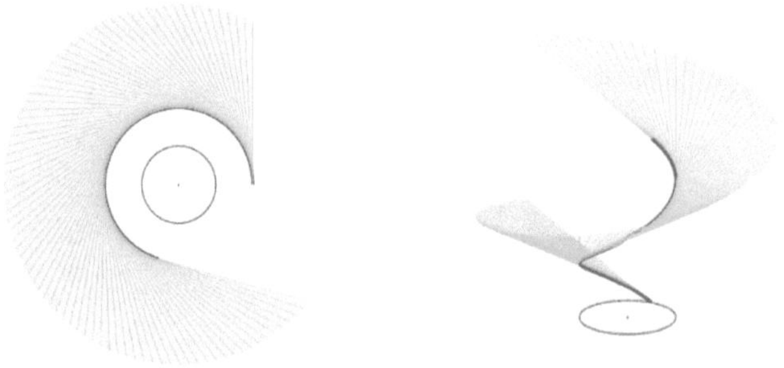

教学意图：

给出建筑中的切线曲面，让同学们根据本节课所讲授的等距变换，找到切线曲面与平面之间的等距变换.

四、扩展阅读资料

（1）有关等距变换在非刚体运动识别中的应用，请参见：张建. 关于曲面等距变换的应用 [J]. 天津轻工业学院学报，1988（02）：98-103.

（2）有关等距变换在三维表情人脸识别中的应用，请参见：

胡平，曹伟国，李华. 一类等距不变量及其在三维表情人脸识别中的应用 [J]. 计算机辅助设计与图形学学报，2010，22（12）：2089-2094.

五、教学评注

本节课的教学重点是等距变换的概念，以及等距变换的充要条件. 课程从实际中将一张纸（平面的一部分）弯曲得到圆柱面等的常见曲面这一直观事实引入等距变换，引导学生思考复杂一些的曲面如悬链面和正螺面之间是否存在等距变换，通过动画演示，启发学生思考. 从等距变换的定义出发，结合计算悬链面与正螺面上对应曲线的弧长表达形式，最终得到悬链面与正螺面之间的等距变换的具体形式. 进一步，通过对一小片正螺面压平为平面的变换是否为等距变换的讨论引入有关等距变换充要条件的证明，得到等距变换与曲面第一基本形式以及曲面第一基本量之间的密切联系. 此后，结合两个具体例子，加深学生对充要条件的理解和应用理论知识分析具体问题的能力. 最后，通过给出宏观以及微观世界中等距变换的实际应用，融入思政元素开阔学生的视野，让同学感受数学之美无处不在.

保角变换

一、教学目标

保角变换是曲面之间的一类重要的变换. 通过本节内容的学习，使学生理解保角变换的定义，了解两种常见的保角变换——墨卡托投影和球极投影，掌握保角变换的充要条件，并能够在今后的学习和研究中应用保角变换的相关知识解决实际问题.

二、教学内容

1. 主要内容

（1）墨卡托投影；
（2）球极投影；
（3）保角变换；
（4）保角变换的充要条件.

2. 教学重点

（1）墨卡托投影和球极投影；
（2）判断保角变换的方法.

3. 教学难点

（1）墨卡托投影的保角性证明；

（2）保角变换充要条件的应用.

三、教学设计

1. 教学进程框图

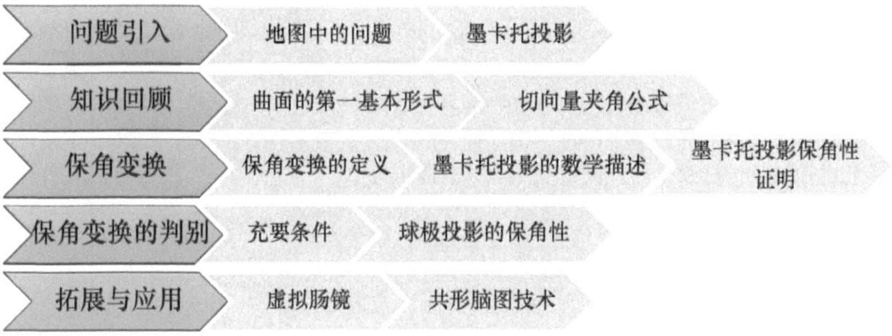

2. 教学环节设计

问题引入	
墨卡托投影 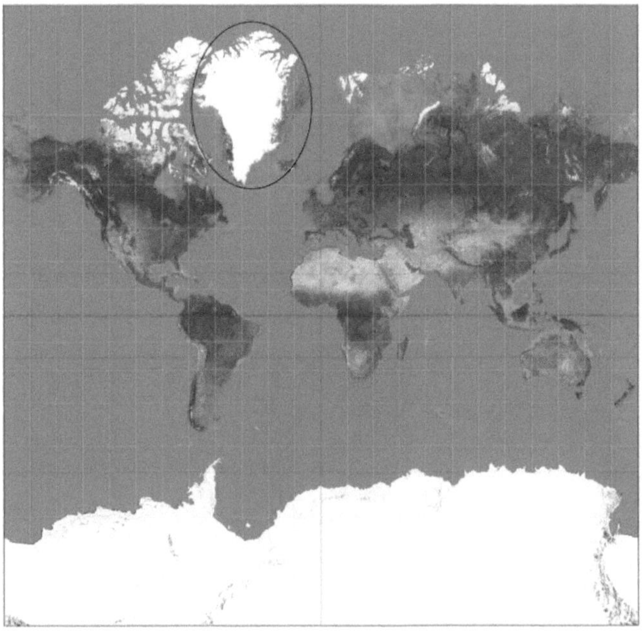 上图是最常见的世界地图之一，在百度地图、谷歌地图网站上使用的都是这种类型的世界地图. 图中红色圈出的岛屿是世界上最大的岛屿——格陵兰岛. 从地图上看，格陵兰岛的面积看上去要比非洲的面积还要大，但实际上格陵兰岛的面积只有 216.6 万平方公里，而非洲的面积有 3022 万平方公里. 为什么会产生这么大的差距呢？ 这与这张地图的绘制方式——墨卡托投影有关.	教学意图： 通过世界地图提出问题，吸引学生的注意力和兴趣. 提出问题： 为什么在世界地图上格陵兰岛看上去那么大？以及为什么会出现这种与事实相悖的情况呢？

（续）

问题引入

墨卡托介绍

墨卡托是 16 世纪的地图制图学家，精通天文、数学和地理. 1569 年他制成了著名航海地图“世界平面图”，该图采用墨卡托设计的等角投影，被称为“墨卡托投影”，可使航海者用直线（即等角航线）导航，并且第一次将世界完整地表现在一张地图上.

1630 年以后该类地图被普遍采用，对世界航海、贸易、探险等有重要作用，至今仍为最常用的海图投影. 他晚年所著《地图与记述》是地图集巨著，轰动世界，至今沿用. 墨卡托是地图发展史上划时代人物，他结束了托勒密时代的传统观念，开辟了近代地图学发展的广阔道路.

墨卡托(荷兰)
Gerardus Mercator
1512–1594

课程思政：

自从发现地球是圆的之后，墨卡托地图是墨卡托对地图绘制最伟大的贡献. 通过对科学家贡献的介绍，激发学生的学习积极性及对科学精神的追求.

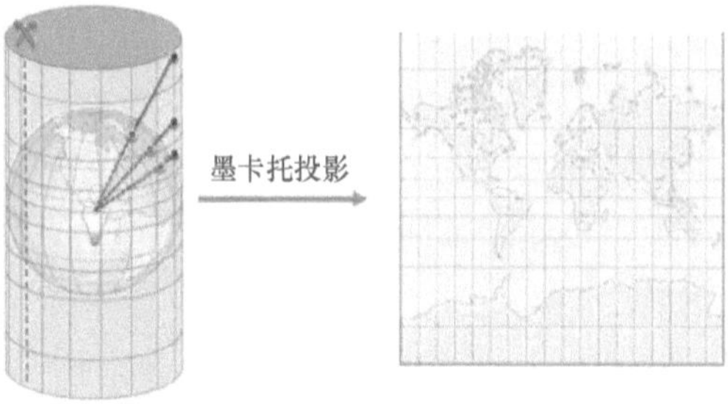

从直观上看，我们想象把地球放置于一个圆柱面的内部，圆柱面与地球在赤道处相切. 在地球的中心放置光源，这时光线就会将地球表面的点投影到圆柱面上，再将圆柱面剪开展平，最后再经过数学上的处理，便可以得到一张绘制于平面上的世界地图.

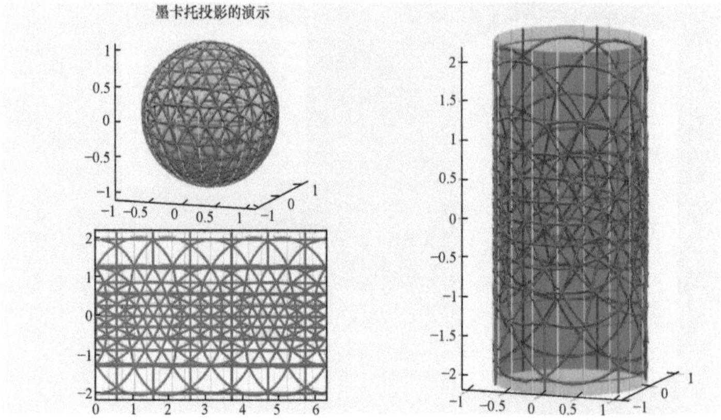

我们将一个球体表面用面积相等的三角形进行剖分，采用墨卡托投影借助圆柱面将这些三角形投射到平面上，可以看出，这些在球面上面积相等的三角形投影到平面上面积却产生了变化. 如果将这一球体视作地球，那么可以看到，在赤道附近的三角形面积变化和差距并不大，距赤道越远，接近两极附近的三角形面积就被拉伸的很大. 这也就解释了为什么格陵兰岛在地图上显示出来的面积居然会比非洲还大.

动画演示：

（ch2sec2- 墨卡托投影演示）

通过动画演示，展示球面上面积相同的三角形采用墨卡托投影投射到平面上会得到面积不同的三角形. 并且距离赤道越远，三角形变形越大. 于是从直观上解释了格陵兰岛问题.

（续）

问题引入	

下面观察地球上一些特殊的曲线在墨卡托投影下的对应曲线．地球上蓝色的纬线投影到地图上是一组平行的蓝色直线；经线经过投影对应到地图上一组垂直于纬线的直线．可见地球上纬线和经线的垂直关系在墨卡托投影下被保留了下来．实际上，墨卡托投影不但保持了经纬线这种特殊曲线之间的夹角，而且任意两条曲线的夹角在墨卡托投影下都保持不变，这就是这节课我们要学习的主要内容——保角变换．

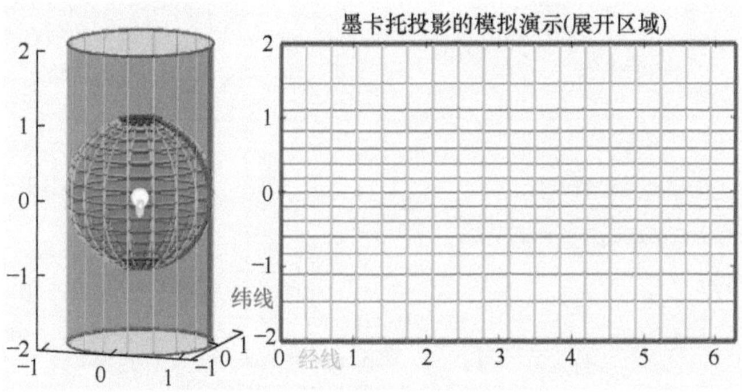

提出问题：

这种不能保持形状和面积的地图绘制方式为何沿用至今，它的优点又是什么呢？

动画演示：

（ch2sec2-墨卡托投影演示 2）

观察球面上的经纬线在墨卡托投影下的像曲线．动画展示了从球面到平面上的墨卡托投影可以保持地球上经纬线之间的夹角大小关系，即保角性，这就是墨卡托投影的最大魅力．

知识回顾	

曲面的第一基本形式

首先我们先来回顾一下之前所学习过的内容：给出曲面 S：$\boldsymbol{r}=\boldsymbol{r}(u,v)$ 上的曲线 C：$\boldsymbol{r}=\boldsymbol{r}(u(t),v(t))$．对于曲线 C 有：

$$\mathrm{d}\boldsymbol{r}=\boldsymbol{r}_u\mathrm{d}u+\boldsymbol{r}_v\mathrm{d}v.$$

若以 s 表示曲面上曲线的弧长，则有

$$(\mathrm{d}s)^2=(\mathrm{d}\boldsymbol{r})^2=(\boldsymbol{r}_u\mathrm{d}u+\boldsymbol{r}_v\mathrm{d}v)^2=\boldsymbol{r}_u^2(\mathrm{d}u)^2+2\boldsymbol{r}_u\boldsymbol{r}_v\mathrm{d}u\mathrm{d}v+\boldsymbol{r}_v^2(\mathrm{d}v)^2$$

令 $E=\boldsymbol{r}_u\cdot\boldsymbol{r}_u, F=\boldsymbol{r}_u\cdot\boldsymbol{r}_v, G=\boldsymbol{r}_v\cdot\boldsymbol{r}_v$，则有

$$(\mathrm{d}s)^2=E(\mathrm{d}u)^2+2F\mathrm{d}u\mathrm{d}v+G(\mathrm{d}v)^2.$$

上式是关于微分 $\mathrm{d}u,\mathrm{d}v$ 的一个二次形式，称为曲面 S 的第一基本形式，用 I 表示：

$$I=E(\mathrm{d}u)^2+2F\mathrm{d}u\mathrm{d}v+G(\mathrm{d}v)^2,$$

它的系数 $E=\boldsymbol{r}_u\cdot\boldsymbol{r}_u, F=\boldsymbol{r}_u\cdot\boldsymbol{r}_v, G=\boldsymbol{r}_v\cdot\boldsymbol{r}_v$，称为曲面 S 的**第一类基本量**．

教学意图：

回顾之前学习过的知识点：曲面的第一基本形式及曲面的第一基本量，这些都是本节课会用到的知识点．

切向量夹角公式

设曲面 S 为 $\boldsymbol{r}=\boldsymbol{r}(u,v),\ (u,v)\in D$．

考虑一点处的两个曲面的切向量 $\boldsymbol{\alpha}=a_1\boldsymbol{r}_u+a_2\boldsymbol{r}_v$ 和 $\boldsymbol{\beta}=b_1\boldsymbol{r}_u+b_2\boldsymbol{r}_v$，则它们之间夹角的余弦为：

$$\cos(\boldsymbol{\alpha},\boldsymbol{\beta})=\frac{(a_1,a_2)\boldsymbol{I}\begin{pmatrix}b_1\\b_2\end{pmatrix}}{\sqrt{(a_1,a_2)\boldsymbol{I}\begin{pmatrix}a_1\\a_2\end{pmatrix}}\sqrt{(b_1,b_2)\boldsymbol{I}\begin{pmatrix}b_1\\b_2\end{pmatrix}}},$$

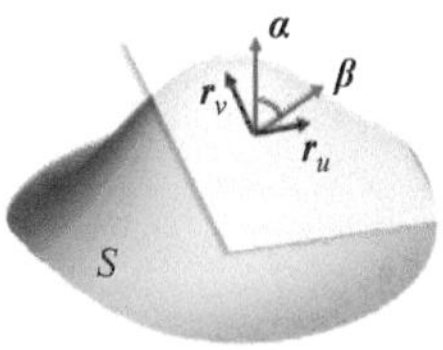

其中 $\boldsymbol{I}=\begin{pmatrix}\boldsymbol{E}&\boldsymbol{F}\\\boldsymbol{F}&\boldsymbol{G}\end{pmatrix}$ 是由曲面 S 的第一基本量构成的矩阵，曲面 S 的第一类基本量为 $E=\boldsymbol{r}_u\cdot\boldsymbol{r}_u$，$F=\boldsymbol{r}_u\cdot\boldsymbol{r}_v$，$G=\boldsymbol{r}_v\cdot\boldsymbol{r}_v$．

其实，要计算两个向量的夹角完全可以用三维欧氏空间的两向量的夹角公式计算．但是，由于考虑的是曲面的切向量，利用切平面的基底线性表示后，夹角公式可以改写成上面的形式．

教学意图：

回顾曲面上切向量的夹角公式．这是后面验证保角性的基础．

引导思考：

为了证明墨卡托投影具有保角性，需要用到前面学习的知识，引导学生回忆曲面上切向量的夹角公式．

（续）

<table>
<tr><th colspan="2">保角变换</th></tr>
<tr><td>

保角变换的定义

若两个曲面之间的一一对应关系，能够保持曲面上对应曲线的交角不变，则称该对应关系称为**保角变换**.

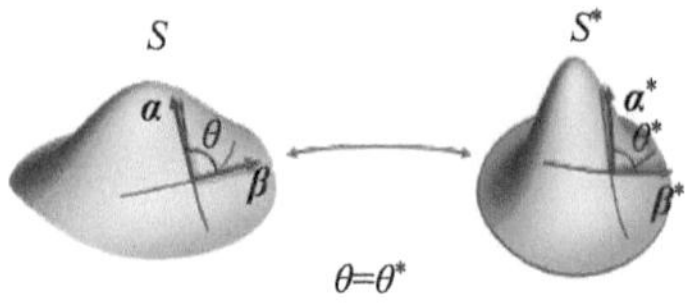

</td><td>

教学意图：

给出保角变换严格的数学定义.

强调：

曲线的交角指的是两条曲线在交点处切向量的夹角.

</td></tr>
<tr><td>

墨卡托投影的数学描述

我们考虑一个半径为 1 的 S 球面，并写出其参数方程：

$$\boldsymbol{r}(u,v)=(\cos v\cos u,\cos v\sin u,\sin v)\ ,$$

其中 $u\in[0,2\pi),v\in\left(-\dfrac{\pi}{2},\dfrac{\pi}{2}\right)$.

将一个球面放置于一个圆柱面内，圆柱面与球面在赤道处相切，将圆心 O 到球面上任一点 P 的连线延长，此时所得到的蓝色线段长度为 $\tan v$. 这便是球面投影到平面后 P 点的纵坐标，该点横坐标为 u，也是球面上蓝色弧线的弧长. 从图中可以看到，经过这种直接投影到圆柱面，再将圆柱面剪开展平的方式得到的世界地图，在水平方向的长度是有限的，为 2π. 但是竖直方向经过投影后长度拉长，甚至达到了无穷远处.

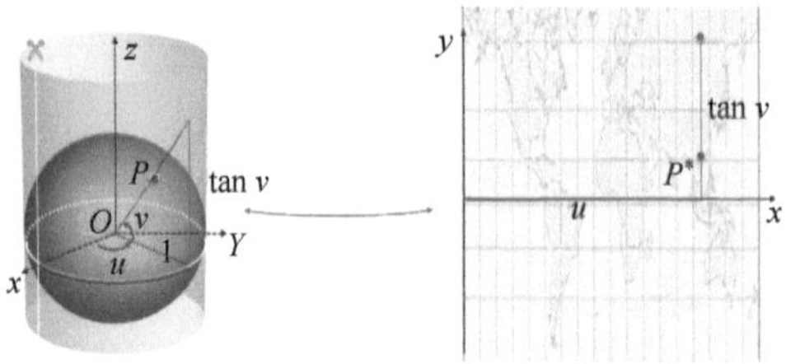

在实际应用中，为了缩短地图垂直方向的长度，从而能够在一张长宽相差不大的矩阵区域内展示地球表面的大部分区域，并且希望南北半球关于赤道对称的点在地图上看起来依然关于赤道对称，我们在数学上对该变换进一步进行处理，得到下式：

$$\begin{cases}x=u,\\ y=\ln\tan\left(\dfrac{v}{2}+\dfrac{\pi}{4}\right).\end{cases}$$

这就是墨卡托投影的数学描述，该投影给出了球面 S 到平面 S^* 的一个对应关系，S^* 平面的参数方程为：

$$\boldsymbol{r}^*(x,y)=(x,y,0)\ ,$$

其中 $x\in[0,2\pi)$，$y\in(-\infty,+\infty)$. 此时地球上的 P 点的投影在 S^* 平面上从蓝点处移动到了红点. 当然，实际中的地图是截取了不包含南北两极的一部分.

墨卡托投影把下图左边球面 S 上的曲线 C，$\tilde{C}$ 映射到右边平面 S^* 上，变成曲线 $C^*,\tilde{C}^*$. 为了验证墨卡托投影的保角性，只需要验证：$\cos(\boldsymbol{\alpha},\boldsymbol{\beta})=\cos(\boldsymbol{\alpha}^*,\boldsymbol{\beta}^*)$.

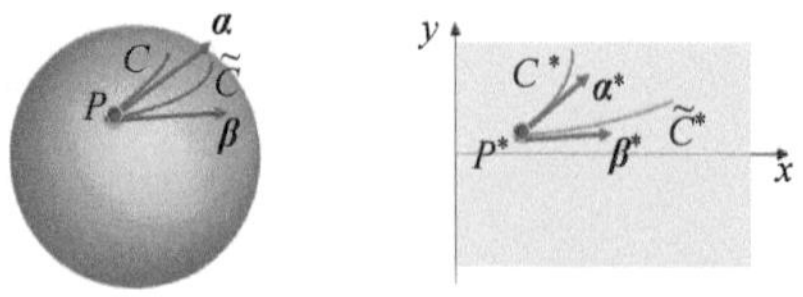

</td><td>

教学意图：

给出墨卡托投影的数学描述.

提问：

请学生从图上找出参数 u，v 分别对应的角度？

回答：

可以看到参数 u，v 分别对应经度和纬度.

引导思考：

显然，地球上的南、北极经过直接投影会被投射到无限远的地方. 实际中为了得到使用方便的世界地图，应该进行怎样的数学处理？

请自行验证

$y=\ln\tan\left(\dfrac{v}{2}+\dfrac{\pi}{4}\right)$

为奇函数.

引导思考：

如何证明墨卡托变换是保角变换，引导学生把未知问题转化为已知问题.

根据保角变换的定义，提出墨卡托投影保角性的证明思路

</td></tr>
</table>

（续）

保角变换

墨卡托投影保角性证明

对于球面上的曲线，为了计算夹角的余弦，我们需要先写出曲线的切向量.

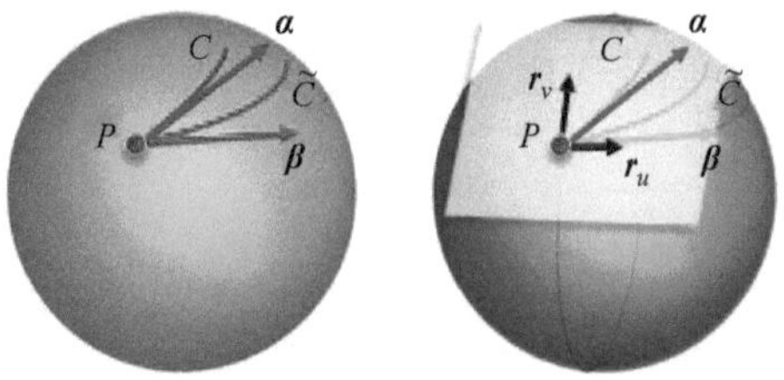

设曲线 C 的参数方程为 $\boldsymbol{r}(u(t),v(t))$，参数 t 取 0 时对应点 P：$P=\boldsymbol{r}(0)$. 那么曲线 C 在点 P 处的切向量可以表示为：

$$\boldsymbol{\alpha}=\boldsymbol{r}'(0)=u'(0)\boldsymbol{r}_u+v'(0)\boldsymbol{r}_v=u_0'\,\boldsymbol{r}_u+v_0'\,\boldsymbol{r}_v$$

其中 $\boldsymbol{r}_u$ 和 $\boldsymbol{r}_v$ 可以利用曲面的参数方程直接计算得到：

$$\boldsymbol{r}_u=(-\cos v\sin u,\cos v\cos u,0),$$

$$\boldsymbol{r}_v=(-\sin v\cos u,-\sin v\sin u,\cos v).$$

同理，设曲线 $\tilde{C}$ 的参数方程为 $\tilde{\boldsymbol{r}}(\tilde{u}(t),\tilde{v}(t))$，那么曲线 $\tilde{C}$ 在点 P 处的切向量表示为：

$$\boldsymbol{\beta}=\tilde{u}_0'\,\boldsymbol{r}_u+\tilde{v}_0'\,\boldsymbol{r}_v.$$

代入夹角余弦公式：

$$\cos(\boldsymbol{\alpha},\boldsymbol{\beta})=\frac{(a_1,a_2)\boldsymbol{I}\begin{pmatrix}b_1\\b_2\end{pmatrix}}{\sqrt{(a_1,a_2)\boldsymbol{I}\begin{pmatrix}a_1\\a_2\end{pmatrix}}\sqrt{(b_1,b_2)\boldsymbol{I}\begin{pmatrix}b_1\\b_2\end{pmatrix}}},$$

其中曲面 S 的第一基本形式为 $\boldsymbol{I}=\begin{pmatrix}E&F\\F&G\end{pmatrix}=\begin{pmatrix}\cos^2 v&0\\0&1\end{pmatrix}$，整理可得：

$$\cos(\boldsymbol{\alpha},\boldsymbol{\beta})=\frac{u_0'\,\tilde{u}_0'\,\cos^2 v+v_0'\,\tilde{v}_0'}{\sqrt{u_0'^2\cos^2 v+v_0'^2}\sqrt{\tilde{u}_0'^2\cos^2 v+\tilde{v}_0'^2}}.$$

下面我们计算采用墨卡托投影将球面上的曲线投影到平面上对应曲线的交角. 利用墨卡托投影：

$$x=u,\ \ y=\ln\tan\left(\frac{v}{2}+\frac{\pi}{4}\right).$$

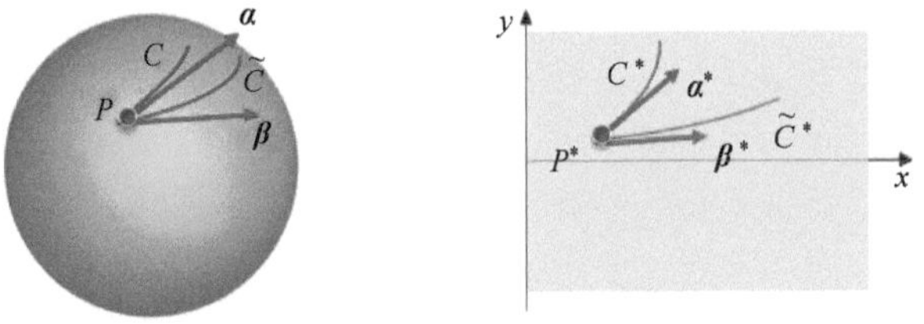

此时平面 S^* 的参数方程可以改写为：

$$\boldsymbol{r}^*(x,y)=(x,y,0)=\left(u,\ln\tan\left(\frac{v}{2}+\frac{\pi}{4}\right),0\right).$$

教学意图：

引导学生思考，为计算夹角的余弦，需要先表示曲线的切向量. 将保角性转化为切向量夹角不变. 培养学生将几何问题转化成分析问题，用微积分的方法研究解决空间几何问题是本课程的精髓.

分析：

$\boldsymbol{r}_u$ 和 $\boldsymbol{r}_v$ 可以直接计算得到，因为它们实际上就是 P 点处经线和纬线的切向量，自然也是切平面的一组基底.

计算：

计算曲面 S 的第一类基本量为：

$$E=\boldsymbol{r}_u\cdot\boldsymbol{r}_u=\cos^2 v,$$

$$F=\boldsymbol{r}_u\cdot\boldsymbol{r}_v=0,$$

$$G=\boldsymbol{r}_v\cdot\boldsymbol{r}_v=1.$$

可以得到曲面 S 的第一基本形式.

进一步计算球面经过墨卡托投影到平面后，对应两条曲线的切向量夹角余弦. 这个计算过程就可以通过迁移类比教学方法，启发学生自己推导得到结论.

（续）

保角变换

于是球面上的曲线 C 和 $\tilde{C}$ 经过墨卡托投影到平面后对应的曲线方程分别是 $C^*:\boldsymbol{r}^*(u(t),v(t))$ 和 $\tilde{C}^*:\boldsymbol{r}^*(\tilde{u}(t),\tilde{v}(t))$．它们的切向量分别表示为 $\boldsymbol{\alpha}^*=u_0'\boldsymbol{r}_u^*+v_0'\boldsymbol{r}_v^*$ 和 $\boldsymbol{\beta}^*=\tilde{u}_0'\boldsymbol{r}_u^*+\tilde{v}_0'\boldsymbol{r}_v^*$．

这时平面的第一基本形式为 $\boldsymbol{I}^*=\begin{pmatrix}1 & 0\\ 0 & \cos^{-2}v\end{pmatrix}$，代入夹角余弦公式得

$$\cos(\boldsymbol{\alpha}^*,\boldsymbol{\beta}^*)=\frac{u_0'\tilde{u}_0'+v_0'\tilde{v}_0'\cos^{-2}v_0}{\sqrt{u_0'^2+v_0'^2\cos^{-2}v_0}\sqrt{\tilde{u}_0'^2+\tilde{v}_0'^2\cos^{-2}v_0}}=\cos(\boldsymbol{\alpha},\boldsymbol{\beta}).$$

可见墨卡托变换是一个保角变换．证毕．

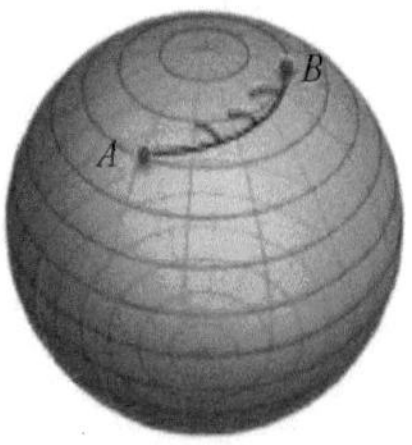

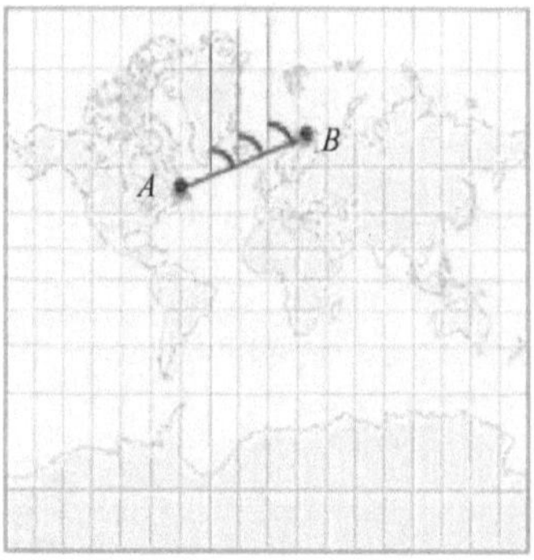

采用墨卡托投影绘制的世界地图／航海图，如果需要从地球上的 A 点去往 B 点，那么实际中只需要在地图上用直线连接 A 点和 B 点，然后量出该直线与经线或纬线的夹角（在地图上，经线与纬线是相互垂直的直线）如上图所示．由于墨卡托投影具有保持角度这一特性，在实际航线行时只需时刻保持着与经线相同的夹角，就可以到达目的地，这一航线称为**恒向航线**．在没有卫星定位和导航系统，只有用罗盘确定南北方向的时代，墨卡托投影地图被普遍采用，对世界性航海、贸易、探险等有重要作用．

引导思考：

C^* 和 $\tilde{C}^*$ 与球面上曲线 C 和 $\tilde{C}$ 的切向量对比可以发现坐标没有变化，只有基底发生了变化．

保角变换的判别

保角变换的充要条件

为了快速判别一个变换是否为保角变换，我们给出保角变换的充要条件．

给定两个曲面 $S:\boldsymbol{r}=\boldsymbol{r}(u,v)$ 和 $S^*:\boldsymbol{r}^*=\boldsymbol{r}^*(x,y)$，以及它们之间的变换 $\begin{cases}x=x(u,v),\\ y=y(u,v).\end{cases}$ 由于在给定的变换下，两个曲面上对应曲线的切向量的坐标相同，因此不同点仅在于第一基本量构成的矩阵．此时两个曲面分别对应的第一基本量构成的矩阵为：

$$\boldsymbol{I}=\begin{pmatrix}E & F\\ F & G\end{pmatrix},\ \boldsymbol{I}^*=\begin{pmatrix}E^* & F^*\\ F^* & G^*\end{pmatrix},$$

其中，$\begin{cases}E=\boldsymbol{r}_u\cdot\boldsymbol{r}_u,\\ F=\boldsymbol{r}_u\cdot\boldsymbol{r}_v,\\ G=\boldsymbol{r}_v\cdot\boldsymbol{r}_v,\end{cases}\ \begin{cases}E^*=\boldsymbol{r}_u^*\cdot\boldsymbol{r}_u^*,\\ F^*=\boldsymbol{r}_u^*\cdot\boldsymbol{r}_v^*,\\ G^*=\boldsymbol{r}_v^*\cdot\boldsymbol{r}_v^*.\end{cases}$

观察对应曲线切向量的夹角余弦公式：

$$\cos(\boldsymbol{\alpha},\boldsymbol{\beta})=\frac{(a_1,a_2)\boldsymbol{I}\begin{pmatrix}b_1\\ b_2\end{pmatrix}}{\sqrt{(a_1,a_2)\boldsymbol{I}\begin{pmatrix}a_1\\ a_2\end{pmatrix}}\sqrt{(b_1,b_2)\boldsymbol{I}\begin{pmatrix}b_1\\ b_2\end{pmatrix}}},$$

教学意图：

给出保角变换的充要条件．对比两个曲面切向量夹角的余弦公式，可将问题转化成两个曲面的第一基本量对应成比例．从而得到了非常简捷的充要条件，应用起来很方便．

（续）

保角变换的判别

$$\cos(\boldsymbol{\alpha}^*,\boldsymbol{\beta}^*)=\frac{(a_1,a_2)\boldsymbol{I}^*\begin{pmatrix}b_1\\b_2\end{pmatrix}}{\sqrt{(a_1,a_2)\boldsymbol{I}^*\begin{pmatrix}a_1\\a_2\end{pmatrix}}\sqrt{(b_1,b_2)\boldsymbol{I}^*\begin{pmatrix}b_1\\b_2\end{pmatrix}}}.$$

可以得到下面定理：

定理：保角变换的充要条件为第一基本量对应成比例

$$即\ \frac{E}{E^*}=\frac{F}{F^*}=\frac{G}{G^*}.$$

有了这一充要条件，判断一个变换是否为保角变换，只需要计算并比较两个曲面的第一基本量.

引导思考：

观察在给定两个曲面之间的变换后对应曲线的夹角余弦公式，从中可以发现，只要第一基本量对应成比例，那么夹角则相同.

球极投影

下面介绍在绘制地图中经常用到的另一类投影——球极投影，它依然是球面到平面的一个对应关系．想象在北极点处放置一个光源，通过光源将球面（除北极点以外）上的点一一对应到平面上.

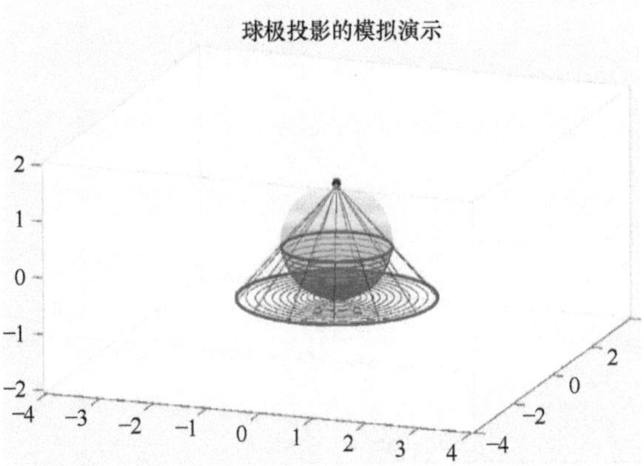

此时地球上的纬线对应于平面上一系列同心圆，经线对应到通过平面上原点的射线上．经线和纬线的垂直关系保持不变．剖分球面，让面积相等的三角形经过球极投影投射到平面上的图像如下图所示．可以看到，离南极点越远，三角形被拉伸得越大．但是无论面积尺寸是否改变，球极投影依然具有保角性.

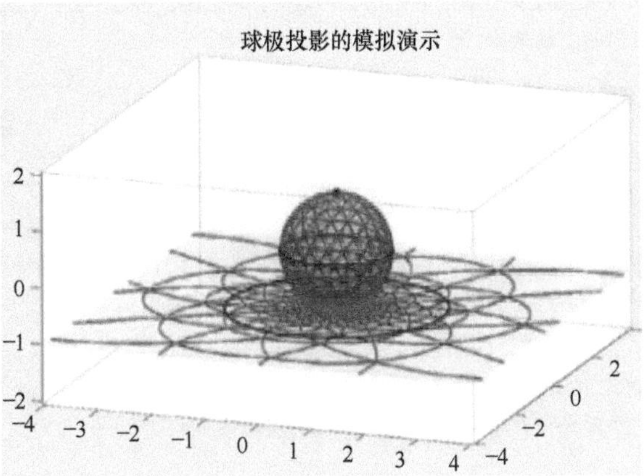

教学意图：

通过动画演示，让学生直观地认识球极投影，感受数学发现的过程和乐趣.

动画演示：

（ch2sec2- 球极投影）

通过动画观察球面上的经线和纬线在球极投影下的曲线．并直观展示球面上面积相同的三角形采用球极投影投射到平面上的情况.

（续）

保角变换判别

球极投影的保角性

下面证明球极投影具有保角性．考虑一个直径为 1 的球面 S，并使用参数方程：

$$\boldsymbol{r}(u,v)=(\sin u\cos u\cos v,\sin u\cos u\sin v,\sin^2 u)\ ,$$

u 和 v 分别为下图中的两个角度，$u\in\left(0,\dfrac{\pi}{2}\right],v\in[0,2\pi)$.

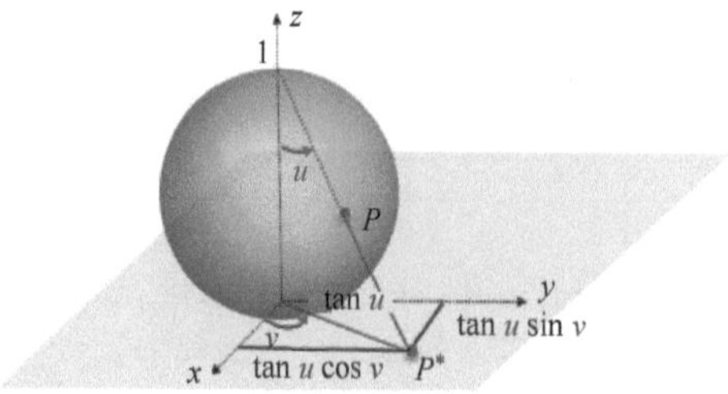

球极投影的数学表达式为：

$$\begin{cases}x=\tan u\cos v,\\ y=\tan u\sin v.\end{cases}$$

它将球面 S 投影到平面 S^* 上，S^* 的参数方程为

$$\boldsymbol{r}^*(x,y)=(x,y,0)\ ,\ \text{即}\ \boldsymbol{r}^*(u,v)=(\tan u\cos v,\tan u\sin v,0)\ .$$

分别计算两个曲面的第一基本量：

$$E=1,\qquad E^*=\frac{1}{\cos^2 u},$$

$$F=0,\qquad F^*=0,$$

$$G=\sin^2 u\cos^2 u.\qquad G^*=\frac{\sin^2 u\cos^2 u}{\cos^2 u}.$$

验证其对应成比例 $\dfrac{E}{E^*}=\dfrac{F}{F^*}=\dfrac{G}{G^*}=\cos^2 u$.

因此球极投影是球面（除北极点）到平面的保角变换．

教学意图：

采用前面学习过的保角变换的充要条件可以证明球极投影也具有保角性．对比墨卡托投影保角性的证明，让学生体会充要条件的方便之处．

提问：

如何证明球极投影具有保角性？是否还要使用切向量夹角公式？

保角变换的性质——局部保形性

下面我们选取一些实例来观察球极投影的变换效果．

从上面两个图片可以发现，球极投影除了保持角度之外，还可以保持对应图形的形状．这一性质并非球极投影所独有的性质，而是保角变换所具有的性质，称为**保形性**．它可以局部保持图形形状．

教学意图：

通过对墨卡托投影和球极投影的动画演示，说明它们都具有保形性，虽然投影后面积会发生变化，但形状却始终不变．这也是地图绘制的基本要求．

（续）

拓展与应用

拓展思考

墨卡托投影和球极投影都是绘制地图的常用方式. 墨卡托投影绘制的地图并不能绘制出南北两极，因为地球上的南北两极在墨卡托投影下被投射到平面的无穷远处，并且距赤道越远，图形面积被拉伸得越大；而球极投影正好可以弥补墨卡托投影的不足，极点附近的区域在球极投影地图上得到了很好的描述. 因此两者在绘制地图时互补使用.

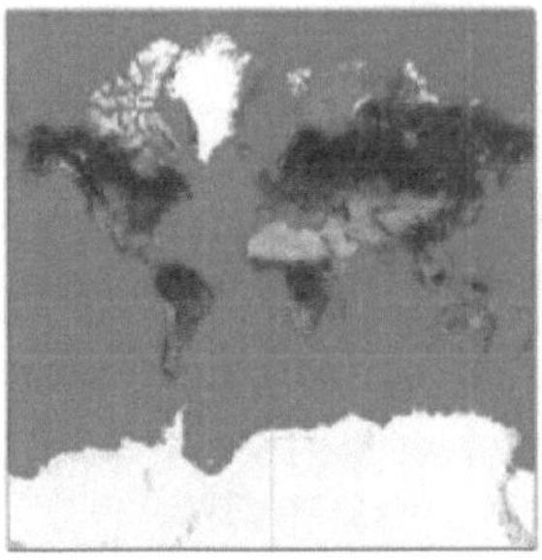

墨卡托投影地图

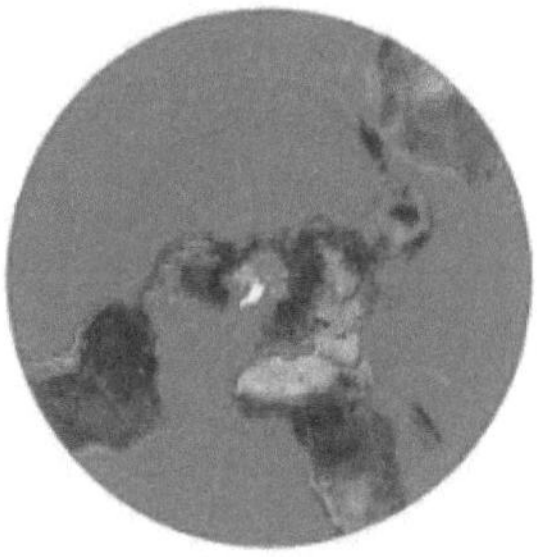

球极投影地图

课程思政：

墨卡托投影与球极投影相辅相成，弥补了彼此的不足，通过对两种投影方法的归纳、总结、应用. 进一步提高学生对科学探究的追求和向往.

对比说明：

通过对比墨卡托投影和球极投影绘制的不同地图，比较两种投影的优缺点.

保角变换的应用

应用一：虚拟肠镜

除了地图绘制，保角变换在医学中也有着广泛的应用. 直肠癌是消化道最常见的恶性肿瘤之一，我国直肠癌发病年龄中位数在 45 岁左右，年轻人发病率有升高的趋势. 如果能在早期观察到直肠中的息肉，那么就可以避免癌变.

预防直肠癌最为有效的手段是肠镜技术. 传统的光学肠镜方法对病患具有侵犯性，需要进行全身麻醉，并且容易诱导并发症.

虚拟肠镜方法用 CT 扫描获取腹部断层图像，然后用图像处理方法重建直肠曲面，再用共形映射（保角变换）将直肠曲面铺平在平面上.

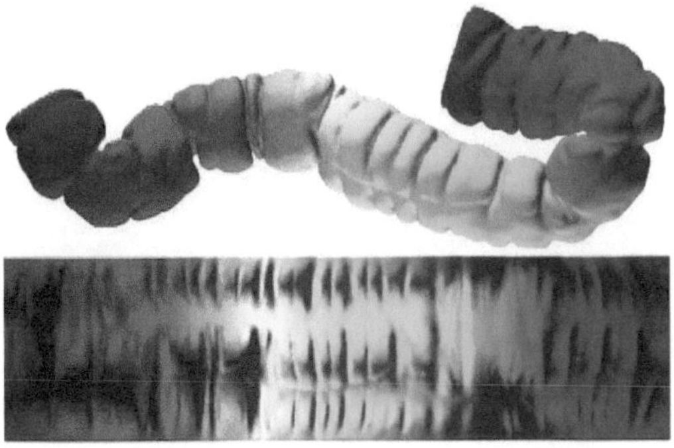

这种方法设备和病患没有接触，不需要麻醉，不会诱导并发症. 直肠曲面上有很多皱褶，传统光学肠镜方法无法看到皱褶内部的肠壁，有一定的漏检率. 虚拟肠镜方法将所有皱褶摊开，所有的直肠息肉都被暴露出来，从而降低漏检率. 因此，虚拟肠镜技术具有很多优势，日益普及开来.

教学意图：

从医学学科的最新研究成果来展示保角变换的应用，开阔学生的眼界，激发学生的学习兴趣.

分析：

保角变换之所以在肠镜成像领域得到了广泛应用，是因为它重要的性质.

虚拟肠镜技术是计算共形几何的一个研究成果，计算共形几何是计算机科学和几何学的一个新兴交叉学科.

（续）

拓展与应用

应用二：共形脑图技术

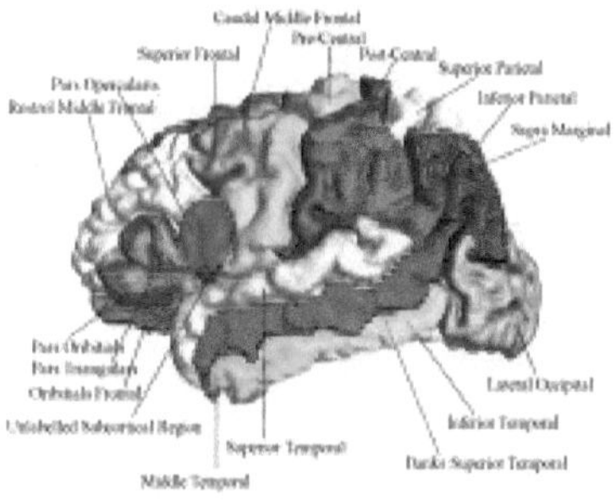

保角变换在共形脑图技术领域也有广泛应用，该项技术可应用于阿尔茨海默症的诊断和预防. 首先，通过核磁共振获取大脑断层图像，重建大脑皮层曲面，然后将大脑皮层曲面共形映射（保角映射）到单位球面，再复合上最优传输映射，得到大脑皮层到球面的保面积映射. 直接建立两个大脑皮层曲面间的映射相对困难，通过它们球面像之间的映射来寻找微分同胚相对容易. 通过比较不同时期扫描的同一个大脑皮层曲面，我们可以监控各个功能区域的萎缩情况，从而做出预测和诊断，采取相应的预防措施.

大脑皮层曲面具有非常复杂的几何构造，沟回的结构因人而异，并且依随年龄增长而发生变化. 采用保角变换的共形脑图技术可以清楚地分析人的大脑皮层.

课程思政：

学生学习数学的过程不仅为了学习相应的数学知识，更重要的是陶冶情操、树立信心，在未来可以把数学知识应用到具体的工作中，为祖国的科技发展做出应有的贡献.

课后思考

课后思考：

（1）改变球极投影光源点和投影平面的位置，对应的变换是否为保角变换？

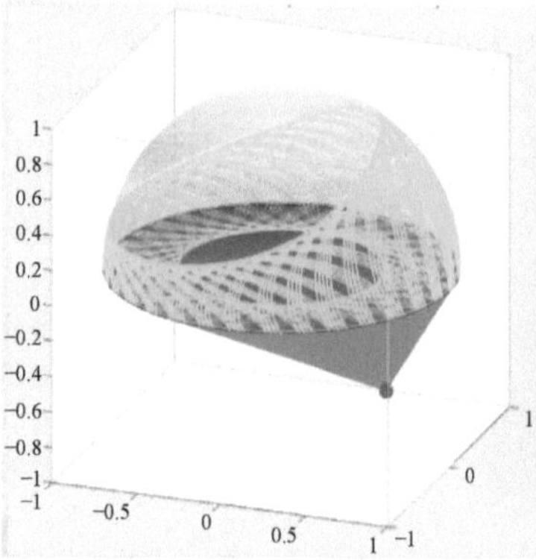

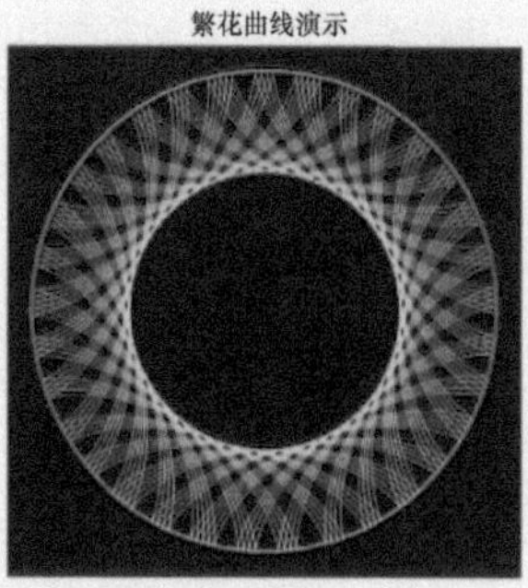

（2）墨卡托地图上的直线对应地球上的什么曲线？
这种曲线是否是连接地球球面上两点的最短路径？

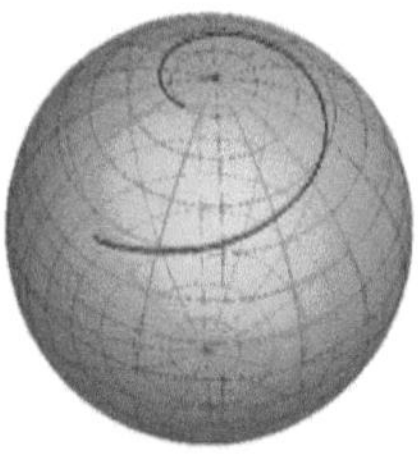

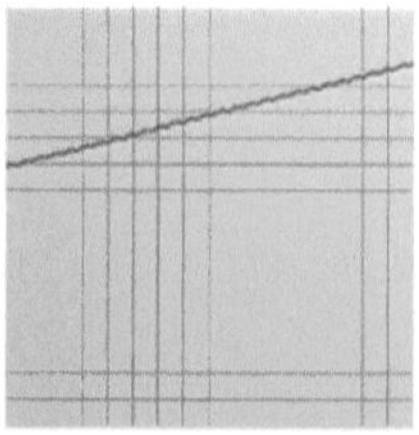

动画演示：

（ch2sec2- 球极投影改变光源点位置）

通过动画观察改变光圆点的位置后，球极投影的效果.

这一问题将在后续的测地线一节做专门讨论.

四、扩展阅读资料

对于计算共形几何领域的更多介绍可参阅：

顾险峰，丘成桐. 计算共形几何（英文版）[M]. 北京：高等教育出版社，2008.

五、教学评注

本节的教学重点是墨卡托投影和球极投影，以及判断保角变换的方法. 首先，以世界地图中格陵兰岛和非洲的面积比较引入问题，提出墨卡托投影的概念. 在激起学生学习兴趣的同时，通过模拟演示让学生从直观上理解墨卡托投影是保角变换；然后，借由回顾已学过的曲面切向量的夹角公式，比较墨卡托投影前后两曲面对应曲线的交角，形成知识点的衔接. 由此在自然引出保角变换概念的同时，也铺垫了证明墨卡托投影是保角变换的基础；再次，在数学证明过程中注重证明思路和思想方法的分析，适时提问引导学生，帮助学生顺利完成和掌握证明的要点；在讲解中辅以大量的图形和动画演示，循序渐进，启发探索保角变换的判别法——保角变换的充要条件，以及保角变换充要条件的应用，有助于学生更为直观地理解和掌握保角变换概念及其性质. 最后，在拓展与应用的部分，利用本节所学知识回答了最初提出的世界地图中的问题，前后呼应，通过介绍保角变换在医学、共形脑图技术中的应用，融入思政元素开阔学生视野，激发学生学习的热情，使得学生对保角变换这一知识点的学习有更深层次的了解和体会.

高斯曲率

一、教学目标

高斯曲率是描述曲面弯曲程度的重要几何量. 通过本节课的学习使学生理解高斯映射和高斯曲率的概念，掌握高斯曲率的计算方法以及性质，了解高斯绝妙定理及其在实际中的应用. 与高斯曲率相关的高斯绝妙定理被认为微分几何中最重要的定理之一，该定理是现代微分几何与古典微分几何的标志性分界. 高斯曲率的定义利用了曲面在空间的位置，但实际上高斯曲率却并不依赖于曲面位置，而只依赖于曲面的度量结构，即高斯曲率是曲面本身的内蕴性质.

二、教学内容

1. 主要内容

（1）高斯曲率的定义；

（2）高斯曲率的计算公式；

（3）常见曲面的高斯曲率；

（4）高斯绝妙定理.

2. 教学重点

（1）高斯曲率的概念；

（2）高斯绝妙定理.

3. 教学难点

（1）高斯映射的概念；

（2）高斯绝妙定理的证明.

三、教学设计

1. 教学进程框图

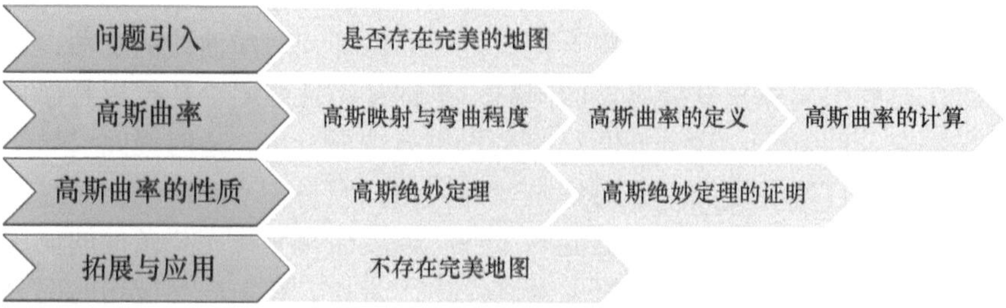

2. 教学环节设计

问题引入	
世界地图中的现象 我们再次考察世界地图. 首先，回顾在保角变换一节开头遇到的世界地图中的问题，下左图是墨卡托投影世界地图，地图中的格陵兰岛看上去比非洲还大很多. 但实际上格陵兰岛作为世界最大的岛屿，面积只有约 216.6 万平方公里，而非洲的面积却有 3022 万平方公里. 通过保角变换一节的分析，我们也知道出现这个现象的原因，是由于墨卡托投影并不能保持区域面积比例. 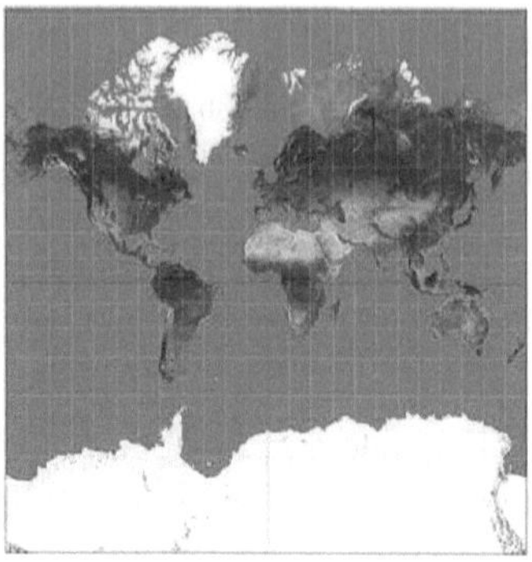 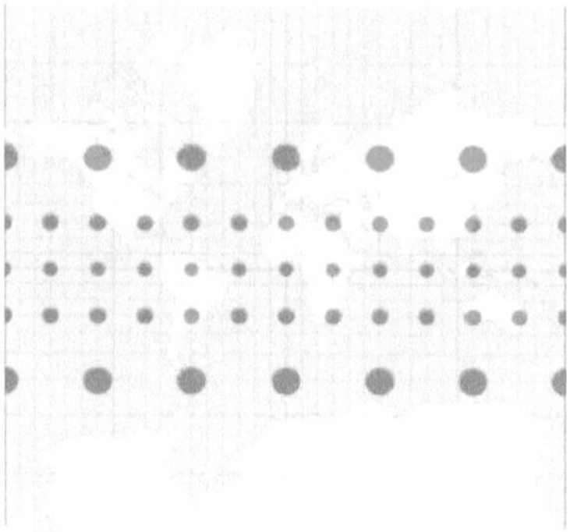 上右图中的圆在地球上实际面积是相同的，但是经过墨卡托投影后面积具有不同程度的拉伸. 由于墨卡托投影是保角变换，因此使用墨卡托投影绘制的世界地图能够保持地球上经线和纬线的垂直关系，保持任意两条曲线的夹角关系. 利用这个性质，航海者可按照地图上路线与经纬线的夹角航行，1630 年以后这种地图广泛被采用，对世界性航海、贸易、探险等有重要作用. 并且，现在人们在手机等移动设备上使用导航软件，并不关心面积的拉伸，只需沿着导航中指示的方向行走，便可到达目的地，十分方便. 因此，墨卡托投影至今仍为最常用的世界地图投影方式之一.	教学意图： 引导学生再次思考地图投影问题. 提问： 为什么它会被广泛使用?

（续）

问题引入

其他的地图投影方式

如果通过其他投影方式，将球面投影到平面，是否可以绘制出更好的世界地图？

比如，直观上，将球面沿着经线切开，将切开后的小球面带拉平，顶点附近的区域通过拉伸拼接成一个长方形，这样最终也可以得到一张世界地图．但显然，由于采用了拉伸，与墨卡托投影地图一样，得到的世界地图依然不能保持区域面积比例．

教学意图：

引导学生思考其他投影方式．

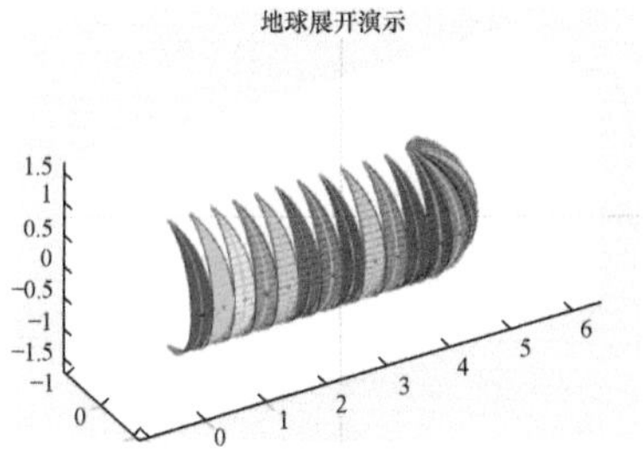

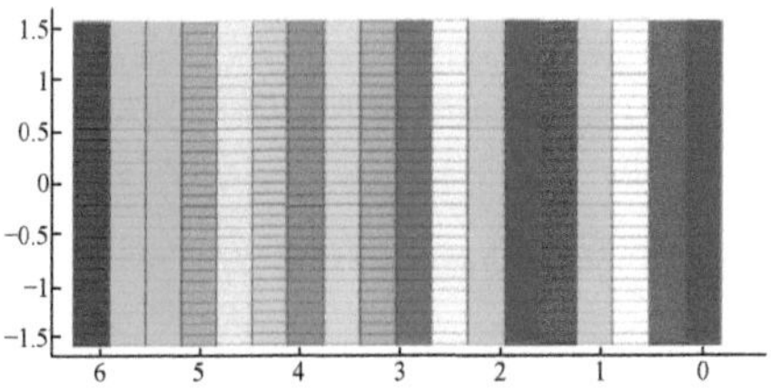

实际应用中还有许多其他投影方式，比如摩尔威德投影，该投影将经线投影成为椭圆曲线，是一种等面积伪圆柱投影．这一投影是德国数学家摩尔威德（K.B. Mollweide 1774—1825 年）于 1805 年创立的．该投影规定离中央经线 $\pm 90°$ 的经线投影后合成一个圆，圆的水平直径及其延长线作为赤道的投影，圆的垂直直径作为中央经线的投影．这个圆的半径，根据该圆的面积等于地球面积的一半来确定．摩尔威德投影具有椭球形感、等面积性质和纬线为平行于赤道的直线等特点，因此适宜于表示具有纬度地带性的各种自然地理现象的世界分布图．

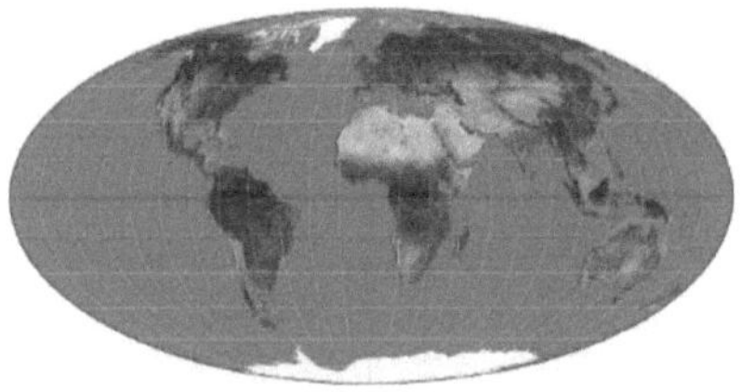

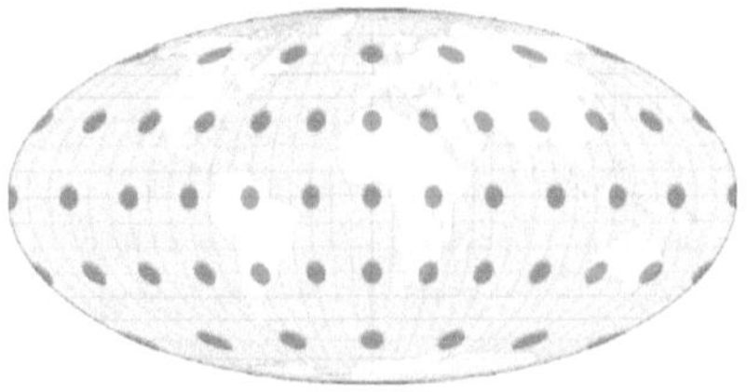

摩尔维德投影能够保持面积比例，但不能保持角度．

上述这些投影方式所得到的世界地图均不能同时保持面积和角度．那么，是否存在一种完美的地图，既可以保持面积比例，又可以保持方向角度？

要回答这个问题就涉及本节所讨论的几何问题，如何刻画曲面的弯曲．

高斯曲率

回顾：曲线的曲率

记曲线上 P 点处正向的单位切向量为 $\boldsymbol{\alpha}(s)$，s 为弧长参数．另一邻近点 P_1 处的弧长参数为 $s+\Delta s$，单位切向量为 $\boldsymbol{\alpha}(s+\Delta s)$．将 $\boldsymbol{\alpha}(s+\Delta s)$ 平移到点 P 后，两个切向量的夹角为 $\Delta\varphi$．曲线的曲率定义为切向量相对于弧长的旋转速度

$$k(s)=\lim_{\Delta s\to 0}\left|\frac{\Delta\varphi}{\Delta s}\right|.$$

教学意图：

曲线的弯曲程度由曲率刻画，为了刻画曲面的弯曲程度，首先回顾曲线曲率的定义，并对其进行分析思考．

（续）

高斯曲率

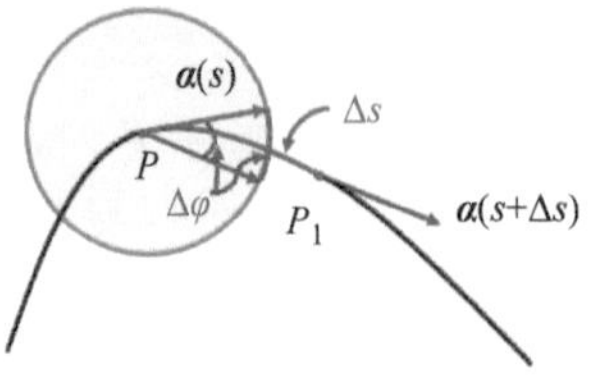

注意到，由于 $\boldsymbol{\alpha}(s)$ 和 $\boldsymbol{\alpha}(s+\Delta s)$ 均为单位切向量，做 P 点处的单位圆后，两个切向量的终点均落在单位圆上，而切向量终点之间的圆弧长度正是 $\Delta\varphi$. 因此，曲率定义中的极限式就是单位圆上的弧长与曲线的弧长之比，即是曲线与单位圆的弯曲程度之比.

高斯映射与弯曲程度

我们仿照曲线曲率的定义方式来定义曲面上一点处的弯曲程度的度量.

教学意图：

介绍高斯映射的概念.

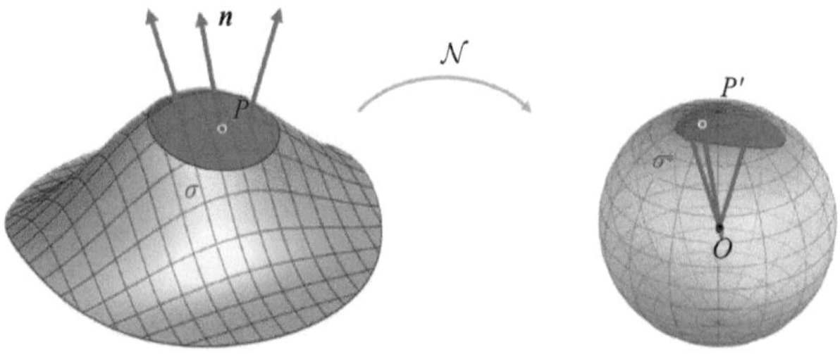

设 σ 是曲面 $S:\boldsymbol{r}=\boldsymbol{r}(u,v)$ 上一块不大的区域，另外再做一单位球面. 建立 σ 中点和单位球面上点的对应关系如下：σ 中任取一点 P，做曲面在 P 点处的单位法向量 $\boldsymbol{n}=\boldsymbol{n}(u,v)$ ，然后把 $\boldsymbol{n}$ 的起点平移到单位球的中心，则 $\boldsymbol{n}$ 的终点落在单位球面上，设该点为 P' ，这样对于曲面的小区域 σ 中每一点 $\boldsymbol{r}(u,v),(u,v)\in\sigma$ 与球面上向径为 $\boldsymbol{n}(u,v)$ 的点对应. 这就建立了曲面小区域 σ 到单位球面上区域 σ^* 的对应，这个对应关系称为**高斯映射**，记为 $\mathcal{N}$.

注意到曲面上弯曲程度大的点附近，法向量方向改变较大；弯曲程度小的点附近，法向量方向改变较小. 因此到当小区域 σ 弯曲程度较大时，区域 σ^* 较大；当小区域 σ 弯曲程度较小时，区域 σ^* 也较小. 类比与曲线曲率的定义，可使用

$$\lim_{\sigma\to P}\frac{Area(\sigma^*)}{Area(\sigma)}$$

作为曲面 P 点处弯曲程度的度量.

课程思政：

通过类比分析，由曲率描述曲线的弯曲程度引出如何描述曲面的弯曲程度.

通过具体的数学知识的发现过程的揭示，展现了“类比”的数学思想，培养学生的数学思维能力.

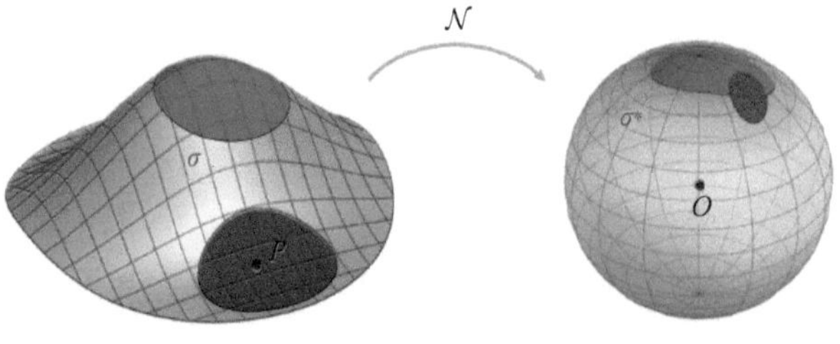

（续）

高斯曲率

曲面弯曲程度的计算

为了计算得到 $\lim\limits_{\sigma\to P}\dfrac{Area(\sigma^{*})}{Area(\sigma)}$，首先分别计算分子和分母，然后再取极限.

由曲面的面积公式知，

$$Area(\sigma)=\iint\limits_{\bar\sigma}|\boldsymbol{r}_u\times\boldsymbol{r}_v|\,\mathrm{d}u\mathrm{d}v\ ;$$

$$Area(\sigma^{*})=\iint\limits_{\bar\sigma}|\boldsymbol{n}_u\times\boldsymbol{n}_v|\,\mathrm{d}u\mathrm{d}v\ .$$

注意到在相应点处，曲面的法向量与高斯映射的像处的球面法向量平行，可设 $\boldsymbol{n}_u\times\boldsymbol{n}_v=\lambda(\boldsymbol{r}_u\times\boldsymbol{r}_v)$，为确定因子 λ，两边点乘 $\boldsymbol{r}_u\times\boldsymbol{r}_v$，即 $(\boldsymbol{n}_u\times\boldsymbol{n}_v)\cdot(\boldsymbol{r}_u\times\boldsymbol{r}_v)=\lambda(\boldsymbol{r}_u\times\boldsymbol{r}_v)\cdot(\boldsymbol{r}_u\times\boldsymbol{r}_v)$.

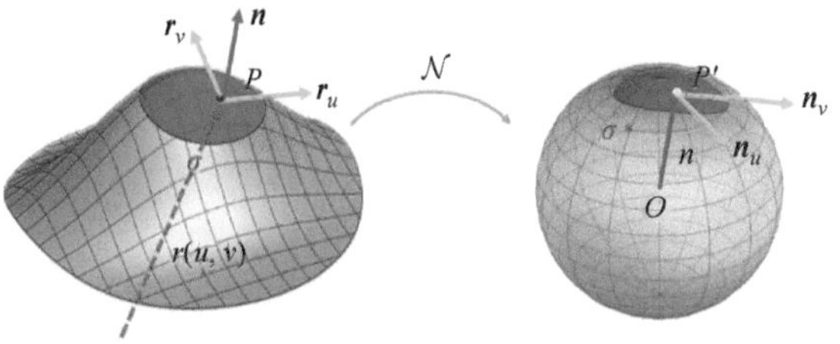

根据拉格朗日恒等式有

$$\begin{vmatrix}\boldsymbol{n}_u\cdot\boldsymbol{r}_u & \boldsymbol{n}_u\cdot\boldsymbol{r}_v\\ \boldsymbol{n}_v\cdot\boldsymbol{r}_u & \boldsymbol{n}_v\cdot\boldsymbol{r}_v\end{vmatrix}=\lambda\begin{vmatrix}\boldsymbol{r}_u\cdot\boldsymbol{r}_u & \boldsymbol{r}_u\cdot\boldsymbol{r}_v\\ \boldsymbol{r}_v\cdot\boldsymbol{r}_u & \boldsymbol{r}_v\cdot\boldsymbol{r}_v\end{vmatrix}$$

利用 $0=\boldsymbol{n}\cdot\boldsymbol{r}_u$，知 $0=(\boldsymbol{n}\cdot\boldsymbol{r}_u)_u=\boldsymbol{n}_u\cdot\boldsymbol{r}_u+\boldsymbol{n}\cdot\boldsymbol{r}_{uu}$.

因此 $\boldsymbol{n}_u\cdot\boldsymbol{r}_u=-\boldsymbol{n}\cdot\boldsymbol{r}_{uu}=-L$，类似计算可得 $\boldsymbol{n}_u\cdot\boldsymbol{r}_v=\boldsymbol{n}_v\cdot\boldsymbol{r}_u=-M$， $\boldsymbol{n}_v\cdot\boldsymbol{r}_v=-N$，这里 L,M,N 为曲面的第二基本量；而 $\boldsymbol{r}_u\cdot\boldsymbol{r}_u=E$， $\boldsymbol{r}_u\cdot\boldsymbol{r}_v=F$， $\boldsymbol{r}_v\cdot\boldsymbol{r}_v=G$，这里 E,F,G 为曲面的第一基本量. 由此得

$$\begin{vmatrix}-L & -M\\ -M & -N\end{vmatrix}=\lambda\begin{vmatrix}E & F\\ F & G\end{vmatrix},$$

即 $LN-M^2=\lambda(EG-F^2)$.

这样便求出了因子 $\lambda=\dfrac{LN-M^2}{EG-F^2}$，将其记为 K，即 $K=\dfrac{LN-M^2}{EG-F^2}$.

因此有 $\boldsymbol{n}_u\times\boldsymbol{n}_v=K(\boldsymbol{r}_u\times\boldsymbol{r}_v)$.

于是， $Area(\sigma^{*})=\iint\limits_{\bar\sigma}|K||\boldsymbol{r}_u\times\boldsymbol{r}_v|\,\mathrm{d}u\mathrm{d}v$（利用中值定理知）

$$=|K_Q|\iint\limits_{\bar\sigma}|\boldsymbol{r}_u\times\boldsymbol{r}_v|\,\mathrm{d}u\mathrm{d}v=|K_Q|\,Area(\sigma)\ ,$$

其中，为 Q 区域 σ 中的某一点.

$$\lim_{\sigma\to P}\frac{Area(\sigma^{*})}{Area(\sigma)}=\lim_{\sigma\to P}|K_Q|=\lim_{Q\to P}|K_Q|=|K_P|$$

将 K 称为曲面在点 P 处的**高斯曲率**.

教学意图：

引导学生计算得到曲面弯曲程度的计算公式，从而给出高斯曲率的定义.

回顾曲面面积计算公式.

提问：

区域 σ^{*} 的参数方程是什么？

回答：

$\boldsymbol{n}=\boldsymbol{n}(u,v)$.

我们利用微积分直接计算出了曲面一点处的弯曲程度.

（续）

高斯曲率

高斯曲率的定义

高斯曲率定义为 $K=\dfrac{LN-M^2}{EG-F^2}$.

高斯曲率的绝对值表示曲面的弯曲程度，为单位球面上区域 σ^* 的面积与曲面上的对应区域 σ 的面积之比值，当 σ 趋于 P 时的极限，即

$$|K_P|=\lim_{\sigma\to P}\frac{Area(\sigma^*)}{Area(\sigma)}.$$

高斯曲率的符号如下定义：

当 $\boldsymbol{n}_u\times\boldsymbol{n}_v,\boldsymbol{r}_u\times\boldsymbol{r}_v$ 方向一致时 $K>0$；

当 $\boldsymbol{n}_u\times\boldsymbol{n}_v,\boldsymbol{r}_u\times\boldsymbol{r}_v$ 方向相反时 $K<0$.

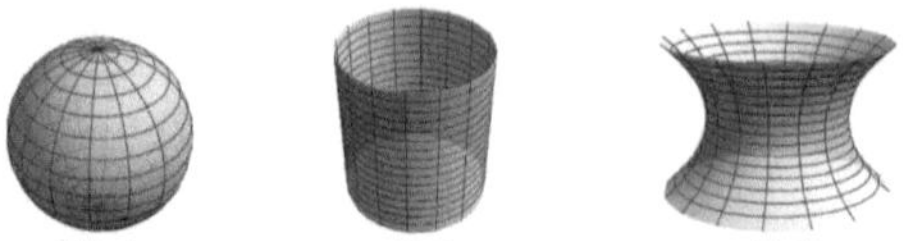

$K>0$　　　　$K=0$　　　　$K<0$

高斯曲率的计算

高斯曲率的定义同时也是其计算公式

> 高斯曲率　$K=\dfrac{LN-M^2}{EG-F^2}$　　E，F，G 第一基本量；L，M，N 第二基本量

教学意图：

总结并给出高斯曲率的定义和计算公式.

思考：

何时高斯曲率为正，何时为负？结合具体例子给出高斯曲率正负的直观判断.

关于高斯曲率的正负，在下一节主曲率中将有更直观的解释.

常见曲面的高斯曲率

例 1：求平面的高斯曲率.

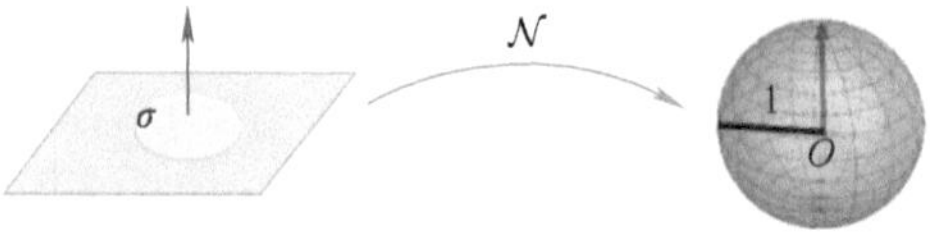

解：

$$|K|=\lim_{\sigma\to P}\frac{Area(\sigma^*)}{Area(\sigma)}=\lim_{\sigma\to P}\frac{0}{Area(\sigma)}=0.$$

因此，平面的高斯曲率恒为 0.

教学意图：

通过具体例子介绍高斯曲率的计算方法.

思考：

平面不弯曲，直观上其高斯曲率应该等于多少？

例 2：求半径为 R 的球面的高斯曲率 .

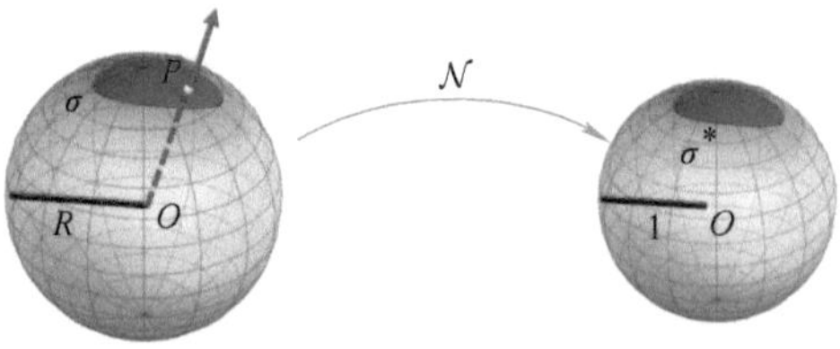

解：方法一：$|K|=\lim\limits_{\sigma\to P}\dfrac{Area(\sigma^*)}{Area(\sigma)}=\lim\limits_{\sigma\to P}\dfrac{Area(\sigma^*)}{R^2Area(\sigma^*)}=\dfrac{1}{R^2}$，

教学意图：

通过具体例子介绍高斯曲率的计算方法.

（续）

<table>
<tr><th colspan="2">常见曲面的高斯曲率</th></tr>
<tr><td>此时高斯映射相当于将球面做伸缩变换，因此 $\boldsymbol{n}_u\times\boldsymbol{n}_v,\boldsymbol{r}_u\times\boldsymbol{r}_v$ 总是同向的，高斯曲率大于零，于是 $K=\dfrac{1}{R^2}$.
这一计算结果与我们的直观也是吻合的，球面上每点处的弯曲程度均是相同的，高斯曲率是常数，并且球面半径越小，弯曲程度越大，相应的高斯曲率的绝对值也越大.
方法二：利用高斯曲率计算公式计算，只需将其改写为参数方程，再计算第一、第二基本量，代入高斯曲率的计算公式即可，见例 3.</td><td>动画演示：
（ch2sec3- 球面的高斯映射）
观察球面的高斯映射.</td></tr>
<tr><td>例 3：求旋转曲面 $\boldsymbol{r}=(\varphi(u)\cos\theta,\varphi(u)\sin\theta,\psi(u))$， $\varphi(u)>0$ 的高斯曲率.
解： $\boldsymbol{r}=(\varphi(u)\cos\theta,\varphi(u)\sin\theta,\psi(u))$，
$$\boldsymbol{r}_u=(\varphi'(u)\cos\theta,\varphi'(u)\sin\theta,\psi'(u)),$$
$$\boldsymbol{r}_\theta=(-\varphi(u)\sin\theta,\varphi(u)\cos\theta,0).$$
$$E=\boldsymbol{r}_u\cdot\boldsymbol{r}_u=\varphi'^2+\psi'^2,F=\boldsymbol{r}_u\cdot\boldsymbol{r}_\theta=0,G=\boldsymbol{r}_\theta\cdot\boldsymbol{r}_\theta=\varphi^2.$$
$$\boldsymbol{n}=\frac{\boldsymbol{r}_u\times\boldsymbol{r}_\theta}{\sqrt{EG-F^2}}=\frac{1}{\sqrt{\varphi'^2+\psi'^2}}(-\psi'\cos\theta,-\psi'\sin\theta,\varphi'),$$
$$\boldsymbol{r}_{uu}=(\varphi''(u)\cos\theta,\varphi''(u)\sin\theta,\psi''(u)),$$
$$\boldsymbol{r}_{u\theta}=(-\varphi'(u)\sin\theta,\varphi'(u)\cos\theta,0),$$
$$\boldsymbol{r}_{\theta\theta}=(-\varphi(u)\cos\theta,-\varphi(u)\sin\theta,0),$$
$$L=\boldsymbol{n}\cdot\boldsymbol{r}_{uu}=-\frac{\varphi''\psi'-\varphi'\psi''}{\sqrt{\varphi'^2+\psi'^2}},M=\boldsymbol{n}\cdot\boldsymbol{r}_{u\theta}=0,\quad N=\boldsymbol{n}\cdot\boldsymbol{r}_{\theta\theta}=\frac{\varphi\psi'}{\sqrt{\varphi'^2+\psi'^2}}.$$
由此可知，高斯曲率 $K=\dfrac{LN-M^2}{EG-F^2}=-\dfrac{\psi'(\varphi''\psi'-\varphi'\psi'')}{\varphi(\varphi'^2+\psi'^2)^2}$.
$$H=\frac{LG-2MF+NE}{2(EG-F^2)}=\frac{-\varphi\varphi''\psi'+\varphi\varphi'\psi''+\varphi'^2\psi'+\psi'^3}{2\varphi(\varphi'^2+\psi'^2)^{3/2}}.$$
特别地，当 $\varphi(u)=R\sin u,\psi(u)=R\cos u$ 时，此时得旋转曲面即为半径为 R 的球面，代入可得 $K=\dfrac{1}{R^2}$， $H=-\dfrac{1}{R}$.</td><td>教学意图：
计算更一般的旋转曲面的高斯曲率.</td></tr>
<tr><td>例 4：计算旋转抛物面 $z=-(x^2+y^2)$ 在原点处的高斯曲率.
解：对于旋转抛物面 $z=-(x^2+y^2)$，取 $\varphi(u)=u,\ \psi(u)=1-u^2$，代入例中的计算结果，可得 $K=\dfrac{4}{(1+4u^2)^2}$. 原点处的高斯曲率为 4.</td><td>教学意图：
计算一个具体的旋转曲面的高斯曲率.</td></tr>
</table>

（续）

常见曲面的高斯曲率

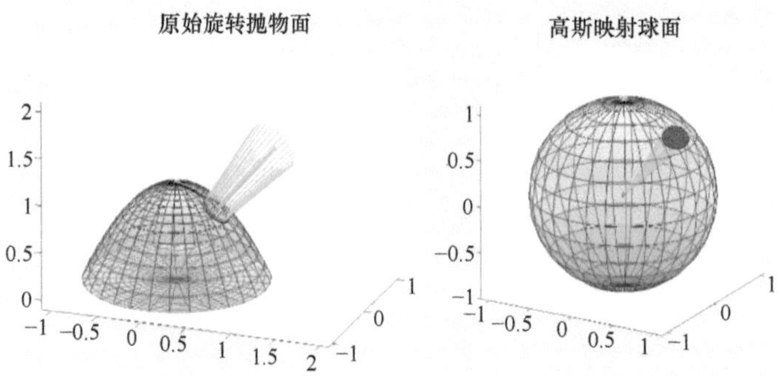

动画演示：

（ch2sec3- 旋转抛物面高斯映射）

根据计算结果，这一旋转抛物面在顶点处的弯曲程度最大，观察动画中随着区域的移动相应的高斯映射下的像区域的变化，与计算结果是否一致？

下图中展示了旋转抛物面 $z=-(x^2+y^2)$ 的“高斯曲率值曲面”，即利用高斯曲率值作为高度得到的曲面，曲面上的红色圆圈所处的高度就是对应的原曲面上的红色圆圈处的高斯曲率值. 从该曲面可以直观地观察到旋转抛物面的高斯曲率的变化规律.

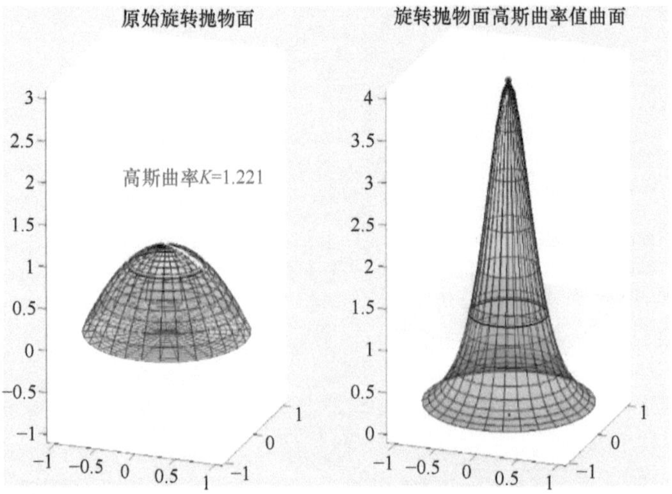

动画演示：

（ch2sec3- 旋转抛物面高斯曲率值变化）

高斯曲率的性质

知识回顾：（局部）等距变换

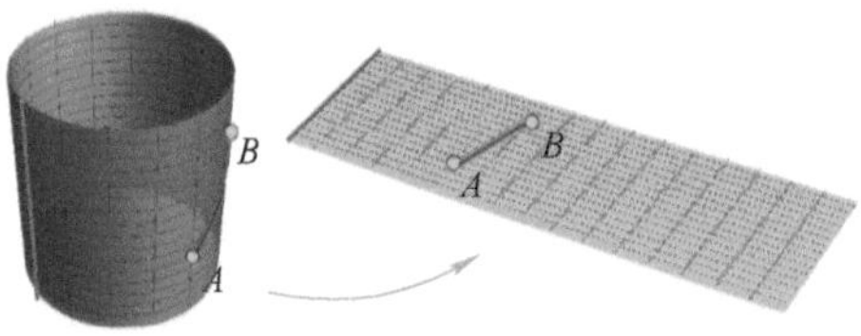

曲面之间的变换，若局部上保持对应弧段弧长不变，则称为（局部）等距变换.

如将圆柱面沿直线剪开摊平，这样定义的圆柱面到平面的变换不改变小区域内的弧段长度（弧段不与剪开的直线相交），因此该映射是局部等距变换.

通过在球心处放置光源，通过光线将球面映射到圆柱面，通过图形可以看到，球面上的弧段经过映射后的像弧长变长了，因此该变换不是球面到圆柱面的局部等距变换.

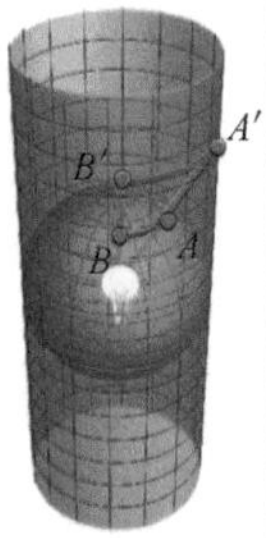

教学意图：

回顾等距变换的概念和性质，为下一步介绍高斯绝妙定理做准备.

直观上，可以这样来理解等距变换：用柔软的材料制作曲面，将其任意弯曲变形，只要不拉伸、撕裂或黏合，得到的曲面之间都存在着等距变换.

（续）

高斯曲率的性质

下面的定理是等距变换的判别条件，也是等距变换的重要性质.

定理：两个曲面之间的变换为等距变换的充要条件是经过适当的参数选择后，它们具有相同的第一基本形式，即它们的第一基本量对应相等.

高斯绝妙定理

教学意图：

介绍高斯绝妙定理.

高斯绝妙定理（Gauss's Theorema Egregium）

高斯曲率在局部等距变换下保持不变

高斯称该定理“绝妙”，后人将其称为高斯绝妙定理.

证明：根据等距变换的性质，只需证明高斯曲率 $K=\dfrac{LN-M^2}{EG-F^2}$ 被第一基本量 E，F，G 完全决定.

由 $L=\dfrac{1}{D}(\boldsymbol{r}_u,\boldsymbol{r}_v,\boldsymbol{r}_{uu}),M=\dfrac{1}{D}(\boldsymbol{r}_u,\boldsymbol{r}_v,\boldsymbol{r}_{uv}),N=\dfrac{1}{D}(\boldsymbol{r}_u,\boldsymbol{r}_v,\boldsymbol{r}_{vv})$，其中 $D=\sqrt{EG-F^2}$，$(\cdot,\cdot,\cdot)$ 表示三个向量的混合积.

可得 $LN-M^2=\dfrac{1}{D^2}\left((\boldsymbol{r}_u,\boldsymbol{r}_v,\boldsymbol{r}_{uu})(\boldsymbol{r}_u,\boldsymbol{r}_v,\boldsymbol{r}_{vv})-(\boldsymbol{r}_u,\boldsymbol{r}_v,\boldsymbol{r}_{uv})^2\right)$

$$=\frac{1}{D^2}\left((\boldsymbol{r}_{uu},\boldsymbol{r}_u,\boldsymbol{r}_v)(\boldsymbol{r}_{vv},\boldsymbol{r}_u,\boldsymbol{r}_v)-(\boldsymbol{r}_{uv},\boldsymbol{r}_u,\boldsymbol{r}_v)^2\right).$$

应用行列式的性质及矩阵相乘的运算律得

$$LN-M^2=\frac{1}{D^2}\left[\begin{vmatrix}\boldsymbol{r}_{uu}\cdot\boldsymbol{r}_{vv} & \boldsymbol{r}_{uu}\cdot\boldsymbol{r}_u & \boldsymbol{r}_{uu}\cdot\boldsymbol{r}_v\\ \boldsymbol{r}_u\cdot\boldsymbol{r}_{vv} & \boldsymbol{r}_u\cdot\boldsymbol{r}_u & \boldsymbol{r}_u\cdot\boldsymbol{r}_v\\ \boldsymbol{r}_v\cdot\boldsymbol{r}_{vv} & \boldsymbol{r}_v\cdot\boldsymbol{r}_u & \boldsymbol{r}_v\cdot\boldsymbol{r}_v\end{vmatrix}-\begin{vmatrix}\boldsymbol{r}_{uv}\cdot\boldsymbol{r}_{uv} & \boldsymbol{r}_{uv}\cdot\boldsymbol{r}_u & \boldsymbol{r}_{uv}\cdot\boldsymbol{r}_v\\ \boldsymbol{r}_u\cdot\boldsymbol{r}_{uv} & \boldsymbol{r}_u\cdot\boldsymbol{r}_u & \boldsymbol{r}_u\cdot\boldsymbol{r}_v\\ \boldsymbol{r}_v\cdot\boldsymbol{r}_{uv} & \boldsymbol{r}_v\cdot\boldsymbol{r}_u & \boldsymbol{r}_v\cdot\boldsymbol{r}_v\end{vmatrix}\right]$$

$$=\frac{1}{D^2}\left[\begin{vmatrix}\boldsymbol{r}_{uu}\cdot\boldsymbol{r}_{vv} & \boldsymbol{r}_{uu}\cdot\boldsymbol{r}_u & \boldsymbol{r}_{uu}\cdot\boldsymbol{r}_v\\ \boldsymbol{r}_u\cdot\boldsymbol{r}_{vv} & E & F\\ \boldsymbol{r}_v\cdot\boldsymbol{r}_{vv} & F & G\end{vmatrix}-\begin{vmatrix}\boldsymbol{r}_{uv}\cdot\boldsymbol{r}_{uv} & \boldsymbol{r}_{uv}\cdot\boldsymbol{r}_u & \boldsymbol{r}_{uv}\cdot\boldsymbol{r}_v\\ \boldsymbol{r}_u\cdot\boldsymbol{r}_{uv} & E & F\\ \boldsymbol{r}_v\cdot\boldsymbol{r}_{uv} & F & G\end{vmatrix}\right]$$

$$=\frac{1}{D^2}\left[\begin{vmatrix}\boldsymbol{r}_{uu}\cdot\boldsymbol{r}_{vv}-\boldsymbol{r}_{uv}^2 & \boldsymbol{r}_{uu}\cdot\boldsymbol{r}_u & \boldsymbol{r}_{uu}\cdot\boldsymbol{r}_v\\ \boldsymbol{r}_u\cdot\boldsymbol{r}_{vv} & E & F\\ \boldsymbol{r}_v\cdot\boldsymbol{r}_{vv} & F & G\end{vmatrix}-\begin{vmatrix}0 & \boldsymbol{r}_{uv}\cdot\boldsymbol{r}_u & \boldsymbol{r}_{uv}\cdot\boldsymbol{r}_v\\ \boldsymbol{r}_u\cdot\boldsymbol{r}_{uv} & E & F\\ \boldsymbol{r}_v\cdot\boldsymbol{r}_{uv} & F & G\end{vmatrix}\right].$$

注意到 $E=\boldsymbol{r}_u\cdot\boldsymbol{r}_u$，于是，$\dfrac{1}{2}E_u=\boldsymbol{r}_{uu}\cdot\boldsymbol{r}_u$.

同理有 $\dfrac{1}{2}E_v=\boldsymbol{r}_{uv}\cdot\boldsymbol{r}_u$，$\dfrac{1}{2}G_u=\boldsymbol{r}_{uv}\cdot\boldsymbol{r}_v$，$\dfrac{1}{2}G=\boldsymbol{r}_{vv}\cdot\boldsymbol{r}_v$

$$\boldsymbol{r}_{uu}\cdot\boldsymbol{r}_v=F_u-\boldsymbol{r}_u\cdot\boldsymbol{r}_{uv}=F_u-\frac{1}{2}E_v,$$

$$\boldsymbol{r}_{vv}\cdot\boldsymbol{r}_u=F_v-\boldsymbol{r}_v\cdot\boldsymbol{r}_{uv}=F_v-\frac{1}{2}G_u,$$

$$\boldsymbol{r}_{uu}\cdot\boldsymbol{r}_{vv}-\boldsymbol{r}_{uv}^2=-\frac{1}{2}G_{uu}+F_{uv}-\frac{1}{2}E_{vv}.$$

将上述计算结果代入高斯曲率的计算公式 $K=\dfrac{LN-M^2}{EG-F^2}$ 后得

$$K=\frac{1}{D^4}\left[\begin{vmatrix}-\frac{1}{2}G_{uu}+F_{uv}-\frac{1}{2}E_{vv} & \frac{1}{2}E_u & F_u-\frac{1}{2}E_v\\ F_v-\frac{1}{2}G_u & E & F\\ \frac{1}{2}G_u & F & G\end{vmatrix}-\begin{vmatrix}0 & \frac{1}{2}E_v & \frac{1}{2}G_u\\ \frac{1}{2}E_v & E & F\\ \frac{1}{2}G_u & F & G\end{vmatrix}\right].$$

由此可以看出高斯曲率完全由第一基本量决定，上式称为**高斯方程**.

（续）

<table>
<tr><th colspan="2">高斯曲率的性质</th></tr>
<tr><td>该定理表明高斯曲率是曲面的内蕴性质，不依赖于曲面的位置．这一定理的发现是微分几何学发展史上的一个里程碑，并由此产生了曲面的内蕴几何．当曲面在空间中进行不拉伸、不收缩的弯曲时，内蕴性质保持不变，曲面上的曲线弧长，曲面上两曲线的交角，曲面上的区域面积都是内蕴性质．</td><td></td></tr>
<tr><th colspan="2">拓展与应用</th></tr>
<tr><td>数学家高斯

高斯 1777—1855
德国数学家、物理学家、天文学家
高斯（Johann Carl Friedrich Gauss，1777 年—1855 年），德国著名数学家、物理学家、天文学家、几何学家，大地测量学家，高斯被认为是世界上最重要的数学家之一，享有“数学王子”的美誉．
1801 年，高斯应用他所发明但是尚未发表的最小二乘法做了新的统计分析，预测了谷神星轨道，是第一个重新观测到谷神星的人．也是在 1801 年，高斯还出版了《算术研究》，这本书创立了现代的代数数论．
1827 年，高斯发表了他的名著《曲面的一般理论的研究》，其中第一次提出了曲面的内蕴曲率（即高斯曲率）的概念，并由此创立了内蕴几何学，开辟了微分几何学的新篇章，并影响了他的学生黎曼，他将内蕴几何推广至高维从而创立了黎曼几何学．</td><td></td></tr>
<tr><td>是否存在完美的地图？
现在我们回到本节开头提出的问题：是否存在既保持面积比例，又保持方向的完美世界地图？
这相当于要找一个从球面到平面的等距变换．一方面，高斯绝妙定理告诉我们高斯曲率在等距变换下是不变的．另一方面，我们也已经知道球面的高斯曲率为 $\frac{1}{R^2}>0$，其中 R 为球面的半径，平面的高斯曲率为零．
因此，如果有变换，将球面变换到平面，那么它一定不能是等距变换．也就是说，不存在完美的地图！
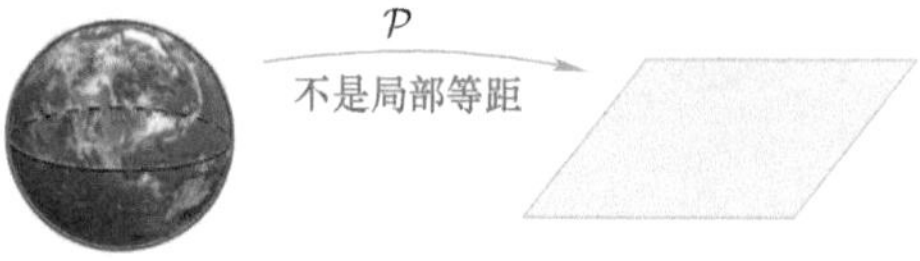
</td><td>教学意图：
回答课程引入中提出的问题．

更进一步可知，即使是在一个小局部，也不存在完美地图．</td></tr>
<tr><th colspan="2">课后思考</th></tr>
<tr><td>课后思考：
（1）用多种方法计算双曲抛物面的高斯曲率，并结合计算结果解释高斯曲率小于零的几何含义？
（2）高斯曲率处处为零的旋转曲面是什么样的曲面？</td><td></td></tr>
</table>

四、扩展阅读资料

（1）关于高斯绝妙定理的历史感兴趣的同学可以参阅文献：

刘建新，曲安京．高斯建立绝妙定理的历史过程 [J]. 自然辩证法研究，2017，9：108-113.

（2）高斯给出高斯曲率定义和高斯绝妙定理的论文：

GAUSS C F.《曲面的一般研究》[M]. 北京：高等教育出版社，2016.

（3）满足什么条件的函数能够作为二维球面（在不同度量下）的高斯曲率？这样的问题称为预定高斯曲率问题. 感兴趣的同学可学习经典文献：

CHENG K S，SMOLLER J A. Conformal metrics with prescribed Gaussian curvature on S^2 [J]. Trans. Amer. Math. Soc.，1993，336：219-251.

五、教学评注

本节的教学重点是高斯曲率概念和高斯绝妙定理. 课程以"世界地图中隐藏的问题"，引起学生的好奇心和学习兴趣，提出"是否存在完美的世界地图"？引出如何度量曲面弯曲程度的问题. 通过类比曲线曲率的定义方式启发学生给出对曲面弯曲程度的刻画方式，并由此给出高斯映射和高斯曲率的定义；此后，通过一些常见的曲面的高斯曲率的计算，展示高斯曲率的计算方法和直观几何意义；最后，介绍高斯绝妙定理，并通过微积分和高等代数的基本计算证明高斯绝妙定理，从而回答课程引入中提出的"是否存在完美的世界地图"的问题，得到"不存在完美的世界地图"的结论.

主曲率

一、教学目标

主曲率可以描述曲面一点处沿不同方向的法曲率的变化规律，其与高斯曲率一起可以细致地刻画曲面的弯曲形态. 通过本节内容的学习，使学生能理解主曲率的定义，掌握主曲率的计算及其与高斯曲率的关系，并通过计算常见曲面的主曲率和高斯曲率，能够直观刻画曲面在局部的形态. 教学过程中注重学生思维能力的培养，使学生学会复杂问题的处理方法，并学会应用主曲率的相关知识解释实际生活中的现象.

二、教学内容

1. 主要内容

（1）主曲率的定义；

（2）主曲率的计算公式；

（3）常见曲面的主曲率；

（4）主曲率的性质.

2. 教学重点

（1）主曲率计算公式的推导；

（2）主曲率的性质.

3. 教学难点

（1）主曲率与主方向概念的理解；

（2）主曲率与主方向的计算推导过程.

三、教学进程安排

1. 教学进程框图

问题引入	如何正确吃披萨?	如何刻画曲面的弯曲?	
问题分析	知识回顾——法曲率	法曲率的动画演示	
主曲率	主曲率的定义	法曲率的计算	主曲率的计算
举例及性质	常见曲面的主曲率	主曲率的性质	
拓展与应用	如何正确吃披萨	曲面屏	

2. 教学环节设计

问题引入	
如何正确吃披萨? 观察一段小女孩吃披萨的视频：披萨在她手里弯来弯去，美味在眼前却吃不到，小女孩多么着急.  小女孩为什么吃不到披萨？这是因为，她没有找到正确吃披萨的方法．那么，应该如何正确吃披萨？这涉及一个数学问题，如何描述曲面的弯曲. 我们之前学习过描述曲面弯曲的几何量——高斯曲率， $K=\dfrac{LN-M^2}{EG-F^2}$. 利用曲面的第一和第二基本量便可计算出曲面在一点处的高斯曲率值．高斯曲率的绝对值大小反映了曲面在该点处的弯曲程度.	教学意图： 通过生活中的问题"如何正确吃披萨"引入，吸引学生的注意力和兴趣. 回顾高斯曲率的概念和几何意义.

（续）

问题引入	
如何刻画曲面的弯曲？ 将披萨看成一张曲面，仔细观察不难发现，曲面上的红色曲线是弯曲的，而蓝色曲线是直线并没有弯曲．也就是说，曲面一点处沿不同方向的曲线，它们的弯曲情况不同．而一点处的高斯曲率是一个数值，并不能反映出沿不同方向的弯曲情况的不同．  如果希望描述沿不同方向的弯曲情况，自然会想到可以利用曲面上沿不同方向曲线的弯曲来描述曲面的弯曲情况．这就是本节要讨论的． 曲线的弯曲 ——→ 曲面的弯曲	教学意图： 从为何吃不到披萨的问题中发现数学问题：曲面沿不同方向弯曲程度不一样．从而引出本节课的核心内容．
问题分析	
知识回顾——法曲率 考虑曲面上的一点 P，任意选定该点处曲面的一个法向量 $\boldsymbol{n}$，如图中选定的是方向朝下的法向量．任取该点处的曲面的一个切向量 $\boldsymbol{T}$．则由 $\boldsymbol{n}$ 和 $\boldsymbol{T}$ 所确定的平面与曲面所截的截线称为**曲面的法截线**，用 C_T 表示．注意到，此时 $\boldsymbol{T}$ 恰是法截线 C_T 在 P 点的切向量．法截线 C_T 在 P 点的曲率记为 $k(C_T)$. 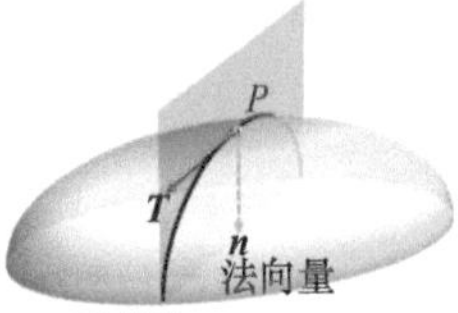 法截线 C_T 法曲率 $k_n(\boldsymbol{T})$ 又是什么呢？根据法曲率的定义，其大小就是法截线 C_T 在 P 点处的曲率 $k(C_T)$．如果 C_T 朝着法向量 $\boldsymbol{n}$ 的正向弯曲，其符号为正号，否则取为负值．即 $$k_n(\boldsymbol{T})=\begin{cases}+k(C_T), & C_T\text{向}+\boldsymbol{n}\text{侧弯曲},\\ -k(C_T), & C_T\text{向}-\boldsymbol{n}\text{侧弯曲}.\end{cases}$$ 因此法曲率不仅能够反映出曲线的弯曲程度，也可以反映出曲线的弯曲方向． 显然，曲面在一点处有无穷多条法截线及无数个法曲率，对于光滑曲面而言，这些法曲率中一定有最大法曲率和最小法曲率．接下来看几个具体的曲面，观察它们法曲率的最大值和最小值．	教学意图： 回顾法曲率的知识，并强调法曲率除了可以通过大小反映出曲线的弯曲程度外，还可以刻画弯曲方向．
动画演示 1——椭球面的法曲率 考虑椭球面 $x^2+\dfrac{y^2}{4}+z^2=1\ (z\geqslant 0)$ 上点 $P(0,0,1)$ 处沿不同方向的法曲率． 选定法向量 $\boldsymbol{n}$（用绿色线段表示，方向朝下），灰色圆盘表示点 P 处曲面的切平面，给定切平面上的一个切方向 $\boldsymbol{T}$（用切平面上的红色的线段表示），于是切方向 $\boldsymbol{T}$ 和法向量 $\boldsymbol{n}$ 确定了一个平面（用灰色平面表示）．该平面与曲面所截得的法截线 C_T（椭球面上的黑色曲线），其弯曲方向与法向量 $\boldsymbol{n}$ 的方向相同．	引导思考： 引导学生关注曲面在一点处的最大法曲率和最小法曲率，为引出主曲率的概念做好铺垫．

（续）

问题分析

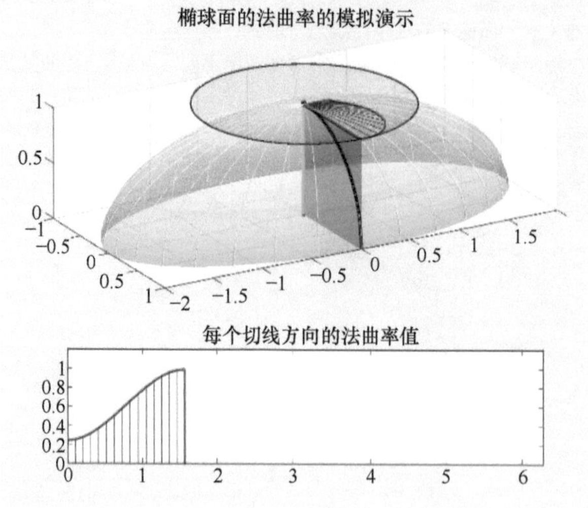

注意，在切平面上，用红色的线段标记切方向，该线段的长度表示椭球面沿该切方向 $\boldsymbol{T}$ 的法曲率 $k_n(\boldsymbol{T})$ 的大小. 线段越长表示法曲率越大. 注意到此时任意方向的法曲率都是正的.

这样，当切向量转过一周，我们在切平面上就可以得到一个图形，边界上的点到中心点的距离，就是该方向的法曲率了.

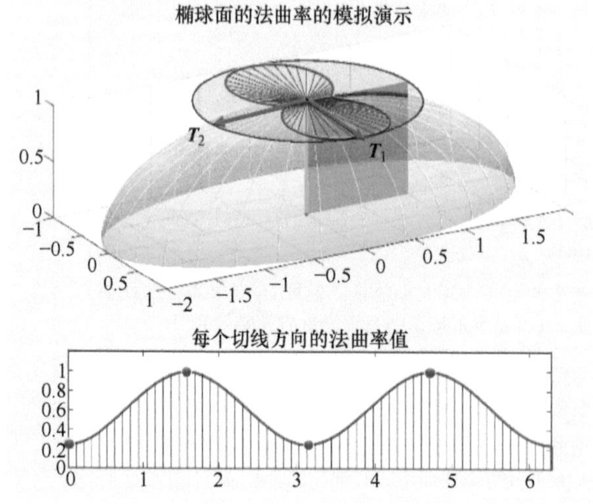

随着切方向 $\boldsymbol{T}$ 的变化，点 P 处沿各切方向的法曲率也在变化. 并且，法曲率只与切方向有关，与选择的切向量的长度无关. 因而可以将其看成是切方向的函数，切方向可用其与切平面上一个取定的方向的夹角表示，比如选择 y 轴正向. 这样法曲率就是定义在区间 $[0, 2\pi]$ 上的函数. 图中下方的红色曲线就是法曲率的函数图形.

可以看到，该椭球面在点 $P(0, 0, 1)$ 处，法曲率随切方向连续变化，并且能够取到最大值和最小值，最大值与最小值不同. 直观上，可以看出，法曲率取到最大值和最小值的方向，对应的法截线是所有法截线中弯曲程度最大和最小的两条，法曲率在椭球面的短轴方向取到最大值，而在长轴方向取到最小值.

教学意图：

通过具体的例子，直接计算每个切方向的法曲率值，并用动画演示让学生直观地看到椭球面的法曲率随切方向连续变化而变化. 引导学生观察变化过程，并体会法曲率的最值与曲面弯曲之间的关系.

动画演示：

（ch2sec4- 椭球面的法曲率）

展示椭球面随切方向 T 的连续变化，法曲率的变化情况.

注：为了展示得更清楚，这里对于每个切方向只画出了正方向对应的法截线，而其实相应的法截线是一整条.

（续）

问题分析

动画演示 2——双曲抛物面的法曲率

考虑双曲抛物面 $z = xy$ 上原点 $P(0, 0, 0)$ 处沿不同方向的法曲率.

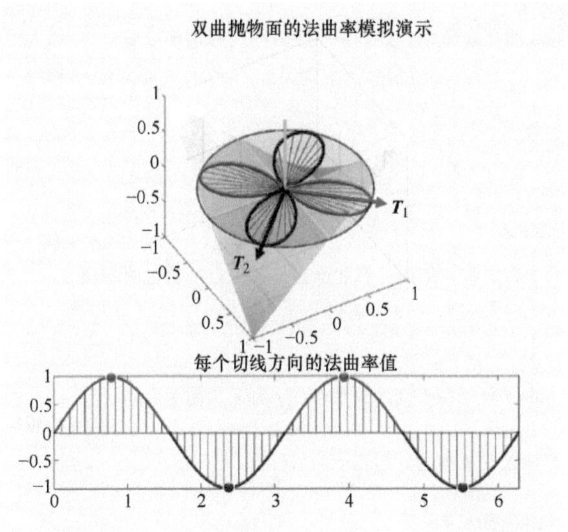

在 P 点处，取法向量 $\boldsymbol{n}$（用绿色线段表示）方向朝上. 通过观察可以看到，曲面在 P 点处不同切方向的法曲率有正有负；对应于法截线向上弯曲和向下弯曲.

法曲率随切方向 $\boldsymbol{T}$ 连续变化，取值大于零的法曲率在切平面上用红色线段表示，取值小于零的法曲率用黑色线段表示. 取得法曲率最大值和最小值的切方向分别是 $\boldsymbol{T}_1$ 和 $\boldsymbol{T}_1$.

教学意图：

法曲率的正负刻画了曲面弯曲的方向. 通过动画演示双曲抛物面的法曲率随切方向连续变化而变化的过程，引导学生体会曲面弯曲方向的变化.

动画演示：

（ch2sec4- 双曲抛物面的法曲率）

展示双曲抛物面随切方向 T 的连续变化，法曲率的变化情况.

观察结果：

法曲率有正有负，且存在不同的最大值和最小值.

动画演示 3——球面的法曲率

最后考虑球面 $x^2 + y^2 + z^2 = 4\ (z \geqslant 0)$ 上任意一点处沿不同方向的法曲率.

选定指向球心的法向量 $\boldsymbol{n}$（用绿色线段表示），球面任意一点处沿不同方向法截线都是半径相同的圆弧，曲率均相同，弯曲方向也都与法向量 $\boldsymbol{n}$ 的正向一致，因此沿不同方向的法曲率也相同. 当然，法曲率的最大值和最小值也相同.

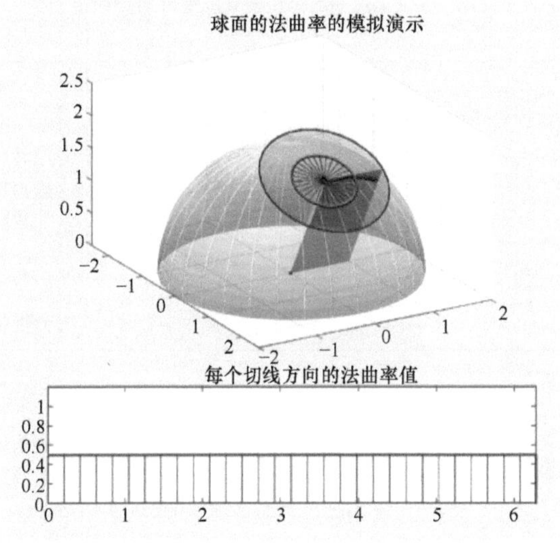

提问：

是否存在某个曲面上的某个点，该点处曲面沿各方向的法曲率取值相同？

动画演示：

（ch2sec4- 球面的法曲率）

球面的法曲率不随切方向变化而变化，因此最大值和最小值相同.

（续）

<table>
<tr><th colspan="2">主曲率</th></tr>
<tr><td>

主曲率的定义

法曲率的最大值和最小值称为曲面在该点的**主曲率**，即 $\kappa_1 = \max_T k_n(\boldsymbol{T})$，$\kappa_2 = \min_T k_n(\boldsymbol{T})$．取到主曲率的方向称为**主方向**.

比如，之前通过动画演示，找到的椭球面在最高点 P 处的两个主方向，分别是沿短轴和长轴法截线的切方向 $\boldsymbol{T}_1$ 和 $\boldsymbol{T}_2$.

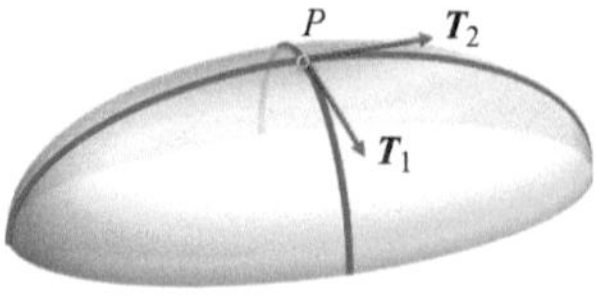

接下来要讨论的问题是：已知曲面的参数方程，如何计算曲面在任意一点处的主曲率和主方向？

</td><td>

教学意图：

从前面的几个例子中可以看出，法曲率的最大值和最小值给出了该点处所有法截线的弯曲程度的变化范围．因此，就将这两个值定义为主曲率.

</td></tr>
<tr><td>

知识回顾——法曲率的计算

已知曲面的参数方程 $\boldsymbol{r}=\boldsymbol{r}(u,v)$，切方向 $\boldsymbol{T}$ 可用切平面的自然基底 $\boldsymbol{r}_u$ 和 $\boldsymbol{r}_v$（切平面的一组基）来线性表示，即

$\boldsymbol{T}=\xi_1\boldsymbol{r}_u+\xi_2\boldsymbol{r}_v$，其中 ξ_1 和 ξ_2 是 T 在这一组基下的坐标.

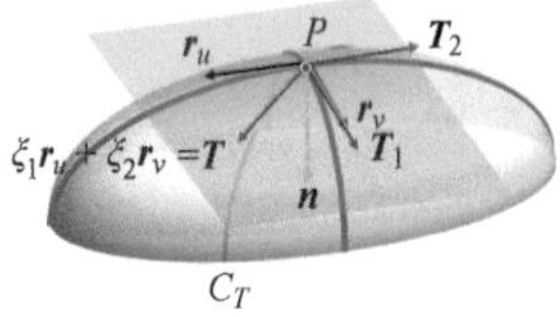

之前已经学过，切方向 $\boldsymbol{T}=\xi_1\boldsymbol{r}_u+\xi_2\boldsymbol{r}_v$ 的法曲率 $k_n(\boldsymbol{T})$ 计算公式为：

$$k_n(\boldsymbol{T})=\frac{L\xi_1^2+2M\xi_1\xi_2+N\xi_2^2}{E\xi_1^2+2F\xi_1\xi_2+G\xi_2^2},$$

其中，E，F，G 是曲面的第一基本量：

$$E=\boldsymbol{r}_u\cdot\boldsymbol{r}_u,\quad F=\boldsymbol{r}_u\cdot\boldsymbol{r}_v,\quad G=\boldsymbol{r}_v\cdot\boldsymbol{r}_v,$$

L，M，N 是曲面的第二基本量，$L=\boldsymbol{r}_{uu}\cdot\boldsymbol{n}, M=\boldsymbol{r}_{uv}\cdot\boldsymbol{n}, N=\boldsymbol{r}_{vv}\cdot\boldsymbol{n}$．这两类基本量均可通过曲面的参数方程直接计算得到.

</td><td>

教学意图：

复习切方向的表示及相应法曲率的计算公式.

注意：曲面的基本量，完全由曲面决定，并且给定曲面上一点，这些基本量都是常数，与切方向无关.

ξ_1,ξ_2 由切方向 $\boldsymbol{T}$ 决定.

</td></tr>
<tr><td>

主曲率的计算

根据主曲率的定义，求主曲率的问题可以转化为求解法曲率的无条件极值问题：

$$\max_{(\xi_1,\xi_2)\neq(0,0)}(\min)\, k_n(\boldsymbol{T})=\frac{L\xi_1^2+2M\xi_1\xi_2+N\xi_2^2}{E\xi_1^2+2F\xi_1\xi_2+G\xi_2^2}$$

其中，切方向：$\boldsymbol{T}=\xi_1\boldsymbol{r}_u+\xi_2\boldsymbol{r}_v$.

该问题的求解可以通过以下两个步骤完成.

</td><td>

教学意图：

将求解主曲率的问题转化为求解法曲率的极值问题，进而推出主曲率的计算公式.

提问：

如何求解这个无条件极值问题？

</td></tr>
<tr><td>

步骤 1：转化为条件极值问题

由法曲率计算公式

$$k_n(\boldsymbol{T})=\frac{L\xi_1^2+2M\xi_1\xi_2+N\xi_2^2}{E\xi_1^2+2F\xi_1\xi_2+G\xi_2^2}\qquad(*)$$

</td><td>

教学意图：

启发学生将无条件极值问题转化为条件极值问题.

</td></tr>
</table>

（续）

主曲率

首先，观察上式的分母，$E\xi_1^2+2F\xi_1\xi_2+G\xi_2^2$ 是向量 $\boldsymbol{T}$ 的模长平方，即 $E\xi_1^2+2F\xi_1\xi_2+G\xi_2^2=|\boldsymbol{T}|^2$. 显然对 $\forall t\neq 0$，代入式 (*)，有 $k_n(t\boldsymbol{T})=k_n(\boldsymbol{T})$，即法曲率 $k_n(\boldsymbol{T})$ 与切向量 $\boldsymbol{T}$ 的长度无关，所以不妨假设切向量 $\boldsymbol{T}$ 是单位向量，于是式 (*) 的分母为 1.

于是求主曲率的问题可以转化为下面的条件极值问题：

$$\max_{(\xi_1,\xi_2)\neq(0,0)}(\min)k_n(\boldsymbol{T})=L\xi_1^2+2M\xi_1\xi_2+N\xi_2^2 \qquad (**)$$
$$\text{s.t.}\quad E\xi_1^2+2F\xi_1\xi_2+G\xi_2^2=1$$

课程思政：
通过无条件极值问题与条件极值问题的转化，培养学生的数学思维能力及解决复杂问题的能力.

步骤 2：求解条件极值问题

根据微积分的知识，求解条件极值最常用的方法，就是通过构造拉格朗日函数，将其转换为无条件极值问题. 通过求解拉格朗日函数的驻点，得到条件极值问题的解.

1）转化为无条件极值问题

构造拉格朗日函数

$$\mathcal{L}(\xi_1,\xi_2,\lambda)=L\xi_1^2+2M\xi_1\xi_2+N\xi_2^2-\lambda(E\xi_1^2+2F\xi_1\xi_2+G\xi_2^2-1).$$

求解 (ξ_1,ξ_2) 和 λ 满足：

$$\begin{cases}\dfrac{\partial\mathcal{L}}{\partial\xi_1}=0,\\ \dfrac{\partial\mathcal{L}}{\partial\xi_2}=0,\\ \dfrac{\partial\mathcal{L}}{\partial\xi_3}=0,\end{cases}\Rightarrow\begin{cases}(L-\lambda E)\xi_1+(M-\lambda F)\xi_2=0, & (1)\\ (M-\lambda F)\xi_1+(N-\lambda G)\xi_2=0, & (2)\\ E\xi_1^2+2F\xi_1\xi_2+G\xi_2^2-1=0. & (3)\end{cases}$$

引导思考：
如何求解条件极值问题？可利用拉格朗日乘子法，将其转化为无条件极值问题.

2）求解 λ

由于式（1）和式（2）是关于 ξ_1 和 ξ_2 的齐次线性方程组，注意到 ξ_1，ξ_2 是切向量 $\boldsymbol{T}$ 的坐标，它是一个单位向量，因此 ξ_1 和 ξ_2 不同时为 0，即该齐次线性方程组有非零解，于是系数行列式等于 0，即

$$\begin{vmatrix}L-\lambda E & M-\lambda F\\ M-\lambda F & N-\lambda G\end{vmatrix}=0.$$

将行列式展开，得到关于 λ 的一元二次方程

$$(EG-F^2)\lambda^2+(2FM-EN-GL)\lambda+LN-M^2=0. \qquad (4)$$

令：$A=EG-F^2, B=2FM-EN-GL, C=LN-M^2$，
则有判别式：$\Delta=B^2-4AC$，根据第一，第二基本量的性质，通过计算可以证明判别式 $\Delta\geqslant 0$（读者自证）.

于是求解方程（4），可以得到两个实根，记为 λ_1，λ_2：

$$\lambda_{1,2}=\frac{-B\pm\sqrt{B^2-4AC}}{2A}.$$

教学意图：
利用齐次线性方程组有非零解的充要条件及一元二次方程，解出 λ 的值.

分析推导：
在求解的过程中，由方程组有非零解，得到行列式的方程，再展开得到关于 λ 的一元二次方程，再分析其判别式非负，从而解出 λ 的值.

3）求最值

将方程（4）的两个解 λ_1，λ_2 代入式（1）和式（2），有

$$\begin{cases}(L-\lambda_i E)\xi_1+(M-\lambda_i F)\xi_2=0,\\ (M-\lambda_i F)\xi_1+(N-\lambda_i G)\xi_2=0,\end{cases}\quad i=1,2.$$

将第一个等式乘 ξ_1，第二个等式乘 ξ_2，再将两个等式相加，化简整理后得到如下等式：

$$(L\xi_1^2+2M\xi_1\xi_2+N\xi_2^2)-(E\xi_1^2+2F\xi_1\xi_2+G\xi_2^2)\lambda_i=0,\ i=1,2.$$

分析推导：
当目标函数中 ξ_1 和 ξ_2 取到方程组解的时候，λ_i 恰好是目标函数值，进而得到主曲率的计算公式.

（续）

主曲率

注意到 λ_i 前面括号中的表达式，即为约束条件，因此等于1. 于是有 $\lambda_i = L\xi_1^2 + 2M\xi_1\xi_2 + N\xi_2^2$，而这个表达式恰好是条件极值问题(**)的目标函数值，所以 $\lambda_i, i=1,2$ 就是法曲率的最大值和最小值.

记 $\kappa_1 = \max\{\lambda_1, \lambda_2\}$，$\kappa_2 = \min\{\lambda_1, \lambda_2\}$，这就是主曲率，并且称方程（4）为**主曲率方程**.

主方向方程

进一步地，得到主曲率 λ_i 之后，如何求出相应的主方向 $\boldsymbol{T}_i$？

将主曲率 λ_i 代入等式（1）和式（2）中，得

$$\begin{cases}(L-\lambda_i E)\xi_1 + (M-\lambda_i F)\xi_2 = 0 & (5)\\ (M-\lambda_i F)\xi_1 + (N-\lambda_i G)\xi_2 = 0 & (6)\end{cases} \quad i=1,2.$$

由此，求出 ξ_1 和 ξ_2，将 ξ_1 和 ξ_2 作为坐标，以切平面 $\boldsymbol{r}_u$ 和 $\boldsymbol{r}_v$ 作为自然基底，可确定相应的切方向 $\boldsymbol{T}_i = \xi_1\boldsymbol{r}_u + \xi_2\boldsymbol{r}_v, (i=1,2)$，即为主方向. 方程（5）和方程（6）称为**主方向方程**.

教学意图：

给出主方向的计算方法.

特殊情况——脐点

当 $\kappa_1 = \kappa_2$ 时，称点 P 为**脐点**.

脐点处各个方向的法曲率相等. 如球面的任意一点均为脐点.

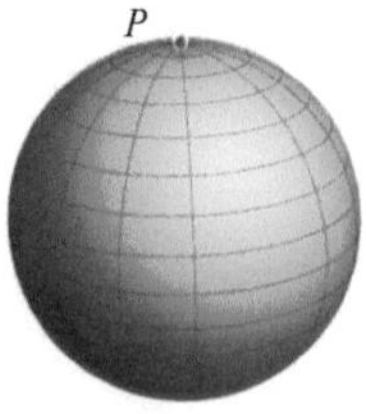

举例及性质

常见曲面的主曲率

利用曲面的主曲率和主方向的计算公式，可以计算常见曲面的主曲率及主方向.

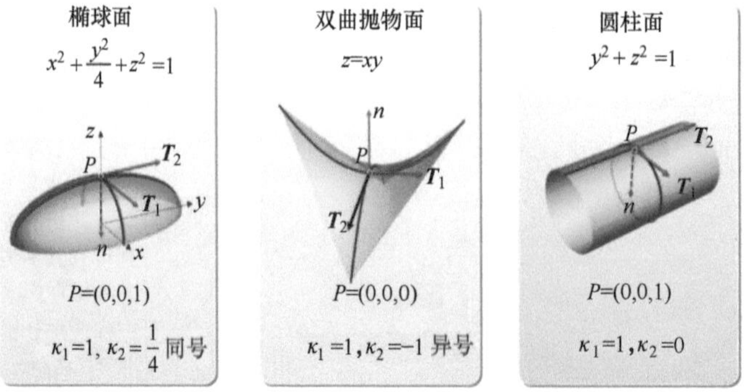

教学意图：

利用主曲率的计算公式，展示三种常见曲面的主曲率的计算过程.

椭球面的主曲率和主方向

计算椭球面 $x^2+\frac{y^2}{4}+z^2=1\ (z\geqslant 0)$ 上点 $P(0,0,1)$ 处的主曲率和主方向.

解：首先，将上半椭球面的直角坐标方程 $x^2+\frac{y^2}{4}+z^2=1\ (z\geqslant 0)$，改写为参数方程：

$$r(x,y)=\left(x, y, \sqrt{1-x^2-\frac{y^2}{4}}\right),\quad x^2+\frac{y^2}{4}\leqslant 1 .$$

教学意图：

强调计算主曲率和主方向，首先需要将曲面的一般方程改写成参数方程.

（续）

举例及性质

然后，计算主曲率方程，并求主曲率.

直接计算可得

$$\boldsymbol{r}_x(x,y)=\left(1,0,-\frac{x}{\sqrt{1-x^2-\dfrac{y^2}{4}}}\right),\boldsymbol{r}_y(x,y)=\left(0,1,-\frac{y}{4\sqrt{1-x^2-\dfrac{y^2}{4}}}\right).$$

在点 $P=(0,0,1)$ 处 $\boldsymbol{r}_x(0,0)=(1,0,0),\boldsymbol{r}_y(0,0)=(0,1,0)$，由此得 $E=\boldsymbol{r}_x\cdot\boldsymbol{r}_x=1,F=\boldsymbol{r}_x\cdot\boldsymbol{r}_y=0,G=\boldsymbol{r}_y\cdot\boldsymbol{r}_y=1$.

直接计算得 $\boldsymbol{r}_{xx}(0,0)=(0,0,-1),\boldsymbol{r}_{xy}(0,0)=(0,0,0),\boldsymbol{r}_{yy}(0,0)=\left(0,0,-\dfrac{1}{4}\right)$.

取点 $P=(0,0,1)$ 处的单位法向量 $\boldsymbol{n}=(0,0,-1)$，于是

$$L=1,M=0,N=\frac{1}{4}.$$

代入主曲率方程：$(EG-F^2)\lambda^2+(2FM-EN-GL)\lambda+LN-M^2=0$ 得

$$\lambda^2-\frac{5}{4}\lambda+\frac{1}{4}=0.$$

解得 $\lambda_1=1,\lambda_2=\dfrac{1}{4}$.

可以求出两个主曲率为 $\kappa_1=\max\{\lambda_1,\lambda_2\}=1,\quad \kappa_2=\min\{\lambda_1,\lambda_2\}=\dfrac{1}{4}$.

最后，针对两个主曲率，利用主方向方程

$$\begin{cases}(L-\lambda_i E)\xi_1+(M-\lambda_i F)\xi_2=0,\\(M-\lambda_i F)\xi_1+(N-\lambda_i G)\xi_2=0.\end{cases}\quad i=1,2,$$

分别求解相应主方向 .

对主曲率 $\kappa_1=1$，相应主方向方程解得 $\xi_2=0$，即 $\boldsymbol{T}_1=1\cdot\boldsymbol{r}_x+0\cdot\boldsymbol{r}_y=\boldsymbol{r}_x(0,0)=(1,0,0)$.

对主曲率 $\kappa_2=\dfrac{1}{4}$，相应主方向方程解得 $\xi_2=0$，即 $\boldsymbol{T}_2=0\cdot\boldsymbol{r}_x+1\cdot\boldsymbol{r}_y=\boldsymbol{r}_y(0,0)=(0,1,0)$.

也就是说，点 $P=(0,0,1)$ 处的两个主方向，$\boldsymbol{T}_1$ 沿短轴方向，而 $\boldsymbol{T}_2$ 沿长轴方向.

类似地，在上半椭球面的每一点处都可以这样计算出对应的主曲率和主方向．当然，这样的计算非常烦琐，因此我们通过数值计算并用下面的图形来直观展示每一点处的两个主曲率的值.

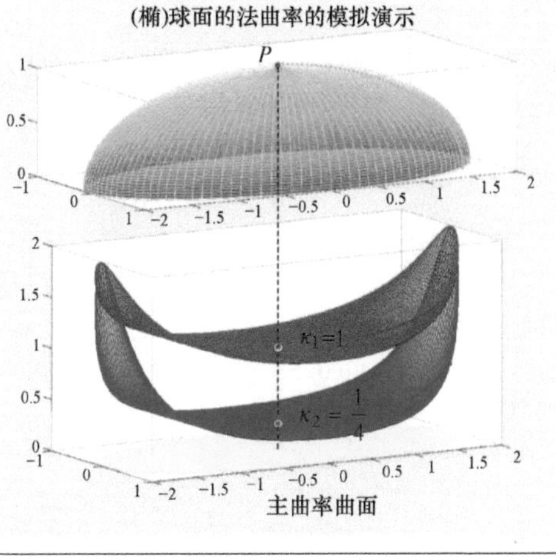

主曲率曲面

通过数值计算椭球面每个点处的两个主曲率，并展示相应的两个主曲率曲面．于是主曲率的变化情况及椭球面左右两个端点是脐点便一目了然了.

（续）

<table>
<tr><th colspan="2">举例及性质</th></tr>
<tr><td>

为了清楚地看出椭球面上任意一点的两个主曲率的变化情况，对于椭球面上任意取定的点 $P(x,y,z)$，保持其 x,y 坐标不变，用主曲率值作为纵坐标，可以画出空间中的两个点 $(x,y,\kappa_1),(x,y,\kappa_2)$．这样便可得到两个曲面（如图中的紫色曲面和蓝色曲面），称为**主曲率曲面**.

从图中可以发现，对于上半椭球面，两个主曲率曲面都在平面 xOy 的上方，也就是说每一点处的两个主曲率均大于零，这表明每一点处两个主方向的法截线以及沿任意方向的法截线的弯曲方向相同，均与朝下的法方向 $\boldsymbol{n}$ 相同.

此外，当椭球面上的点越接近左右端点时，两个主曲率分别增大，当趋近于左右两个端点时，两个主曲率的值越来越接近．最终在端点处，两个主曲率的值相等．这意味着什么？这表明两个端点为椭球面的脐点.

</td><td>

对于一般的曲面，若某个点的主曲率同号，那么在小范围内曲面的形状也有这样的特点.

</td></tr>
<tr><td>

双曲抛物面的主曲率

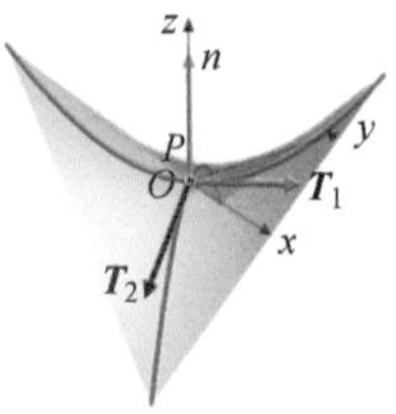

椭球面上任一点处的两个主曲率同号，那么是否存在某种曲面，主曲率异号呢？这等价于两个主方向的法截线总是向相反的方向弯曲，即不同方向的法截线弯曲方向不一样.

双曲抛物面 $z=xy$（见右图）就具有这样的特点.

对于点 $P=(0,0,0)$，两个主方向的法截线弯曲方向不同．通过计算，主曲率确实异号，$\kappa_1=1$，$\kappa_2=-1$.

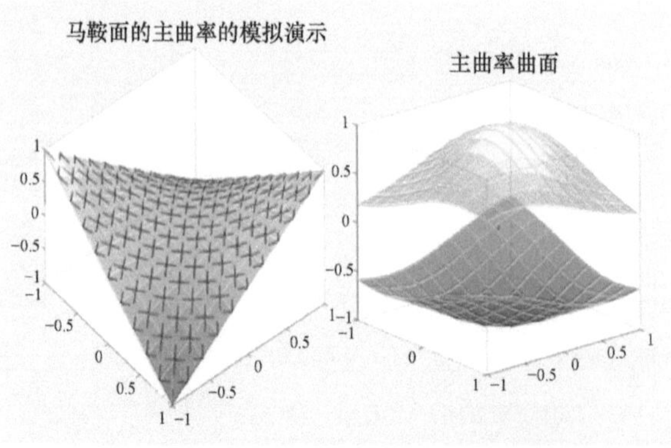

观察双曲抛物面的两个主曲率曲面，可以看到，与椭球面不同，此时两个主曲率曲面一个在平面 xOy 的上方，一个在平面 xOy 的下方．这表示双曲抛物面上的任一点，两个主曲率都是一正一负．也就是说，在每一点处都有向着相反方向弯曲的法截线．这是主曲率异号时曲面的弯曲特点.

此外，图中双曲抛物面上的蓝色和红色直线段表示交点处的两个主方向，可以看到，双曲抛物面上各点处的两个主方向是正交的．这一性质对一般的曲面的非脐点处都是成立的，请同学思考如何证明.

</td><td>

展示双曲抛物面的两个主曲率曲面，强调每点处的两个主曲率异号.

由此性质，在曲面的脐点处，选择任意两个正交的切方向作为主方向.

</td></tr>
<tr><td>

圆柱面的主曲率

我们已经看到了主曲率同号和异号的情况．那么是否存在某种曲面有主曲率为零的点呢？

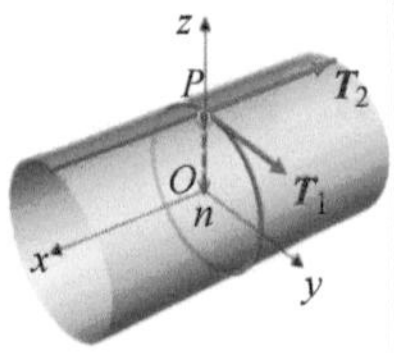

圆柱面 $y^2+z^2=1$ 就具有这样的特点．计算可知，在 $P=(0,0,1)$ 处的主曲率为 $\kappa_1=1,\kappa_2=0$，主方向如图所示 $\boldsymbol{T}_1=(0,1,0)$，$\boldsymbol{T}_2=(-1,0,0)$，注意其中一个主方向沿着直母线的方向，其主曲率等于 0．根据圆柱面的对称性可知，其上任一点两个主曲率和主方向都具有这样的特点.

</td><td>

教学意图：

经过计算发现，圆柱面的直母线是一个主方向，其主曲率等于 0，符合直观认知.

</td></tr>
</table>

（续）

举例及性质

主曲率的性质

观察主曲率方程

$$(EG-F^2)\lambda^2+(2FM-EN-GL)\lambda+LN-M^2=0.$$

该方程的两个根是曲面的主曲率，根据一元二次方程的基本性质，可知两个主曲率的乘积为：$\kappa_1\kappa_2=\dfrac{LN-M^2}{EG-F^2}$.

这个表达式正是之前学过的高斯曲率的定义式. 因此，主曲率的乘积等于高斯曲率 $K=\kappa_1\kappa_2$，这就得到了主曲率与高斯曲率的关系. 由此可以看到，主曲率在刻画曲面弯曲程度中发挥着重要作用.

C.F.Gauss
德国 数学家
1777—1855

知识回顾——高斯绝妙定理

高斯绝妙定理：高斯曲率在局部等距变换下保持不变.

直观上，对曲面不拉伸不撕裂的连续弯曲形变是一种局部等距变换.

由高斯绝妙定理，很容易得到其推论.

推论：主曲率的乘积 $\kappa_1\kappa_2$ 在局部等距变换下保持不变.

推论表明，对曲面做不拉伸不撕裂的连续弯曲形变时，始终可以保持两个主曲率的乘积不变.

教学意图：

计算主曲率的乘积，恰好为高斯曲率，于是得到主曲率与高斯曲率之间的关系.

进一步地，从高斯绝妙定理推广到推论，表明主曲率的乘积在局部等距变换下保持不变.

拓展与应用

如何正确吃披萨?

高斯绝妙定理的推论可以回答最初提出的问题——如何正确吃披萨?

对于披萨的曲面，初始时它是平面的一部分，显然两个主曲率为 $\kappa_1=0,\kappa_2=0$，乘积当然也等于 0，即 $\kappa_1\kappa_2=0$.

若将披萨拿起，由于重力的作用，自然会沿半径方向（红色方向）进行弯曲. 小女孩沿这个方向总也吃不到披萨.

注意到披萨曲面的弯曲前后拉伸程度非常小，可以将放平的披萨和弯曲的披萨曲面近似看成等距的.

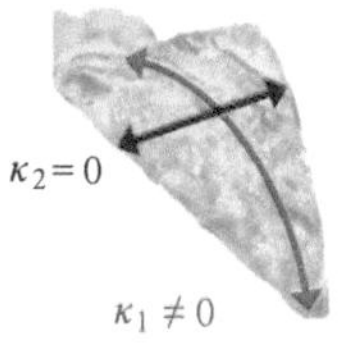

因此就可以知道正确吃披萨方法是，主动地在垂直于半径的方向将披萨弯起，产生一个非零的主曲率 $\kappa_1\neq 0$. 根据推论得知，主曲率的乘积一定会保持为 0. 因此，沿着半径的方向（下图中黑色方向）的主曲率，必定等于 0. 于是就可以沿着半径的方向愉快地享用披萨了.

教学意图：

回答如何正确吃披萨的问题.

课程思政：

数学之美无处不在，不仅在书本上，也在生活里. 数学知识可以帮助我们解决大到国防、经济，小到日常生活中的实际问题.

引导思考：

分析小女孩吃不到披萨的原因，找到正确的方法. 主动地在垂直半径的方向产生一个不为零的主曲率，则沿半径方向就可以愉快地享用披萨.

（续）

拓展与应用	
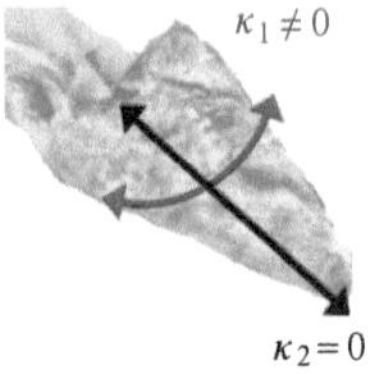 	
曲面屏 主曲率的相关知识不仅解决了如何正确吃披萨的问题，还能利用其思想，设计出更好更实用的计算机显示屏以及电视屏幕. 当今市场上非常流行，深受欢迎的曲面屏，其表面是圆柱面的一部分，一般会标识其曲率半径，如 1000R. 这是什么意思？它代表沿水平方向的主曲率为一米，也就是说，沿着水平方向的法截线，是半径为一米的圆弧. 而另外一个主方向（与其垂直的方向）的法截线是一条直线，所以它的主曲率为 0. 两个主曲率乘积等于零，与平面的主曲率乘积相同，这就使得它在生产工艺上更易实现.  若在沿水平方向的法截线的圆心位置观赏，则显示器上每一点到人眼的距离均相等. 这种情况下，就会有非常逼真的画面临场感，人眼的视觉体验达到最佳. 此外，比较曲面屏和平面屏，在显示相同面积的条件下，显示器所占用的空间更小.	教学意图： 介绍电视曲面屏，并说明主曲率在其上的应用.

课后思考	
课后思考： 是否存在某个光滑曲面上同时有下列三类点？ 1. 主曲率异号； 2. 主曲率同号； 3. 主曲率一个为零，一个非零.	鼓励学生课后查阅文献资料，进行科研探索. 通过补充文献，拓展学生的知识面.

四、扩展阅读资料

（1）曾锦光，罗元华，陈太源．应用构造面主曲率研究油气藏裂缝问题 [J]. 力学学报，1982，2：202-206.

（2）刑家省．法曲率最值的直接求法 [J]. 吉首大学学报（自然科学版），2012，vol. 33（4）：11-15.

五、教学评注

本节的教学重点是主曲率计算公式的推导和主曲率的性质. 在课程设计上，以生活中的问题“如何正确吃披萨”引入，吸引学生注意力和兴趣，引导学生思考如何用曲线的弯曲来刻画曲面的弯曲. 此后，借助丰富的图形和动画模拟演示，直观而形象地将抽象概念呈现在学生眼前，便于学生理解. 为推导主曲率的计算公式，需要对法曲率的最值进行研究；求主曲率本身是一个无条件的分式极值问题，首先将其转化为条件极值问题，接着再转化为无条件极值问题最终求解，化繁为简，提升学生处理复杂问题的能力，并强调数学中转化的思想. 进一步，利用主曲率计算公式，计算常见曲面的主曲率. 最后，分析主曲率方程挖掘出主曲率与高斯曲率的关系，并得到高斯绝妙定理的推论，从而解答“如何正确吃披萨”的问题.

直纹面

一、教学目标

直纹面是微分几何中一类特殊的曲面. 通过对本节内容的学习，使学生学会探究直纹面的产生过程和求解其方程的方法，能理解直纹面的概念、性质、数学特性、认识常见的直纹面；理解直纹面的腰点、腰曲线的概念，掌握腰点的坐标表示及常见曲面腰曲线的求解方法，并且能够在今后的学习和研究中应用直纹面的相关知识去解决实际问题.

二、教学内容

1. 主要内容

（1）直纹面的概念；
（2）常见的直纹面；
（3）直纹面的性质；
（4）直纹面的腰点坐标；
（5）直纹面的腰曲线方程.

2. 教学重点

（1）直纹面的定义；
（2）直纹面的腰点坐标；
（3）直纹面的腰曲线方程.

3. 教学难点

（1）直纹面的性质；
（2）直纹面的腰点坐标.

三、教学设计

1. 教学进程框图

问题引入	视频引入和教具演示	直杆旋转形成的曲面问题		
问题分析	直杆的参数方程	直杆旋转曲面的参数方程		
直纹面	直纹面的定义	直纹面的性质		
腰曲线	定义	腰点的坐标表示	方程	算例
拓展与应用	广州塔	北京世园会中国馆	星海音乐厅	

2. 教学环节设计

问题引入	
通过视频引入问题 在电视节目“是真的吗？”真假实验室中提出了一个有趣的问题，一个长 50cm 的直杆能否严丝合缝地穿过如图所示的弧形缝隙？ 	教学意图： 通过电视节目播放视频提出问题，引起学生的注意力和兴趣. 在视频播放过程中与学生进行互动交流. 提问： 直杆能严丝合缝地穿过弧形缝隙吗？
通过教具实验提出问题 这是一个自制的教具，如下图所示. 将直杆固定在一个固定杆上，将弧形缝隙做在一个平板上，拧动装置的旋钮就可以旋转直杆. 实验结果发现，直杆居然能够旋转着严丝合缝地穿过弧形缝隙，这是为什么？是不是非常神奇？我们一起来关注其中的**数学问题**：直杆旋转形成的是什么曲面？ 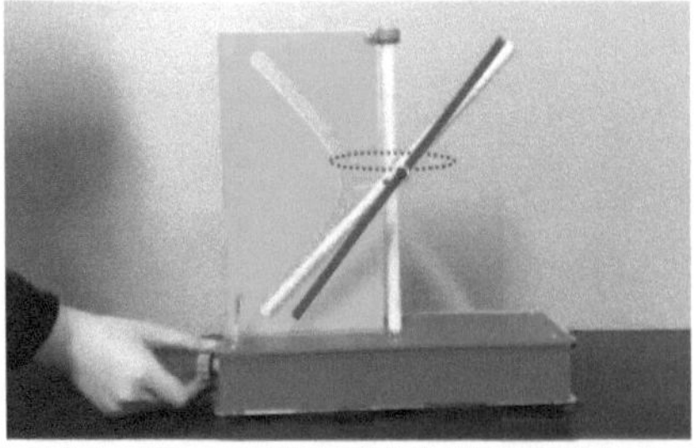	教学意图： 通过教具演示，得到结论，直杆能严丝合缝地穿过弧形缝隙，激发学生进一步研究问题的兴趣. 引导学生进一步思考. 实验视频： ch2sec5- 教具动画 提问： 为什么可以穿过？直杆旋转形成的曲面是什么？
问题分析	
知识回顾 给定空间中一点 $A=(a_1,a_2,a_3)$，向量 $T=(b_1,b_2,b_3)$，过点 A 与 T 平行的直线的参数方程 $$l(v)=(a_1,a_2,a_3)+v(b_1,b_2,b_3)$$ 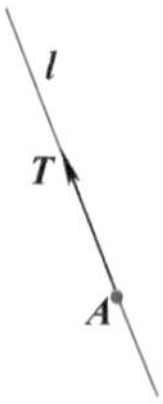	教学意图： 回顾：建立过点 A，与向量 T 平行的直线的参数方程.

（续）

问题分析

直杆的参数方程

为了分析简单，我们假设直杆与它的固定旋转杆之间的连接点在直杆的中点，初始位置在 x 轴上，并且与原点的距离是 1，并假设直杆与平面 xOy 的夹角为 $\frac{\pi}{4}$，当直杆旋转过角度 u 之后，落在了如右图所示的位置.

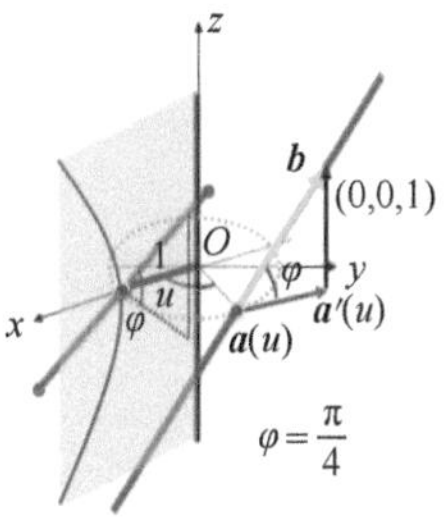

下面建立直杆的参数方程. 由于直杆的中点轨迹是半径为 1 的圆，因此直杆中点坐标为 $\boldsymbol{a}(u)=(\cos u,\sin u,0)$.

又 $\boldsymbol{a}'(u)$ 与直杆的夹角为 $\frac{\pi}{4}$，从而得到直杆方向向量为：

$$\boldsymbol{b}(u)=\boldsymbol{a}'(u)+(0,0,1)=(-\sin u,\cos u,1).$$

所以，求得直杆的参数方程为

$$\boldsymbol{a}(u)+v\boldsymbol{b}(u)=(\cos u-v\sin u,\sin u+v\cos u,v).$$

直杆旋转形成的曲面方程

将直杆连续旋转，即让 u 变化起来，将旋转过程中的每一条直线组合在一起形成曲面，得到该曲面的参数方程为

$$\boldsymbol{r}(u,v)=(\cos u-v\sin u,\sin u+v\cos u,v).$$

这是什么曲面？为了掌握曲面形状，化为直角坐标方程 $x^2+y^2-z^2=1$，可见这是我们熟悉的旋转单叶双曲面. 而平板上的曲线 $x^2-z^2=1$ 为双曲线，即为平板上的弧形缝隙的曲线方程.

动画演示：直线生成曲面的过程.

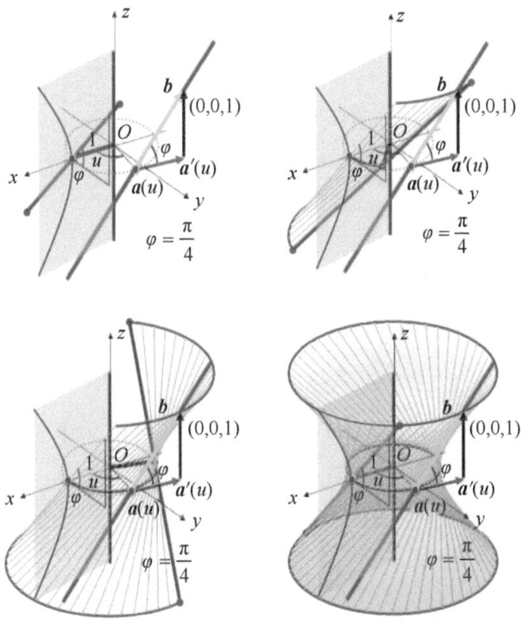

教学意图：

通过画图分析，引导学生找到 $\boldsymbol{a}(u)$ 和 $\boldsymbol{b}(u)$，就可写出直杆的参数方程.

根据直杆参数方程，进一步建立直杆形成曲面的参数方程. 于是可以回答前面关于弧形缝隙问题.

动画演示：

（ch2sec5- 直杆旋转生成曲面）

通过动画演示，直杆穿过弧形缝隙形成旋转单叶双曲面的过程.

提问：

直杆形成的曲面为旋转单叶双曲面，平板上的弧形缝隙又是什么曲线呢？

回答：

将曲面与平面 xOz 做交线，得到双曲线，这就是平板上的弧形缝隙的形状. 因为这个双曲线在旋转单叶双曲面上，所以直杆可以严丝合缝地穿过弧形缝隙.

直线运动可以生成曲面，从而引出下面直纹面的定义.

（续）

直纹面的定义和性质

直纹面的定义：由直线的轨迹所生成的曲面为直纹面.
母线定义：生成直纹面的直线称为母线.
导线定义：直纹面上与所有母线都相交的曲线称为导线.

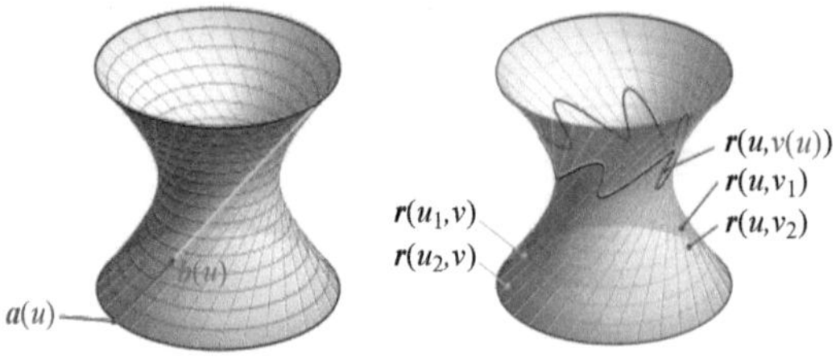

直纹面的参数方程：

如上左图，一条导线 $\boldsymbol{a}(u)$，母线的方向向量为 $\boldsymbol{b}(u)$，则直纹面的参数方程为

$$\boldsymbol{r}(u,v)=\boldsymbol{a}(u)+v\boldsymbol{b}(u),$$

u 取常数对应不同的母线，v 取常数对应不同的导线，如上右图. 导线不唯一，如果取 v 是 u 的函数，可以得到曲面上一般的导线.

常见的直纹面：

导线取半径为 2 的圆 $\boldsymbol{a}(u)=(2\cos u,2\sin u,-2)$，让母线变化，会得到如下几个不同的直纹面.

（1）圆柱面：母线方向 $\boldsymbol{b}(u)$ 为 $(0,0,1)$，对应圆柱面.

（2）旋转单叶双曲面：

母线方向 $\boldsymbol{b}(u)$ 为

$$(\cos(u-\varphi)-\cos u,\sin(u-\varphi)-\sin u,2),$$

对应旋转单叶双曲面.

（3）圆锥面：

母线方向 $\boldsymbol{b}(u)$ 为 $(-\cos u,-\sin u,1)$，对应圆锥面.

动画展示：改变母线，曲面由圆柱面变化为圆锥面的变化过程.

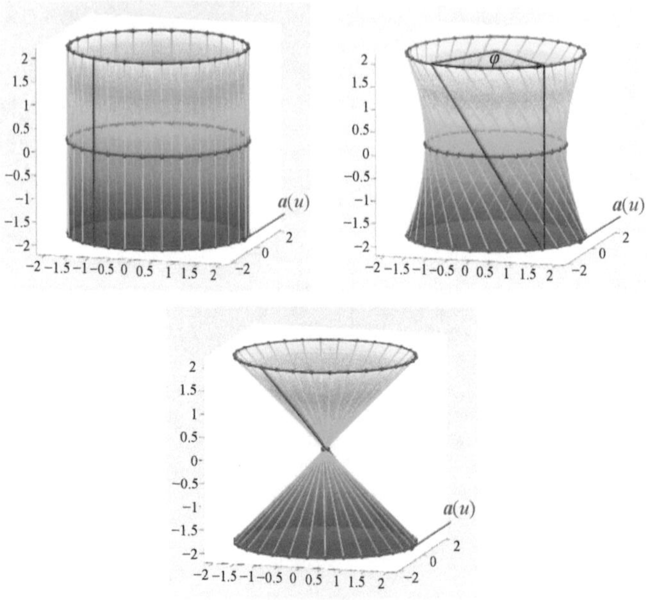

教学意图：

给出直纹面定义，母线定义，导线定义.

结合图像讲解：

母线上 u 是不变的，导线上 v 是不变的.

给出一般直纹面的参数方程.

给出三个常见的直纹面：

圆柱面、旋转单叶双曲面、圆锥面. 强调它们导线相同，而母线不同.

动画演示：

（ch2sec5-常见直纹面）

改变母线，观察曲面由圆柱面变化为圆锥面的过程.

（续）

直纹面的定义和性质

直纹面的性质

前面直观认识了直纹面及其相关概念，进一步研究直纹面的数学特性，可以得到以下结论.

性质：直纹面的高斯曲率小于等于 0.

证明：设直纹面的参数方程为 $\boldsymbol{r}(u,v)=\boldsymbol{a}(u)+v\boldsymbol{b}(u)$.

直接计算可得 $\boldsymbol{r}_{uv}=\boldsymbol{b}'$；$\boldsymbol{r}_{vv}=0$.

计算直纹面上任一点 $P(u,v)$ 处的单位法向量

$$\boldsymbol{n}=\frac{\boldsymbol{r}_u\times\boldsymbol{r}_v}{|\boldsymbol{r}_u\times\boldsymbol{r}_v|}=\frac{\boldsymbol{a}'\times\boldsymbol{b}+v\boldsymbol{b}'\times\boldsymbol{b}}{\sqrt{EG-F^2}}.$$

由此得到第二基本量

$$L=\boldsymbol{r}_{uu}\cdot\boldsymbol{n}\ ;\quad M=\boldsymbol{r}_{uv}\cdot\boldsymbol{n}=\frac{(\boldsymbol{b}',\boldsymbol{a}',\boldsymbol{b})}{\sqrt{EG-F^2}}\ ;\quad N=\boldsymbol{r}_{vv}\cdot\boldsymbol{n}=0.$$

再计算高斯曲率

$$K=\frac{LN-M^2}{EG-F^2}=-\frac{M^2}{EG-F^2}=-\frac{(\boldsymbol{b}',\boldsymbol{a}',\boldsymbol{b})^2}{(EG-F^2)^2}\leqslant 0.$$

教学意图：

证明直纹面的性质：直纹面的高斯曲率小于等于 0.

腰曲线

由前面的分析可知，导线是不唯一的，以旋转单叶双曲面为例，有这样一条特殊的导线，它位于旋转单叶双曲面最狭窄的部位（见右图）. 所谓“最狭窄的部位”，如何用数学语言刻画呢？即曲面上弯曲程度最大的点. 弯曲程度在数学上用高斯曲率的绝对值来刻画.

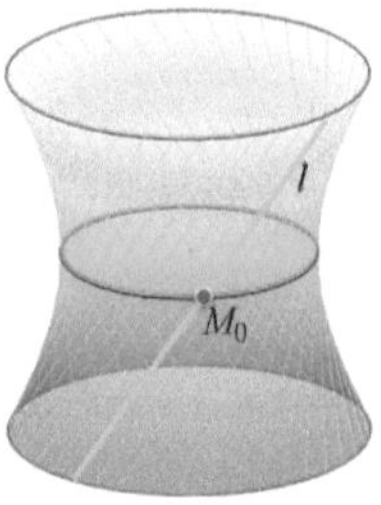

动画演示

对旋转单叶双曲面，我们算出直母线上每一点的高斯曲率的绝对值，用小圆圈的大小表示对应点的高斯曲率绝对值的大小. 小圆圈越大，相应点处的高斯曲率绝对值越大. 红色的圆圈表示直母线上高斯曲率绝对值的最大值. 对每一条直母线进行上述计算. 通过动画展示计算结果，如右下图所示.

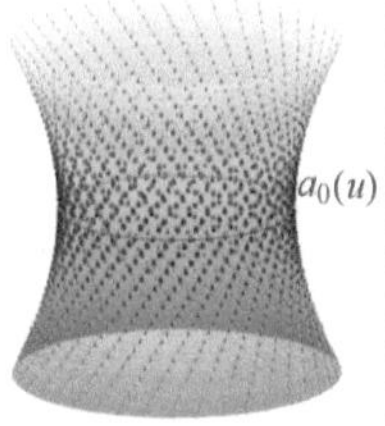

可见，高斯曲率绝对值在曲面“腰”的位置达到最大. 若直纹面方程为

$$\boldsymbol{r}(u,v)=\boldsymbol{a}(u)+v\boldsymbol{w}(u),$$

则有下面腰点及腰曲线的定义.

腰点定义：设 $\boldsymbol{l}=\boldsymbol{r}(u_0,v)$ 为任意取定的直母线，$\boldsymbol{l}$ 上高斯曲率的绝对值取到最大值的点称为直母线 $\boldsymbol{l}$ 上的腰点.

腰曲线定义：腰点构成的导线称为腰曲线.

下面我们求母线上腰点的坐标表示.

教学意图：

以旋转单叶双曲面为例，直观观察腰曲线，解释“腰”的直观意义.

动画演示：

（ch2sec5- 旋转单叶双曲面的腰曲线）

用数值计算的方式找到直母线上弯曲程度最大的点. 母线上点的高斯曲率绝对值的大小，用红色画出高斯曲率绝对值最大的点. 即为腰点.

引导思考：

如何由直观过渡到严格数学语言的描述？

腰点的坐标表示

为了方便研究，我们先假设 $\boldsymbol{w}$ 为单位向量，即直纹面的参数方程为

$$\boldsymbol{r}(u,v)=\boldsymbol{a}(u)+v\boldsymbol{w}(u),\quad |\boldsymbol{w}|=1.$$

给定参数 u_0，在直纹面上取相应的母线 $\boldsymbol{l}$，方程为：

$$\boldsymbol{l}:\ \boldsymbol{r}(u_0,v)=\boldsymbol{a}(u_0)+v\boldsymbol{w}(u_0)$$

其中参数 v 是变量.

求腰点 M_0 的问题转化为：确定 v_0 使其高斯曲率 $K=\dfrac{LN-M^2}{EG-F^2}$ 绝对值达到最大.

教学意图：

推导腰点的坐标表示.

求高斯曲率的绝对值的最大值点.

引导学生将问题转化为：一元二次多项式求根的问题.

（续）

腰曲线

计算第一基本量E,F,G，第二基本量L,N,M：

$$\boldsymbol{r}_u=\boldsymbol{a}'+v\boldsymbol{w}';\ \boldsymbol{r}_v=\boldsymbol{w};\ \boldsymbol{r}_{uv}=\boldsymbol{w}';\ \boldsymbol{r}_{vv}=0.$$

单位法向量$\boldsymbol{n}=\dfrac{\boldsymbol{r}_u\times\boldsymbol{r}_v}{|\boldsymbol{r}_u\times\boldsymbol{r}_v|}=\dfrac{\boldsymbol{a}'\times\boldsymbol{w}+v\boldsymbol{w}'\times\boldsymbol{w}}{|\boldsymbol{r}_u\times\boldsymbol{r}_v|}$

$$L=\boldsymbol{r}_{uu}\cdot\boldsymbol{n},\quad N=\boldsymbol{r}_{vv}\cdot\boldsymbol{n}=0,$$

$$M=\boldsymbol{r}_{uv}\cdot\boldsymbol{n}=\frac{(\boldsymbol{a}'\times\boldsymbol{w})\cdot\boldsymbol{w}'}{|\boldsymbol{r}_u\times\boldsymbol{r}_v|},\ M^2=\frac{((\boldsymbol{a}'\times\boldsymbol{w})\cdot\boldsymbol{w}')^2}{EG-F^2},$$

$$EG-F^2=|\boldsymbol{r}_u\times\boldsymbol{r}_v|^2=|\boldsymbol{w}'|^2v^2+2(\boldsymbol{a}'\cdot\boldsymbol{w}')v+|\boldsymbol{a}'\times\boldsymbol{w}|^2,\qquad (*)$$

又$|\boldsymbol{w}|=1,\ \ \boldsymbol{w}'\perp\boldsymbol{w}$，从而有

$$K=\frac{LN-M^2}{EG-F^2}=-\frac{M^2}{EG-F^2}=-\frac{((\boldsymbol{a}'\times\boldsymbol{w})\cdot\boldsymbol{w}')^2}{(EG-F^2)^2}.$$

曲面的弯曲程度为：$|K|=\dfrac{((\boldsymbol{a}'\times\boldsymbol{w})\cdot\boldsymbol{w}')^2}{(EG-F^2)^2}$

母线$\boldsymbol{l}$上参数v是变量，在曲面的弯曲程度$|K|$的表达式中，分子$((\boldsymbol{a}'\times\boldsymbol{w})\cdot\boldsymbol{w}')^2$与变量$v$无关，因此求$|K|$的最大值点，即求$EG-F^2$的最小值点．由$EG-F^2$的表达式(*)及$\boldsymbol{w}'(u_0)\neq 0$，易得$EG-F^2$的最小值点$v_0=-\dfrac{\boldsymbol{a}'(u_0)\cdot\boldsymbol{w}'(u_0)}{|\boldsymbol{w}'(u_0)|^2}$

于是得到腰点$M_0:\boldsymbol{r}(u_0,v_0)=\boldsymbol{a}(u_0)-\dfrac{\boldsymbol{a}'(u_0)\cdot\boldsymbol{w}'(u_0)}{|\boldsymbol{w}'(u_0)|^2}\boldsymbol{w}(u_0)$

有了腰点的坐标公式，就可以写出一般的腰曲线方程.

强调：

我们研究的是变量v对$|K|$的值的影响.

腰曲线方程

对于一般的直纹面$\boldsymbol{r}(u,v)=\boldsymbol{a}(u)+v\boldsymbol{b}(u)$，$\boldsymbol{b}(u)$未必是单位向量，我们可以将$\boldsymbol{b}(u)$单位化为$\boldsymbol{w}(u)$，$\boldsymbol{w}(u)=\dfrac{\boldsymbol{b}(u)}{|\boldsymbol{b}(u)|}$

（1）若$\boldsymbol{w}'(u)\neq 0$，则腰曲线方程为

$$\boldsymbol{a}_0(u)=\boldsymbol{a}(u)-\frac{\boldsymbol{a}'(u)\cdot\boldsymbol{w}'(u)}{|\boldsymbol{w}'(u)|^2}\boldsymbol{w}(u)$$

（2）若$\boldsymbol{w}'(u)=0$，即$\boldsymbol{w}(u)=\boldsymbol{w}_0$，则腰曲线不存在（如下图右所示的圆柱面）.

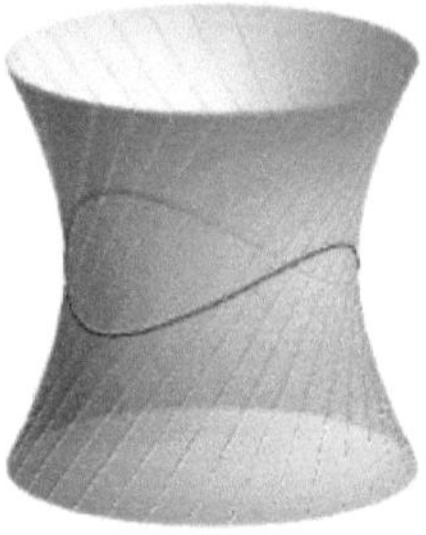

非旋转单叶双曲面
的腰曲线

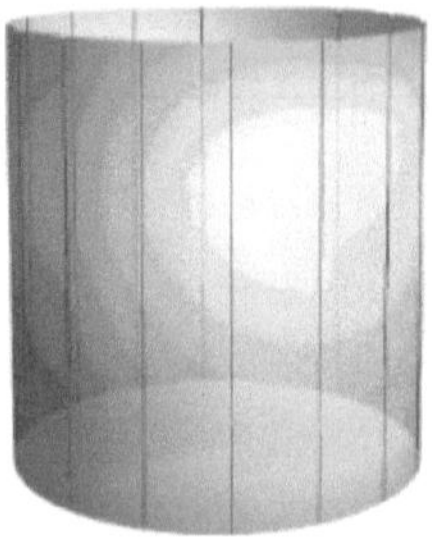

圆柱面
不存在腰曲线

教学意图：

$\boldsymbol{b}(u)$未必是单位向量时进行标准化处理.

提问：

腰曲线一定存在？什么情况下不存在？

强调：

腰曲线不存在的情况及几何直观.

（续）

腰曲线

腰曲线举例

双曲抛物面 $\boldsymbol{r}(u,v)=(1-u,2u-1,-u)+v(u-1,0,u)$ 和正螺面 $\boldsymbol{r}(u,v)=(0,0,u)+v(\cos u,\sin u,0)$ 的腰曲线，见图中红色的线.

双曲抛物面

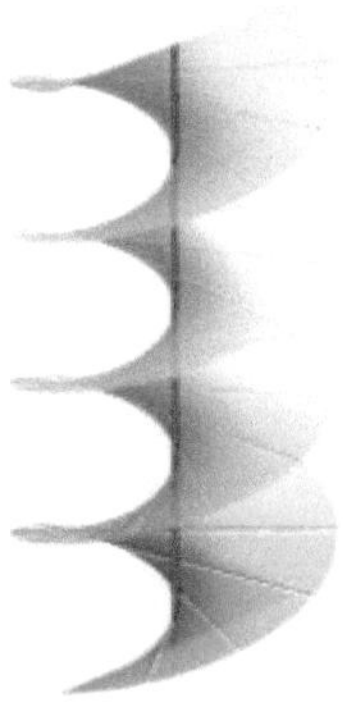

正螺面

下图是旋转单叶双曲面变化为一般的直纹面过程中的腰曲线变化.

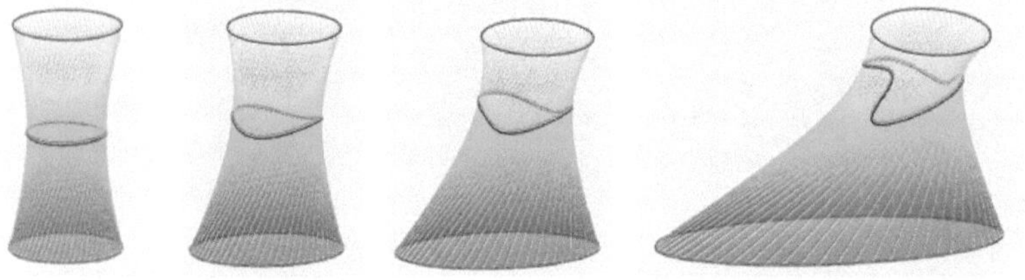

教学意图：

给出几个常见直纹面，双曲抛物面、正螺面、非旋转单叶双曲面的腰曲线.

通过画图的方式给出几个常见直纹面的腰曲线.

动画演示：

（ch2sec5- 曲面运动时的腰曲线）

非旋转单叶双曲面腰曲线的变化情况.

腰曲线算例

双曲抛物面 $\boldsymbol{r}(u,v)=\big(a(u+v),b(u-v),uv\big)$ 的腰曲线.

解：

由前面推导的直纹面 $\boldsymbol{r}(u,v)=\boldsymbol{a}(u)+v\boldsymbol{b}(u)$ 的腰曲线的计算公式

$$\boldsymbol{a}_0(u)=\boldsymbol{a}(u)-\frac{\boldsymbol{a}'(u)\cdot\boldsymbol{w}'(u)}{|\boldsymbol{w}'(u)|^2}\boldsymbol{w}(u)$$

（1）如果将曲面写成直纹面

$$\boldsymbol{r}(u,v)=(au,bu,0)+v(a,-b,u),$$

母线上的单位向量为

$$\boldsymbol{w}(u)=\frac{1}{\sqrt{a^2+b^2+u^2}}(a,-b,u),$$

所以有 $\boldsymbol{a}'(u)=\big(a,b,0\big)$

$$\boldsymbol{w}'(u)=\frac{1}{(a^2+b^2+u^2)^{\frac{3}{2}}}(-au,bu,a^2+b^2).$$

代入公式，经计算，可得腰曲线的参数方程为

$$\boldsymbol{a}_0(u)=\left(\frac{2a^3u}{a^2+b^2},\frac{2b^3u}{a^2+b^2},\frac{(a^2-b^2)u^2}{a^2+b^2}\right),$$

消去参数 u，可得腰曲线的直角坐标方程：

教学意图：

通过例子使学生熟练掌握求腰曲线的方法，并且强化学生的计算能力.

引导学生总结步骤如下：

（1）将曲面方程改写成直纹面方程；

（2）由 $\boldsymbol{b}(u)$ 计算 $\boldsymbol{w}(u)$；

（3）将 $\boldsymbol{a}(u)$，$\boldsymbol{w}(u)$ 求导；

（4）代入腰曲线公式.

（续）

腰曲线

$$\begin{cases} y=\dfrac{b^3}{a^3}x, \\ z=\dfrac{a^4-b^4}{4a^6}x^2. \end{cases}$$

（2）双曲抛物面有两族母线，也可将双曲抛物面改写成直纹面的形式

$$\boldsymbol{r}(u,v)=(av,-bv,0)+u(a,b,v),$$

母线上的单位向量为 $\boldsymbol{w}(v)=\dfrac{1}{\sqrt{a^2+b^2+v^2}}(a,b,v)$.

所以有 $\boldsymbol{a}'(v)=(a,-b,0)$,

$$\boldsymbol{w}'(v)=\frac{1}{(a^2+b^2+v^2)^{\frac{3}{2}}}(-av,-bv,a^2+b^2).$$

代入公式，经计算，可得腰曲线的参数方程为

$$\boldsymbol{a}_0(v)=\left(\frac{2a^3v}{a^2+b^2},\frac{-2b^3v}{a^2+b^2},\frac{(a^2-b^2)v^2}{a^2+b^2}\right),$$

消去参数 v，可得腰曲线的直角坐标方程：

$$\begin{cases} y=-\dfrac{b^3}{a^3}x, \\ z=\dfrac{a^4-b^4}{4a^6}x^2. \end{cases}$$

因此，双曲抛物面有两条腰曲线：

$$\begin{cases} y=\dfrac{b^3}{a^3}x, \\ z=\dfrac{a^4-b^4}{4a^6}x^2 \end{cases} \text{和} \begin{cases} y=-\dfrac{b^3}{a^3}x, \\ z=\dfrac{a^4-b^4}{4a^6}x^2. \end{cases}$$

特殊地，当 $a=b$ 时，腰曲线为二直线

$$\begin{cases} y=x, \\ z=0. \end{cases} \text{和} \begin{cases} y=-x, \\ z=0. \end{cases}$$

提问：

双曲抛物面的腰曲线一定是直线吗？

计算发现双曲抛物面的腰曲线不一定是直线.

提问：

双曲抛物面的腰曲线是唯一的吗？

强调：

双曲抛物面有两族母线，所以有两条腰曲线.

拓展与应用

（1）广州塔（小蛮腰）

中国第一高塔——广州塔，是由直线搭建而成，外表面构成直纹面.

广州塔的形态酷似单叶双曲面，广州塔的设计摒弃了单叶双曲面中规中矩的结构形态，把圆换成椭圆，扭动后产生的结构宛如少女的腰肢，优雅而妩媚，市民将其亲切地称为“小蛮腰”.

广州塔

中国第一高塔

1) 总高600m

2) 主体高454m

钢结构外围

1) 24根钢柱

2) 46个斜环梁

3) 斜撑

教学意图：

发现建筑中的直纹面之一：广州塔.

介绍“小蛮腰”的来历，介绍广州塔建筑中的数据信息.

（续）

拓展与应用

标准的单叶双曲面水平截面是同心的椭圆，且主轴平行，而广州塔的水平截面是主轴依次旋转的椭圆．根据小蛮腰的设计方案，广州塔塔身主体高 450m，采用椭圆形的渐变网格结构．底部椭圆长轴直径约为 80m，短轴直径约为 60m．顶部椭圆长轴直径约为 54m，短轴直径约 40.5m．外围钢结构体系由 24 根斜立柱和椭圆环交织组成，各立柱连接顶部和底部的椭圆环，间隔相当，均匀排列．

顶部椭圆逆时针旋转了 135°，使得广州塔的外围曲面在腰部产生了扭转收缩变细的效果．

广州塔的网状漏风空洞结构有效地减少了塔身的笨重感和风荷载，可抵御强度为 7.8 级的地震和 12 级台风，设计使用年限超过 100 年．广州塔成为兼备艺术气息和旅游功能的城市新地标．动画模拟广州塔的设计和搭建：

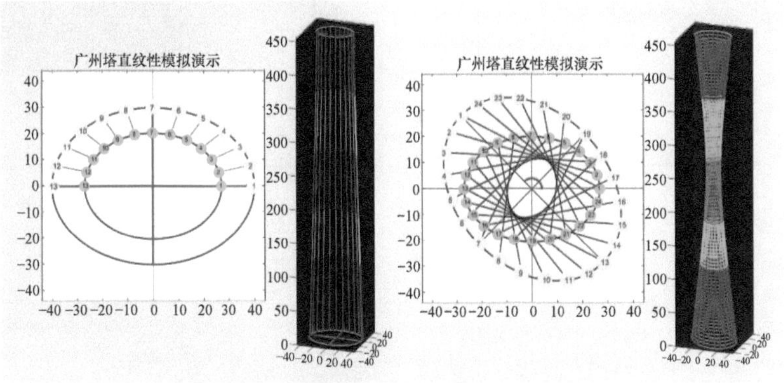

动画演示：

（ch2sec5- 广州塔搭建过程）

动画模拟广州塔的搭建过程．

模拟中的数字与广州塔的实际数据是一致的．体现了数学的严谨性．也让学生感受到建筑中的数学之美．

（2）北京世园会中国馆

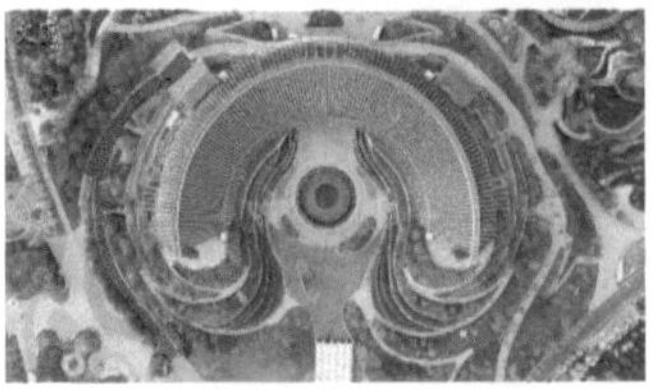

- 外观借鉴传统的斗栱、榫卯结构
- 展厅覆盖于梯田之下，保湿隔热，降低采暖降温能耗

钢结构屋顶
- 安装1024块光伏玻璃
- 世界最先进的非晶硅薄膜发电技术
- 雨水收集系统

发现建筑中的直纹面之二：北京世园会中国馆．

党的十九大提出了“加快生态文明体制改革，建设美丽中国”和“坚定文化自信，推动社会主义文化繁荣兴盛”．在这样一个新时代的背景下，中国馆承载了彰显中国国家形象、与园区山水格局相协调、使用最新的绿色技术、融入地域文化元素、表达园艺主题、兼顾会后利用等内涵和理念．极具中国特色的设计元素，“如鸟斯革，如翚斯飞”诗经里的这两句诗形容古建筑屋顶微微翘起，像鸟儿展翅一样轻盈．中国馆的设计从中得到启发，借鉴中国传统斗栱、榫卯工法，使用传统工艺，打造出令人印象深刻的巨型金顶，以欢迎之态、包容之势，向世界徐徐展开一幅恢宏的锦绣画卷．

课程思政：

挖掘北京世园会中国馆的数学特性——直纹面．挖掘其中的中国元素，坚定文化自信．中国馆是建筑中的数学之美和中国文化之美的完美结合．

（续）

<table>
<tr><th colspan="2">拓展与应用</th></tr>
<tr><td>（3）星海音乐厅
星海音乐厅顶部是双曲抛物面的一部分，由直线生成的曲面结构简单，工程上易于实现. 空间中直线移动的过程，充满着流动的韵律感.
 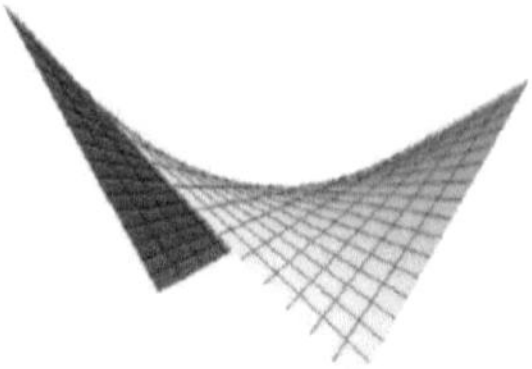</td><td>发现建筑中的直纹面之三：星海音乐厅</td></tr>
<tr><th colspan="2">课后思考</th></tr>
<tr><td>课后思考：
（1）莫比乌斯带是否是直纹面？若是，请写出其参数方程.

（2）借助数学软件，求广州塔的腰曲线.
已知广州塔的参数方程为
$$\begin{cases} x=40\cos\theta+\left(-\dfrac{27\cos\theta}{\sqrt{2}}+\dfrac{20.25\sin\theta}{\sqrt{2}}-40\cos\theta\right), \\ y=30\sin\theta+\left(-\dfrac{27\cos\theta}{\sqrt{2}}-\dfrac{20.25\sin\theta}{\sqrt{2}}\cos\theta-20.25\sin\theta\right), \\ z=450v. \end{cases}$$
</td><td>计算广州塔的腰曲线，找到“小蛮腰”的腰.</td></tr>
</table>

四、本节扩展阅读资料

（1）田雨. 曲面上的腰曲线 [J]. 四川师范大学学报（自然科学版），1989（4）：54-59.

（2）陈萍清 . 单叶双曲面的参数方程与腰曲线 [J]. 辽宁师范大学学报（自然科学版），1992，15（4）：338-342.

（3）孙蕾，谷德峰．单叶双曲面与现代建筑 [J]. 数学文化，2018，9（4）：101-107.

五、教学评注

本节的课程设计，以电视节目“是真的吗”真假实验室中的一段视频引入，引起学生的兴趣；同时提出问题：直杆能严丝合缝地穿过弧形缝隙吗？引起同学们进一步的思考．再利用自制教具演示直观而形象地展现了直纹面的生成过程，得出肯定的结论．针对这一结论，通过严谨的数学理论分析，给出了直纹面的定义、建立了直纹面的参数方程、相关性质以及相应的数学证明．在这基础上进一步讨论了腰曲线，给出了腰曲线定义及其计算公式．设计中将数学理论与大量实例、动画演示相结合、帮助学生构建完整认知，培养学生学以致用的能力．最后，在拓展与应用部分通过生活中的各种建筑给出了直纹面的应用，比如广州塔、北京世园会中国馆、星海音乐厅中都会发现直纹面的身影，再利用动画展示帮助学生领会直纹面易于施工等的特点，从而开阔学生的视野和眼界，发现生活中处处都有数学，激发学生努力学习的动力.

可展曲面

一、教学目标

可展曲面是一类特殊的直纹面，可以与平面成等距对应，也被称作可展为平面．通过本节内容的学习，让学生在掌握直纹面概念和性质的基础上，理解和掌握可展曲面的概念和性质，以及可展曲面的判别和分类．通过 MATLAB 编程实现对几种常见可展曲面的动画演示，让学生直观感受可展曲面的特点，并介绍可展曲面在实际生活中的应用，有助于学生在今后的学习和研究中应用可展曲面的相关知识去解决实际问题.

二、教学内容

1. 主要内容

（1）可展曲面的定义；
（2）切线曲面的可展性；
（3）可展曲面的判别；
（4）可展曲面的分类.

2. 教学重点

（1）可展曲面的定义；
（2）切线曲面的可展性；
（3）可展曲面的判别.

3. 教学难点

（1）切线曲面的可展性；
（2）可展曲面的判别.

三、教学设计

1. 教学进程框图

问题引入	直纹面	等距变换	
可展曲面的定义	定义	动画演示	
切线曲面的可展性	圆柱螺线的切线曲面	一般曲线的切线曲面	
可展曲面的判别	动画演示	可展曲面的判别	可展曲面的分类
拓展与应用	可展曲面在建筑中的应用	Oloid曲面	

2. 教学环节设计

问题引入

知识回顾——直纹面

直纹面是由直母线沿着导线生成的曲面，常见的有柱面、锥面.

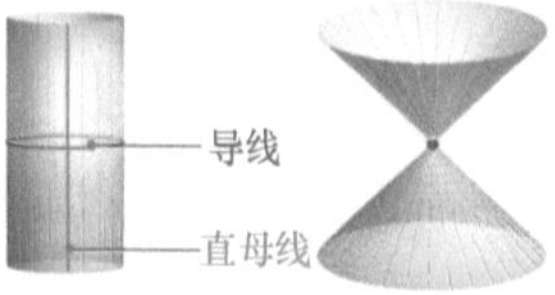

进一步观察这两种直纹面的特点（如下图示），沿着柱面的一条直母线将它剪开，可以摊平展开成平面. 类似地，锥面也可以展开成平面，而这类可以摊平展开为平面的曲面就是本节课要介绍的内容：**可展曲面**.

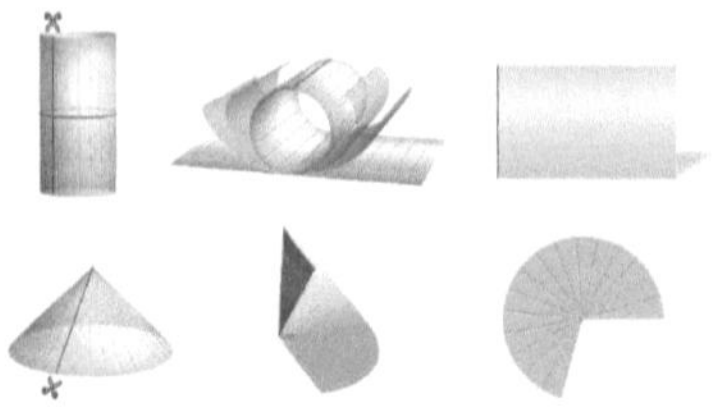

教学意图：从学过的知识出发，回顾上节课的内容.

引导学生观察柱面、锥面与平面的关系，引出可展曲面.

知识回顾——等距变换

定义：曲面之间的一个变换，如果满足局部上保持曲面上对应曲线的长度不变，则称为（局部）等距变换.

直观上理解对曲面做不拉伸、不撕裂的连续弯曲形变就是一种（局部）等距变换.

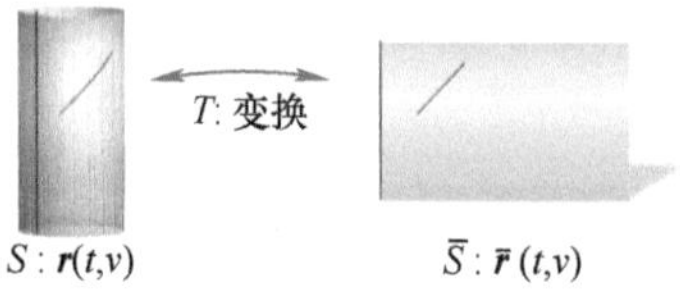

变换 T 是等距变换的充分必要条件就是曲面的第一基本量对应相等：

$$E=\bar{E},\quad F=\bar{F},\quad G=\bar{G},$$

其中

$$\begin{cases}E=\boldsymbol{r}_t\cdot\boldsymbol{r}_t,\\ F=\boldsymbol{r}_t\cdot\boldsymbol{r}_v,\\ G=\boldsymbol{r}_v\cdot\boldsymbol{r}_v,\end{cases}\qquad \begin{cases}\bar{E}=\bar{\boldsymbol{r}}_t\cdot\bar{\boldsymbol{r}}_t,\\ \bar{F}=\bar{\boldsymbol{r}}_t\cdot\bar{\boldsymbol{r}}_v,\\ \bar{G}=\bar{\boldsymbol{r}}_v\cdot\bar{\boldsymbol{r}}_v.\end{cases}$$

教学意图：

回顾（局部）等距变换的定义及意义.

进而复习（局部）等距变换的充要条件，为后续内容做准备.

提问：

怎么理解剪开摊平？

引导：

直观理解（局部）等距的概念.

（续）

可展曲面的定义

可展曲面

定义：可以与平面建立局部等距变换的曲面称为**可展曲面**.

柱面和锥面根据可展曲面的定义能够直接判断它们是否为可展曲面，而直纹面还有其他的类型，比如曲线的切线曲面是直纹面，但能不能直观地看出它们是否为可展曲面呢？

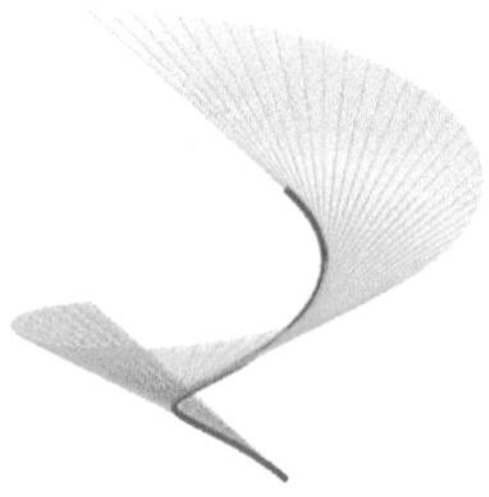

圆柱螺线的切线曲面

教学意图：

给出可展曲面的定义.

启发学生思考除了柱面和锥面外，另一种直纹面——切线曲面是不是可展曲面？

提问：

曲线的切线曲面是不是可展曲面？

动画演示

利用 MATLAB 动画演示圆柱螺线的切线曲面可以摊平成平面，如下图所示.

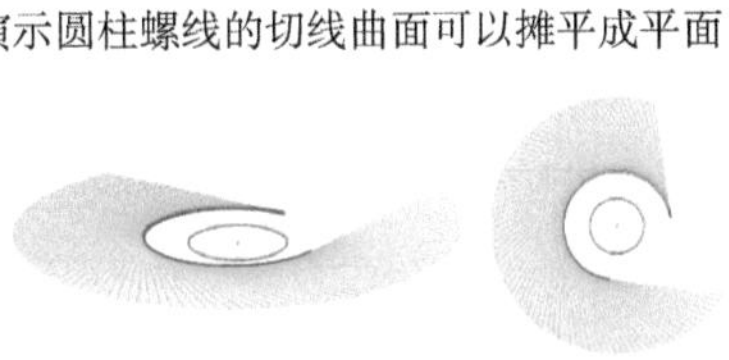

圆柱螺线切线曲面摊平的过程

如何利用微分几何的知识证明圆柱螺线的切线曲面是可展曲面？

教学意图：

引导学生多角度研究切线曲面的可展性.

动画演示：

（ch2sec6- 切线曲面的可展性）

首先通过数值模拟的方法直观演示圆柱螺线切线曲面的可展性.

提出问题：

如何证明圆柱螺线的切线曲面是可展曲面.

切线曲面的可展性

圆柱螺线的切线曲面是可展曲面

证明：

1）圆柱螺线切线曲面的第一基本量：

设圆柱螺线的参数方程为：

$$\boldsymbol{a}(t)=(\cos t,\sin t,t),\quad t\in[0,2\pi].$$

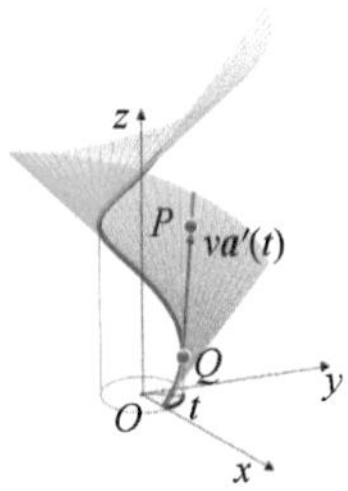

设圆柱螺线上一点 Q 的坐标为 $\boldsymbol{a}(t)$，过 Q 点的切线上一点 P 的坐标为 $\boldsymbol{r}(t,\ v)$. 于是写出圆柱螺线切线曲面的参数方程为：

$$\begin{aligned}\boldsymbol{r}(t,v)&=\boldsymbol{a}(t)+v\boldsymbol{a}'(t)\\&=(\cos t-v\sin t,\sin t+v\cos t,t+v).\end{aligned}$$

计算第一基本量：

$$E=\boldsymbol{r}_t\cdot\boldsymbol{r}_t=2+v^2,$$

$$F=\boldsymbol{r}_t\cdot\boldsymbol{r}_v=2,$$

$$G=\boldsymbol{r}_v\cdot\boldsymbol{r}_v=2,$$

教学意图：

除直观法外，还可以用分析方法证明切线曲面的可展性.

强调证明思路：

1）写出圆柱螺线切线曲面的参数方程及第一基本量.

（续）

切线曲面的可展性

2）圆柱螺线切线曲面与平面的等距变换：

将圆柱螺线的切线曲面摊平到平面的过程中，两个曲面之间有什么关系？

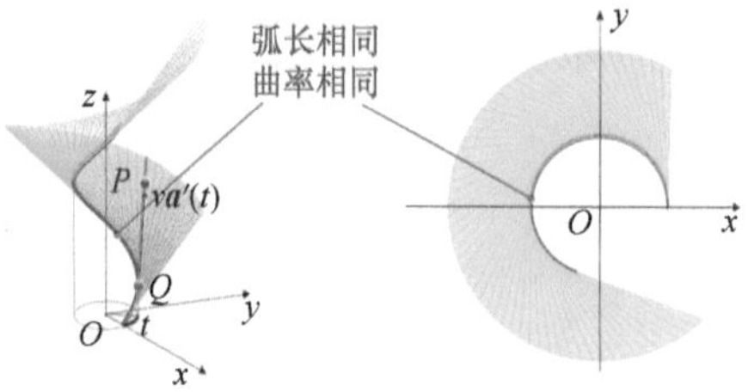

圆柱螺线摊平后对应平面的蓝色曲线，保持弧长不变．同时，注意到圆柱螺线的切线在展开的过程中保持依然是蓝色曲线的切线，即切线相对于弧长的旋转速度不变，因此在变换前后蓝色的曲线的曲率也保持不变．

根据圆柱螺线的参数方程 $\boldsymbol{a}(t)=(\cos t,\sin t,t)$ 可以计算出它的曲率为：$k=\dfrac{1}{2}$．因此，上图右图中圆的半径就是曲率的倒数等于 2.

于是变换后 Q' 点的坐标为：$(2\cos\dfrac{t}{\sqrt{2}},2\sin\dfrac{t}{\sqrt{2}})$（见下图）.

然后利用变换前后对应弧长相等，即 $|QP|=|Q'P'|$，计算出变换后的 P' 点的坐标为：

$$(2\cos\frac{t}{\sqrt{2}}-\sqrt{2}v\sin\frac{t}{\sqrt{2}},2\sin\frac{t}{\sqrt{2}}+\sqrt{2}v\cos\frac{t}{\sqrt{2}}).$$

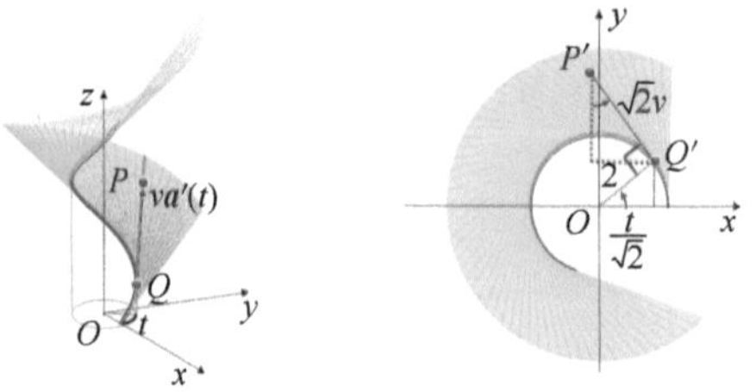

于是建立变换 T：$\begin{cases}x(t,v)=2\cos\dfrac{t}{\sqrt{2}}-\sqrt{2}v\sin\dfrac{t}{\sqrt{2}},\\ y(t,v)=2\sin\dfrac{t}{\sqrt{2}}+\sqrt{2}v\cos\dfrac{t}{\sqrt{2}}.\end{cases}$

对应平面的参数方程为：$\bar{\boldsymbol{r}}(t,v)=(x(t,v),y(t,v),0)$，计算第一基本量：

$$\bar{E}=\bar{\boldsymbol{r}}_t\cdot\bar{\boldsymbol{r}}_t=2+v^2,$$
$$\bar{F}=\bar{\boldsymbol{r}}_t\cdot\bar{\boldsymbol{r}}_v=2,$$
$$\bar{G}=\bar{\boldsymbol{r}}_v\cdot\bar{\boldsymbol{r}}_v=2.$$

这恰好和圆柱螺线切线曲面的第一基本量对应相等，因此变换 T 是等距变换，这也就证明圆柱螺线的切线曲面是可展曲面.

教学意图：

证明思路：

2）建立圆柱螺线切线曲面与平面之间的变换，并证明其是等距变换.

课程思政：

由定义出发，给出证明思路，引导学生循序渐进，一步一步地推导，培养学生逻辑思维与推导能力及解决复杂问题的能力.

分析推导：

通过在图上标注分析，利用变换前后对应的弧长和曲率相等，得到摊平后曲面的参数方程，并计算第一基本量.

由于第一基变量满足等距变换的充要条件，从而完成证明.

一般曲线的切线曲面的可展性证明

定理：空间曲线的切线曲面是可展曲面.

证明：设曲线 C 的参数方程为：$\boldsymbol{a}=\boldsymbol{a}(u)$，$u$ 是曲线的弧长参数，则它的切线曲面的参数方程可以写成：

教学意图：

由特殊到一般，从圆柱螺线切线曲面的可展性推广到一般曲线的切线曲面的可展性．强调推广中的关键点.

（续）

切线曲面的可展性

$$\boldsymbol{r}(u,v)=\boldsymbol{a}(u)+v\boldsymbol{a}'(u)=\boldsymbol{a}(u)+v\boldsymbol{\alpha}(u),$$

其中 $\{\boldsymbol{a}(u);\boldsymbol{\alpha}(u),\boldsymbol{\beta}(u),\boldsymbol{\gamma}(u)\}$ 是曲线 C 的 Frenet 标架.

因此，$\boldsymbol{r}_u=\boldsymbol{r}'(u)+vk(u)\boldsymbol{\beta}(u)$，$\boldsymbol{r}_v=\boldsymbol{\alpha}(u)$，

其中 $k(u)$ 是曲线的曲率.

计算第一基本量：

$$E=1+v^2k^2,\quad F=1,\quad G=1.$$

则切线曲面的第一基本形式是：

$$I=(1+v^2k^2)(\mathrm{d}u)^2+2\mathrm{d}u\mathrm{d}v+(\mathrm{d}v)^2.$$

注意到在切线曲面的第一基本形式中不含曲线 C 的挠率，这就是说，如果曲线 C，C_1 是空间中任意两条有相同弧长参数和相同的曲率函数的参数曲线，则它们的切线曲面必有相同的第一基本形式，那么这两个切线曲面之间一定存在局部等距变换.

因此，根据曲线论基本定理，可以做一条平面曲线 C_1，使它以 u 为弧长参数，以 $k(u)$ 为曲率函数，而挠率为零，那么它的切线曲面就是平面的一部分.

由此可见，曲线 C 的切线曲面与平面存在局部等距变换. 所以，一般曲线的切线曲面是可展曲面.

启发类比：

类比圆柱螺线切线曲面的可展性证明，引导学生完成对一般曲线的切线曲面是可展曲面的证明.

可展曲面的判别

动画演示

通过前面对可展曲面的分析已经知道，直纹面中的柱面、锥面和切线曲面都是可展曲面.

柱面

锥面

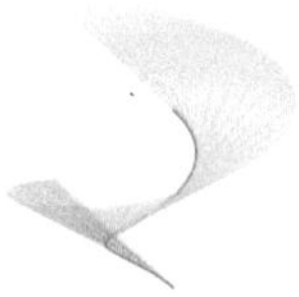
切线曲面

对于其他的直纹面来说，比如常见的单叶双曲面、双曲抛物面和正螺面（如下图所示），它们是不是都是可展曲面呢？如果不是，满足什么条件的直纹面才是可展曲面？

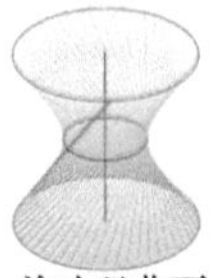
单叶双曲面

双曲抛物面

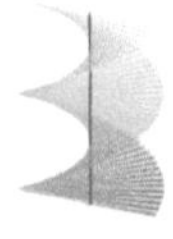
正螺面

通过动画演示，观察直纹面上沿着同一条直母线上的点的切平面变化情况，可以看到，柱面、锥面和切线曲面这三种可展的直纹面具有共同的特点——在同一条直母线上的点处的切平面是相同的. 图中切线曲面上红色的线段表示该点处的单位法向量，由于同一条直母线上的法向量平行，因此同一直母线上的切平面相同.

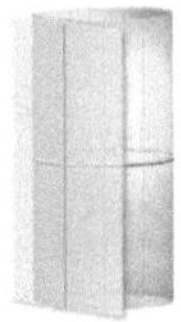
柱面

锥面

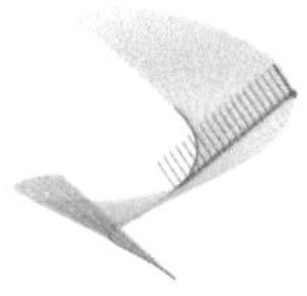
切线曲面

教学意图：

通过动画的直观演示，启发学生观察可展曲面的特点，并研究直纹面是可展曲面的条件.

思政元素：

引导学生发现问题并学会分析问题，培养学生的数学思维能力.

提问：

直纹面都是可展曲面吗？

带着问题仔细观察.

动画演示：

（ch2sec6- 同一直母线的法向量 - 单叶双曲面，ch2sec6- 同一直母线的法向量 - 双曲抛物面，ch2sec6- 同一直母线的法向量 - 正螺面）

（续）

可展曲面的判别

而单叶双曲面、双曲抛物面和正螺面上沿一条直母线的切平面是不同的. 图中的红色线段表示曲面在该点处的法向量，注意到，这三类曲面同一直母线上的法向量不平行，因此切平面不同. 那么，这三类直纹面是不是不可展的？

单叶双曲面　　双曲抛物面　　正螺面

引导思考：

能不能通过判断直纹面上沿一条直母线的切平面是否相同来判断这个直纹面是否是可展曲面？

可展曲面的判别

命题：直纹面 $\boldsymbol{r}(u,v)=\boldsymbol{a}(u)+v\boldsymbol{b}(u)$ 沿同一条直母线切平面相同的充分必要条件是高斯曲率 $K=0$.

证明：取一条直母线上的两点 $P_1:\boldsymbol{r}(u,v_1)$，$P_2:\boldsymbol{r}(u,v_2)$，其中 $v_1\neq v_2$.

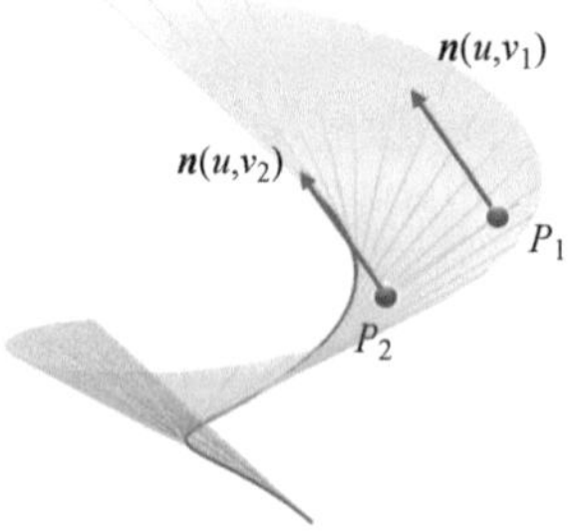

直纹面的法向量为：

$$\boldsymbol{n}(u,v)=\boldsymbol{r}_u\times\boldsymbol{r}_v=\left(\boldsymbol{a}'(u)+v\boldsymbol{b}'(u)\right)\times\boldsymbol{b}(u)\ .$$

一条直母线的切平面相同的充分必要条件就是

$$\boldsymbol{n}(u,v_1)\,/\!/\,\boldsymbol{n}(u,v_2)$$

即要满足 $\boldsymbol{n}(u,v_1)\times\boldsymbol{n}(u,v_2)=(v_2-v_1)\left(\boldsymbol{a}'(u),\boldsymbol{b}'(u),\boldsymbol{b}(u)\right)\ \boldsymbol{b}(u)=0$.

因为 $v_1\neq v_2$，$b(u)$ 是方向向量，于是上式等价于混合积

$$(\boldsymbol{a}'(u),\boldsymbol{b}'(u),\boldsymbol{b}(u))=0.$$

又直纹面的高斯曲率 $K=-\dfrac{(\boldsymbol{a}',\boldsymbol{b}',\boldsymbol{b})^2}{(EG-F^2)^2}$，代入可得直纹面的高斯曲率 $K=0$，得证！

推论：直纹面 $\boldsymbol{r}(u,v)=\boldsymbol{a}(u)+v\boldsymbol{b}(u)$ 沿同一条直母线切平面不同的充分必要条件是高斯曲率 $K\neq0$.

证明：此推论是上述命题的逆否命题.

回顾之前学过的一个重要结论.

高斯绝妙定理：高斯曲率在局部等距变换下保持不变.

根据可展曲面的定义和高斯绝妙定理可知，如果曲面是可展曲面，也就是它与平面之间存在局部等距变换，而平面的高斯曲率是零，因此，如果一个曲面的高斯曲率不等于零，则它一定不是可展曲面.

因此，由于单叶双曲面、双曲抛物面和正螺面沿同一条直母线的切平面不同，即高斯曲率不为零，所以它们都不是可展曲面.

教学意图：

给出命题，并引导学生完成其证明过程.

介绍命题的逆否命题.

回顾高斯绝妙定理.

引导：

引导学生自己写出命题的推论.

（续）

可展曲面的判别

可展曲面的分类

高斯曲率不等于零的直纹面一定不是可展曲面，那么可展曲面都有哪些呢？

考虑高斯曲率等于零的直纹面，根据前面的定理：直纹面 $\boldsymbol{r}(u,v)=\boldsymbol{a}(u)+v\boldsymbol{b}(u)$ 沿同一条直母线切平面相同的充分必要条件是高斯曲率 $K=0$，此时等价于这三个向量 $\boldsymbol{a}'(u),\boldsymbol{b}'(u),\boldsymbol{b}(u)$ 的混合积等于零，即

$$(\boldsymbol{a}'(u),\boldsymbol{b}'(u),\boldsymbol{b}(u))=0\ .$$

对于满足 $(\boldsymbol{a}'(u),\boldsymbol{b}'(u),\boldsymbol{b}(u))=0$ 的直纹面，我们取它的腰曲线为导线，即此时 $\boldsymbol{a}'(u)\cdot\boldsymbol{b}'(u)=0$.

（1）当 $\boldsymbol{a}'(u)=0$ 时，$\boldsymbol{a}(u)$ 是常向量，这说明腰曲线退化为一点，也就是说，各条直母线上的腰点都重合，我们得到以所有母线上公共的腰点为顶点的锥面.

（2）当 $\boldsymbol{a}'(u)\neq 0$ 时，由条件 $(\boldsymbol{a}'(u),\boldsymbol{b}'(u),\boldsymbol{b}(u))=0$，$\boldsymbol{a}'(u)\cdot\boldsymbol{b}'(u)=0$，及 $|\boldsymbol{b}|=1$，$\boldsymbol{b}\perp\boldsymbol{b}'$ 得到 $\boldsymbol{a}'/\!/\,\boldsymbol{b}$. 这时得到切于腰曲线的切线曲面.

（3）当 $\boldsymbol{b}'(u)=0$ 时，$\boldsymbol{b}(u)$ 是常向量，此时表示曲面是柱面.

由此，我们知道高斯曲率等于零的直纹面或是柱面，或是锥面，或是一条曲线的切线曲面.

反过来，我们已经知道柱面、锥面和切线曲面都是可展曲面，因此，可展曲面或是柱面，或是锥面，或是切线曲面，或是三种曲面的拼接.

由前面的推导可以知道，判断一个曲面是可展曲面的充分必要条件有：

（1）与平面存在局部等距变换；

（2）曲面上每点处的高斯曲率都是零；

（3）沿同一条直母线切平面相同的；

（4）满足 $(\boldsymbol{a}'(u),\boldsymbol{b}'(u),\boldsymbol{b}(u))=0$ 的直纹面.

以上结论之间等价性的证明请课后完成.

教学意图：

介绍可展曲面的分类.

提问：

除了柱面、锥面和切线曲面外，还有其他的直纹面是可展曲面吗？

通过严格的数学推导，得到可展曲面的分类.

拓展与应用

可展曲面在建筑中的应用

卢浮宫透明金字塔中的楼梯

卢浮宫金字塔位于巴黎卢浮宫的主庭院拿破仑庭院，是一个用玻璃和金属建造的巨大金字塔，周围环绕着三个较小的金字塔. 大金字塔作为卢浮宫博物馆的主入口，由美籍华裔建筑师贝聿铭设计，于 1989 年建成，已成为巴黎的城市地标. 图中这个造型别致的楼梯形状就是这节课介绍的一种可展曲面——圆柱螺线的切线曲面.

由于可展曲面是可以在不被撕裂变形的情况下展开成平面的一种特殊曲面，因此在实际建造与生产中有着独特的优势，下面再介绍一个著名的建筑.

教学意图：

拓展学生的知识面.

可展曲面是可以在不被撕裂变形的情况下展开成平面的一种特殊曲面，因此在实际建造与生产中有其独特的优势.

应用实例：

介绍一些可展曲面在建筑中的实际应用.

提问：

图中的楼梯是什么曲面？

启发：

启发学生，观察发现图中楼梯下侧的曲面就是圆柱螺线的切线曲面.

（续）

<table>
<tr><th colspan="2">拓展与应用</th></tr>
<tr><td>西班牙古根海姆博物馆是美国当代著名建筑师 Frank Loyd Wrigh 的最后一件作品，它坐落于西班牙的毕尔巴赫，是当地当仁不让的地标，被誉为 20 世纪 90 年代最著名的十大建筑之一.

它于 1997 年正式落成启用，它的表面就是由不同的可展曲面拼接而成的，用了 3.3 万块金属片，重量达到了 5 千吨，以其奇美的造型、特异的结构和崭新的材料举世瞩目.</td><td></td></tr>
<tr><td>Oloid 曲面
Oloid 曲面是由德国的保罗·沙茨在 1929 年发现的，它可以由两个相互垂直并且过对方圆心的圆来生成，是一种可展曲面.

Oloid 曲面有着奇特的几何性质，它没有角，并且可以在平面上连续地滚动. 它在滚动过程中曲面上的每一个点都会与平面接触，同时重心也在左右扭动，与球体和圆柱体滚动时重心的直线运动很不一样.
在实际中，人们正是利用它没有角和扭动的运动特点，设计出适合水族馆中使用的搅拌器，它不但可以搅动大量水体提高水中的含氧量，由于曲面本身没有角所以相对更加平缓，对水族馆中的生物来说也更加安全.
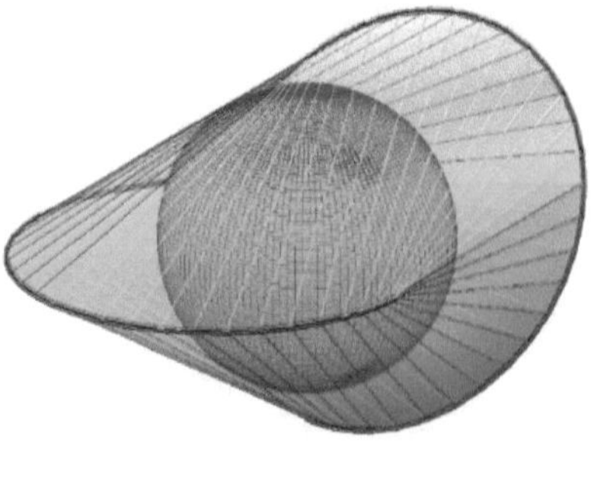</td><td>教学意图：
可展曲面和平面之间都存在着局部等距变换，因此可以通过折纸的方式得到可展曲面.
提问：
能不能用一张纸折出一个可以在平面上连续滚动的物体？

动画演示：
（ch2sec6-oloid 曲面生成）展示 Oloid 曲面的生成过程.
介绍用 Oloid 曲面设计出的搅拌器的优势.</td></tr>
</table>

（续）

课后思考	
课后思考： 莫比乌斯带是可展曲面吗？ 	

四、扩展阅读资料

（1）彭声羽．可展曲面到平面的等距变换 [J]. 九江师专学报：自然科学版，1989，5：15-22.

（2）STAROSTIN E L，VAN DER HEIJDEN G H M. The shape of a Mobius strip[J]. Nature Material，2007，6（8）：563-567.

（3）DIRNBOCK H，STACHEL H，The development of the Oloid[J]. J. Geom. Graph，1997，1（2）：105-118.

（4）王峥涛，当代建筑中可展曲面造型的研究与应用 [J]. 建筑与文化，2018，10：49-50.

（5）可参考在下面的网址，用一张纸做出 Oloid 曲面

https：//www.polyhedra.net/en/model.php?name-en=oloid

五、教学评注

本节的教学重点是可展曲面的定义和可展曲面的判别．在课程设计上，从上节课的直纹面切入，通过对几个特殊直纹面的动画演示引出一类特殊的直纹面——可展曲面，启发学生发现问题，引导学生分析问题，进而让学生对可展曲面和直纹面的关系有深刻的理解；在教学过程中，通过大量的动画演示来帮助学生理解微分几何的几何直观，理解可展曲面就是沿一条直母线有相同切平面的直纹面；在可展曲面的判别和分类分析过程中注重思路的引导和分析，有利于学生理清脉络和掌握知识点，提升学生思辨能力．最后，在拓展与应用部分向学生介绍世界上的一些著名建筑，让学生感受建筑的几何美学，如卢浮宫金字塔内的楼梯就是本节课所讲的圆柱螺线的切线曲面，还有西班牙的古根海姆博物馆等．数学赋予了建筑活力，同时数学的美也被建筑优美造型表现得淋漓尽致．最后通过课后思考，进一步培养学生独立思考、学以致用的能力．

测地线

一、教学目标

测地线是曲面上最重要的一类曲线．在内蕴几何中，它是个重要的研究对象．通过本节内容的学习，使学生能够理解测地线的概念和性质，掌握测地线与最短线的关系，认识常见曲面的测地线，了解测地线方程以及测地线的应用，并能够在今后的学习和研究中应用测地线的相关知识去解决实际问题．

二、教学内容

1. 主要内容

（1）测地线定义；
（2）测地线性质；
（3）常见曲面上的测地线；
（4）测地线方程；
（5）测地线拓展与应用．

2. 教学重点

（1）测地线的概念及其分类；
（2）测地线的性质．

3. 教学难点

（1）引导学生理解测地线的概念；
（2）测地线的性质及其证明，使学生掌握测地线与最短线的关系．

三、教学设计

1. 教学进程框图

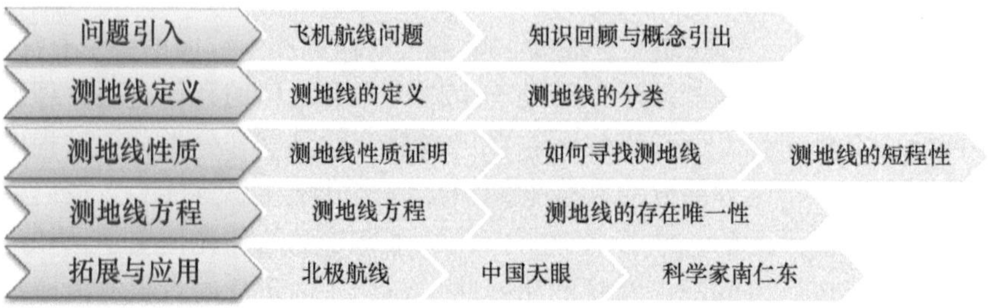

2. 教学环节设计

问题引入

飞机航线问题

结合北京飞往纽约的航班 CA989 在 2019 年 11 月 1 日的飞行轨迹真实数据，提出问题：北京和纽约大约都在北纬 40° 附近，为何北京至纽约的航线不是沿着北纬 40° 的纬线，而是要穿越北冰洋上空呢？

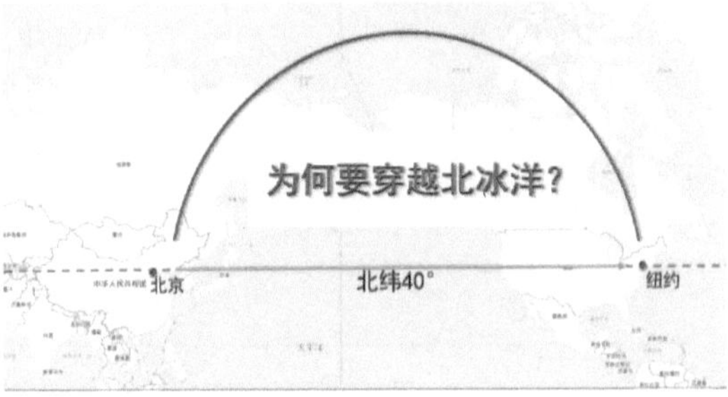

启发学生思考：什么样的路径才是最佳选择？生活常识告诉我们，飞机的航线应该是选最短的线路才合理. 从北京飞往纽约的航线会选择穿越北冰洋，而不是沿着北纬 40° 的纬线，究竟是不是“舍近而求远”呢？

教学意图：

通过提出贴近生活的飞机航线问题吸引学生的注意力和激发学生的学习兴趣.

知识回顾：测地曲率与测地曲率向量

结合动画图形的同步展示，回顾上一节已学过的测地曲率和测地曲率向量的概念：设有曲面 $\boldsymbol{r}=\boldsymbol{r}(u,v)$，曲面上的曲线为 $\boldsymbol{r}(s)=\boldsymbol{r}(u(s),v(s))$，其中 s 为参数. 设 P 为曲线上一点，$\boldsymbol{\alpha}$ 是曲线在该点处的单位切向量，$\boldsymbol{\beta}$ 是主法向量；记 k 为曲线在 P 点的曲率，则 $k\boldsymbol{\beta}$ 为曲率向量；设 $\boldsymbol{n}$ 为曲面在 P 点的单位法向量，令 $\boldsymbol{\varepsilon}=\boldsymbol{n}\times\boldsymbol{\alpha}$，则 $\boldsymbol{\alpha}$，$\boldsymbol{\varepsilon}$，$\boldsymbol{n}$ 是彼此正交的单位向量，并构成右手系. 曲线在 P 点的曲率向量 $k\boldsymbol{\beta}$ 在 $\boldsymbol{\varepsilon}$ 方向上的投影 $k_g=k\boldsymbol{\beta}\cdot\boldsymbol{\varepsilon}=(\boldsymbol{\alpha},\boldsymbol{\alpha}',\boldsymbol{n})$ 即是曲线在 P 点的测地曲率，相应地，测地曲率向量为 $k_g\boldsymbol{\varepsilon}$. 若 $\boldsymbol{r}_1$，$\boldsymbol{r}_2$ 为切平面的自然基底，则有

$$k_g\boldsymbol{\varepsilon}=\sum_{k=1}^{2}\left(\frac{\mathrm{d}^2u}{\mathrm{d}s^2}+\sum_{i,j}\Gamma_{ij}^{k}\frac{\mathrm{d}u^i}{\mathrm{d}s}\frac{\mathrm{d}u^j}{\mathrm{d}s}\right)\boldsymbol{r}_k,\quad u^1=u,u^2=v\ .$$

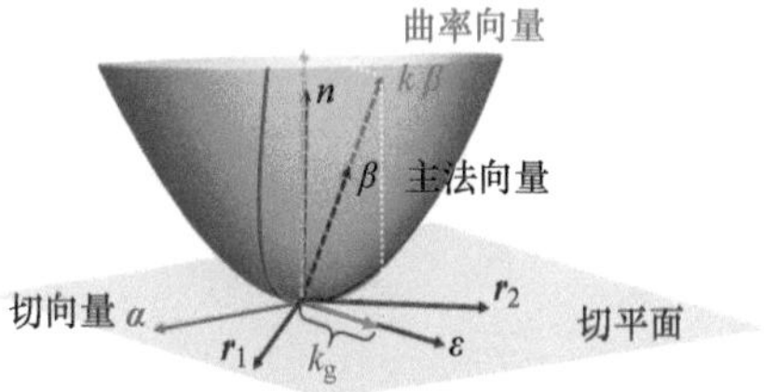

教学意图：

温故而知新，为引出测地线定义做准备.

测地线的定义与测地曲率关系密切，通过回顾此前已学过的测地曲率与测地曲率向量，从而引出测地线定义，将知识点衔接起来.

测地曲率的动画模拟——概念引出准备

测地曲率的数学定义比较抽象，借助测地曲率的动画模拟，向学生展示：对于曲面上的不同曲线，让点沿着曲线移动，同时展示在点的移动过程中测地曲率和测地曲率向量的变化情况，以便学生清楚地理解测地曲率的直观意义.

引导学生自主发现，曲面上的曲线在空间中的弯曲有两个来源，一部分是由曲面的弯曲带来，另一部分由曲线本身在曲面上的弯曲带来. 曲面上有些特定的曲线，这类曲线在空间中的弯曲完全由曲面的弯曲所导致，这类曲线上每一点处的测地曲率都是 0，如下右图中蓝色的曲线. 从而自然地引入本节的教学内容：测地线.

教学意图：

利用动画模拟演示辅助教学，使学生进一步明确测地曲率的直观意义；引导学生通过观察不同曲线上的测地曲率，发现其中有些曲线上测地曲率恒为 0，自然引出本节教学内容.

（续）

问题引入

动画演示：

（ch2sec7-测地曲率-1，ch2sec7-测地曲率-2）

对于曲面上的不同曲线，当点沿着曲线移动时的测地曲率变化情况.

测地线定义

测地线的定义

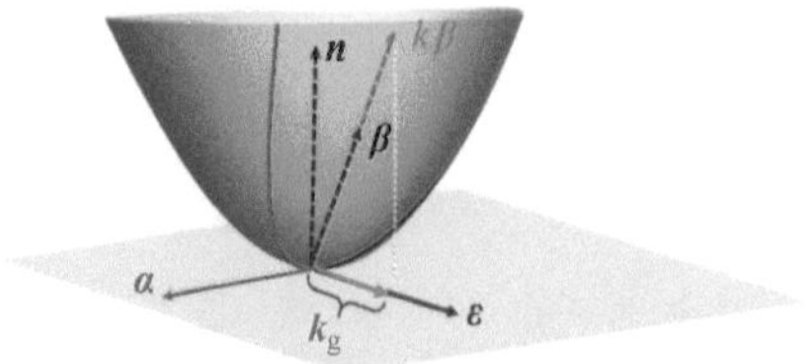

定义：在曲面上测地曲率恒等于零的曲线称为**测地线**.

教学意图：

给出测地线的定义.

测地线的分类

分析：由 $k_g = k\boldsymbol{\beta}\cdot\boldsymbol{\varepsilon}\equiv 0$ 可知，测地线分为两种类型：

（1）曲线 C 为直线；

（2）主法向量 $\boldsymbol{\beta}$ 处处与曲面的法向量 $\boldsymbol{n}$ 平行.

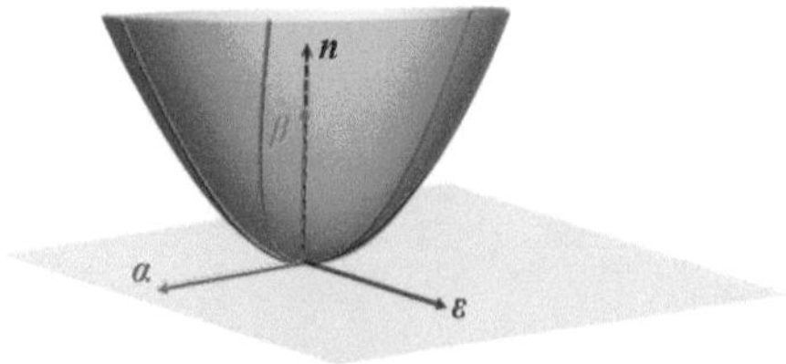

从定义直接可以看出，曲面上如果存在直线（如直纹面），则此直线一定是测地线.

平面的测地线：

平面上的直线为测地线.

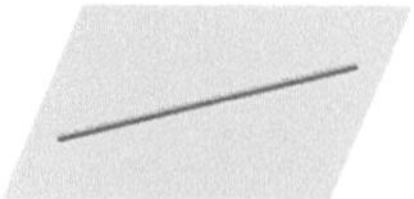

球面的测地线：

球面上的大圆为测地线.

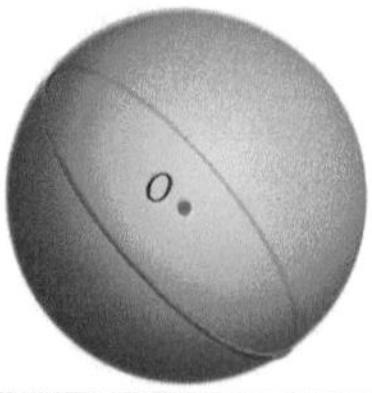

教学意图：

从定义出发，结合简例讲解测地线的分类.

启发学生：

从定义来看，测地线要满足测地曲率恒等于0，那么怎样使得测地曲率恒等于0呢？以问题带动学生思考.

（续）

测地线性质

测地线的充要条件

命题： 曲面上非直线的曲线是测地线的充分必要条件是除了曲率为零的点以外，曲线的主法线重合于曲面的法线.

证明： 设 θ 是主法向量 $\boldsymbol{\beta}$ 与曲面法向量 $\boldsymbol{n}$ 的夹角，可知 $k_g=\pm k\sin\theta$. 如果 $k\neq 0$，则由 $k_g=0$ 可以推出 $\theta=0$ 或 π，所以 $\boldsymbol{\beta}=\pm\boldsymbol{n}$.

反之，若 $\theta=0$ 或 π，则可以得到 $k_g=0(k\neq 0)$.

实例： 球面上的大圆是测地线，大圆的主法线重合与球面的法线.

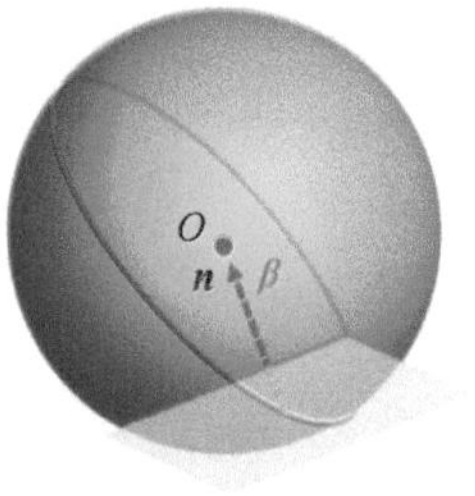

推论： 如果两曲面沿一曲线相切，并且此曲线是其中一个曲面的测地线，那么它也是另一个曲面的测地线.

证明： 因为这两个曲面沿此曲线的法线重合，而此曲线的主法线只有一条，所以此曲线的主法线同时与这两个曲面沿此曲线的法线重合.

教学意图：

为使学生进一步了解测地线，介绍测地线的充分必要条件.

提问：

测地线有什么特点？究竟曲面上怎样的曲线是测地线？充要条件是什么？

通过提问引入命题.

提问：

能否举个简单的例子？

引导学生：

试考察球面上的大圆.

测地线的性质

对于平面而言，平面上连接两点的最短曲线为直线段，即测地线. 那么，曲面上连接两点的最短曲线是否也是测地线？

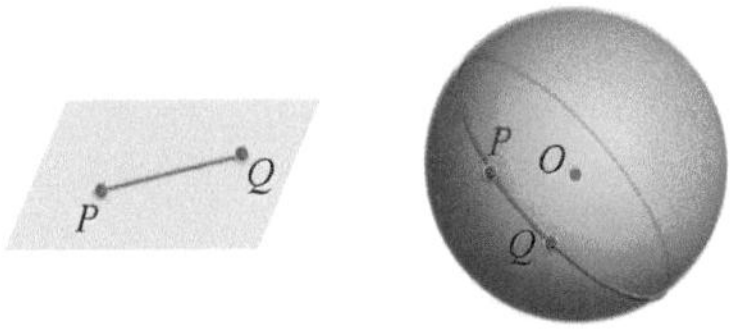

定理： 任给曲面 S 上两点 P，Q，若曲线 C 是在曲面上连接 P，Q 两点的最短线，则 C 是曲面 S 上的测地线.

分析： 已知曲线 C 是最短线，欲证明 $k_g\equiv 0$

曲线族 C_λ

↓

计算 $\left.\dfrac{\mathrm{d}}{\mathrm{d}\lambda}\right|_{\lambda=0} L(C_\lambda)$

↓

C 满足 $k_g\equiv 0$

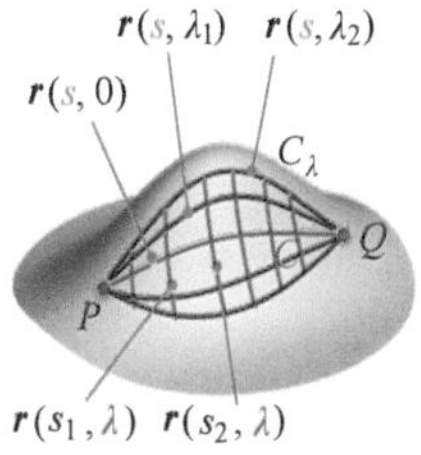

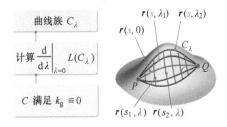

证明： 设曲面 $S:\boldsymbol{r}=\boldsymbol{r}(u,v)$，曲线 $C:\boldsymbol{r}(s)=\boldsymbol{r}(u(s),v(s)),\ p\leqslant s\leqslant q$，$s$ 为弧长参数. 任给曲面 S 上连接 P,Q 两点的一族光滑曲线 $C_\lambda:\boldsymbol{r}(s,\lambda)=\boldsymbol{r}(u(s,\lambda),v(s,\lambda))$，其中 $C_0=C$，$\boldsymbol{r}(p,\lambda)=P$，$\boldsymbol{r}(q,\lambda)=Q$.

下面计算 $\left.\dfrac{\mathrm{d}}{\mathrm{d}\lambda}\right|_{\lambda=0} L(C_\lambda)$：

已知 $L(C_\lambda)=\int_p^q\sqrt{\dfrac{\partial\boldsymbol{r}}{\partial s}\cdot\dfrac{\partial\boldsymbol{r}}{\partial s}}\mathrm{d}s$，故

$$\frac{\mathrm{d}}{\mathrm{d}\lambda}L(C_\lambda)=\int_p^q\left(\frac{\mathrm{d}}{\mathrm{d}\lambda}\sqrt{\frac{\partial\boldsymbol{r}}{\partial s}\cdot\frac{\partial\boldsymbol{r}}{\partial s}}\right)\mathrm{d}s.$$

教学意图：

以丰富的图形演示为辅助，给出测地线的性质定理及其数学证明，使学生深入理解测地线的性质，并理解其直观意义.

定理证明是本节的难点，为此设计证明思路如下：构造曲线族 - 计算路径 - 最短路径一定满足一阶导数为零 - 它的测地曲率为零，从而由浅入深带领学生完成证明.

引导学生：

λ 固定时，C_λ 为一条曲线；λ 变化时，C_λ 为一族曲线.

证明过程中计算所需知识点均为学生已经掌握的基础知识，因此可以采用提问式引导方法推动证明过程一步步地向前推进，调动学生学习积极性与参与度，培养学生处理复杂问题的能力.

（续）

测地线性质

直接计算，有

$$\left.\frac{\mathrm{d}}{\mathrm{d}\lambda}\right|_{\lambda=0}\sqrt{\frac{\partial \boldsymbol{r}}{\partial s}\cdot\frac{\partial \boldsymbol{r}}{\partial s}}=\left.\frac{\dfrac{\partial \boldsymbol{r}}{\partial s}\cdot\dfrac{\partial}{\partial s}\left(\dfrac{\partial \boldsymbol{r}}{\partial \lambda}\right)}{\sqrt{\dfrac{\partial \boldsymbol{r}}{\partial s}\cdot\dfrac{\partial \boldsymbol{r}}{\partial s}}}\right|_{\lambda=0}.$$

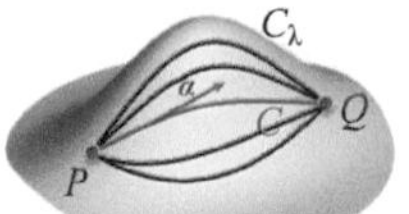

注意到 $\left.\frac{\partial \boldsymbol{r}}{\partial s}\right|_{\lambda=0}=\boldsymbol{\alpha}$ 且 $\left.\frac{\partial \boldsymbol{r}}{\partial s}\cdot\frac{\partial \boldsymbol{r}}{\partial s}\right|_{\lambda=0}=|\boldsymbol{\alpha}\cdot\boldsymbol{\alpha}|=1$，这是由于 s 为弧长参数.

可知 $\left.\frac{\mathrm{d}}{\mathrm{d}\lambda}\right|_{\lambda=0}\sqrt{\frac{\partial \boldsymbol{r}}{\partial s}\cdot\frac{\partial \boldsymbol{r}}{\partial s}}=\boldsymbol{\alpha}\frac{\partial}{\partial s}\left(\frac{\partial \boldsymbol{r}}{\partial \lambda}\right)_{\lambda=0}$，从而有

$$\left.\frac{\mathrm{d}}{\mathrm{d}\lambda}\right|_{\lambda=0}L(C_\lambda)=\int_p^q\boldsymbol{\alpha}\frac{\partial}{\partial s}\left(\frac{\partial \boldsymbol{r}}{\partial \lambda}\right)_{\lambda=0}\mathrm{d}s.$$

由于 $\left.\frac{\partial \boldsymbol{r}}{\partial \lambda}\right|_{\lambda=0}=l(s)\boldsymbol{\alpha}+h(s)\boldsymbol{n}\times\boldsymbol{\alpha}$，可知

$$\begin{aligned}\boldsymbol{\alpha}\frac{\partial}{\partial s}\left(\frac{\partial \boldsymbol{r}}{\partial \lambda}\right)_{\lambda=0}&=\boldsymbol{\alpha}\cdot\frac{\partial}{\partial s}(l(s)\boldsymbol{\alpha}+h(s)\boldsymbol{n}\times\boldsymbol{\alpha})\\&=\boldsymbol{\alpha}\cdot(l'\boldsymbol{\alpha}+l\boldsymbol{\alpha}'+h'\boldsymbol{n}\times\boldsymbol{\alpha}+h\boldsymbol{n}'\times\boldsymbol{\alpha}+h\boldsymbol{n}\times\boldsymbol{\alpha}')\\&=l'+l\boldsymbol{\alpha}\boldsymbol{\alpha}'-h(\boldsymbol{\alpha},\boldsymbol{\alpha}',\boldsymbol{n})\\&=l'-hk_{\mathrm{g}}.\end{aligned}$$

这里，最后一个等式成立是因为 $\boldsymbol{\alpha}\cdot\boldsymbol{\alpha}'=(\frac{1}{2}|\boldsymbol{\alpha}|^2)'=0$，且 $(\boldsymbol{\alpha},\boldsymbol{\alpha}',\boldsymbol{n})=k_{\mathrm{g}}$，故而有

$$\left.\frac{\mathrm{d}}{\mathrm{d}\lambda}\right|_{\lambda=0}L(C_\lambda)=\int_p^q\boldsymbol{\alpha}\frac{\partial}{\partial s}\left(\frac{\partial \boldsymbol{r}}{\partial \lambda}\right)_{\lambda=0}\mathrm{d}s=\int_p^q l'\mathrm{d}s-\int_p^q hk_{\mathrm{g}}\mathrm{d}s.$$

又知 $\boldsymbol{r}(p,\lambda)=P$，$\boldsymbol{r}(q,\lambda)=Q$，$\frac{\partial \boldsymbol{r}}{\partial \lambda}(p,\lambda)=0$，$\frac{\partial \boldsymbol{r}}{\partial \lambda}(q,\lambda)=0$，且 $l(q)=l(p)=0$，可得

$$\left.\frac{\mathrm{d}}{\mathrm{d}\lambda}\right|_{\lambda=0}L(C_\lambda)=\int_p^q l'\mathrm{d}s-\int_p^q hk_{\mathrm{g}}\mathrm{d}s=l(q)-l(p)-\int_p^q hk_{\mathrm{g}}\mathrm{d}s=-\int_p^q hk_{\mathrm{g}}\mathrm{d}s=0.$$

注意到上式对曲面上连接 P,Q 两点的任意一族光滑曲线均成立，因此对任意满足 $h(p)=h(q)=0$ 的光滑函数 $h(s)$ 均成立．由此可知：$k_{\mathrm{g}}(s)\equiv 0$，$s\in(p,q)$，即，曲线 C 是曲面 S 上的测地线.

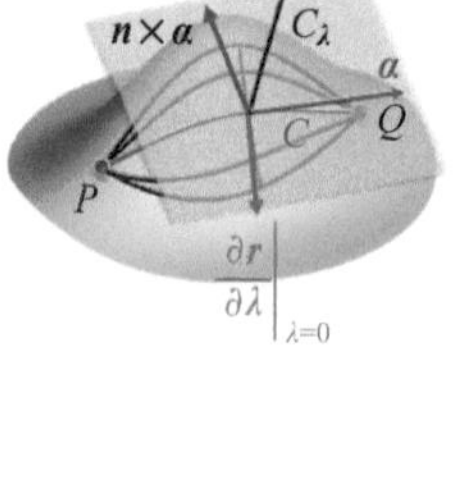

提问：

在这个表达式中，$\left.\frac{\partial \boldsymbol{r}}{\partial s}\right|_{\lambda=0}=?$

引导学生：

$\left.\frac{\partial \boldsymbol{r}}{\partial s}\right|_{\lambda=0}=\boldsymbol{\alpha}$，而且 $\boldsymbol{\alpha}$ 是单位切向量.

（续）

测地线性质

运用定理寻找曲面上的测地线

根据定理，我们只需找到两点间的最短线也就找到了测地线.

圆柱面的测地线：

①直线；②圆；③圆柱螺线.

我们知道，直线都是测地线，故而圆柱面的所有直母线（见右图）都是测地线. 同时，根据测地线的分类可知，右图所示的圆柱面上的圆也是测地线.

给定圆柱面上两点 P，Q，将圆柱面沿直母线剪开，展开可得平面，展开过程保持对应曲线弧长不变，两种剪裁方式如下图所示，在平面上以直线段连接 P，Q，即是 P，Q 的最短线，将之重新卷成圆柱面，可得圆柱螺线（见下图，位于圆柱面上的蓝色和红色圆柱螺线），即是圆柱面的测地线.

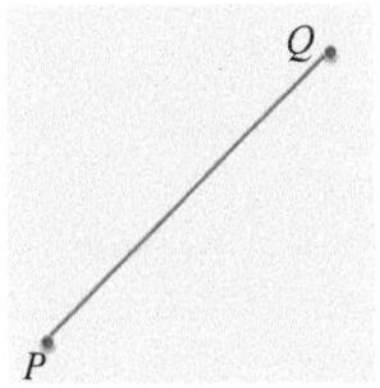

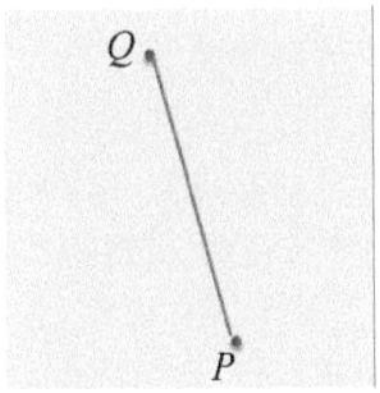

圆锥面的测地线：

给定圆锥面上两点 P，Q，沿从底圆上的点到顶点的直线剪裁圆锥面，展开得平面，在平面上以直线段连接 P，Q，即得连接 P，Q 的最短线，不同位置的剪裁可得到蓝色和绿色两条曲线，为圆锥面的测地线，如下左图所示.

事实上，圆锥面上连接 P，Q 两点的还有其他测地线，可借由剪裁和拼接的方式（见下右图），找连接 P，Q 的最短线来得到.

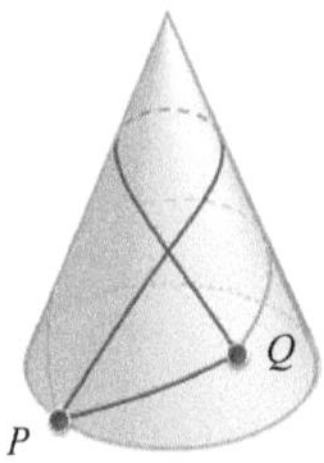

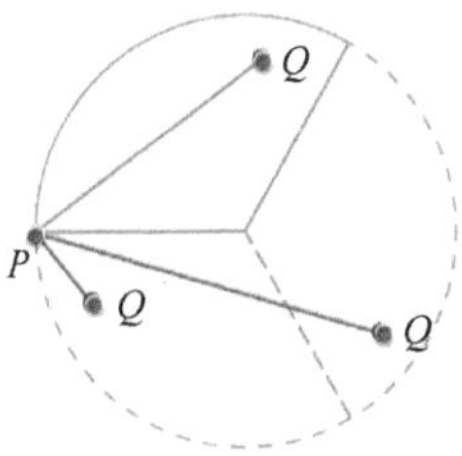

进一步，通过动画模拟演示圆锥面上任意一点到底圆上各点的测地线（见下图）. 以上都是圆锥面的测地线.

教学意图：

运用定理结论，带领学生一起寻找曲面上的测地线，借助丰富的图形和动画演示模拟，使学生更为直观地理解和把握最短线是测地线的结论，进而更加明确测地线的概念和意义所在.

由此例可知，曲面上连接两点的测地线不一定唯一.

除平面，柱面以外，锥面也是特殊的曲面. 那么给定任意两点，它们之间的测地线应该怎么找呢？引导学生参与到教学过程中，教会学生怎么用定理结论及方法去寻找测地线.

提问：

圆锥面上还有其他连接 P，Q 的测地线吗？

启发学生：

以其他方式剪开圆锥面，结合拼接，可得到其他测地线.

（续）

测地线性质

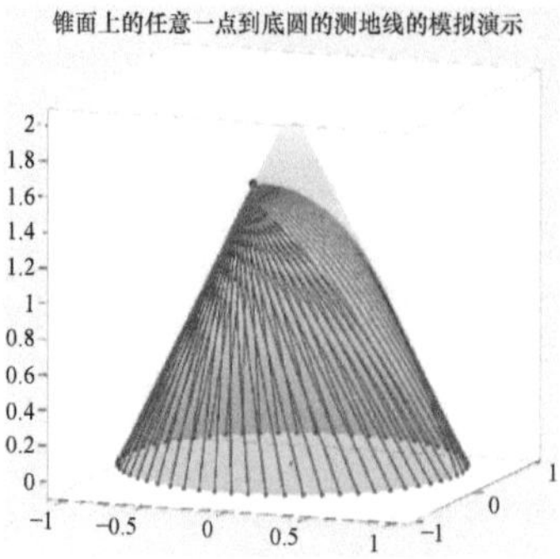

曲面上测地线的短程性

短程线问题：设P，Q为某曲面上两点，求在曲面上连接P，Q的弧长最短的曲线．这是变分学中的一个重要问题．

这一问题在1697年部分地被约翰·伯努利所解决．利用曲面上的半测地坐标网可证明如下定理：

定理：若给出曲面上充分小的邻域内的两点P和Q，则过P，Q两点在小邻域内的测地线段是连接P，Q两点的曲面上的曲线中弧长最短的曲线．

定理证明略．

该定理表明，在适当的小范围内连接任意两点的测地线是最短线，所以测地线又称为短程线，同时，“短程线问题”，也称“测地线问题”．

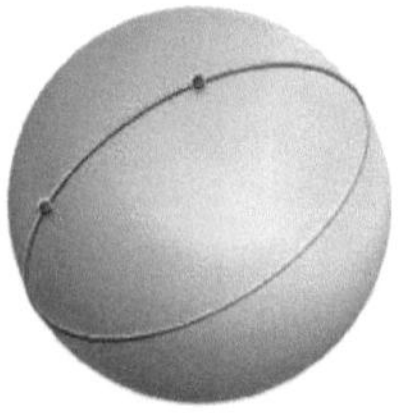

需要注意的是，如果不限制在充分小的曲面片上，这个定理的结论不一定正确．例如在球面上，如果两点不是一条直径的两端，那么连接它们的大圆弧（测地线）有两条，如右图所示，这两条大圆弧一长一短，短的是最短线，长的不是．但是如果只取球面上不含有任何同一条直径的两个端点的一部分，则上述定理的结论是正确的．

教学意图：

为使学生对测地线构建更完整和深入的认知，介绍测地线的短程性．

提问：

前面的定理表明，曲面上连接两点的最短线是测地线；那么，连接任意两点的测地线是最短线吗？

回答：

在适当的小范围内连接两点的测地线是最短线．

测地线方程

测地线方程

曲面$\boldsymbol{r}=\boldsymbol{r}(u^1,u^2)$．

曲线$\boldsymbol{r}(s)=\boldsymbol{r}(u^1(s),u^2(s))$．

回顾测地曲率向量$k_g\boldsymbol{\varepsilon}=\sum\limits_{k=1}^{2}\left(\dfrac{\mathrm{d}^2u^k}{\mathrm{d}s^2}+\sum\limits_{i,j}\Gamma_{ij}^k\dfrac{\mathrm{d}u^i}{\mathrm{d}s}\dfrac{\mathrm{d}u^j}{\mathrm{d}s}\right)\boldsymbol{r}_k$

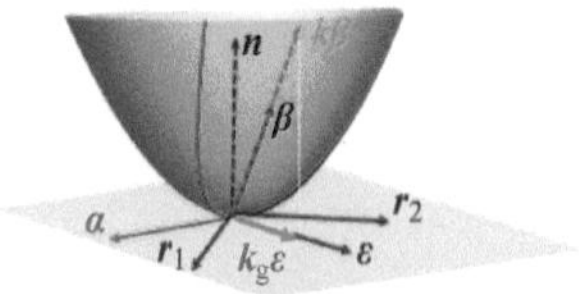

由于测地线满足$k_g\equiv 0$，而$\boldsymbol{r}_1,\boldsymbol{r}_2$作为自然基底是线性无关的，结合初始条件，可得如下测地线方程：

$$\begin{cases}\dfrac{\mathrm{d}^2u^k}{\mathrm{d}s^2}+\sum\limits_{i,j}\Gamma_{ij}^k\dfrac{\mathrm{d}u^i}{\mathrm{d}s}\dfrac{\mathrm{d}u^j}{\mathrm{d}s}=0, \quad k=1,2,\\ u^1(0)=a^1,u^2(0)=a^2,u^{1\prime}(0)=b^1,u^{2\prime}(0)=b^2.\end{cases}$$

教学意图：

引导学生建立描述测地线的微分方程，了解测地线在特定条件下的存在唯一性．

提问：

可否建立描述测地线的微分方程？

启发学生：

借助测地曲率向量的分解式．

提问：

什么情况下测地线是存在的？在什么条件下，测地线是存在且唯一的？

（续）

测地线方程

测地线的存在唯一性

由常微分方程组解的存在唯一性定理可知，任给曲面上的点 P，任给 P 点处的切向量 $\boldsymbol{v}$，存在唯一的过点 P 以 $\boldsymbol{v}$ 为切向量的测地线.

实例 球面上的测地线

根据上述存在唯一性，结合动画模拟演示，对球面上任意一点，任给该点处的切向量，做出的测地线都是一个大圆.

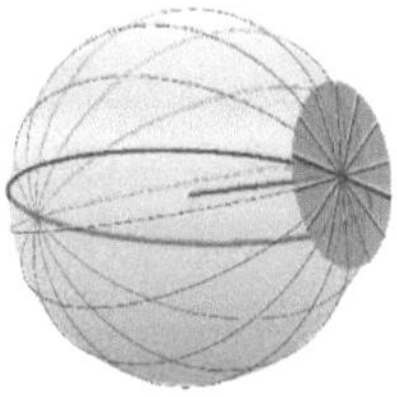

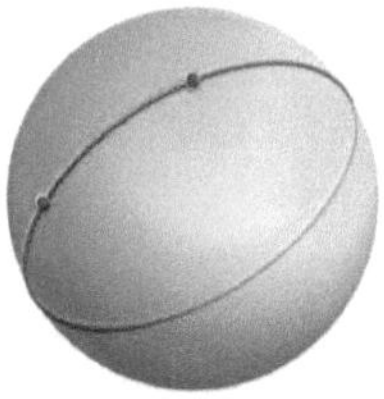

结论：

1. 球面上的测地线都是大圆弧.
2. 连接球面上两点的最短线是较短的大圆弧.

引导学生：

运用常微分方程组解的存在唯一性定理.

提问：

已经知道球面上的大圆是测地线；反之，球面上的测地线都是大圆吗？

拓展与应用

飞机航线

问题：北京至纽约的飞机航线为何要穿越北冰洋？

原因分析：

1. 经济性

（1）连接球面两点的最短线是较短的大圆弧（测地线）.

（2）测地线路径较纬线路径飞行距离减少 2930.46km.

测地线长度：10954.53km

纬线长度：13884.99km

2. 安全因素

（1）气候条件.

（2）若出现故障，可绕白令海峡至美国的各大机场降落.

教学意图：

测地线的有关知识拓展，使学生了解测地线在社会生活和科技领域的重要应用.

提问：

回到最初的问题，现在你能回答北京至纽约的飞机航线为什么要穿越北冰洋了吗？

请学生回答，与学生互动.

北极航线

飞机希望沿最短的测地线飞行. 船运也同样希望选择最短的航道. 从我国海运货物去欧洲，传统的航道由图中黄色的曲线表示. 通过这节课的学习，可以知道这并不是测地线，也不是最短的航道.

测地线近似图中的红色曲线，穿越北冰洋的航道被称为北极航道，是连接太平洋与大西洋的海上航道. 由于更接近测地线，北极航道使欧洲、北美和东北亚之间的海上距离大大缩短，其中东北航道是连接亚欧大陆的最短海上商业航线. 根据国际航运界提供的相关资料显示，船舶从北纬 30° 以北的港口出发，与通过巴拿马运河和苏伊士运河等传统航线相比，使用北极航道将节省大约 20% 和 40% 的航程.

课程思政：

通过“北极航道”和“冰上丝绸之路”的介绍，激发学生的爱国热情.

提问：

传统的航道是最短的吗？

利用地球仪，能给出其他更短的航道吗？

（续）

<table>
<tr><th colspan="2">拓展与应用</th></tr>
<tr><td>此外，由于北极航道受海盗等不稳定因素影响较小，能够减少船舶航行过程中的护航费用，同时能够避免因经过马六甲海峡、曼德海峡等海域所产生的保险费用，这些费用一年将为航运企业节省很大一笔支出.
2012 年，我国的“雪龙”号就成功首航北极东北航道. 2013 年，中远海运特运公司旗下的“永盛”轮对北极东北航道进行了商业性试航. 从那年开始，北极东北航道上航行的中国船舶就没断过.
而在全球变暖的大环境下，日后北极航道必定会成为全球最繁忙的航线之一. 对北极航道的争夺，将变成新的世界热点，也是世界强国新的角斗场. 充分利用北极航线，开辟冰上丝绸之路，提升我国海运实力，实现“海运强国”.</td><td></td></tr>
<tr><td>中国天眼
利用如下图片引入“中国天眼”.

FAST“中国天眼”500m 口径球面射电望远镜：
1. 我国自主创新.
2. 世界最大、最灵敏的单孔射电望远镜.
3. FAST 已发现并认证脉冲星达到 114 颗.（截至 2020 年 3 月）
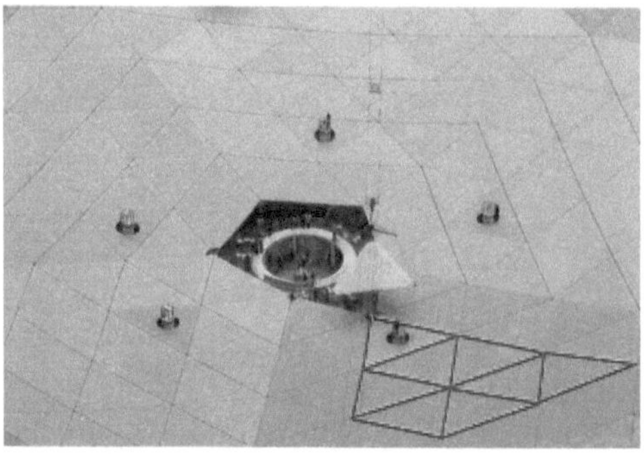
引导学生观察中国天眼的索网结构，发现测地线的应用.
1. 测地线型的索网结构.
2. 由 4450 个三角形反射面板组成反射面.
3. 传力路径短、应力分布均匀.
4. 背架结构种类少、索长均匀.
5. 主动反射面系统 ——实时控制下形成瞬时 300m 口径抛物面的功能.</td><td>课程思政：
介绍测地线在 FAST“中国天眼”500m 口径球面射电望远镜中的应用，使学生了解测地线的短程性在中国天眼中的应用，通过自主创新重大科技成果潜移默化地激发学生爱国热情.</td></tr>
</table>

（续）

拓展与应用

索网结构动画模拟

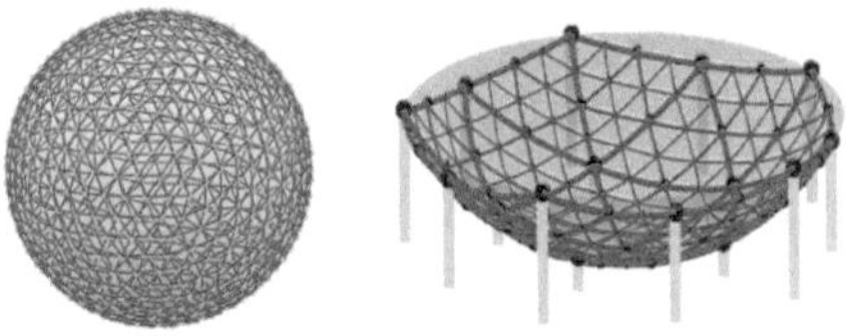

动画演示：

（ch2sec7- 球面测地划分，ch2sec7- 天眼结构）通过动画展示球面测地网格划分以及天眼结构.

科学家南仁东

南仁东，我国著名天文学家，FAST 工程首席科学家，“中国天眼”的奠基者.

1994 年 7 月，500m 口径球面射电望远镜（FAST）工程概念提出. 为了工程选址，他带着 300 多幅卫星遥感图，跋涉在中国西南的大山里，先后对比了 1000 多个洼地，时间长达 12 年. 2012 年，FAST 973 项目正式启动. 2014 年，“天眼”反射面单元吊装，南仁东亲自进行“小飞人”载人试验. 2016 年 9 月，“中国天眼”落成启用前，南仁东已罹患肺癌. 他患病后依然带病坚持工作，尽管身体不适合舟车劳顿，仍从北京飞赴贵州，亲眼见证了自己耗费 22 年心血的大科学工程落成. 2017 年 9 月 15 日，南仁东因肺癌突然恶化，抢救无效逝世.

南仁东历经 22 年，主持攻克了一系列技术难题，呕心沥血建造了“中国天眼”，实现了中国拥有世界一流水平望远镜的梦想. 他的爱国情怀、科学精神和勇于担当堪称楷模，值得我们年轻一代学习.

课程思政：

通过“中国天眼”奠基者南仁东“20 多年只做了这一件事”的典型事迹和科学精神，开展课程思政，在课程教学中教育学生要学习科学家南仁东的爱国情怀、科学精神和责任担当. 通过科学家南仁东历经 22 年，呕心沥血造天眼的奋斗故事，自然融入课程思政元素.

课后思考

课后思考：

（1）观察上面两张照片中的公路，请问哪条公路是其所在地面的测地线？

（2）思考和探索生活中或所了解领域中的测地线.

（3）拓展阅读测地线有关文献资料.

四、扩展阅读资料

（1）KIMMEL R，AMIR A，BRUCKSTEIN A M. Finding shortest paths on surfaces using level sets propagation[J]. IEEE Trans. on Pattern Analysis and Machine Intelligence（PAMI），1995，17（6）：635–640.

（2）KIMMEL R，SETHIAN J A. Computing geodesic paths on manifolds[J]. Proceedings of National Academy of Sciences，1998，95（15）：8431–8435.

五、教学评注

本节课所讨论的测地线属于内蕴几何范畴，其教学重点是测地线的定义和测地线的性质. 在课程设计上，以问题“北京至纽约的飞机航线为何要穿越北冰洋上空？”引入，吸引学生注意力，在激发学生学习兴趣的同时，帮助学生建立测地线与最短线相联系的直觉印象. 借助丰富的图形和动画模拟演示，直观而形象地将测地线呈现在学生眼前，便于学生理解抽象概念；在测地线性质定理证明中注重思路的分析，有利于学生理清脉络和掌握要点，提升学生处理复杂问题的能力；设计中将数学理论与大量实例相结合全面剖析测地线与最短线的关系，帮助学生构建完整认知，培养学生学以致用的能力. 最后，在拓展与应用部分回答一开始提出的飞机航线问题，前后呼应，并进一步介绍测地型索网结构在“中国天眼”中的应用，以及“中国天眼”奠基者、著名天文学家南仁东历经 20 余年自主创新造“天眼”的事迹，有机地融入思政元素. 通过重大科技成果、科学家的感人事迹激发学生爱国热情与情怀，教育学生树立科学精神和责任担当.

平行移动

一、教学目标

平行移动是内蕴几何一个重要的概念. 通过本节内容的学习，使学生理解平行移动的概念，了解平面上的“平移”和曲面上平行移动的差别及联系，掌握一些特殊曲面上的给定切向量沿给定曲线的平行移动的计算方法，并能够在今后的学习和研究中应用平行移动的相关知识去解决实际问题.

二、教学内容

1. 主要内容

（1）傅科摆摆动方向转动周期问题；

（2）平行移动的概念；

（3）曲面上平行移动与普通平移的对比；

（4）球面上平行移动的计算.

2. 教学重点

（1）曲面上切向量平行移动的概念；

（2）球面上切向量沿纬线的平行移动计算.

3. 教学难点

（1）曲面上切向量平行移动的概念；

（2）曲面上切向量平行移动与普通平移的关系.

三、教学设计

1. 教学进程框图

问题引入	地球自转问题	傅科摆摆动方向的偏转	
平行移动	傅科摆摆动特点	平行移动的定义	普通平移的对比
球面上平行移动的计算	条件分析	切向量平行移动计算	傅科摆的角度差
问题拓展	赤道上的傅科摆	自平行曲线	测地线

2. 教学环节设计

问题引入

以毛泽东的诗句引入

坐地日行八万里，巡天遥看一千河——送瘟神 毛泽东　1958 年

为什么坐着不动一天就能行八万里？因为地球在自转，自转一周的时间约 24h，而赤道周长约八万华里，故此有“日行八万里”的说法.

我们都了解关于地球自转的事实：

1. 地球绕自转轴自西向东的转动；
2. 从北极点上空看呈逆时针旋转；
3. 自转一周耗时约 24h.

问题 1：生活中能否观察到地球自转？

教学意图：

通过毛泽东的诗句引出地球自转问题，吸引学生的注意力和兴趣.

大家都知道地球在自转的事实，生活中能否观察到地球自转？

傅科摆

为了证明地球在自转，法国物理学家傅科（1819—1868）于 1851 年做了一次成功的摆动实验，傅科摆由此而得名. 实验在法国巴黎先贤祠最高的圆顶下方进行，摆长 67m，摆锤重 28kg，悬挂点经过特殊设计使摩擦减少到最低限度. 这种摆惯性和动量大，因而基本不受地球自转影响而自行摆动，并且摆动时间很长. 在傅科摆试验中，人们看到，摆动过程中摆动平面沿顺时针方向缓缓转动，摆动方向不断变化. 分析这种现象，摆在摆动平面方向上并没有受到外力作用，按照惯性定律，摆动的空间方向不会改变，因而可知，这种摆动方向的变化，是由于观察者所在的地球转动的结果，地球上的观察者看到相对运动现象，从而有力地证明了地球在自转.

教学意图：

介绍法国物理学家傅科给出的证明地球自转的实验——傅科摆实验.

（续）

问题引入

傅科（Léon Foucault）
法国物理学家
1819 ~ 1868

右图中画的是放置在北极点处的傅科摆，紫色的小球代表地球，黄色的小球表示傅科摆摆锤，粉色的三角形是傅科摆的摆动平面. 绿色的圆盘表示球面在北极点处的切平面，对于地面上的观察者来说这就是地面，我们把它画得比较大，可以看得更清楚.
在地球自转时，傅科摆仍保持在原来的摆动方向上摆动.

但地球在下面转动，地面上的观察者观察到了相对运动的现象，他才认为是傅科摆的摆动方向发生了转动.

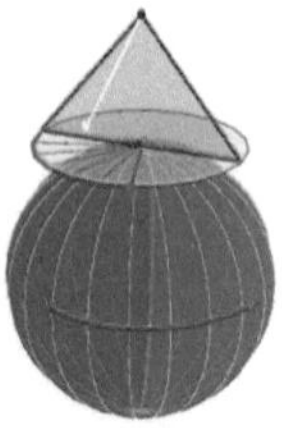

傅科摆摆动方向的转动，就已经证明了地球在自转.

问题 2：傅科摆摆动方向转过一周的时间是多少？

科学实验的结果发现处于不同位置的傅科摆方向的转动周期不一样，为什么会有这样的结果？

傅科摆位置	摆动方向转过一周所需时间
北极点	24h
巴黎先贤祠	约 32h
北京天文馆	约 37h

动画演示：

（ch2sec8- 傅科摆 - 北极点处）观察北极点处的傅科摆模拟动画，直观理解傅科摆摆动方向转动.

通过傅科摆的特点分析，可以证明地球自转. 再由不同纬度处傅科摆的转动周期不同进一步提出问题：如何计算傅科摆的转动周期问题. 引导学生积极参与思考，用问题导向展开本节内容.

提问：

傅科摆摆动方向转过一周时间是多少？

这个问题可以从物理角度来解决，本节课利用微分几何的知识来分析解决这个问题.

傅科摆分析

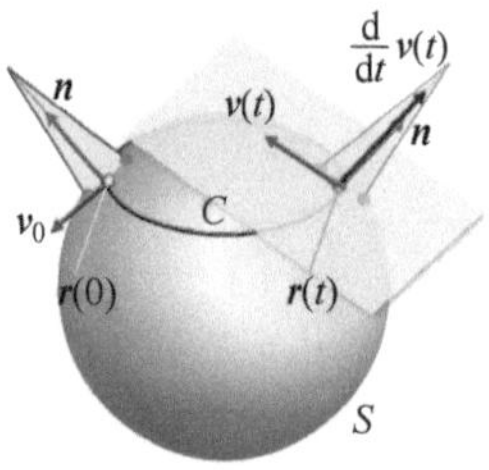

设用单位球面 S 表示地球，t 表示时间，t 时刻摆的位置为 $\boldsymbol{r}(t)$，随着地球自转，$\boldsymbol{r}(t)$ 的轨迹为球面上的纬线 C. 傅科摆是随着地球自转而运动的，为了简单起见，不妨假设这个球面不转，傅科摆在摆动过程中沿着纬圆匀速运动.

记摆锤往复运动在最低点处单向摆动的速度向量为 $\boldsymbol{v}(t)$，注意到 $\boldsymbol{v}(t)$ 在最低点处可以看作球面 S 的切向量.

教学意图：

由傅科摆的摆动特点引出平行移动的概念.

平行移动的概念非常抽象，因此教学设计处理为：先从直观上分析傅科摆摆锤速度向量 $\boldsymbol{v}(t)$ 的特点. 再由直观过渡到抽象，引入平行移动的概念，易于学生理解和接受.

（续）

问题引入	
由于地球自转相对于傅科摆的摆动而言非常慢，因此 $\boldsymbol{v}(t)$ 可看成定义在纬线 C 上的球面的光滑切向量场．傅科摆的摆动面由摆锤速度向量 $\boldsymbol{v}(t)$ 与球面在该点处的法向量 $\boldsymbol{n}$ 确定，对地面的观察者而言，法向量 $\boldsymbol{n}$ 不动，摆动面的转动等价于摆锤速度向量的转动． 分析摆锤的受力，由于地球自转的角速度很小，可以忽略地球自转引起的向心力对摆锤的影响，摆锤只受到摆线拉力与自身重力的作用，因此摆锤的加速度 $\boldsymbol{a}$ 与法线平行．而加速度为速度向量的导向量，即得 $$\boldsymbol{a}=\frac{\mathrm{d}\boldsymbol{v}(t)}{\mathrm{d}t}\,/\!/\,\boldsymbol{n}.$$ 综合上面的分析可知，傅科摆的速度向量以一种特殊的方式在球面上移动，这种特殊的移动方式满足两个条件：一、保持移动过程中始终是球面的切向量；二、导向量的方向与球面的法向量平行．将这种切向量的移动方式抽象出来，并推广到一般的曲面上，就可得到的曲面上的“平行移动”．	

平行移动

平行移动的定义

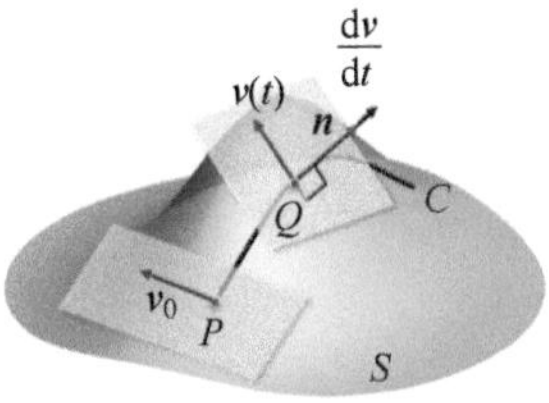

设曲面 $S:\boldsymbol{r}=\boldsymbol{r}(u_1,u_2)$，曲面 S 上的曲线 $C:\boldsymbol{r}(t)=\boldsymbol{r}(u_1(t),u_2(t))$，$\boldsymbol{r}(t_0)=P$.

定义：给定 P 点处曲面的切向量 $\boldsymbol{v}_0$，$\boldsymbol{v}(t)$ 为沿曲线 C 定义的曲面的切向量场，若 $\dfrac{\mathrm{d}\boldsymbol{v}(t)}{\mathrm{d}t}/\!/\boldsymbol{n}$，且 $\boldsymbol{v}(t)=\boldsymbol{v}_0$，则称 $v(t)$ 是 v_0 沿曲线 C 的平行移动．

由定义，可知

$$\frac{\mathrm{d}\boldsymbol{v}}{\mathrm{d}t}(t_0)=\lim_{t\to t_0}\frac{\boldsymbol{v}(t)-\boldsymbol{v}(t_0)}{t-t_0}\,/\!/\,\boldsymbol{n}$$

注意：整个平行移动过程，$\boldsymbol{v}(t)$ 始终是曲面的切向量，且

$$\frac{\mathrm{d}\boldsymbol{v}(t)}{\mathrm{d}t}\,/\!/\,\boldsymbol{n}.$$

问题：上述“平行移动”的概念是根据傅科摆的速度向量移动特点抽象出的对切向量的特殊的移动方式，那么为什么要称它为“平行”移动？

要理解平行，需要想象生活在曲面上的生物，比如一只曲面上的蚂蚁．任何的一个向量，这只蚂蚁只能看到它在切平面上的投影，看不到法向的分量．此时，如果将 $\boldsymbol{v}_0$ 做保持方向大小都不变的空间中的平移，移动到 P 邻近的点 Q 处．自然移动之后 $\boldsymbol{v}_0$ 未必是 Q 点处的曲面的切向量．但如果，将 $\boldsymbol{v}_0$ 投影到切平面上后，得到的投影向量就是 $\boldsymbol{v}(t)$，切平面上的分量并不变化，这样对那只蚂蚁而言，它是看不出这个向量场有什么不同，自然认为 $\boldsymbol{v}(t)$ 与原来的 $\boldsymbol{v}_0$ 平行．而投影是 $\boldsymbol{v}(t)$，等价于它的变化量是法方向．而这种关系要求在每点处都满足，自然取平均，再取极限，依然与法向量平行，这就是定义中的极限式．

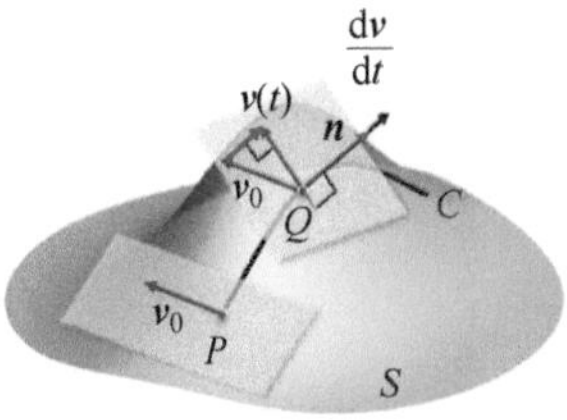

教学意图：

用微积分知识描述并分析平行移动的概念，解释平行移动的含义．

（续）

平行移动

这种移动方式称为平行移动，原因就是仅在曲面上看，移动得到的切向量是平行的.

那么，曲面上的平行移动与我们熟悉的保持向量模长和方向均不变的普通的平移有什么关系？

平面上的平行移动

平面 $S:\boldsymbol{r}(x,y)=(x,y,0)$，给定平面上的曲线 $C:\boldsymbol{r}(t)=(x(t),y(t),0),t\in[0,t_1]$，以及 $\boldsymbol{r}(0)$ 点处的切向量 $\boldsymbol{v}_0$．求向量 $\boldsymbol{v}_0$ 沿曲线 C 的平行移动.

解：由于平面在任意一点的切平面都是这个平面本身，因而切平面的基和法向量都可以选择为常向量. 取切平面的基

$$\boldsymbol{e}_1=(1,0,0),\boldsymbol{e}_2=(0,1,0)\ .$$

切平面的法向量为 $\boldsymbol{n}=(0,0,1)$．记在这组基底下 $\boldsymbol{v}_0=a_0\boldsymbol{e}_1+b_0\boldsymbol{e}_2$．记 $\boldsymbol{v}_0$ 沿曲线 C 的平行移动为 $\boldsymbol{v}(t)$．

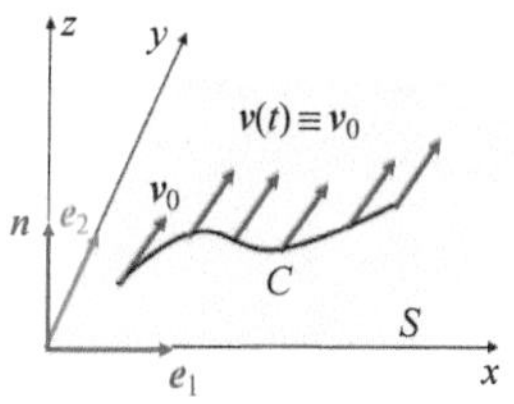

设 $\boldsymbol{v}(t)=a(t)e_1+b(t)e_2$．若要

$$\frac{\mathrm{d}\boldsymbol{v}(t)}{\mathrm{d}t}=a'(t)e_1+b'(t)e_2\ /\!/\ \boldsymbol{n}\ ,$$

则必有 $\begin{matrix}a'(t)=0\\ b'(t)=0\end{matrix}$，即 $\begin{matrix}a(t)\equiv a_0\\ b(t)\equiv b_0\end{matrix}$，

故得 $$\boldsymbol{v}(t)=a_0\boldsymbol{e}_1+b_0\boldsymbol{e}_2=\boldsymbol{v}_0$$

这说明：平面上的平行移动就是普通平移

问题：一般曲面上普通平移会是平行移动吗？

教学意图：

为了让学生理解切向量的平行移动与普通平移的联系和区别，先来计算平面上切向量沿曲线的平行移动.

曲面上的平行移动是平面上的平移的推广.

曲面上的平行移动

普通的平移：保持向量方向、大小不变

动画演示：球面的切向量沿着纬线做空间中保持方向、大小不变的普通平移.

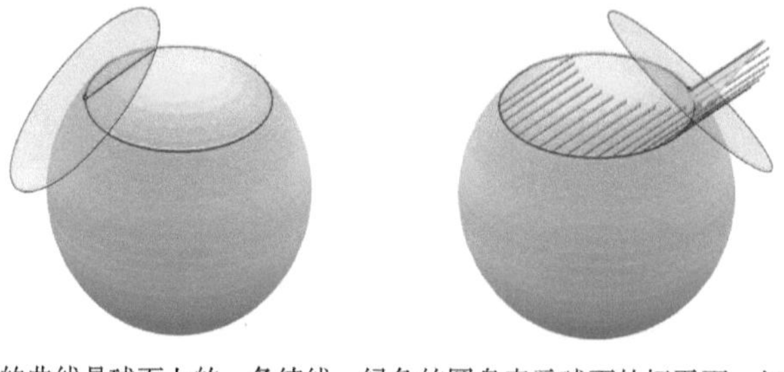

图中蓝色的曲线是球面上的一条纬线，绿色的圆盘表示球面的切平面，红色的线段表示纬线上一点处球面的切向量. 保持该切向量的大小、方向都不变，将其移动到纬线的其他点处. 显然，移动之后就不再是球面的切向量了.

动画演示：

（ch2sec8-平行移动不是平移，ch2sec8-球面上非平行移动，ch2sec8-球面上的平行移动）为了加深学生对曲面上切向量平行移动的理解，通过动画演示，分三种情况层层递进进行研究. 1）切向量沿球面纬圆做普通平移；2）切向量沿纬圆移动并始终保持是切向量；3）动画中黑线与紫线平行时的红线才是平行移动.

（续）

平行移动

结论：曲面上对切向量做普通的平移不一定得到平行移动向量场.

问题：切向量沿着纬线移动时，若始终保持是曲面的切向量是否就一定是平行移动呢？

比如下面这种移动方式，保持红色的切向量始终在切平面上，并且与纬线的切线量（蓝色线段）保持以相同的夹角. 这种移动方式是否就是球面上沿纬线的平行移动？

通过动画演示，可以发现在移动过程中，$\frac{\mathrm{d}\boldsymbol{v}(t)}{\mathrm{d}t}$ 与法向量 $\boldsymbol{n}$ 并不平行，也不符合平行移动的定义.

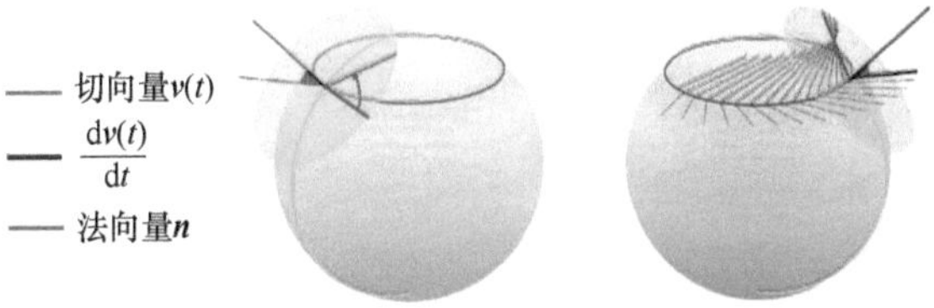

$\frac{\mathrm{d}\boldsymbol{v}(t)}{\mathrm{d}t} \not\parallel \boldsymbol{n}$ 非平行移动

那么，球面上切向量沿着纬线的平行移动到底会是怎样的情况？动画演示直观地回答了这个问题，即黑线与紫线平行时的红线才是平行移动.

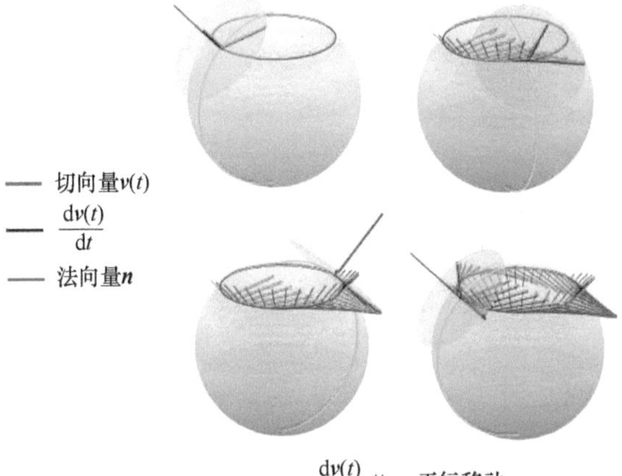

$\frac{\mathrm{d}\boldsymbol{v}(t)}{\mathrm{d}t} \parallel \boldsymbol{n}$ 平行移动

图中红色的线段表示的切向量场就是球面上沿着纬线的平行移动向量场.

通过动画演示可以发现，切向量沿着纬线的平行移动的过程中，方向一直在发生偏转，这就傅科摆摆动方向的偏转. 如果能够算出切向量沿纬线平行移动一周偏转的角度，那么就可以计算出傅科摆摆动方向转动一周的时间了.

问题：如何计算切向量沿着纬线的平行移动的过程中方向偏转的角度呢？

这样的教学设计能够帮助学生全方位，多层次地理解掌握抽象的数学概念.

通过三组动画演示，让学生直观看到切向量移动的三种情况，以便能够准确地判断是否是平行移动，加深学生对概念的理解.

球面上平行移动的计算

条件分析

要计算球面上切向量的平行移动，需要给出球面以及纬线的参数方程. 设纬度 θ_0 的纬圆为曲线 C，为了与傅科摆实验对应，记 $\omega=\frac{\pi}{12}$ 为地球自转的角速度，选取时间 t 为参数，则，

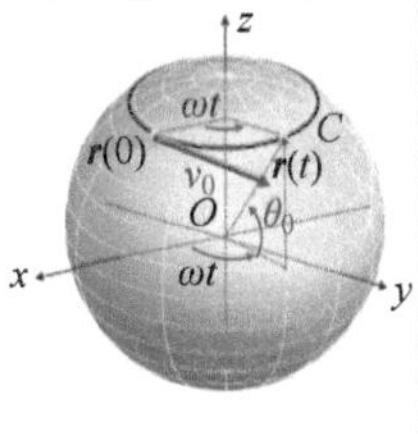

球面的参数方程为：

教学意图：

给出计算切向量平行移动需要的条件.

（续）

球面上平行移动的计算

$$\boldsymbol{r}(t,\theta)=\left(\cos(\omega t)\cos\theta,\sin(\omega t)\cos\theta,\sin\theta\right),t\in[0,24]，\quad \theta\in\left[-\frac{\pi}{2},\frac{\pi}{2}\right].$$

纬度 θ_0 的纬圆 C 的参数方程为：

$$\boldsymbol{r}(t)=\left(\cos(\omega t)\cos\theta_0,\sin(\omega t)\cos\theta_0,\sin\theta_0\right),t\in[0,24].$$

初始向量：$\boldsymbol{v}_0=(0,1,0)$

求 $\boldsymbol{v}_0$ 沿曲线 C 的平行移动 $\boldsymbol{v}(t)$.

引导：

通过图示，引导学生自行写出球面和纬圆的参数方程.

球面上切向量沿纬线平行移动的计算

分析：要求 $\boldsymbol{v}_0$ 沿曲线 C 的平行移动 $\boldsymbol{v}(t)$，需要知道在纬线上切向量的表达式，然后利用平行移动的定义确定 $\boldsymbol{v}(t)$. 为此需要在每点 $\boldsymbol{r}(t)$ 处取相应切平面的一个基底来表示切向量. 如图所示，可以在每一点取纬线和经线的单位切向量作为基底向量 $\boldsymbol{e}_1(t)$，$\boldsymbol{e}_2(t)$. 另外，可以证明切向量在平行移动过程中偏转的角度和初始方向无关，为了计算上的简便，我们选取 $\boldsymbol{v}(0)=\boldsymbol{v}_0=\boldsymbol{e}_1(0)$ 作为初始切向量.

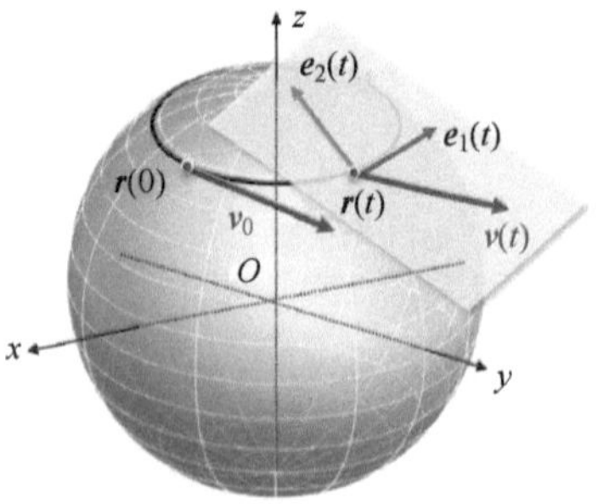

解：1. 切向量 $\boldsymbol{v}(t)$ 的表示

纬线的切向量：$\boldsymbol{e}_1(t)=\dfrac{\boldsymbol{r}'(t)}{|\boldsymbol{r}'(t)|}=(-\sin(\omega t),\cos(\omega t),0)$

经线的切向量：$\boldsymbol{e}_2(t)=(-\cos(\omega t)\sin\theta_0,-\sin(\omega t)\sin\theta_0,\cos\theta_0)$

设 $\boldsymbol{v}(t)=v_1(t)\boldsymbol{e}_1(t)+v_2(t)\boldsymbol{e}_2(t)$，$\boldsymbol{v}(0)=\boldsymbol{v}_0=\boldsymbol{e}_1(0)$，求 $v_1(t),v_2(t)$ 满足：$v_1(0)=1,v_2(0)=0$，使得

$$\boldsymbol{v}(t)=v_1(t)\boldsymbol{e}_1(t)+v_2(t)\boldsymbol{e}_2(t)$$

为 $\boldsymbol{v}_0$ 的平行移动.

2. 计算平行移动

$$\begin{aligned}\frac{\mathrm{d}\boldsymbol{v}}{\mathrm{d}t}&=v_1'(t)\boldsymbol{e}_1(t)+v_1(t)\boldsymbol{e}_1'(t)+v_2'(t)\boldsymbol{e}_2(t)+v_2(t)\boldsymbol{e}_2'(t)\\&=v_1'(t)\boldsymbol{e}_1(t)+v_1(t)\boldsymbol{e}_1'(t)+v_2'(t)\boldsymbol{e}_2(t)+v_2(t)\boldsymbol{e}_2'(t),\end{aligned}$$

而 $\boldsymbol{e}_1'(t)=(-\omega\cos\omega t,-\omega\sin\omega t,0)$，

$$\boldsymbol{e}_2'(t)=(\omega\sin(\omega t)\sin\theta_0,-\omega\cos(\omega t)\sin\theta_0,0).$$

故若要 $\dfrac{\mathrm{d}\boldsymbol{v}(t)}{\mathrm{d}t}/\!/\boldsymbol{n}$，只需：

$$\frac{\mathrm{d}\boldsymbol{v}}{\mathrm{d}t}\cdot\boldsymbol{e}_1(t)=0，\quad\frac{\mathrm{d}\boldsymbol{v}}{\mathrm{d}t}\cdot\boldsymbol{e}_2(t)=0$$

又 $\boldsymbol{e}_1\cdot\boldsymbol{e}_1=1,\ \boldsymbol{e}_1{}'\cdot\boldsymbol{e}_1=0$，$\boldsymbol{e}_2\cdot\boldsymbol{e}_2=1,\ \boldsymbol{e}_1\cdot\boldsymbol{e}_2=0,\ \boldsymbol{e}_2'\cdot\boldsymbol{e}_2=0,\ \boldsymbol{e}_1'\cdot\boldsymbol{e}_2=\omega\sin\theta_0$，$\boldsymbol{e}_1\cdot\boldsymbol{e}_2'=-\omega\sin\theta_0$，

教学意图：

根据切向量平行移动的定义，计算 $\boldsymbol{v}(t)$ 的表达式.

由于推导过程所用微积分知识是学生已经掌握的，因此注重问题解决思路，引导学生积极参与.

由平行移动定义出发，转化为一阶常系数线性常微分方程组的初值问题. 进而通过求解得到平行移动的表达式.

课程思政：

数学中许多公理、定理的发现都遵从人类的一般认识规律. 按照由特殊到一般，再由一般到特殊的认知规律而产生，通过数学方法的运用，进一步提高学生对科学探究的追求.

提问：

若要 $\dfrac{\mathrm{d}\boldsymbol{v}(t)}{\mathrm{d}t}/\!/\boldsymbol{n}$，需要验证什么条件？引导学生自己找到解决办法，进而进行转化，最终完成求解.

（续）

球面上平行移动的计算	
故 $\begin{cases}\dfrac{\mathrm{d}\boldsymbol{v}}{\mathrm{d}t}\cdot\boldsymbol{e}_1(t)=v_1'(t)-\omega\sin\theta_0\ v_2(t)=0,\\ \dfrac{\mathrm{d}\boldsymbol{v}}{\mathrm{d}t}\cdot\boldsymbol{e}_2(t)=v_2'(t)+\omega\sin\theta_0\ v_1(t)=0.\end{cases}$ 问题转化为一阶常系数线性常微分方程组的初值问题： $\begin{cases}v_1'(t)-\omega\sin\theta_0\ v_2(t)=0, & (1)\\ v_2'(t)+\omega\sin\theta_0\ v_1(t)=0, & (2)\\ v_1(0)=1,\ v_2(0)=0.\end{cases}$ $(1)\Rightarrow v_2=\dfrac{v_1'}{\omega\sin\theta_0}$ 代入式（2）得二阶常系数线性常微分方程 $v_1''+(\omega\sin\theta_0)^2v_1=0,$ 可求得通解为 $\begin{cases}v_1=C_1\cos(\omega t\sin\theta_0)+C_2\sin(\omega t\sin\theta_0),\\ v_2=-C_1\sin(\omega t\sin\theta_0)+C_2\cos(\omega t\sin\theta_0),\end{cases}$ （3） 代入初始条件得 $C_1=1,C_2=0$. 故得：$\begin{cases}v_1=\cos(\omega t\sin\theta_0),\\ v_2=-\sin(\omega t\sin\theta_0).\end{cases}$ 由此得到 $\boldsymbol{v}_0$ 沿纬线 C 的平行移动为 $\boldsymbol{v}(t)=\cos(\omega t\sin\theta_0)\boldsymbol{e}_1(t)-\sin(\omega t\sin\theta_0)\boldsymbol{e}_2(t)$. 至此，得到球面上沿纬线的平行移动向量场. 利用 $\boldsymbol{v}(t)$ 的表达式可以将这些向量画出来，直观地看到球面上的平行移动的结果. 这个向量场是傅科摆摆动的速度向量场，接下来计算出地面上的观察者观察到的傅科摆的角度差. 注意到，对地面上的观察者而言，他是将基底 $\boldsymbol{e}_1(t)$，$\boldsymbol{e}_2(t)$ 作为参考系，将这两个向量看成不动的向量，从而观察傅科摆摆动方向的变化. 根据：$\boldsymbol{v}(0)=\boldsymbol{v}_0=(0,1,0)=\boldsymbol{e}_1(0)$, $\boldsymbol{v}(24)=\cos(2\pi\sin\theta_0)\boldsymbol{e}_1(24)-\sin(2\pi\sin\theta_0)\boldsymbol{e}_2(24)$ $=\cos(2\pi\sin\theta_0)\boldsymbol{e}_1(0)-\sin(2\pi\sin\theta_0)\boldsymbol{e}_2(0)$. 故经过 24h，$\boldsymbol{v}_0$ 沿纬线平行移动一周，$\boldsymbol{v}(0)$，$\boldsymbol{v}(24)$ 的角度差为 $\boldsymbol{v}(0)\cdot\boldsymbol{v}(24)=2\pi\sin\theta_0$. 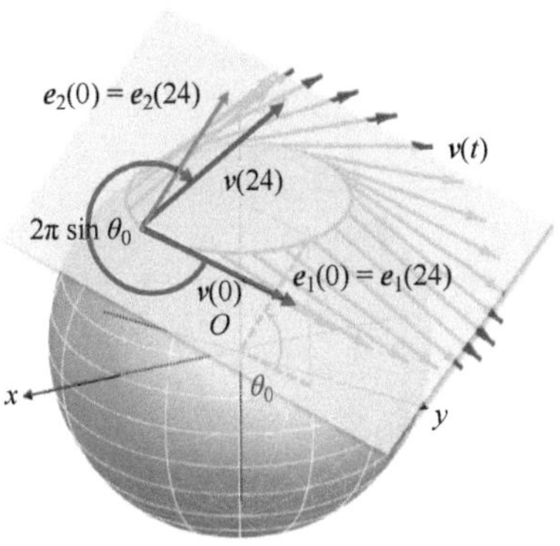 	通过计算得到 $\boldsymbol{v}(t)$ 的表达式. 从而可以计算 $\boldsymbol{v}_0$ 沿纬线平行移动一周后的角度差，即 $\boldsymbol{v}(0),\boldsymbol{v}(24)$ 的角度差. 进而可以计算傅科摆摆动方向转动一周所需时间. 提问： 1. 如何计算角度差？ 2. 从角度差的表达式能否判断切向量是逆时针偏转还是顺时针偏转？ 提出问题： 切向量在平行移动过程中偏转的角度和初始方向是否有关？引起学生的好奇心，继续下面的研究. 注意到，计算结果表明，球面上的切向量沿纬线平行移动一周回到初始点后与初始切向量不等.

（续）

球面上平行移动的计算

初始切向量为任意的情况

注意：由上面的推导过程中可以看到，如果初始切向量为

$$\boldsymbol{v}(0)=\boldsymbol{v}_0=\cos\alpha\cdot\boldsymbol{e}_1(0)+\sin\alpha\cdot\boldsymbol{e}_2(0),$$

这里 α 为 $\boldsymbol{v}_0$ 与 $\boldsymbol{e}_1(0)$ 的夹角．此时在通解式（3）中代入初始条件可得 $C_1=\cos\alpha, C_2=\sin\alpha$，故任意时刻，$\boldsymbol{v}_0$ 沿纬线 C 的平行移动为

$$\begin{aligned}\boldsymbol{v}(t)&=(\cos\alpha\cos(\omega t\sin\theta_0)+\sin\alpha\sin(\omega t\sin\theta_0))\boldsymbol{e}_1(t)+\\&\quad(-\cos\alpha\sin(\omega t\sin\theta_0)+\sin\alpha\cos(\omega t\sin\theta_0))\boldsymbol{e}_2(t)\\&=\cos(\alpha-\omega t\sin\theta_0)\boldsymbol{e}_1(t)+\sin(\alpha-\omega t\sin\theta_0)\boldsymbol{e}_2(t),\\\boldsymbol{v}(24)&=\cos(\alpha-2\pi\sin\theta_0)\boldsymbol{e}_1(24)+\sin(\alpha-2\pi\sin\theta_0)\boldsymbol{e}_2(24)\\&=\cos(\alpha-2\pi\sin\theta_0)\boldsymbol{e}_1(0)+\sin(\alpha-2\pi\sin\theta_0)\boldsymbol{e}_2(0)\end{aligned}$$

经计算，$\boldsymbol{v}(0),\boldsymbol{v}(24)$ 的角度差仍为 $2\pi\sin\theta_0$．这说明 $\boldsymbol{v}_0$ 沿纬线平行移动一周后，其方向顺时针偏转了 $2\pi\sin\theta_0$，即切向量在平行移动过程中方向偏转的角度和初始方向无关．

教学意图：

在任取初始切向量的情况下，计算平行移动的表达式，从而得出一般的结论．教学方法是由特殊到一般，引导学生思考，参与完成推导．

引导思考：

1. 一般情况下，初始切向量应该如何表示？

2. 在平行移动一周后，如何找到切向量方向的偏转角度？

傅科摆的角度差

问题：能否借助不同纬度的角度差算出相应的傅科摆摆动方向的转动周期呢？

以北半球为例，此时 $\theta\in\left(0,\dfrac{\pi}{2}\right)$，设 x 为傅科摆摆动方向的转动周期，则有

$$\frac{24}{x}=\frac{2\pi\sin\theta}{2\pi},\text{即 }x=\frac{24}{\sin\theta}.$$

利用该公式计算不同纬度的傅科摆摆动方向的转动周期，结果如下表所示，和实际观测的结果完全吻合．

尤其值得关注的是，赤道上傅科摆摆动方向是不转动．那么，怎么解释这个赤道上的不转动呢？

显然，由平行移动的表达式

$$\boldsymbol{v}(t)=\cos(\alpha-\omega t\sin\theta_0)\boldsymbol{e}_1(t)+\sin(\alpha-\omega t\sin\theta_0)\boldsymbol{e}_2(t).$$

可以看出，在纬线上每点处，我们以基底向量 $\boldsymbol{e}_1(t),\boldsymbol{e}_2(t)$ 为参照物，那么 t 时刻平行移动转过的角度就是 $\omega t\sin\theta_0=0$，也就是没有偏转，即切向量 $\boldsymbol{v}(0)=\boldsymbol{v}_0$ 沿着赤道的平行移动过程中，同赤道的切向量的夹角始终保持不变，因此地面上的观察者自然就观察不到傅科摆摆动方向的偏转了．

傅科摆所在位置	纬度 θ	摆动方向转动一周耗时 $\dfrac{24}{\sin\theta}$
巴黎 49°N	$\theta\approx\dfrac{5}{18}\pi$	32
北京 39°56′N	$\theta\approx\dfrac{2}{9}\pi$	37.34
北极点	$\theta\approx\dfrac{\pi}{2}$	24
赤道	$\theta\approx 0$	不转动

教学意图：

利用前面得到的角度差公式可以推导出不同纬度傅科摆摆动方向偏转角度的计算公式．

利用不同纬度傅科摆摆动方向的偏转角度的计算公式，很容易推导出转动周期，从而完美地回答了本节内容一开始的问题，实现了教学内容前后呼应，一气呵成的教学设计．

引导学生注意观察，赤道上，傅科摆是不转动的．

（续）

问题拓展

自平行曲线

我们知道，在欧氏平面上，连接两点的最短曲线是直线段. 在关于测地线的一节也已经学习过，直线是平面的测地线. 沿着平面上的直线的平行移动就是普通的平移. 平面上的直线在某点处的单位切向量沿该直线的平行移动仍是直线的单位切向量. 并且，可以证明如果平面上的某条曲线的单位切向量沿该曲线的平行移动依然是曲线的单位切向量，那么这条曲线一定是直线，即平面的测地线. 也就是说，平面上沿自身平行的曲线当且仅当曲线为平面的测地线.

这样的性质对于曲面情形是否仍成立呢？为此给出自平行曲线的概念：

定义：若曲面上一条曲线的单位切向量场沿该曲线是平行移动的，则称此曲线为**自平行曲线**.

对于球面而言，我们已经学习过，测地线是大圆弧. 比如赤道就是球面上的一条测地线.

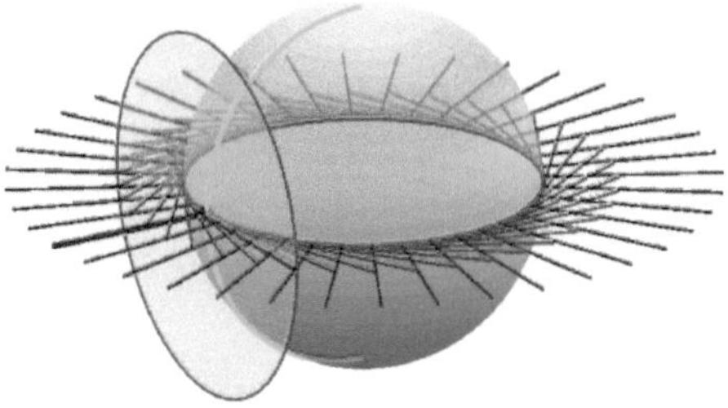

而由前面赤道上的单摆摆动方向不偏转的分析可知，如果初始切向量就是赤道的切向量，由于在平行移动过程中同赤道的切向量的夹角始终保持不变，因此依然是赤道的切向量. 这就说明，赤道是自平行曲线. 类似的，球面上的其他测地线也都是自平行曲线.

那么反之是否成立呢？即：球面上的自平行曲线是否也是大圆，即球面的测地线呢？请同学们比较平行移动方程和测地线方程证明：曲线为测地线的充要条件是它是自平行曲线.

协变导数与微分几何在物理中的应用

曲面上的平行移动又称为 **Levi-Civita 平移**，沿着曲线平行移动的切向量场的一阶导向量是与曲面法向量平行的，其沿曲面切向的分量等于零. 而对于曲面上一般的光滑切向量场沿曲线的方向导数的切向分量称为**协变导数**，是对曲面切向量场的一种导数. 协变导数的概念是由德国数学家 Christoffel 在研究微分几何中的微分形式基本问题时提出的是微分流形和黎曼几何中的重要概念.

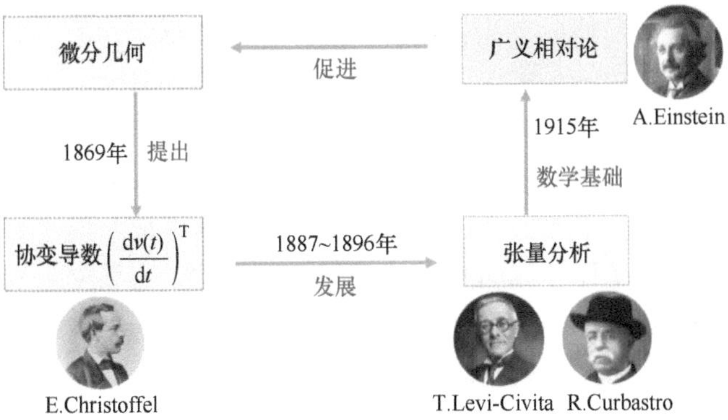

教学意图：

利用平行移动，给出自平行曲线的概念.

特别地，研究球面上自平行曲线与测地线之间的关系，即球面上的测地线都是自平行曲线，那么反之是否成立呢？

作为课后开放性研究课题，让学生通过比较平行移动方程和测地线方程证明：曲线为测地线的充要条件是它是自平行曲线.

课程思政：

通过拓展内容拓展学生的知识面，激发学生探索更深、更广阔领域的热情.

（续）

问题拓展	
此后，两位意大利数学家 Levi-Civita 和 Ricci Curbastro 一起创立了更一般的弯曲空间中的切向量场的协变导数和张量微积分. 张量微积分为爱因斯坦的广义相对论提供了有效且基本的数学工具. 而广义相对论中使用张量分析的方法来描述弯曲时空的几何性质，也对微分几何学本身的发展产生了极大的推动作用. 值得一提的是，华裔数学家丘成桐先生用几何方法证明了著名的广义相对论正质量猜想，因此荣获数学界最高奖项之一的菲尔兹奖，他对微分几何和数学物理的发展做出了重要贡献.	
课后思考	
课后思考： （1）平移移动是否保持向量的长度不变？ （2）沿同一条曲线平行移动的两个向量之间的夹角是否保持不变？ （3）证明：曲线为测地线的充要条件是它是自平行曲线.	

四、扩展阅读资料

OPREA J. Geometry and the Foucault pendulum[J]. The American Mathematical Monthly, 1996, 102: 515-522.

五、教学评注

本节课所介绍的平行移动的概念属于内蕴几何范畴，其教学重点是平行移动的定义和计算. 在课程设计上，以毛泽东主席 1958 年在送瘟神的诗句中“坐地日行八万里，巡天遥看一千河”以及法国物理学家傅科所做的地球自转的实验直观地证明了地球自转的事实引入，提出傅科摆摆动方向转过一周的时间如何计算的问题，引起学生的兴趣，引导学生思考. 曲面上切向量沿曲线的平行移动的概念非常抽象，为了让学生易于接受. 先结合物理知识，直观讨论傅科摆摆动方向的转动是可以归结为最低点的速度向量的转动，再由最低点处速度导数的方向特点，引出切向量沿曲线的平行移动的概念. 然后借助数值模拟给学生展示曲面上切向量的普通平移和平行移动的区别. 接着采用问题互动法带动学生一起计算平面上切向量的平行移动，从而发现曲面上的平行移动是对平面上向量的平移的自然推广. 此后，直接利用平行移动的定义计算球面上沿纬线的平行移动，引导学生发现平行移动的角度差问题，接着以问题互动法带动学生一起计算傅科摆摆动方向的转动周期，从而回答课程最开始提出的问题. 在此基础上进一步从理论上给出赤道上傅科摆摆动方向不偏转的证明. 最后，在拓展部分根据赤道上傅科摆摆动方向不偏转的特点给出了球面上的自平行曲线的概念.

极小曲面

一、教学目标

极小曲面是微分几何中一类特殊的曲面，它与许多数学分支有密切的联系. 通过对本节内容的学习，使学生理解极小曲面的直观定义、数学定义及其数学本质、理解极小曲面的数学定义及其与面积极小曲面的关系、掌握几类特殊的极小曲面的求解过程和方法. 在求解和证明过程中培养学生的探究意识，提升学生的探究能力，使得学生能够在遇到类似问题的时候学会解决问题的方法和手段，并且能够在今后的学习和研究中应用极小曲面解决实际问题.

二、教学内容

1. 主要内容

（1）肥皂膜张成的曲面问题；

（2）面积达到极小的曲面求解；

（3）极小曲面的数学定义；

（4）特殊极小曲面的求解.

2. 教学重点

（1）面积达到极小的曲面求解思路和步骤；

（2）极小曲面的数学定义及判别.

3. 教学难点

（1）面积达到极小的曲面求解步骤及必要条件；

（2）极小曲面的数学定义的理解.

三、教学设计

1. 教学进程框图

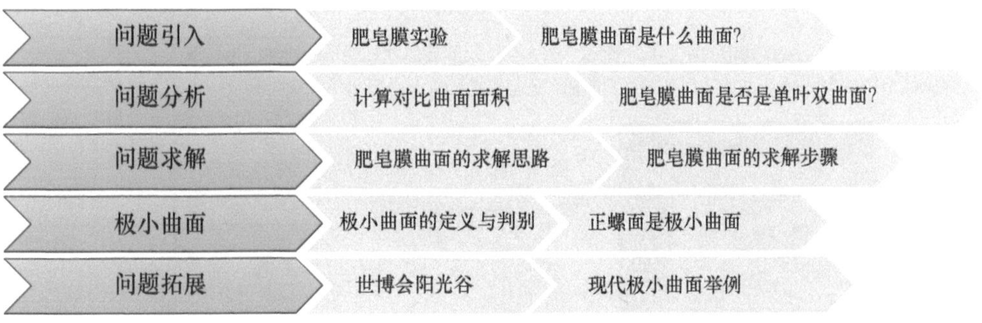

2. 教学环节设计

问题引入

肥皂膜实验

下图是一个曾创造吉尼斯世界纪录的肥皂膜实验. 图中这个硕大的肥皂膜居然装入了374个人，创造了装入人数最多的吉尼斯世界纪录. 我们关心其中的数学问题：稳定后肥皂膜张成的曲面是什么曲面?

创造吉尼斯世界纪录的肥皂膜（2017年）

教学意图：

通过肥皂膜实验，引起学生的注意力和进一步研究的兴趣.

提问：

肥皂膜的上边界和下边界是两个相同的圆，稳定的肥皂膜会张成什么曲面?

肥皂膜曲面是什么曲面?

物理学知识告诉我们，在表面张力作用下，稳定的肥皂膜势能达到极小，从而使得肥皂膜面积达到极小. 所以，该问题转化为数学问题：即以给定两圆为边界的曲面中面积极小的是什么曲面?

我们观察以下几个曲面，它们的边界曲线（见图中红色曲线）都是相同的，直观感觉哪一个曲面面积小?

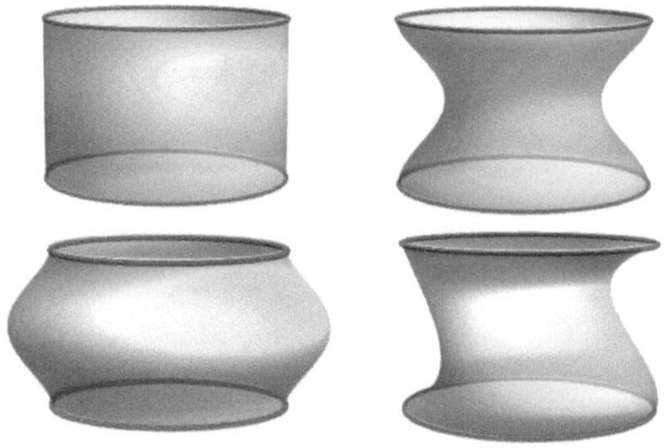

做一个肥皂膜实验，发现稳定的肥皂膜曲面如下图左，这很像我们熟悉的单叶双曲面（见下右图），也就是用双曲线绕着直线旋转得到的旋转曲面. 肥皂膜曲面究竟是不是单叶双曲面呢?

教学意图：

通过直观观察，猜测面积最小的曲面.

提问：

肥皂膜曲面到底是不是单叶双曲面呢? 激发学生进行进一步探究.

（续）

问题分析	

面积比较

计算给定半径为 cosh1 的两圆为边界的单叶双曲面 $x^2+y^2=\cosh^2 1-(1-z^2)k$，$-1\leqslant z\leqslant 1$ 的面积.

计算可得，当 $k=0.88$ 时，面积 ≈ 17.8793. 相同边界的圆柱面的面积 $=4\pi\cosh 1\approx 19.3909$. 可见，单叶双曲面面积更小.

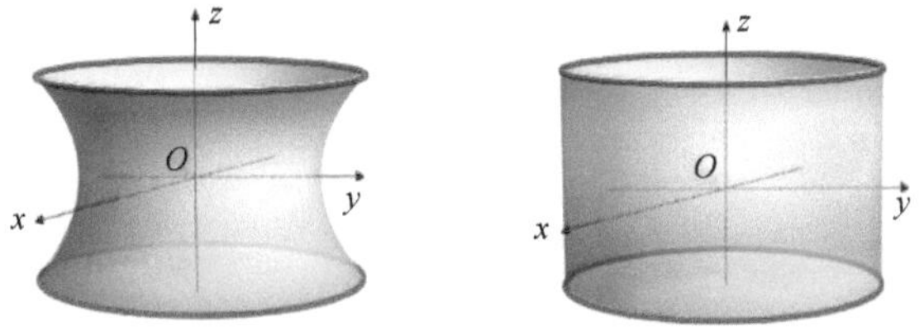

单叶双曲面　　　　圆柱面

教学意图：

用计算的手段回答了圆柱的表面积不是极小的.

数值模拟

单叶双曲面 $x^2+y^2=\cosh^2 1-(1-z^2)k$，$-1\leqslant z\leqslant 1$，随着参数 k 的不同会有很多，对应不同的表面积，哪一个单叶双曲面的面积会更小呢？以下通过数值，计算比较不同参数 k 下单叶双曲面的表面积.

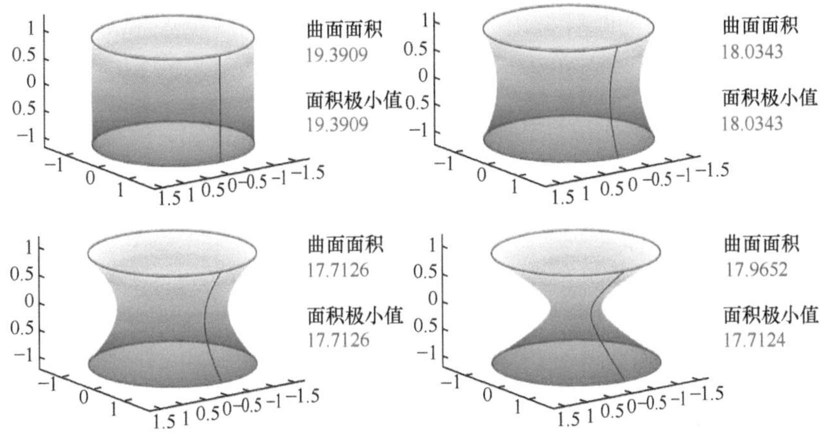

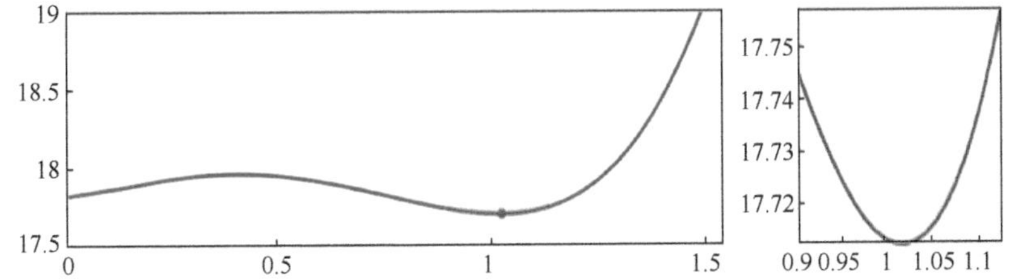

初始时是圆柱面，将圆柱面的直母线的中点到原点的距离减小，同时直母线变成了双曲线，圆柱面就相应变化成单叶双曲面. 可以看出，曲面面积先减小，后增加. 曲面面积函数中红色部分放大，可以清晰地看到存在着面积极小曲面.

从数值模拟的过程能够得出结论：当 $k\approx 1.024$ 时，单叶双曲面族面积的极小值约为 17.7124.

那肥皂膜曲面是不是就是这个面积极小的单叶双曲面呢？

教学意图：

数值模拟比较不同参数下单叶双曲面的表面积.

动画演示：

（ch2sec9- 单叶双曲面族面积）

不同参数下的单叶双曲面的变化过程，通过数值计算，给出其表面积的变化过程.

左图为曲面面积值关于参数 k 的函数图形，右图为红色部分放大显示.

提问：

是否存在面积更小的曲面呢？转化为什么样的数学问题？通过问题引导学生进一步探究.

（续）

问题分析

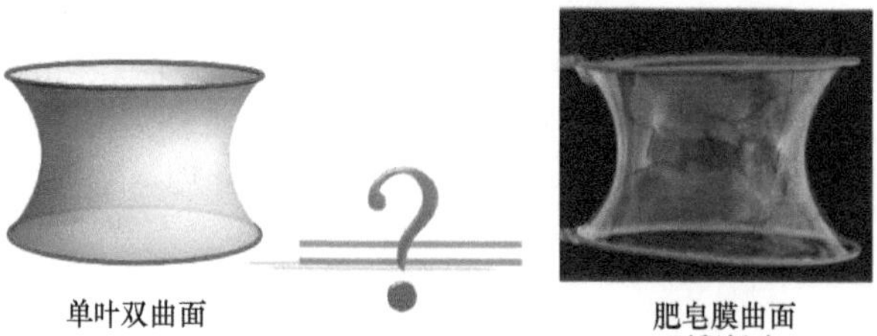

单叶双曲面　　　　肥皂膜曲面
面积极小

要注意，肥皂膜曲面不仅是在邻近的单叶双曲面中面积极小，而是在所有相同边界的邻近曲面中面积达到极小.

问题求解

肥皂膜曲面的求解思路

进一步我们想知道肥皂膜确定的曲面是什么曲面？肥皂膜的上下边界都是圆，显然它在水平的各个方向对称，因而肥皂膜曲面应该是个旋转曲面. 由于肥皂膜质量很小，可以忽略重力，因此肥皂膜曲面上下也具有对称性质. 以其中心为原点建立坐标系.

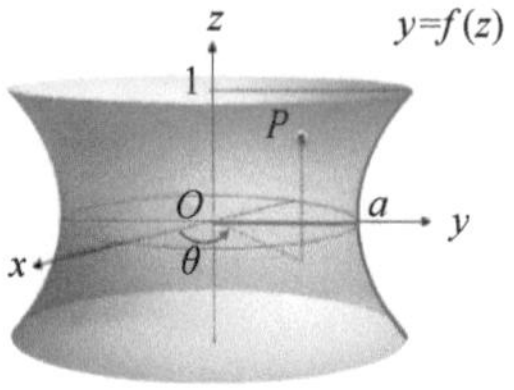

该曲面可以看成母线 $\begin{cases} x=0 \\ y=f(z) \end{cases}$，绕 z 轴旋转而成，并且曲面关于平面 xOy 对称，且有 $f'(0)=0$，$f(0)=a$.

从而得到该旋转曲面的参数方程为：

$$S:\boldsymbol{r}(\theta,z)=(f(z)\cos\theta,f(z)\sin\theta,z)，(\theta,z)\in D=[0,2\pi]\times[-1,1].$$

至此，求曲面 S 的问题转化为求母线方程 $y=f(z)$.

进一步分析，根据肥皂膜曲面面积极小的这一关键条件，设计求解思路：

（1）构造以半径 1 的两圆为边界的曲面族 S_t；

（2）计算曲面 S_t 的面积 $A(t)$；

（3）$\left.\dfrac{\mathrm{d}A(t)}{\mathrm{d}t}\right|_{t=0}=0\Rightarrow f(z)$；

（4）求解肥皂膜曲面 S.

教学意图：

确定肥皂膜曲面是本节课的重点及难点. 因此在解决问题之前，首先设计求解面积极小曲面的一般思路. 培养学生将复杂问题转化为简单问题的数学思想.

提问：

请对比测地线一节中“连接两点的最短线是测地线”这一结论的证明方法，有什么发现？

肥皂膜曲面的求解步骤

下面按照以上四个步骤求解肥皂膜曲面 S.

第一步：构造以半径 1 的上下两圆为边界的曲面族 S_t（如下图所示）.

为了研究方便，图中只显示了曲面的一部分. 在面积极小的曲面 S（也就是以两圆为边界的肥皂膜曲面）上的每一点 $\boldsymbol{r}(\theta,z)$ 处沿着其单位法向量 $\boldsymbol{n}(\theta,z)$ 的方向做微小的移动，如图红色的点移动到蓝色的点.

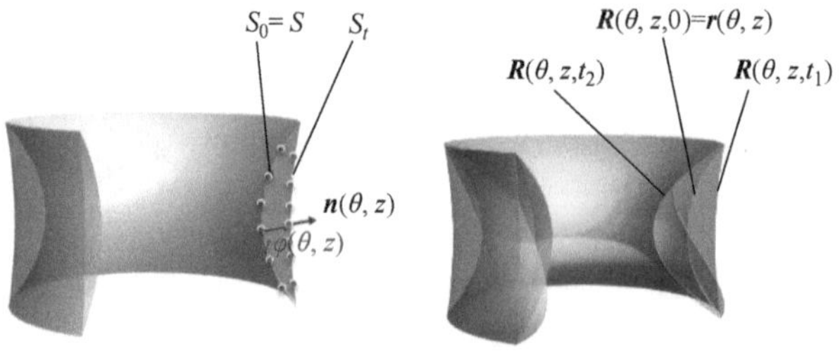

教学意图：

求解过程中第一步，表示邻近曲面族是难点，需通过动画演示建立曲面族的过程，使学生准确理解曲面族的构造方法.

（续）

问题求解	
用 t 表示时间，用 $\varphi(\theta,z)$ 表示移动速度大小（且取正值时表示移动方向与法向量方向相同，取负值时表示移动方向与法向量方向相反）. 曲面上每一点都做这样的移动. 在某时刻 t，整个曲面就变化到了其邻近的另一个曲面. 随着时间的变化，便可得到一族曲面，曲面族可以表示为： $$S_t: \boldsymbol{R}(\theta,z,t)=\boldsymbol{r}(\theta,z)+t\varphi(\theta,z)\boldsymbol{n}(\theta,z).$$ 当 $t=0$ 时 $S_0=S$；由于曲面族中所有曲面的边界是相同的，因而移动速度大小函数 $\varphi(\theta,z)$ 满足 $\varphi(\theta,\pm1)=0$. 函数 $\varphi(\theta,z)$ 可以取满足上述约束条件的任意光滑函数.	实际上可以证明，这样生成曲面的方式，可以把所有邻近的曲面都表示出来. 请同学们课后来证明这一点.
第二步：计算曲面 S_t 的面积 $A(t)$. 由 S_t 的面积公式有 $A(t)=\iint\limits_D\sqrt{E(t)G(t)-F^2(t)}\mathrm{d}\theta\mathrm{d}z$, 其中 $E(t),F(t),G(t)$ 是 S_t 的第一基本量. 由第一基本量的定义有 $$\begin{aligned}E(t)=\boldsymbol{R}_\theta\cdot\boldsymbol{R}_\theta&=(\boldsymbol{r}_\theta+t(\varphi_\theta\boldsymbol{n}+\varphi\boldsymbol{n}_\theta))^2\\&=\boldsymbol{r}_\theta\cdot\boldsymbol{r}_\theta+2t(\varphi_\theta\boldsymbol{r}_\theta\cdot\boldsymbol{n}+\varphi\boldsymbol{r}_\theta\cdot\boldsymbol{n}_\theta)+o(t)\\&=E-2t\varphi L+o(t),\end{aligned}$$ 其中，$\boldsymbol{r}_\theta\cdot\boldsymbol{n}=0$；$\boldsymbol{r}_\theta\cdot\boldsymbol{n}_\theta=-L$. 类似有，$F(t)=F-2t\varphi M+o(t)$；$G(t)=G-2t\varphi N+o(t)$. 从而 $A(t)=\iint\limits_D\sqrt{(EG-F^2)-2t\varphi(EN-2FM+GL)+o(t)}\mathrm{d}\theta\mathrm{d}z$. 注意：$\begin{cases}E=\boldsymbol{r}_\theta\cdot\boldsymbol{r}_\theta,\\F=\boldsymbol{r}_\theta\cdot\boldsymbol{r}_z,\\G=\boldsymbol{r}_z\cdot\boldsymbol{r}_z.\end{cases}$ 与 $\begin{cases}L=-\boldsymbol{r}_\theta\cdot\boldsymbol{n}_\theta,\\M=-\boldsymbol{r}_\theta\cdot\boldsymbol{n}_z,\\N=-\boldsymbol{r}_z\cdot\boldsymbol{n}_z.\end{cases}$ 分别是 $S_0=S$ 的第一，第二基本量.	第二步用微分几何基础公式求面积，强调 $E(t)$，$F(t)$，$G(t)$ 是曲面族第一基本量. E，F，G 是面积极小曲面的第一基本量.
第三步：求 S_t 面积 $A(t)$ 的一阶导数，并令其为零. $$\left.\frac{\mathrm{d}}{\mathrm{d}t}\right\|_{t=0}A(t)=-\iint\limits_D\varphi\frac{EN-2FM+GL}{\sqrt{EG-F^2}}\mathrm{d}\theta\mathrm{d}z=0.$$ 又由 φ 的任意性，有 $EN-2FM+GL=0$， 利用曲面 S 的参数方程直接计算其各基本量，便可得到 $f(z)$ 满足的微分方程为： $$f(z)f''(z)-(1+f'^2(z))=0.$$ 求解微分方程得到：$f(z)=C_1\cosh\left(\frac{z}{C_1}+C_2\right)$. 由初值条件有，$f'(0)=0$；$C_2=0$；$f(0)=a$；$C_1=a$. 最终得到 $f(z)$ 的表达式：$f(z)=a\cosh\left(\frac{z}{a}\right)$，即为悬链线.	第三步通过求解微分方程及初值条件，得到面积极小的曲面的母线是悬链线.
第四步：求解肥皂膜曲面 S. 如前面的分析可知，S 是旋转曲面，又由于母线 $f(z)$ 是悬链线，于是可得肥皂膜曲面 S 是悬链面（如下图所示）.  肥皂膜曲面 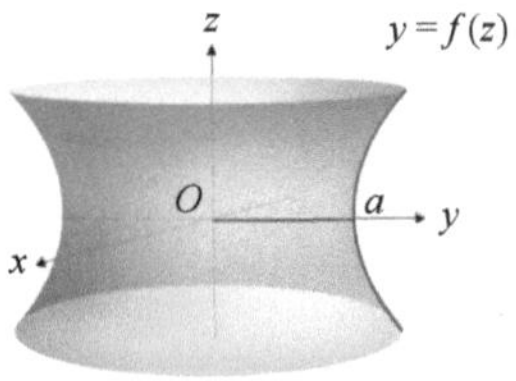 悬链面	第四步得到肥皂膜曲面，即面积极小的曲面为悬链面.

（续）

问题求解

于是现在可以回答前面提出的问题，肥皂膜曲面是悬链面，而不是单叶双曲面.

至此，在理论上推出了给定两圆为边界的曲面中面积极小的曲面为悬链面，而并不是单叶双曲面，下面通过数值计算再次验证理论结果.

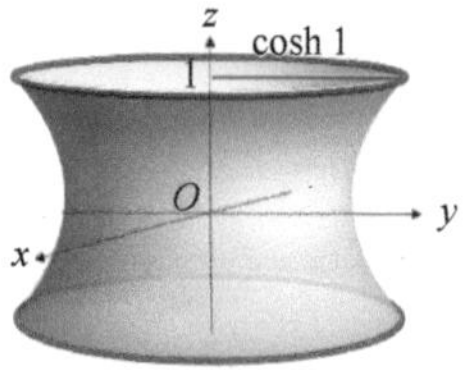

单叶双曲面

$x^2+y^2=\cosh^2 1-(1-z^2)k$

面积极小 ≈17.7124 $k\approx1.024$时

>

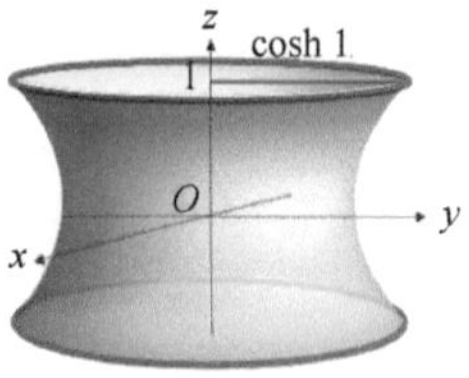

悬链面

$x^2+y^2=(\cosh z)^2$

面积 ≈17.6773

所有邻近曲面的面积极小值

教学意图：

对比前面计算出的面积最小的单叶双曲面的面积和悬链面的面积. 计算得到悬链面的面积更小的结论.

极小曲面的定义与判别

曲面面积的第一变分公式

由前面推导肥皂膜曲面的过程中得到：

$$\left.\frac{\mathrm{d}}{\mathrm{d}t}\right|_{t=0}A(t)=-\iint_D \varphi\frac{EN-2FM+GL}{\sqrt{EG-F^2}}\mathrm{d}\theta\mathrm{d}z.$$

注意，这个式子并不依赖于肥皂膜曲面的特殊设定，对于达到邻近曲面中面积极小的曲面都可以得到此式.

将其改写为

$$\left.\frac{\mathrm{d}}{\mathrm{d}t}\right|_{t=0}A(t)=-2\iint_D \varphi\frac{EN-2FM+GL}{2(EG-F^2)}\sqrt{EG-F^2}\mathrm{d}\theta\mathrm{d}z\ .$$

回顾曲面 S 的平均曲率 $H=\dfrac{EN-2FM+GL}{2(EG-F^2)}$.

由此得到曲面面积的**第一变分公式**：$\left.\dfrac{\mathrm{d}}{\mathrm{d}t}\right|_{t=0}A(t)=-2\iint_S \varphi H\mathrm{d}S.$

当曲面 S 的面积达到极小时：对任意光滑函数 φ 均有

$$\left.\frac{\mathrm{d}}{\mathrm{d}t}\right|_{t=0}A(t)=-2\iint_S \varphi H\mathrm{d}S=0\ ,$$

于是得到曲面 S 的面积达到极小的必要条件为 S 的平均曲率 $H\equiv0$.

所有肥皂膜曲面，都具有面积达到极小的特点，在数学上的共同本质特征就是平均曲率恒等于零. 从而将此作为数学上极小曲面的定义.

极小曲面定义：平均曲率恒等于零的曲面称为极小曲面.

教学意图：

推导极小曲面的数学本质，从而给出极小曲面的数学定义.

（续）

极小曲面的定义与判别

动画演示

用数值模拟的方法给出极小曲面（悬链面）平均曲率恒等于零的直观理解.

极小曲面演示(悬链面的平均曲率)

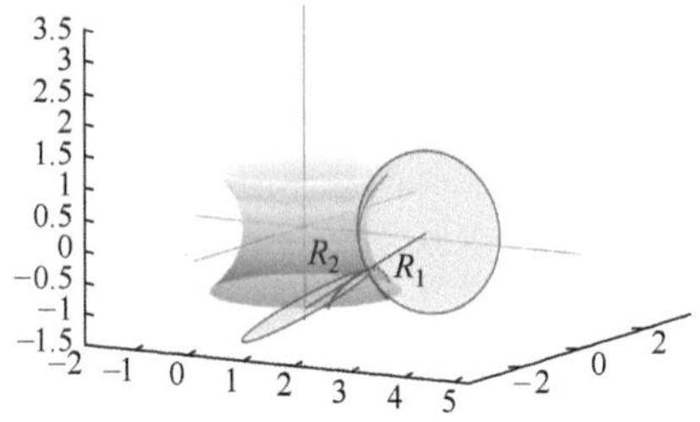

平均曲率等于主曲率的算术平均值，即 $H=\dfrac{\kappa_1+\kappa_2}{2}$，其中 κ_1，κ_2 为主曲率．当选择曲面朝外的法向量时，κ_1 为图中红色法截线的曲率值，κ_2 为紫色法截线的曲率值的相反数．为了直观看出主曲率的大小，画出相应的法截线的曲率圆，分别为图中红色和蓝色的圆，圆的半径与主曲率的关系为 $\kappa_1=\dfrac{1}{R_1}$，$\kappa_2=-\dfrac{1}{R_2}$．

由于平均曲率 $H=0$，即有主曲率 $\kappa_1=-\kappa_2$，即极小曲面在每点处两个主曲率的值符号相反，大小相同．符号相反，说明对应主方向的法截线的弯曲方向相反，从图形可以直观看出．而主曲率的大小相同，说明对应主方向的两条法截线的弯曲程度是一样的．注意到，曲率圆的半径就是曲率的倒数，因而弯曲程度一样等价于曲率半径相等．通过动画可以看出，曲率半径确实总保持相等.

最后一张图中的红色和蓝色曲线分别表示两个主曲率的函数图形．黑色的直线是它们的平均值，也就是平均曲率.

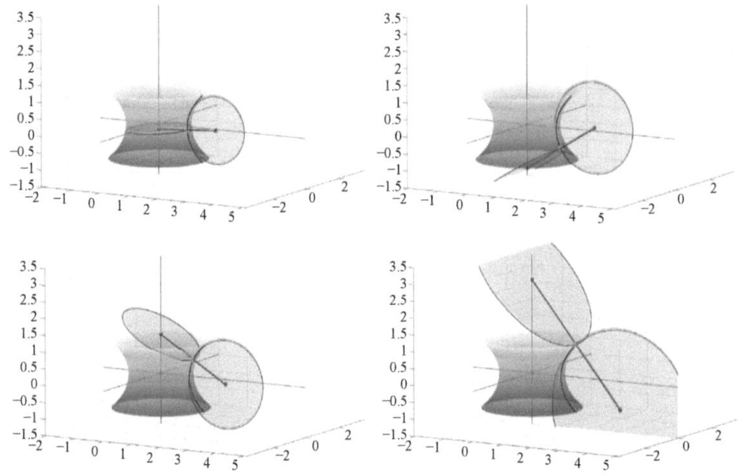

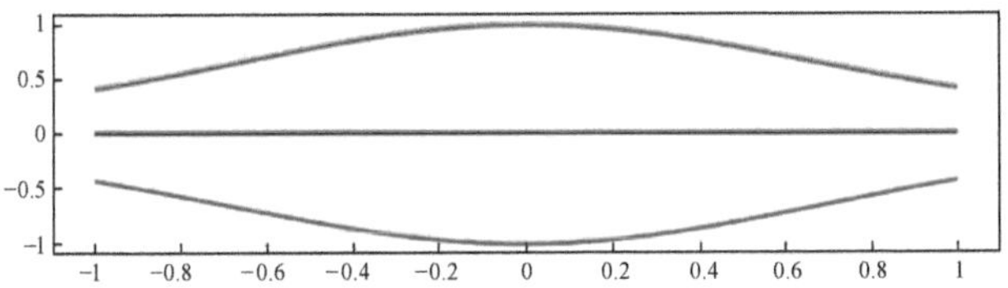

总之，极小曲面是平均曲率恒等于零的曲面，等价的，也是主曲率互为相反数的曲面.

教学意图：

平均曲率恒等于零作为极小曲面的数学定义非常抽象，用动画模拟手段从主曲率的角度给出直观的展示.

动画演示：

（ch2sec9-悬链面的平均曲率）

悬链面的两个主曲率的变化过程，直观理解平均曲率等于零.

（续）

极小曲面的定义与判别

悬链面是：

（1）历史上第一个非平面的极小曲面

（2）除平面外唯一的旋转极小曲面

数学家欧拉介绍

欧拉（L. Euler）

瑞士 数学家

1707—1783

欧拉（L. Euler）瑞士数学家. 1707 年 4 月 15 日生于瑞士巴塞尔，1783 年 9 月 18 日卒于俄国圣彼得堡. 15 岁在巴塞尔大学获学士学位，翌年得硕士学位. 1727 年，欧拉应圣彼得堡科学院的邀请到俄国. 在俄国的 14 年中，他在分析学、数论和力学方面做了大量出色的工作. 1741 年受普鲁士腓特烈大帝的邀请到柏林科学院工作，达 25 年之久. 在柏林期间他的研究内容更加广泛，涉及行星运动、刚体运动、热力学、弹道学、人口学，这些工作和他的数学研究相互推动. 欧拉这个时期在微分方程、曲面微分几何以及其他数学领域的研究都是开创性的.

欧拉是 18 世纪数学界最杰出的人物之一，他不但在数学上做出了伟大的贡献，而且他把数学用到了几乎整个物理领域. 他写了大量的力学、分析学、几何学、变分法的教材，《无穷小分析引论》《微分学原理》《积分学原理》都成为数学中的经典著作.

欧拉引入了空间曲线的参数方程，给出了空间曲线曲率半径的解析表达式. 1766 年他出版了《关于曲面上曲线的研究》，建立了曲面理论. 这篇著作是欧拉对微分几何最重要的贡献，是微分几何发展史上的一个里程碑.

课程思政：

介绍极小曲面产生的历史及数学家欧拉的故事. 通过数学历史故事的介绍，展现数学的美. 展现数学家探索未知的历程，从而提高学生数学修养和科学精神.

求解直纹极小曲面

例：求形式为 $z=f\left(\dfrac{y}{x}\right)$ 的极小曲面.

解：将所求曲面写成向量形式 $\boldsymbol{r}(u,v)=\left(u,v,f\left(\dfrac{v}{u}\right)\right)$.

令 $t=\dfrac{v}{u}$，则 $\dfrac{\partial t}{\partial u}=-\dfrac{v}{u^2},\dfrac{\partial t}{\partial v}=\dfrac{1}{u}$，由计算

$$\boldsymbol{r}_u=\left(1,0,-\frac{\mathrm{d}f(t)}{\mathrm{d}t}\frac{v}{u^2}\right),\quad \boldsymbol{r}_v=\left(0,1,\frac{\mathrm{d}f(t)}{\mathrm{d}t}\frac{1}{u}\right),$$

$$\boldsymbol{r}_{uu}=\left(0,0,\frac{\mathrm{d}^2f(t)}{\mathrm{d}t^2}\frac{v^2}{u^4}+2\frac{\mathrm{d}f(t)}{\mathrm{d}t}\frac{v}{u^3}\right),$$

$$\boldsymbol{r}_{uv}=\left(0,0,-\frac{\mathrm{d}^2f(t)}{\mathrm{d}t^2}\frac{v}{u^3}-\frac{\mathrm{d}f(t)}{\mathrm{d}t}\frac{1}{u^2}\right),$$

$$\boldsymbol{r}_{vv}=\left(0,0,\frac{\mathrm{d}^2f(t)}{\mathrm{d}t^2}\frac{1}{u^2}\right).$$

$$\boldsymbol{r}_u\times\boldsymbol{r}_v=\left(\frac{\mathrm{d}f(t)}{\mathrm{d}t}\frac{v}{u^2},-\frac{\mathrm{d}f(t)}{\mathrm{d}t}\frac{1}{u},1\right),$$

$$\boldsymbol{n}=\frac{\boldsymbol{r}_u\times\boldsymbol{r}_v}{|\boldsymbol{r}_u\times\boldsymbol{r}_v|}=\frac{1}{\varDelta}\left(\frac{\mathrm{d}f(t)}{\mathrm{d}t}\frac{v}{u^2},-\frac{\mathrm{d}f(t)}{\mathrm{d}t}\frac{1}{u},1\right),$$

这里 $\varDelta=\left[1+\left(\dfrac{1}{u^2}+\dfrac{v^2}{u^4}\right)\left(\dfrac{\mathrm{d}f(t)}{\mathrm{d}t}\right)^2\right]^{\frac{1}{2}}$.

教学意图：

通过例子，让学生进一步掌握极小曲面的求解方法.

计算曲面相应的第一基本量、第二基本量.

（续）

极小曲面的定义与判别	

因而曲面的第一、二基本量分别是

$$E=\boldsymbol{r}_u^{\ 2}=1+\left(\frac{\mathrm{d}f(t)}{\mathrm{d}t}\right)^2\frac{v^2}{u^4},\quad F=\boldsymbol{r}_u\cdot\boldsymbol{r}_v=-\left(\frac{\mathrm{d}f(t)}{\mathrm{d}t}\right)^2\frac{v}{u^3},$$

$$G=\boldsymbol{r}_v^{\ 2}=1+\left(\frac{\mathrm{d}f(t)}{\mathrm{d}t}\right)^2\frac{1}{u^2};\quad L=\boldsymbol{n}\cdot\boldsymbol{r}_{uu}=\frac{1}{\varDelta}\left[\frac{\mathrm{d}^2f(t)}{\mathrm{d}t^2}\frac{v^2}{u^4}+2\frac{\mathrm{d}f(t)}{\mathrm{d}t}\frac{v}{u^3}\right],$$

$$M=\boldsymbol{n}\cdot\boldsymbol{r}_{uv}=-\frac{1}{\varDelta}\left[\frac{\mathrm{d}^2f(t)}{\mathrm{d}t^2}\frac{v}{u^3}+\frac{\mathrm{d}f(t)}{\mathrm{d}t}\frac{1}{u^2}\right],$$

$$N=\boldsymbol{n}\cdot\boldsymbol{r}_{vv}=\frac{1}{\varDelta}\frac{\mathrm{d}^2f(t)}{\mathrm{d}t^2}\frac{1}{u^2}.$$

由于曲面是极小曲面，则应当有平均曲率恒为零，即

$$EN-2FM+GL=0.$$

利用极小曲面的数学定义.

将第一、二基本量形式代入上式，并注意到 $t=\frac{v}{u}$，有

$$(1+t^2)\frac{\mathrm{d}^2f(t)}{\mathrm{d}t^2}+2t\frac{\mathrm{d}f(t)}{\mathrm{d}t}=0.$$

令 $z^*=\frac{\mathrm{d}f(t)}{\mathrm{d}t}$，则 $\frac{\mathrm{d}z^*}{\mathrm{d}t}=\frac{\mathrm{d}^2f(t)}{\mathrm{d}t^2}$，上式变形为

$$\frac{\mathrm{d}z^*}{z^*}+\frac{2t\mathrm{d}t}{1+t^2}=0.$$

两端积分，有 $\ln|z^*|+\ln\left(1+t^2\right)=\ln|c|$，这里 c 是非零常数．进一步有 $z^*\left(1+t^2\right)=c$. 那么 $\frac{\mathrm{d}f(t)}{\mathrm{d}t}=\frac{c}{1+t^2}$. 对上式积分，有 $f(t)=c\arctan t$.

因而得到 $z=c\arctan\frac{y}{x}$. 这是正螺面.

该直纹极小曲面是正螺面.

问题拓展	

极小曲面在建筑中的应用

教学意图：

介绍上海世博会中的极小曲面——阳光谷.

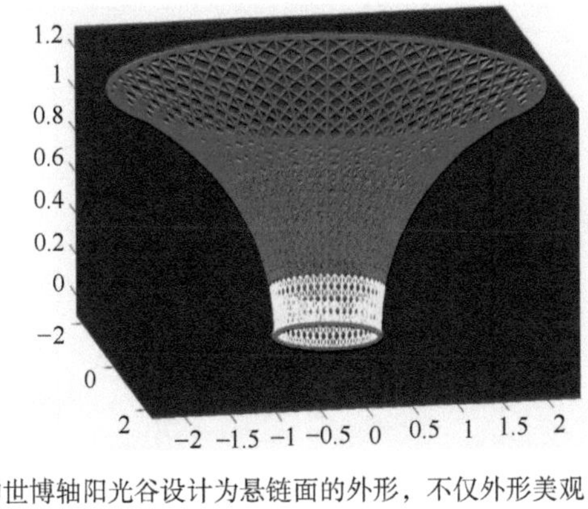

动画演示：

（ch2sec9- 阳光谷生成）

分析阳光谷的特点，充分体现了绿色世博与科技世博的设计理念.

上海世博园的世博轴阳光谷设计为悬链面的外形，不仅外形美观，更由于悬链面作为极小曲面，具有结构稳定、节省建筑材料的优点.

（续）

<table>
<tr><th colspan="2">问题拓展</th></tr>
<tr><td>

现代极小曲面举例

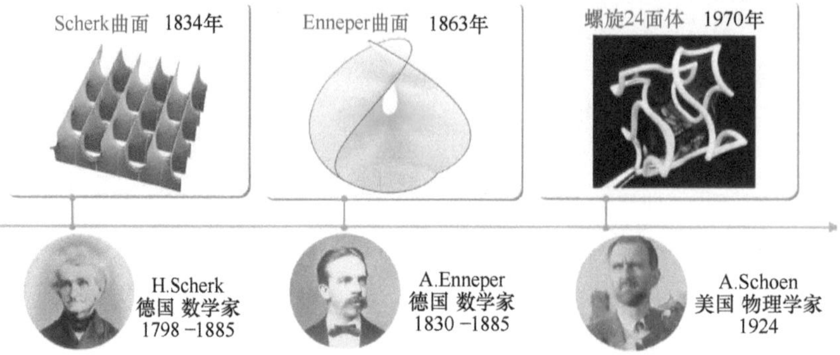

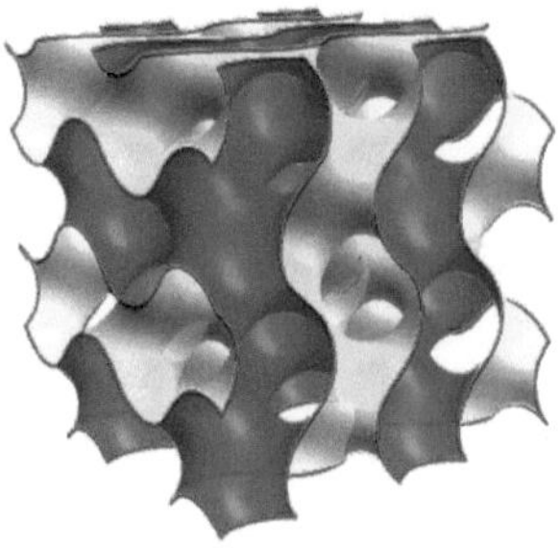

现代微分几何的发展，数学家发现了更多的现代极小曲面的例子．例如：具有周期性的 Scherk 曲面，可以自相交的 Enneper 曲面，以及能够在空间中形成类似海绵样的连续曲面——螺旋 24 面体.

</td><td>

教学意图：

展示更多极小曲面的例子.

</td></tr>
<tr><th colspan="2">课后思考</th></tr>
<tr><td>

课后思考：

给定边界曲线的极小曲面是唯一的吗？

</td><td></td></tr>
</table>

四、扩展阅读资料

极小曲面的更多介绍可参阅：

陈维桓，极小曲面 [M]. 大连：大连理工出版社，2011.

五、教学评注

本节课的教学重点是极小曲面的概念. 在课程设计上，以创造吉尼斯纪录的肥皂膜引入，引起学生的兴趣. 以面积极小的曲面的直观讨论作为引导分析，形象且直观的讨论便于学生理解. 其次，通过数值模拟和计算初步得到旋转单叶双曲面族中面积最小的旋转单叶双曲面，从计算结果可以直观地看到面积极小的曲面应该是存在的. 以此进一步的引导学生对该问题进行分析和思考：是否存在比旋转单叶双曲面的面积更小的曲面呢？从而用理论推导出面积极小的曲面满足的必要条件，并由此求解出肥皂膜曲面为悬链面的结论. 在这基础上再从特殊问题推广到一般情形，根据推导过程中得到的曲面面积的第一变分公式挖掘出极小曲面的数学本质，给出极小曲面的严格数学定义，即平均曲率等于零. 这种先直观后抽象、先具体后一般的思维模式，使学生更易于接受抽象的概念和结论，帮助学生提高思辨能力. 最后通过展示极小曲面在建筑学中的应用及现代极小曲面的例子来开阔学生的眼界.

伪球面

一、教学目标

伪球面是一类具有特殊几何性质的重要曲面. 通过对本节内容的学习，使学生能理解伪球面的概念和性质，掌握伪球面的高斯曲率的计算，认识伪球面与球面的异同点，从而对负常高斯曲率曲面有直观的理解，并能够在今后的学习和研究中应用伪球面的相关知识去解决实际问题.

二、教学内容

1. 主要内容

（1）滚动实验；
（2）伪球面的构造和定义；
（3）伪球面的性质及证明.

2. 教学重点

（1）伪球面的定义；
（2）伪球面的性质及证明；
（3）伪球面高斯曲率的计算.

3. 教学难点

（1）伪球面定义的引入；
（2）伪球面几何性质的理解.

三、教学设计

1. 教学进程框图

问题引入	滚动实验	两个滚动方向问题		
问题分析	双圆锥体自动“上”滚的原因分析	伪球体“上下”往复滚动的原因分析	伪球面的构造	
伪球面	伪球面的定义	表面积	截面积	高斯曲率
问题拓展	生活中的伪球面			

2. 教学环节设计

问题引入	
滚动实验 先让同学观察实验装置的特点：由两根固定在支架上的直杆构成，直杆之间的距离左窄右宽，两边的支架左低右高．整个装置放置在水平的桌面上．然后，在直杆形成的斜坡平面放上不同的均匀物体，观察它们的滚动方向． 先将圆柱体放在右端，即：高的一端，圆柱体由于重力作用自然下滚．这也让我们确定了确实右端高．	教学意图： 通过自制的实物教具实验，观察到反直觉的现象，引起学生的好奇心和求知欲．
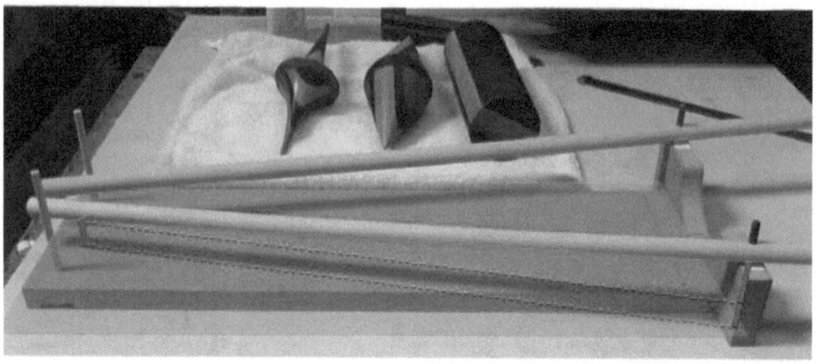	实物教具实验:（ch2-sec10- 滚动实验） 在试验过程中与学生进行互动交流．
然后，放置第二个物体——两个相同的圆锥体，拼接得到的双圆锥体．把它放在斜坡高的一端，大家是不是也认为它是向下滚动的？那么，放在低的一端，它应该不会滚动吧．实验结果与我们的直觉并不相同，将双圆锥体放在低的一端，它竟然自动由低向高处滚动． 问题 1：双圆锥体自动“上”滚的原因？ 最后，在斜坡平面上放上一个形似双喇叭的物体，这个物体称为**伪球体**，其表面就是伪球面，它会怎样滚动呢？ 观察发现，将形似双喇叭的物体放在斜坡平面靠近左端，它会来上下往复滚动，最终在摩擦力的作用下，静止到斜坡中间的某个位置上．从而提出问题： 问题 2:“伪球面”如何描述？	提问： 双圆锥体放在斜坡高的一端，会怎样运动？

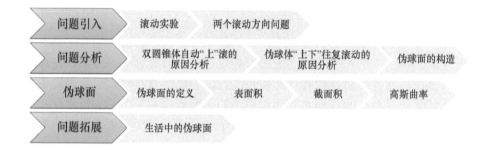

（续）

问题分析

问题 1 分析：双圆锥体自动“上”滚的原因

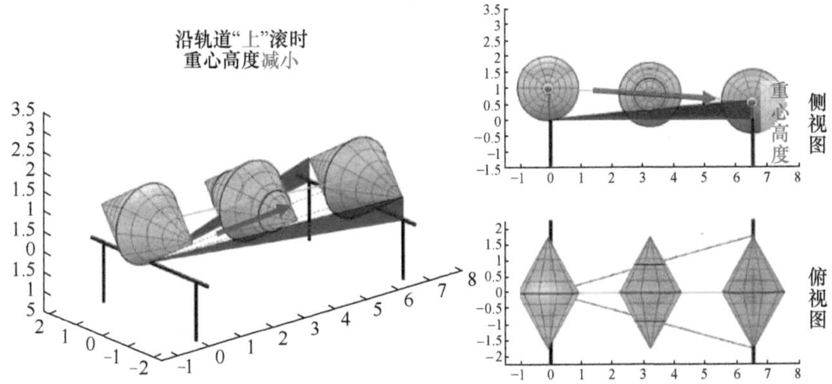

产生这一现象的关键就在于，两根直杆并不是平行放置的，而是成一定角度放置. 这就使得沿着斜坡向上移动时，直杆与双圆锥的两个接触点之间的距离不断增大（见俯视图）. 从侧面看，沿着斜坡向上滚动时，它的重心高度是下降的. 这也就是双圆锥体能够自动“上”滚的原因.

是不是任意一个双圆锥体放在斜坡上都会“上”滚？显然，双圆锥体能够“上”滚，与圆锥体的形状，装置的斜面倾斜程度，以及直杆之间的夹角都有关.

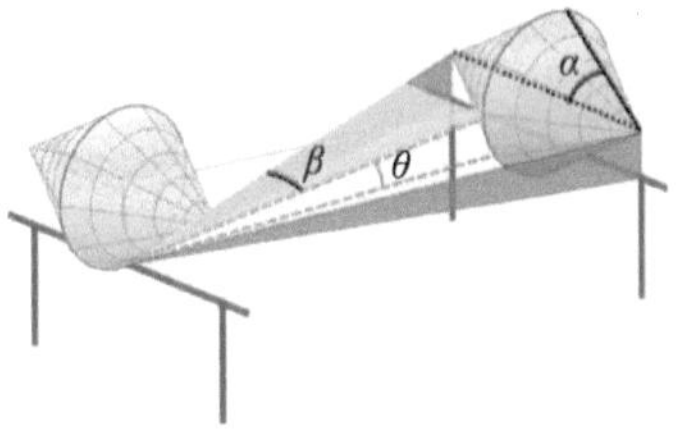

下面计算双圆锥体“上”滚的条件.

令：α：双圆锥体半顶角；

β：轨道半夹角；

θ：斜坡面中心线仰角.

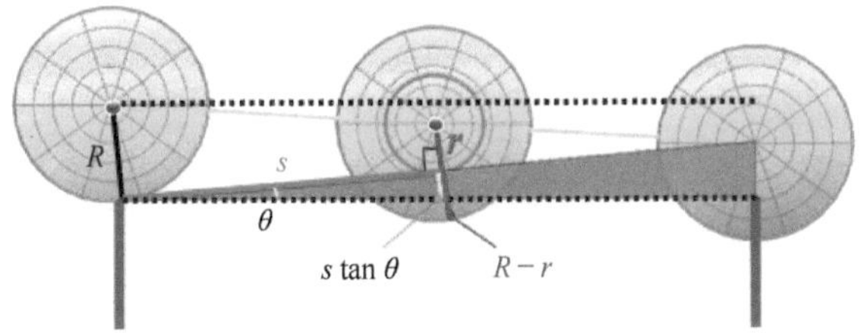

侧视图

设双圆锥体底面圆半径为 R，沿着斜坡平面向右移动距离为 s 时，与轨道相接的部分截圆半径为 r，由侧视图可知，“上”滚时重心高度减小的条件：$s\tan\theta < R-r$.

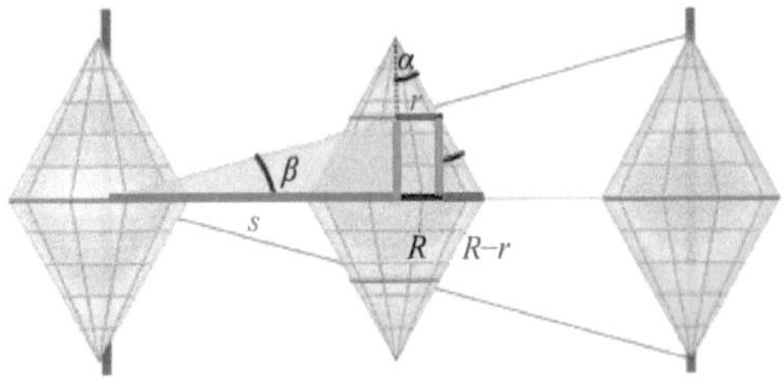

斜坡平面图

教学意图：

分析双圆锥体和实验装置的重要参数，通过分析重心高度解释双圆锥体自动“上”滚的原因.

动画演示：

（ch2sec10- 双圆锥体滚动模拟）

通过动画，结合圆锥体上滚的侧视图和斜坡平面图引导学生自己找出双圆锥体“上”滚时重心的高度变化.

（续）

问题分析	
又由斜坡平面图可知：$R-r=s\tan\beta\tan\alpha$. 因此可以得到“上”滚时重心高度减小的条件： $$s\tan\theta<R-r=s\tan\beta\tan\alpha$$. 故得圆锥体上滚时，圆锥体半顶角，装置的斜面倾斜角，滚动轨道的夹角应该满足的关系： $$\tan\theta<\tan\beta\tan\alpha \text{ 即 } \tan\alpha>\frac{\tan\theta}{\tan\beta}$$. 由此得到双圆锥体上滚、下滚及不滚的条件，总结如下表：	由得到的双圆锥体“上”滚时重心高度减小的条件，进一步启发式提问： 提问： 双圆锥体有没有可能在轨道上静止不动？下滚？ 从而引导学生得到双圆锥体上滚、下滚及不滚的条件.

α双圆锥体半顶角 β轨道半夹角 θ斜坡面中心线仰角	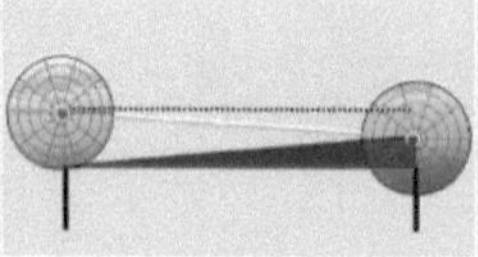	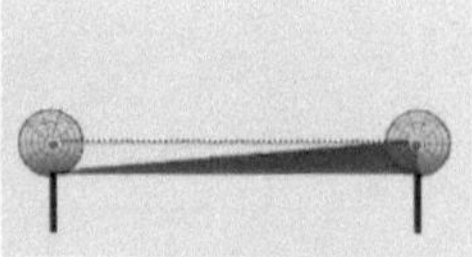	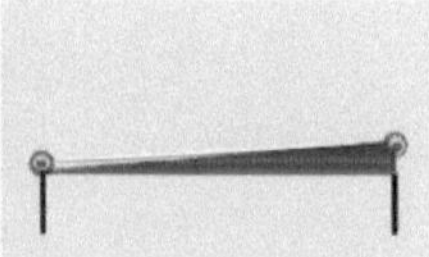
角度参数关系	$\tan\alpha>\frac{\tan\theta}{\tan\beta}$	$\tan\alpha=\frac{\tan\theta}{\tan\beta}$	$\tan\alpha<\frac{\tan\theta}{\tan\beta}$
沿斜坡上行 重心高度变化	减小	不变	增大
沿斜坡 自动滚动方向	向上	静止	向下

通过分析可以知道对于给定的实验装置以及给定的双圆锥体，其的滚动方向是确定的，一定不会上下往复滚动.

问题 2 分析：伪球体“上下”往复滚动的原因分析

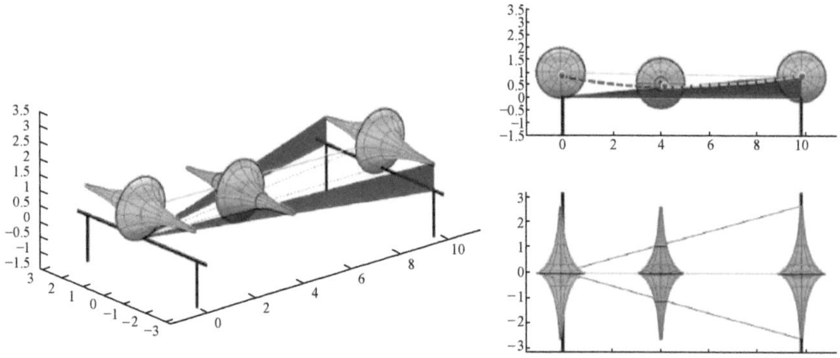

上图是伪球体“上下”往复滚动动画演示截图，左图是整体图，右上图是侧视图，右下图是俯视图. 伪球体能够往复滚动是因为它向斜坡上方移动时重心高度先降低（红色虚线表示），但在滚动过程中，重心高度降低的速度（相对于移动距离）变慢. 在某一时刻重心达到最低点，而此时速度不为零，之后由于惯性作用会继续上滚，重心高度上升（绿色虚线表示），当重心高度达到最大时，速度等于零，然后由于重力作用开始下滚. 由此出现上下往复滚动，如果没有摩擦力的影响，它会一直往复滚动下去.

教学意图：

借助动画模拟引导学生思考，得出上下往复滚动的伪球体的重心高度应该是上下往复变化的.

动画演示：

（ch2sec10- 伪球面滚动模拟）

（续）

问题分析	

伪球面的构造

至此，分析清楚了伪球体能够往复滚动的原因．那么，伪球体的表面——伪球面该如何描述？能否利用我们已经完全分析清楚的双圆锥体构造出伪球面呢？

注意到，当斜坡装置给定后，参数 θ，β 取定时，如果希望双圆锥体能够和伪球体一样往复滚动，只需要让半顶角 α 变化起来．

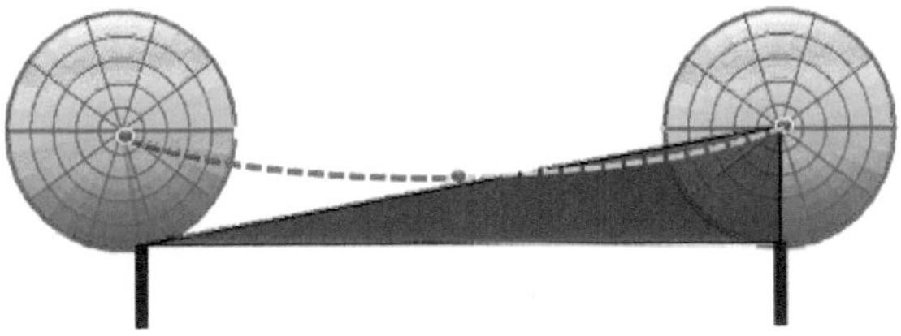

$\tan\alpha > \dfrac{\tan\theta}{\tan\beta}$　　$\tan\alpha = \dfrac{\tan\theta}{\tan\beta}$　　$\tan\alpha < \dfrac{\tan\theta}{\tan\beta}$

想象有一个顶角可以连续变化的双圆锥体，在斜坡最低处，满足 $\tan\alpha > \dfrac{\tan\theta}{\tan\beta}$，因此自动上滚．上滚过程中半顶角连续的减小，这样到了某个位置就会达到临界值，此时满足 $\tan\alpha = \dfrac{\tan\theta}{\tan\beta}$．再向上滚动，半顶角 α 继续连续减小，满足 $\tan\alpha < \dfrac{\tan\theta}{\tan\beta}$，从而使得重心高度变大．这样的半顶角连续减小的双圆锥体就可以在斜坡上与伪球体具有相同的运动规律——上下往复滚动．

但是，如何才能让双圆锥体的顶角连续变化起来？想象有无穷多个圆锥面，它们的顶角连续变化，而斜高相等．

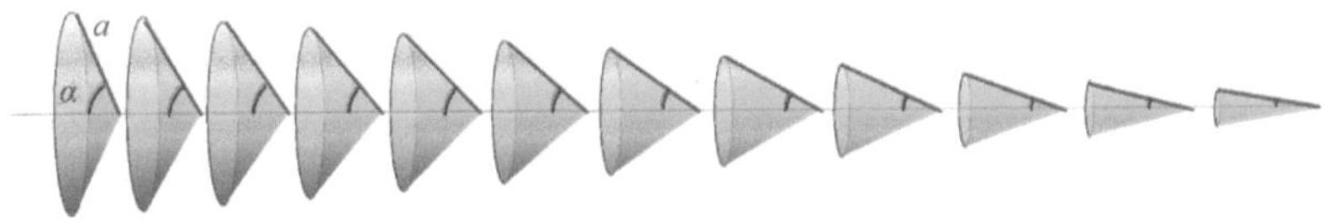

圆锥面堆叠形成　　顶角变化　斜边不变 $= a$

无穷多个这样的圆锥面，堆叠在一起就可以得到一个光滑的曲面，该曲面就是（半个）伪球面．如下图所示．

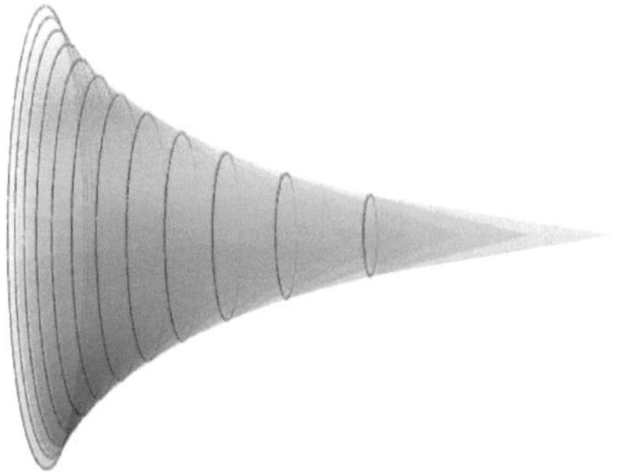

教学意图：

根据伪球体往复运动的重心高度变化规律，通过双圆锥面堆叠得到伪球面的构造方法．

动画演示：

（ch2sec10- 伪球面生成）

由斜高不变，顶角连续变化的圆锥面的堆叠形成伪球面的过程．

感兴趣的读者也可以用纸做出若干个圆锥面堆叠得到近似伪球面．

（续）

问题分析

伪球面的母线

由堆叠过程的特点可知，形成的伪球面为旋转曲面，下面求其母线.

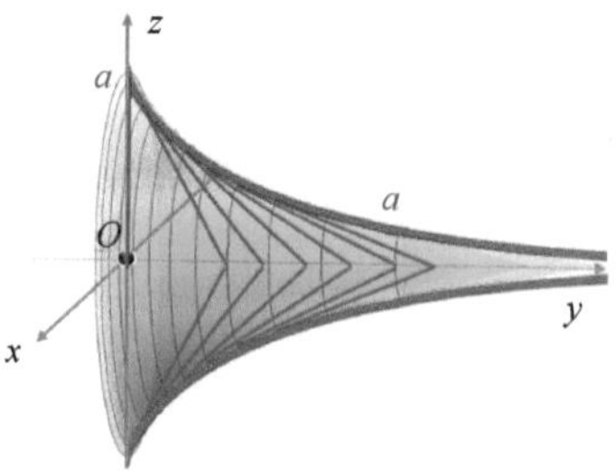

如图建立坐标系，该旋转曲面可以由 yOz 坐标平面上的截线（红色曲线）绕 y 轴旋转而成. 而这个截线的特点是每点处切线被 y 轴所截的切线段（蓝色线段）恰好就是圆锥面的斜高，显然这些线段的长度相等. 而满足这个特点的曲线恰好就是直线的曳物线.

曳物线的方程：

$$\begin{cases} y=-a\left(\cos\theta+\ln\tan\dfrac{\theta}{2}\right), & \theta\in\left(0,\dfrac{\pi}{2}\right], \\ z=a\sin\theta \end{cases}$$

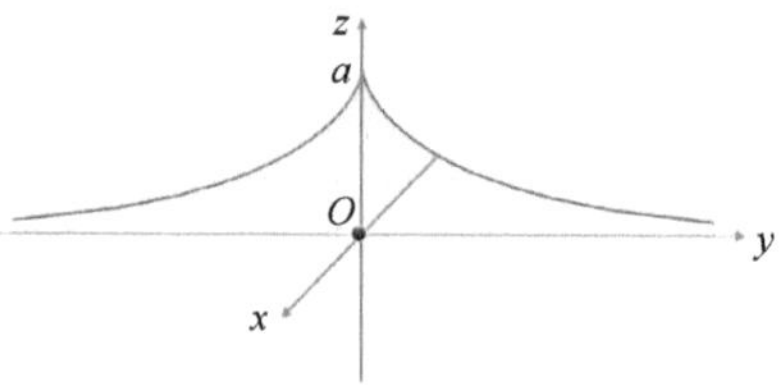

其中，a 为每点切线被 y 轴所截的切线段长度.

伪球面就是由该曳物线绕 y 轴旋转而成的旋转曲面.

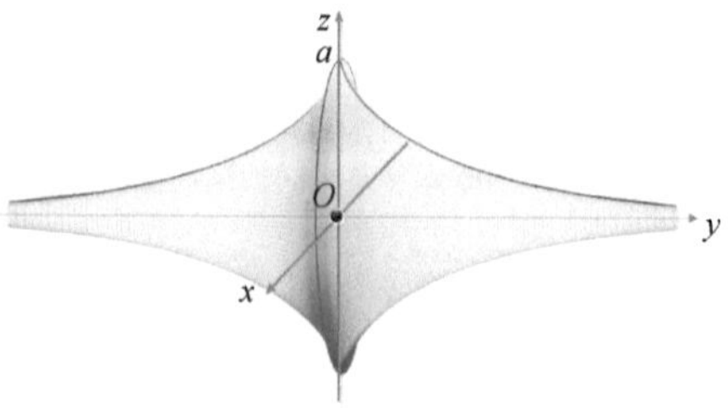

教学意图：

根据伪球面的构造，求其母线方程.

蓝色的线段就是构造伪球面时使用的圆锥面的斜高，因而长度相等. 由此得到伪球面的母线的几何特点——曲线每点处的切线被给定的直线所截，切点与直线之间的切线段长度保持不变.

回顾“曳物线”一节中直线的曳物线方程.

动画演示：

（ch2sec10- 伪球面生成）

伪球面

伪球面的定义

定义：将直线的曳物线绕其渐近线旋转一周所得的旋转曲面称为伪球面.

根据旋转曲面方程的构造特点可得伪球面的参数方程为：

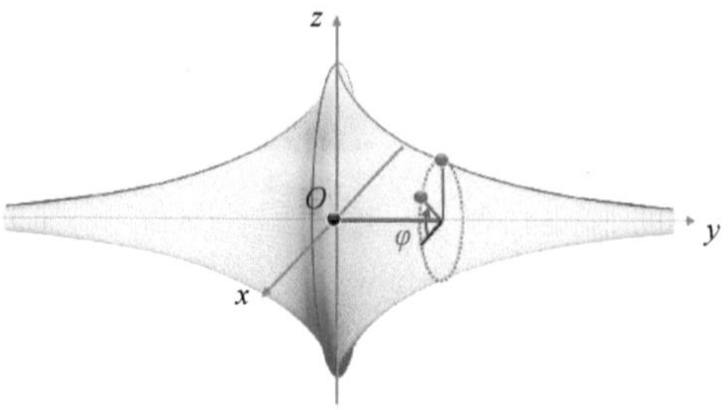

$$\begin{cases} x=a\sin\theta\cos\varphi, \\ y=\pm a\left(\cos\theta+\ln\tan\dfrac{\theta}{2}\right), & \theta\in\left(0,\dfrac{\pi}{2}\right],\varphi\in\left[0,2\pi\right). \\ z=a\sin\theta\sin\varphi. \end{cases}$$

这样一个双喇叭形状的曲面为什么被称为“伪球面”？它与球面有什么类似的性质？

教学意图：

利用微积分的知识，根据旋转曲面特点，可以给出伪球面的参数方程. 并解释方程中参数的几何意义.

启发引导：

引导学生自己写出伪球面的方程.

（续）

伪球面

伪球面的性质

性质 1：伪球面的表面积为 $4\pi a^2$.

为计算伪球面的表面积，将伪球面的参数方程写成如下形式：

$$\boldsymbol{r}=\boldsymbol{r}(\theta,\varphi)=\left(a\sin\theta\cos\varphi,\pm a\left(\cos\theta+\ln\tan\frac{\theta}{2}\right),a\sin\theta\sin\varphi\right),$$

$$\theta\in\left(0,\frac{\pi}{2}\right],\varphi\in\left[0,2\pi\right) .$$

首先计算伪球面的第一基本量，因为

$$\boldsymbol{r}_\theta=\left(a\cos\theta\cos\varphi,\pm a\left(\frac{1}{\sin\theta}-\sin\theta\right),a\cos\theta\sin\varphi\right),$$

$$\boldsymbol{r}_\varphi=\left(-a\sin\theta\sin\varphi,0,a\sin\theta\cos\varphi\right) .$$

故

$$E=\boldsymbol{r}_\theta\cdot\boldsymbol{r}_\theta=a^2\cot^2\theta,$$

$$F=\boldsymbol{r}_\varphi\cdot\boldsymbol{r}_\theta=0,$$

$$G=\boldsymbol{r}_\varphi\cdot\boldsymbol{r}_\varphi=a^2\sin^2\theta .$$

面积元素

$$\mathrm{d}S=\sqrt{EG-F^2}\,\mathrm{d}\theta\mathrm{d}\varphi=a^2\cos\theta\mathrm{d}\theta\mathrm{d}\varphi .$$

右半伪球面表面积

$$S_{右}=\iint_S\mathrm{d}S=\int_0^{2\pi}\mathrm{d}\varphi\int_0^{\frac{\pi}{2}}a^2\cos\theta\,\mathrm{d}\theta=2\pi a^2,$$

故伪球面的表面积 $S=2S_{右}=4\pi a^2$ ，恰好和半径为 a 的球的表面积相等.

教学意图：

通过伪球面的性质解释将该曲面命名为“伪球面”的原因.

提问：

伪球面的形状和球面明显不同，但为什么称之为伪球面呢？大家是不是很好奇？

猜想：

应该和球面在某些方面有些类似的性质. 比如我们可以比较一下伪球面和球面的表面积.

性质 2：过 y 轴的平面截伪球面所得的截面面积为 πa^2 .

对于半径为 a 的球面，用通过中心轴的平面截得的大圆面积均为 πa^2 ，那么伪球面过中心轴的截面面积与其参数 a 有何关系？

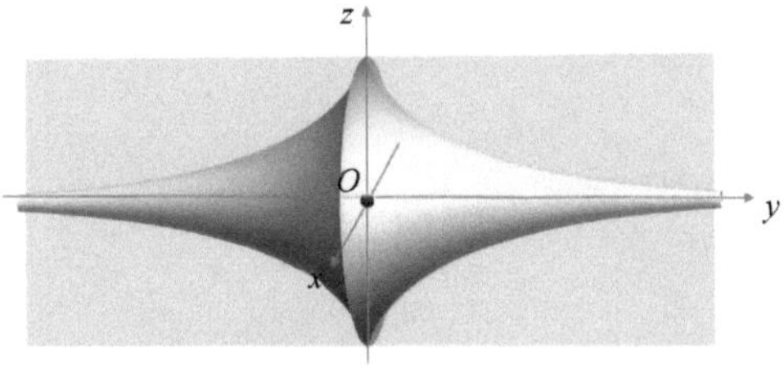

由上图中伪球面的对称性，伪球面过 y 轴的截面面积就等于曳物线与 y 轴所夹区域的面积的两倍，所以只需要计算出曳物线与 y 轴所夹区域的面积，如下图所示.

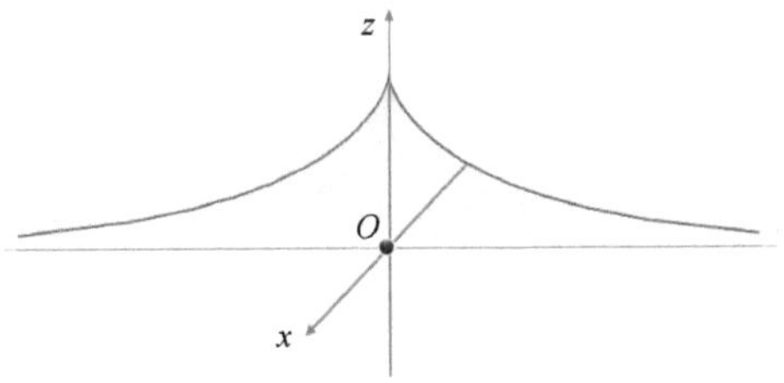

教学意图：

计算伪球面过中心轴的截面面积.

通过数学严格计算和近似计算相结合，帮助学生理解并接受伪球面的截面面积的结论，进一步将伪球面同球面的特点共性联系起来.

（续）

伪球面	
由曳物线的方程， $$\begin{cases} y=-a\left(\cos\theta+\ln\tan\dfrac{\theta}{2}\right), \\ z=a\sin\theta \end{cases} \quad \theta\in\left(0,\frac{\pi}{2}\right],$$ 利用反常积分可以得到 $y>0$，$z>0$ 部分的截面积为： $$\begin{aligned} S_{y>0,z>0} &= \int_0^{+\infty} z\,\mathrm{d}y \\ &= \int_{\frac{\pi}{2}}^{0} a^2\sin^2\theta\,\mathrm{d}\theta - a^2\sin\theta\,\mathrm{d}\ln\tan\frac{\theta}{2} \\ &= -\int_0^{\frac{\pi}{2}} a^2\sin^2\theta\,\mathrm{d}\theta + a^2\int_0^{\frac{\pi}{2}}\mathrm{d}\theta \\ &= -\frac{\pi}{4}a^2+\frac{\pi}{2}a^2=\frac{\pi}{4}a^2. \end{aligned}$$ 故伪球面过 y 轴的截面面积为 $$S=4S_{y>0,z>0}=\pi a^2.$$ 显然，该面积恰好等于半径为 a 的圆的面积.	提问： 如何计算伪球面过中心轴的截面面积呢？ 回答：由对称性，只需要计算 $y>0$，$z>0$ 部分的截面积. 而在 $y>0$ 的部分显然是一个反常积分，然后利用变量代换转换为参数的定积分.
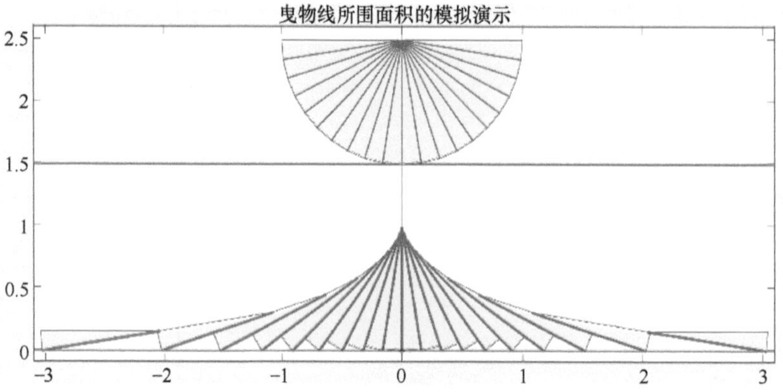 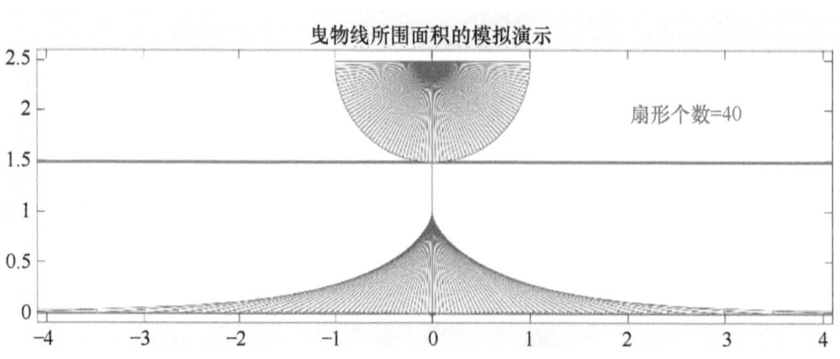 我们可以通过数值模拟展示半个圆的面积填充上半截面的过程（见上图）. 性质 1 和性质 2 说明伪球面同球面具有某些相同的性质，但将该曲面命名为“伪球面”更主要的原因是因为它在每一点处的弯曲程度都是相同的. 为此需要计算伪球面的高斯曲率.	通过动画展示用半个圆逼近伪球面的上半截面的过程，调动学生积极性，加强课堂互动氛围.

（续）

伪球面	
性质 3：伪球面的高斯曲率为$-\frac{1}{a^2}$. 在伪球面上任取一点，而根据旋转曲面的性质，母线的切线方向恰好是一个主方向，由下图可以看出沿着主方向的两条法截线弯曲方向是相反的，并且有 $\kappa_1=k_1,\quad \kappa_2=-k_2.$ 因此我们可以断定伪球面的高斯曲率$K=\kappa_1\cdot\kappa_2$必为负值. 但会不会是常数呢？ 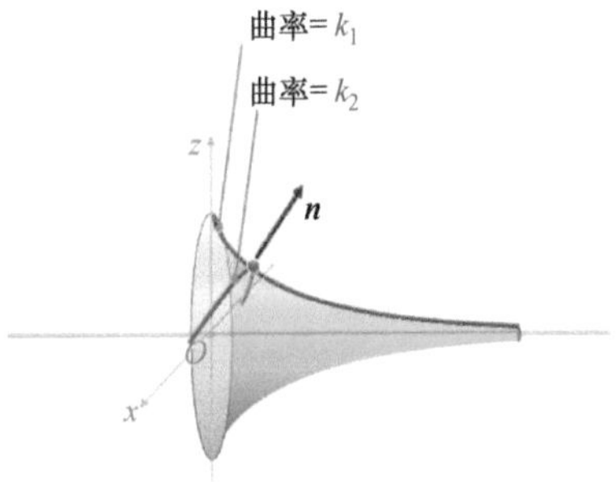 下面计算伪球面的高斯曲率： 已知伪球面的参数方程， $\boldsymbol{r}=\boldsymbol{r}(\theta,\varphi)=(x(\theta,\varphi),y(\theta,\varphi),z(\theta,\varphi))r(\theta,\varphi)$ $=\left(a\sin\theta\cos\varphi,\pm a\left(\cos\theta+\ln\tan\frac{\theta}{2}\right),a\sin\theta\sin\varphi\right),$ $\theta\in\left(0,\frac{\pi}{2}\right),\varphi\in[0,2\pi].$ 前面已计算伪球面的第一基本量： $E=\boldsymbol{r}_\theta\cdot\boldsymbol{r}_\theta=a^2\cot^2\theta,$ $F=\boldsymbol{r}_\varphi\cdot\boldsymbol{r}_\theta=0,$ $G=\boldsymbol{r}_\varphi\cdot\boldsymbol{r}_\varphi=a^2\sin^2\theta.$ 再计算伪球面的第二基本量： $\boldsymbol{r}_\theta\times\boldsymbol{r}_\varphi=(\pm a^2\cos^2\theta\cos\varphi,-a^2\sin\theta\cos\theta,\pm a^2\cos^2\theta\sin\varphi),$ $\boldsymbol{n}=\frac{\boldsymbol{r}_\theta\times\boldsymbol{r}_\varphi}{\lvert\boldsymbol{r}_\theta\times\boldsymbol{r}_\varphi\rvert}=\boldsymbol{r}_\varphi=(\pm\cos\theta\cos\varphi,-\sin\theta,\pm\cos\theta\sin\varphi),$ $\boldsymbol{r}_{\theta\theta}=\left(-a\sin\theta\cos\varphi,\mp a(\frac{1}{\sin^2\theta}+1)\cos\theta,-a\sin\theta\sin\varphi\right),$ $\boldsymbol{r}_{\theta\varphi}=(-a\cos\theta\sin\varphi,0,a\cos\theta\cos\varphi),$ $\boldsymbol{r}_{\theta\varphi}=(-a\sin\theta\cos\varphi,0,-a\sin\theta\sin\varphi),$ $L=\boldsymbol{r}_{\theta\theta}\cdot\boldsymbol{n}=\pm a\cot\theta,\quad N=r_{\theta\varphi}\cdot n=0,$ $M=\boldsymbol{r}_{\varphi\varphi}\cdot\boldsymbol{n}=\pm a\sin\theta\cos\theta.$ 故伪球面的高斯曲率$K=\frac{LN-M^2}{EG-F^2}=-\frac{1}{a^2}$. 由上述计算结果可以看到，伪球面的高斯曲率确实是一个常数，并且与半径为 a 的球面的高斯曲率差一个符号.	教学意图： 借助高斯曲率的计算解释伪球面“伪”字的真正含义. 提问： 1. 球面的高斯曲率有什么特点？ 2. 球面上任意点处的两个主曲率有什么关系？ 引导学生利用高斯曲率公式及伪球面的第一及第二基变量，计算出伪球面的高斯曲率，发现也是一个常数. 并且仅与球面曲率差个符号. 在这个过程中，培养训练学生逻辑推理能力.

（续）

伪球面

主曲率与高斯曲率

为了从直观上更好地理解伪球面的高斯曲率，我们换一种直观的计算方式．对伪球面上的任意一点，只需要计算在该点的两个主曲率即可．而根据旋转曲面的性质，母线的切线方向恰好是一个主方向，而对于伪球面来说，母线是曳物线，因此曳物线的曲率就是一个主曲率 κ_1，计算过程如下：

首先我们取 yOz 坐标面上的曳物线，并将其方程写成空间曲线的形式：

$$\boldsymbol{r}(\theta)=\left(0,-a\left(\cos\theta+\ln\tan\frac{\theta}{2}\right),a\sin\theta\right),\quad \theta\in\left(0,\frac{\pi}{2}\right).$$

由于

$$\boldsymbol{r}'(\theta)=\left(0,-a\left(\frac{1}{\sin\theta}-\sin\theta\right),a\cos\theta\right),$$

$$\boldsymbol{r}''(\theta)=\left(0,a\cos\theta\left(\frac{1}{\sin^2\theta}+1\right),-a\sin\theta\right),$$

$$\boldsymbol{r}'(\theta)\times\boldsymbol{r}''(\theta)=\left(-a^2\frac{\cos^2\theta}{\sin^2\theta},0,0\right),$$

故曳物线的曲率：

$$k_1=\frac{|\boldsymbol{r}'(\theta)\times\boldsymbol{r}''(\theta)|}{|\boldsymbol{r}'(\theta)|^3}=\frac{a^2\cos^2\theta}{a^3\cot^3\theta}=\frac{\tan\theta}{a},\quad \kappa_1=k_1=\frac{\tan\theta}{a}.$$

如何计算另一个主曲率 κ_2 呢？我们知道，两个主方向是正交的，而沿着另外一个主方向的法截线也就是图中粉色的曲线的曲率计算并不容易．如下图所示：

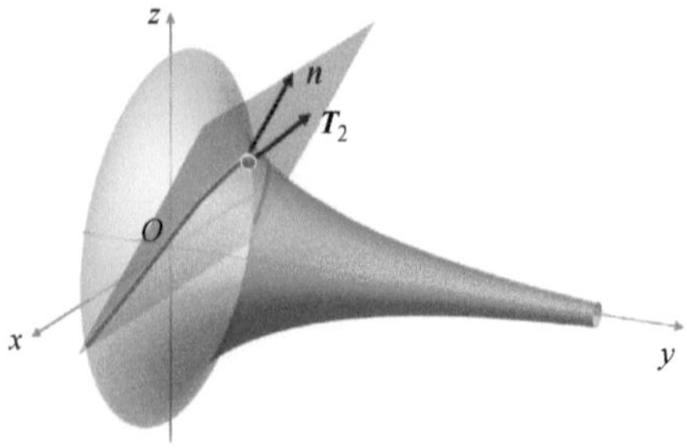

如果我们再过该点做一个平行于 xOz 面的平面截伪球面得图中蓝色的圆，而圆的曲率就等于其半径的倒数．如下图所示：

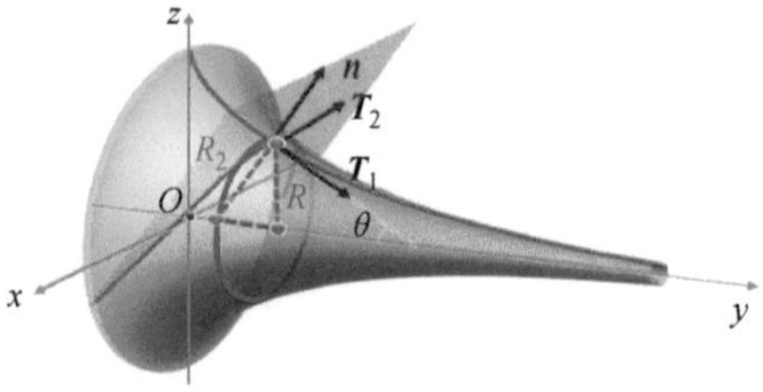

而显然粉色法截线和蓝色圆在交点处具有相同的切线，所以由梅尼埃定理，粉色法截线的曲率中心在蓝色圆所在的平面上的投影恰好就是蓝色圆的曲率中心，令 R_2 和 R 分别是粉色法截线和蓝色圆的曲率半径，则我们可以得到 $a\sin\theta=R=R_2\cos\theta$，即 $R_2=a\tan\theta$．所以，另一个主曲率为 $\kappa_2=-\dfrac{1}{R_2}=-\dfrac{1}{a\tan\theta}$．

通过计算两个主曲率计算伪球面的高斯曲率．

动画演示：

（ch2sec10- 伪球面主曲率模拟）

随着伪球面上红色的点向右移动，观察主方向的法截线对应的曲率圆的变化情况．

通过高斯曲率可以看出伪球面与球面一样，每点处的弯曲程度相同．

提问：

那么“伪”字体现在哪里？

回答：

高斯曲率小于零，伪球面的弯曲方式与球面不同．

（续）

伪球面

故伪球面的高斯曲率 $K=\kappa_1\cdot\kappa_2=-\frac{1}{a^2}$. 由此可知，随着 θ 的变化，两个主曲率一个趋于无穷，一个趋于 0，但乘积始终为常数 $K=\kappa_1\cdot\kappa_2=-\frac{1}{a^2}$，负号说明沿着两个主方向的法截线的弯曲方向相反. 而半径为 a 的球面的高斯曲率为常数 $\frac{1}{a^2}$，即两个主方向的法截线的弯曲方向相同，这就是伪球面与球面真正的不同，所以我们称之为伪球面.

伪球面的曲率变化

主曲率	$\kappa_1=\frac{\tan\theta}{a}$	$\kappa_2=-\frac{1}{a\tan\theta}$
$\varphi=\frac{\pi}{2}$ $\theta\in(0,\frac{\pi}{2})$	θ减小 $\frac{\pi}{2}\to 0$	$\tan\theta$:$+\infty\to 0$
主曲率绝对值的变化	$\lvert\kappa_1\rvert$ 减小 $+\infty\to 0$	$\lvert\kappa_2\rvert$ 增大 $0\to+\infty$
高斯曲率	$K=\kappa_1\kappa_2=-\frac{1}{a^2}$ 为常数	

课程思政：

通过伪球面的高斯曲率的直观计算，培养学生类比，联想等分析问题和解决问题的能力.

问题拓展

生活中的伪球面

从我国传统的民族乐器唢呐到比利时布鲁塞尔街头的扩音喇叭以及留声机等，其形状都是伪球面形.

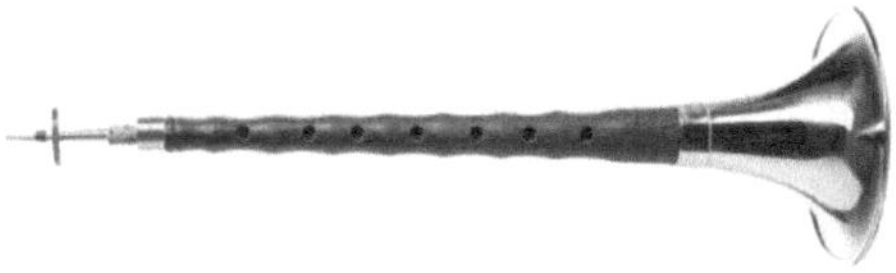

使用伪球面形的扩音喇叭，具有失真低、高解析力、丰富的音乐细节等优点.

教学意图：

重点解释唢呐，小号，喇叭等做成伪球面形状的好处.

提问：

生活中见过伪球面形状的物体吗？

（续）

课后思考

课后思考：
学习伪球面与罗氏平面的关系

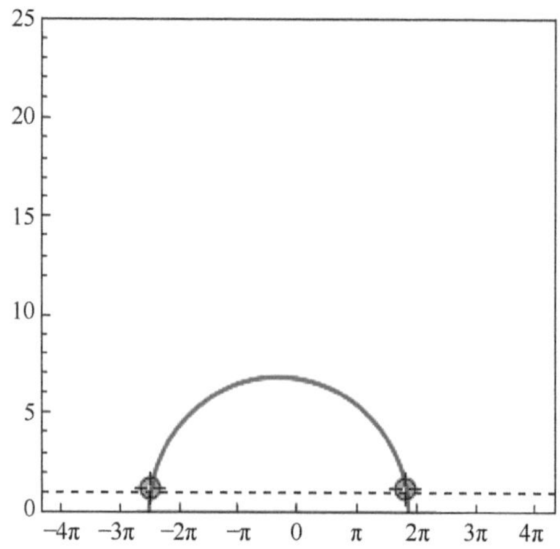

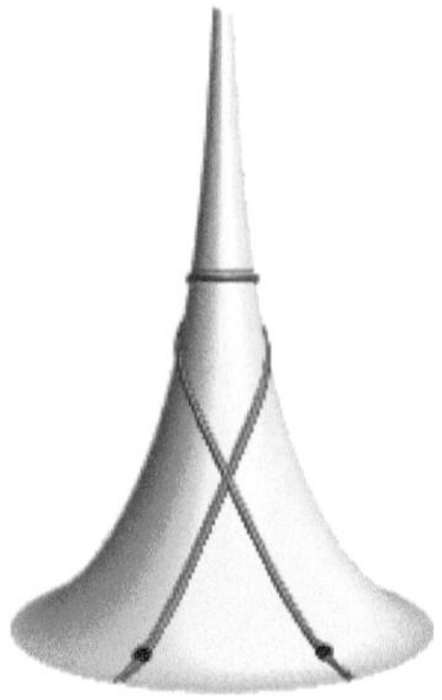

四、扩展阅读资料

CORTÉS E，POZA D C. Mechanical paradox：the uphill roller[J]. Eur. J. Phys，2011，32：1559.

五、教学评注

本节的教学重点是伪球面的定义和性质．课程从圆柱体、双圆锥体和伪球体三个物体在一个左低右高、左窄右宽的装置上滚动的实验引入，借助教具让学生自己动手操作激发学生浓厚的兴趣．此后，配合图形和动画模拟演示，分析双圆锥体“上滚”的数学本质，引导学生得出伪球面顶角变动的特点，从而利用圆锥面直观构造出伪球面，进而给出伪球面的定义．在伪球面性质证明中注重思路的分析，从“伪球面”的名字出发，采用类比、联想的数学思想和互动方式启发学生思考，探究伪球面与球面相同的性质．再从曲面的形状为切入点，引导学生找到直观计算伪球面高斯曲率的方法，找到伪球面与球面的高斯曲率的异同，理解伪球面名称的由来，有利于学生理解高斯曲率、主曲率对曲面弯曲形态的刻画．最后在拓展与应用部分，利用本节所学知识剖析了生活中常见的唢呐、喇叭、小号等乐器做成伪球面形状的优点．

庞加莱圆盘

一、教学目标

庞加莱圆盘是双曲几何的一个重要且有趣的模型，它展示了一个不符合直观的奇特的几何空间，这个空间满足欧氏几何的前四个公设，但不满足第五公设，过一点可以做无数条直线不与已知直线相交. 通过本节内容的学习，使学生能理解庞加莱圆盘的概念和性质，掌握庞加莱圆盘的测地线和高斯曲率，简要了解双曲几何和非欧几何的发展，并能够在今后的学习和研究中应用庞加莱圆盘的相关知识去解决相应问题.

二、教学内容

1. 主要内容

（1）球极投影；
（2）庞加莱圆盘的定义；
（3）庞加莱圆盘的测地线；
（4）庞加莱圆盘的高斯曲率.

2. 教学重点

（1）庞加莱圆盘的定义；
（2）庞加莱圆盘的测地线.

3. 教学难点

（1）庞加莱圆盘上曲线的弧长；
（2）庞加莱圆盘的测地线.

三、教学设计

1. 教学进程框图

2. 教学环节设计

问题引入

M.C. Escher 及其版画作品《圆之极限》

荷兰著名画家 M. C. Escher 是西方美术史上的一位奇才. 其画作极具数学特色，常常以无穷、不可能几何结构、镶嵌图案等为主题，在具备通常的艺术美的同时还拥有一种难以言传的数学之美. 尽管 Escher 并没有受到过中学以外的正式数学训练，但是他的最热情的赞美者之中不乏许多数学家. Escher 的画作至今仍然受到无数数学爱好者的追捧，在这个独特的领域里，Escher 实属前无古人后无来者. Escher 最具代表性的作品之一，便是其系列版画《圆之极限》.

M.C. Escher
荷兰艺术家 1898~1972

圆之极限

四幅图都有一个统一的特点：整个图形都是由几小块基本图案（即鱼、十字架、天使和魔鬼），经过适当的扭曲、旋转和平移，最终铺满了整个圆形区域，并且越靠近圆的边缘，基本图案的面积越小，直至无穷小. 无穷便是这个系列版画的主题，Escher 用一种令人赞叹的方式，在有限的面积内，镶嵌了无穷多个基本图案.

教学意图：

通过艺术家 M.C.Escher 及其版画作品《圆之极限》的介绍吸引学生的注意力和兴趣.

特别指出，Escher 的作品对艰涩难懂的数学概念的完美诠释. 粉丝中有许多科学家，数学家.

在介绍的过程中与学生进行互动交流.

提问：

《圆之极限》系列作品有哪些特点?

引导：

引导学生关注有限圆盘和无穷图案之间的关系.

《圆之极限 IV：天使与恶魔》

《圆之极限 IV》的具体特征：

（1）整个图形在一个圆盘上；

（2）直线和圆弧将圆盘分割成若干个部分；

（3）相似的图形填充整个圆盘；

（4）在有限的圆盘中表现了无限个图形.

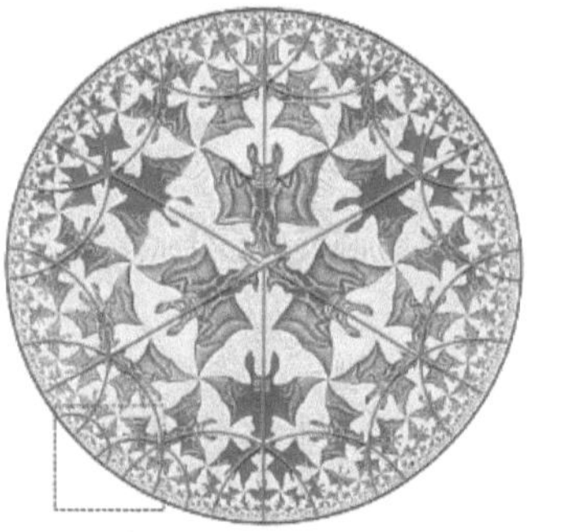

课程思政：

无穷多个光明的天使与黑暗的魔鬼图案互相镶嵌交织在一起，富有哲学意味：祸兮福之所倚，福兮祸之所伏！

（续）

问题引入

通过观察上述特点，可将有限圆盘和无穷图案之间的关系转化为下面的数学问题：

问题　如何用有界的圆盘表现无界的曲面？

下图是一个双叶双曲面的上半叶，曲面上画满了大小相同的天使与恶魔. 引入球极投影，可将双叶双曲面的上半叶投影到下面的圆盘，而曲面上原本大小形状相同的图案被投影到圆盘上发生了变化，越接近边界变得越小. 因此球极限投影可以很好地回答上面的问题.

提问：

《圆之极限 IV：天使与恶魔》有哪些特征？

进而提问：

能不能通过数学方法得到这样的圆盘？

概念介绍

球极投影的直观表示

上半双叶双曲面

$$H:\{(x_1,x_2,x_3)\,|\,x_1^2+x_2^2-x_3^2=-1,x_3>0\}$$

圆盘 $D:\{(\xi_1,\xi_2,0)\,|\,\xi_1^2+\xi_2^2<1\}$

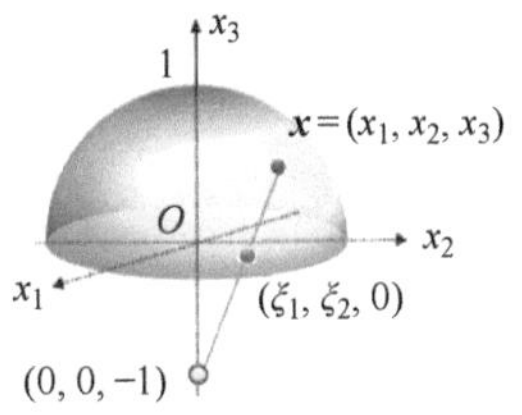

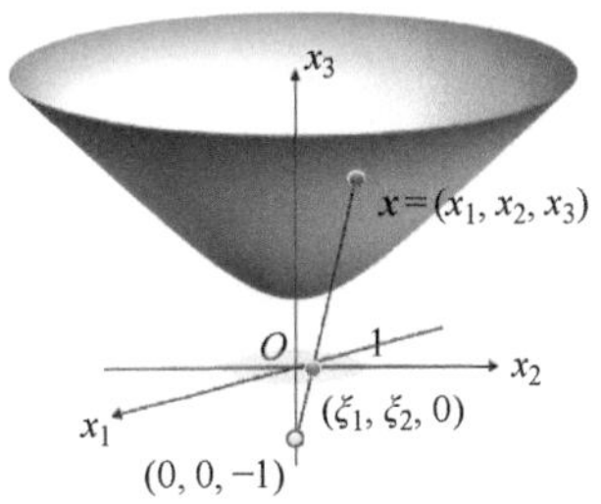

对比球面到平面的球极投影，构建上半双叶双曲面到平面的球极投影：假设在 $(0,0,-1)$ 处放置一个点光源，让光源向平面圆盘 D 发光，这样就可以把 D 上的点 $(\xi_1,\xi_2,0)$ 投影到上半双叶双曲面 H 上，记该投影点的坐标为 (x_1,x_2,x_3)，如上图所示. 反之，给定上半双叶双曲面 H 上的点 (x_1,x_2,x_3)，它与 $(0,0,-1)$ 的连线也会交 D 于点 $(\xi_1,\xi_2,0)$.

演示上半双叶双曲面到平面的球极投影：

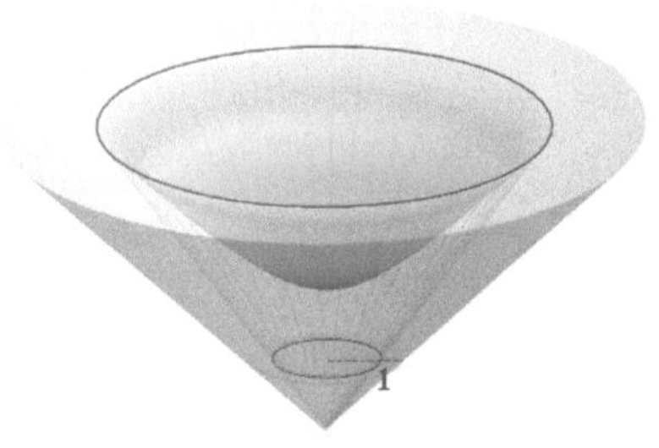

通过上述动画演示，可以看到，双曲面上蓝色圆圈与圆盘上的红色圆圈是对应的. 并且，双曲面上蓝色圆圈以下的曲面，对应到圆盘上红色圆圈的内部；蓝色圆圈以上的曲面，对应于圆盘上红色圆圈的外部. 上图右侧的锥面为双叶双曲面的渐近锥面.

总结投影的特点：

（1）建立了上半双叶双曲面 H 与平面单位圆盘 D 的一一对应关系；

（2）上半双叶双曲面 H 上的有界部分可以对应于 $D:\{(\xi_1,\xi_2,0)\,|\,\xi_1^2+\xi_2^2\leqslant k_1\}$，其中 $k_1<1$；

（3）上半双叶双曲面 H 上的无界部分可以对应于 $D:\{(\xi_1,\xi_2,0)\,|\,1>\xi_1^2+\xi_2^2\geqslant k_1\}$，其中 $k_1<1$.

教学意图：

对比球面到平面的球极投影，引导学生思考，介绍双叶双曲面的上半叶到平面的投影. 此处采用了类比与迁移的教学方法.

提问：

双叶双曲面是无界曲面，上半叶向上无限延展，如何用有界的圆盘表现出无界的曲面？

动画演示：

（ch2sec11- 球极投影）

通过动画演示，引导学生总结上半双叶双曲面到平面的球极投影的特点.

课程思政：

通过球极投影建立有穷与无穷的关系，渗透哲学思想.

（续）

概念介绍	
球极投影的坐标表示 （1）给定上半双叶曲面上的点的坐标 (x_1, x_2, x_3)，求出圆盘上对应点的坐标 $(\xi_1, \xi_2, 0)$. 事实上，利用 (x_1, x_2, x_3)、圆盘上的对应点 $(\xi_1, \xi_2, 0)$ 以及光源点 $(0,0,-1)$ 三点共线，可以给出坐标之间的比例关系式 $\frac{\xi_1}{x_1}=\frac{\xi_2}{x_2}=\frac{1}{x_3+1}$. 由此可知 $\begin{cases}\xi_1=\frac{x_1}{1+x_3},\\ \xi_2=\frac{x_2}{1+x_3}.\end{cases}$ 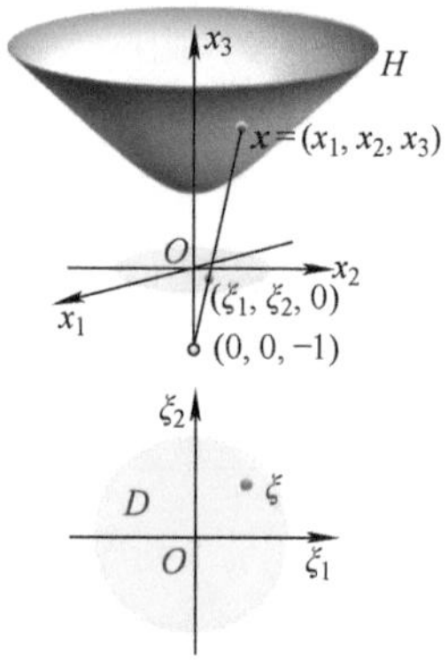 （2）给定圆盘上对应点的坐标 $(\xi_1, \xi_2, 0)$，求上半双叶曲面上的对应点的坐标 (x_1, x_2, x_3). 注意到 $\frac{\xi_1}{x_1}=\frac{\xi_2}{x_2}=\frac{1}{x_3+1}$，可知 $\begin{cases}x_1=(1+x_3)\xi_1,\\ x_2=(1+x_3)\xi_2.\end{cases}$ 又因为点 (x_1, x_2, x_3) 在上半双叶曲面上，故 $x_1^2+x_2^2-x_3^2=-1,\ x_3>0$ 从而有 $((1+x_3)\xi_1)^2+((1+x_3)\xi_2)^2-x_3^2=-1$. 令 $\|\xi\|^2=\xi_1^2+\xi_2^2$，则有 $(1+x_3)^2\|\xi\|^2-x_3^2=-1$, 即 $(\|\xi\|^2-1)x_3^2+2\|\xi\|^2x_3+1+\|\xi\|^2=0$, 解得 $x_3=\frac{1+\|\xi\|^2}{1-\|\xi\|^2}, x_3=-1$（舍） 进而得到 $\begin{cases}x_1=(1+x_3)\xi_1=\frac{2\xi_1}{1-\|\xi\|^2},\\ x_2=(1+x_3)\xi_2=\frac{2\xi_2}{1-\|\xi\|^2}.\end{cases}$ 综上，有 $x_1=\frac{2\xi_1}{1-\|\xi\|^2}, x_2=\frac{2\xi_2}{1-\|\xi\|^2}, x_3=\frac{1+\|\xi\|^2}{1-\|\xi\|^2}$. 上述关系式给出了**上半双叶双曲面的参数方程**： $\boldsymbol{r}(\xi_1,\xi_2)=\frac{1}{1-\|\xi\|^2}\left(2\xi_1, 2\xi_2, 1+\|\xi\|^2\right)$ 其中，ξ_1, ξ_2 为参数，$\|\xi\|^2=\xi_1^2+\xi_2^2<1$. 于是球极投影完美回答了前面提出的问题，有界圆盘如何表现无界曲面. 	**教学意图：** 推导上半双叶双曲面到平面的球极投影的坐标表示. 首先，给定上半双叶曲面上的点的坐标，求出圆盘上对应点的坐标. 反之考虑，给定圆盘上点的坐标，求上半双叶双曲面上对应点的坐标. **训练：** 在教师的启发引导下，推导上半双叶双曲面的参数方程，培养学生严谨的数学推导的能力. **提问：** 通过求解，x_3 有两个可能的取值： $x_3=\frac{1+\|\xi\|^2}{1-\|\xi\|^2}, x_3=-1$， 它们都是合理的取值吗？ 强调最后的关系式实际上给出了上半双叶双曲面的参数方程.

（续）

概念介绍

知识回顾——欧氏内积及弧长元

给定两个向量 $\boldsymbol{x}=(x_1,x_2,x_3),\ \boldsymbol{y}=(y_1,y_2,y_3)$，如下所示：

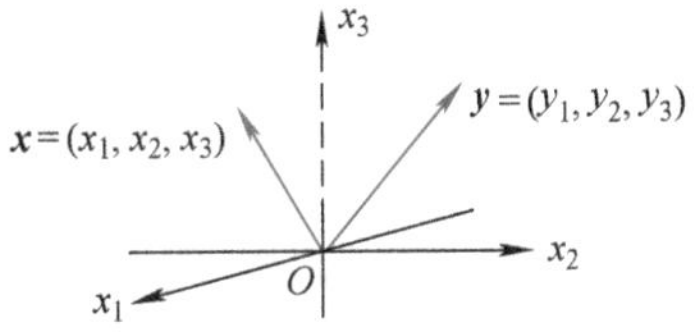

它们的欧氏内积为 $\boldsymbol{x}\cdot\boldsymbol{y}=x_1y_1+x_2y_2+x_3y_3$.

考虑球面 $\hat{\boldsymbol{r}}(\xi_1,\xi_2)$ 上的曲线 $\hat{\boldsymbol{r}}(t)=\hat{\boldsymbol{r}}(\xi_1(t),\xi_2(t))$，它在欧氏内积下的弧长元为 $\mathrm{d}\hat{s}=\sqrt{\hat{\boldsymbol{r}}'(t)\mathrm{d}t\cdot\hat{\boldsymbol{r}}'(t)\mathrm{d}t}$.

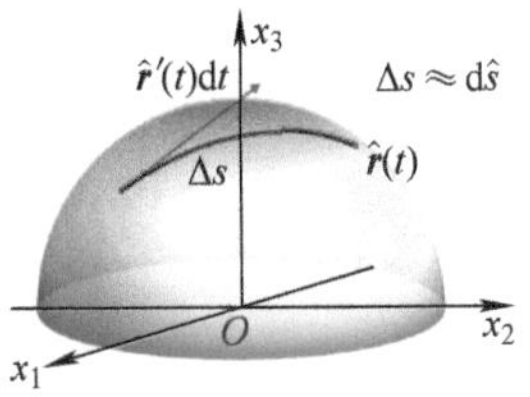

Lorentz 内积及弧长元

定义：向量 $\boldsymbol{x}=(x_1,x_2,x_3),\ \boldsymbol{y}=(y_1,y_2,y_3)$ 的 Lorentz 内积为

$$\boldsymbol{x}*\boldsymbol{y}=x_1y_1+x_2y_2-x_3y_3\ .$$

考虑双叶双曲面 $\boldsymbol{r}(\xi_1,\xi_2)$ 上的曲线 $\boldsymbol{r}(t)=\boldsymbol{r}(\xi_1(t),\xi_2(t))$，则它在 Lorentz 内积下的弧长元为 $\mathrm{d}s=\sqrt{\boldsymbol{r}'(t)\mathrm{d}t*\boldsymbol{r}'(t)\mathrm{d}t}$.

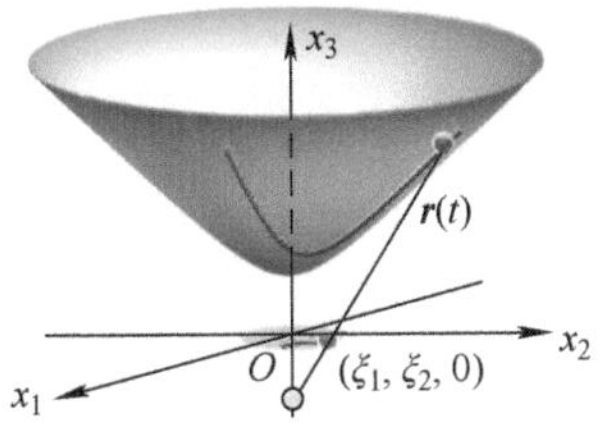

下面推导 $\mathrm{d}s=\sqrt{\boldsymbol{r}'(t)\mathrm{d}t*\boldsymbol{r}'(t)\mathrm{d}t}$ 的表达式：

由曲面方程 $\boldsymbol{r}(\xi_1,\xi_2)=\dfrac{1}{1-|\boldsymbol{\xi}|^2}\left(2\xi_1,2\xi_2,1+|\boldsymbol{\xi}|^2\right)$，其中，$|\boldsymbol{\xi}|^2=\xi_1^2+\xi_2^2$，

有曲线方程 $\boldsymbol{r}(t)=\boldsymbol{r}(\xi_1(t),\xi_2(t))=\dfrac{1}{1-|\boldsymbol{\xi}(t)|^2}\left(2\xi_1(t),2\xi_2(t),1+|\boldsymbol{\xi}(t)|^2\right)$，故

$$\boldsymbol{r}'(t)=\frac{1}{1-|\boldsymbol{\xi}(t)|^2}\left(2\xi_1'(t),2\xi_2'(t),2\boldsymbol{\xi}(t)\boldsymbol{\xi}'(t)\right)+\frac{2\boldsymbol{\xi}(t)\boldsymbol{\xi}'(t)}{(1-|\boldsymbol{\xi}(t)|^2)^2}\left(2\xi_1(t),2\xi_2(t),1+|\boldsymbol{\xi}(t)|^2\right),$$

其中，$\boldsymbol{\xi}(t)\boldsymbol{\xi}'(t)=\xi_1(t)\xi_1'(t)+\xi_2(t)\xi_2'(t)$.

教学意图：

回顾欧氏空间的内积及弧长元.

对比欧氏内积，给出 Lorentz 内积的定义，并给出双叶双曲面上由 Lorentz 内积对应的曲线弧长元的形式.

这里的教学方法采用对比迁移.

提问：

如何验证 Lorentz 内积的确是一种内积运算?

可以直接验证，这个特殊的内积对于双曲面的切向量来说是正定的.

推导双叶双曲面上曲线在 Lorentz 内积下弧长元的具体表达式.

（续）

概念介绍	

进一步，可得

$$\boldsymbol{r}'(t)=\frac{2}{(1-|\boldsymbol{\xi}(t)|^2)^2}\Big(\xi_1'(t)(1-|\boldsymbol{\xi}(t)|^2)+2\xi_1(t)\xi(t)\xi'(t),$$

$$\xi_2'(t)(1-|\boldsymbol{\xi}(t)|^2)+2\xi_2(t)\xi(t)\xi'(t),$$

$$\boldsymbol{\xi}(t)\boldsymbol{\xi}'(t)(1-|\boldsymbol{\xi}(t)|^2)+(1+|\boldsymbol{\xi}(t)|^2)\boldsymbol{\xi}(t)\boldsymbol{\xi}'(t)\Big)$$

$$=\frac{2}{(1-|\boldsymbol{\xi}(t)|^2)^2}\Big(\xi_1'(t)(1-|\boldsymbol{\xi}(t)|^2)+2\xi_1(t)\boldsymbol{\xi}(t)\boldsymbol{\xi}'(t),$$

$$\xi_2'(t)(1-|\boldsymbol{\xi}(t)|^2)+2\xi_2(t)\boldsymbol{\xi}(t)\boldsymbol{\xi}'(t),2\boldsymbol{\xi}(t)\boldsymbol{\xi}'(t)\Big).$$

再通过计算和化简，有

$$\boldsymbol{r}'(t)*\boldsymbol{r}'(t)=\frac{4((\xi_1'(t))^2+(\xi_2'(t))^2)}{(1-|\boldsymbol{\xi}(t)|^2)^2}.$$

因此，曲线 $\boldsymbol{r}(t)$ 在 Lorentz 内积下的弧长元为

$$\mathrm{d}s=\sqrt{\boldsymbol{r}'(t)\mathrm{d}t*\boldsymbol{r}'(t)\mathrm{d}t}=\frac{2}{1-|\boldsymbol{\xi}|^2}\sqrt{\xi_1'^2+\xi_2'^2}\,\mathrm{d}t,$$

其中，$\sqrt{\xi_1'^2+\xi_2'^2}\,\mathrm{d}t$ 为欧氏平面上的弧长元.

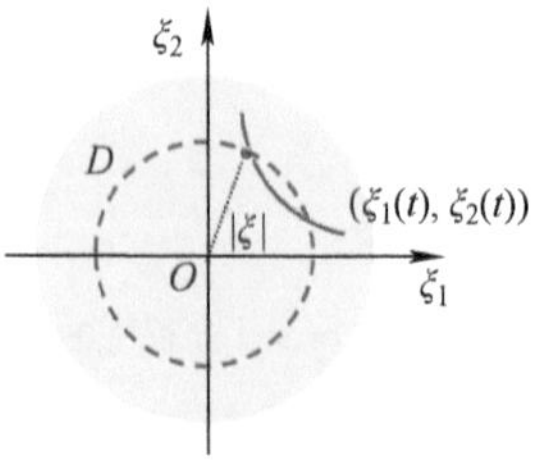

根据该弧长元的表达式，可知当接近圆盘边界时，$|\boldsymbol{\xi}|\to 1$，因而弧长元趋于无穷大，即 $\mathrm{d}s\to+\infty$，这直接反映出了双叶双曲面上对应曲线的弧长元特点．这是有界圆盘可以表现无界曲面深刻的内在原因.

训练：

在教师的启发引导下，推导 Lorentz 内积下曲线弧长元公式，培养学生严谨的数学推导的能力.

引导思考：

这个弧长元有什么特点？$\sqrt{\xi_1'^2+\xi_2'^2}\,\mathrm{d}t$ 表示什么？

解释推导的弧长元，说明可借助圆盘想象 Lorentz 内积下的上半双叶双曲面，引出庞加莱圆盘的定义.

庞加莱圆盘

定义：若平面圆盘 $D:\{(\xi_1,\xi_2)\,|\,\xi_1^2+\xi_2^2<1\}$ 上的弧长元为 $\mathrm{d}s=\dfrac{2}{1-|\boldsymbol{\xi}|^2}\sqrt{\xi_1'^2+\xi_2'^2}\,\mathrm{d}t$，其中，$|\boldsymbol{\xi}|^2=\xi_1^2+\xi_2^2$，则称此圆盘 D 为庞加莱圆盘.

根据庞加莱圆盘的定义，可知庞加莱圆盘上曲线 $(\xi_1(t),\xi_2(t)),t\in(t_0,t_1)$ 的弧长为 $\int_{t_0}^{t_1}\dfrac{2}{1-|\boldsymbol{\xi}|^2}\sqrt{\xi_1'^2+\xi_2'^2}\,\mathrm{d}t$.

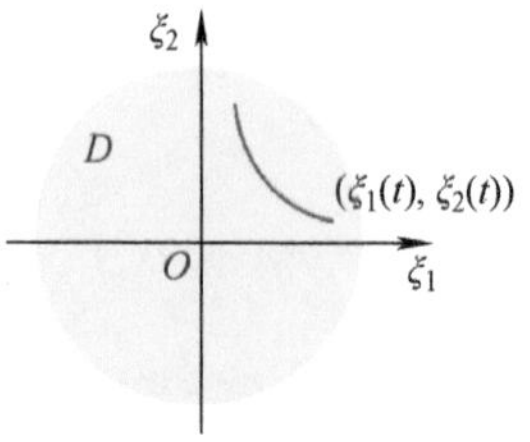

教学意图：

给出庞加莱圆盘的定义.

引导思考：

通过对比，明确同样一条曲线，在不同的弧长定义下的弧长是不同的.

（续）

概念介绍

动画演示：

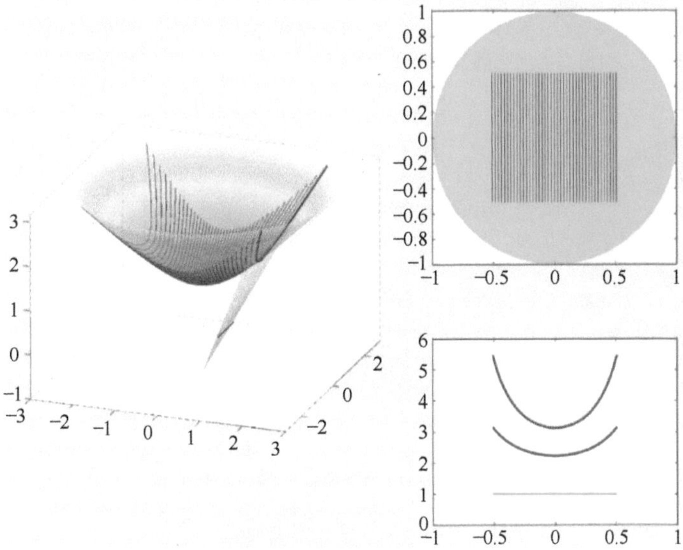

—— 曲线在双曲面上的(欧氏内积)弧长

—— 曲线在庞加莱圆盘上的弧长

—— 曲线在欧氏平面上的弧长

为进一步明确庞加莱圆盘的弧长，通过 MATLAB 软件编程作图．在平面圆盘 D 上取一组长度相同的线段（上图右上），通过球极投影的方式，在上半双叶双曲面上有另外一组曲线与这组线段对应（上图左）．最后对弧长进行比较（上图右下），其中红色曲线表示上半双叶双曲面上对应曲线在欧氏内积下的弧长，蓝色曲线表示庞加莱圆盘上线段的弧长，即上半双叶双曲面上对应曲线在 Lorentz 内积下的弧长，绿色曲线表示平面圆盘上的线段在欧氏内积下的弧长．

动画演示：

（ch2sec11- 三种弧长的比较）

通过动画直观展示平面圆盘上的等长线段在不同意义下的弧长．加深学生对不同内积的理解．

采用动画演示，直观对比了圆盘上相同曲线在欧氏平面上的弧长、对应的双曲面上欧氏内积的弧长、庞加莱圆盘上的弧长，进一步强化对庞加莱圆盘的理解．

数学家介绍

庞加莱圆盘是由法国大数学家 Poincaré（庞加莱）和意大利数学家 Beltrami（贝尔特拉米）分别独立发现．

庞加莱被公认是 19 世纪后四分之一和二十世纪初的领袖数学家，他被誉为“最后一个数学全才”，他是一位在数学所有分支领域都造诣深厚的数学家．庞加莱在数学方面的杰出工作对 20 世纪和当今的数学造成极其深远的影响，他在天体力学方面的研究是牛顿之后的一座里程碑，他因为对电子理论的研究被公认为相对论的理论先驱．

贝尔特拉米研究了非欧几里得几何学，开拓了超空间的几何学，还对弹性学的发展做出了贡献．1868 年，贝尔特拉米利用当时微分几何的最新研究成果，发表了一篇著名论文《关于非欧几里得几何的解释》．因为贝尔特拉米《关于非欧几里得几何的解释》的出现，才将罗巴切夫斯基从非议中解救出来，他所创立的非欧几里得几何学的基本思想才开始为人们所理解和接受．

H. Poincaré

法国数学家 1854~1912

E. Beltrami

意大利数学家 1835~1900

课程思政：

通过数学家的介绍，提高学生数学修养和科学精神．

（续）

性质分析

庞加莱圆盘的测地线

再次回到 Escher 的版画“圆之极限 IV——天使与恶魔”，它是艺术家创作的一幅版画作品. 为什么后人将它解读为数学中的庞加莱圆盘，而不是一个欧氏空间中普通的圆盘？观察到图形上的红色曲线与圆盘的边界垂直，引出对庞加莱圆盘测地线的探讨.

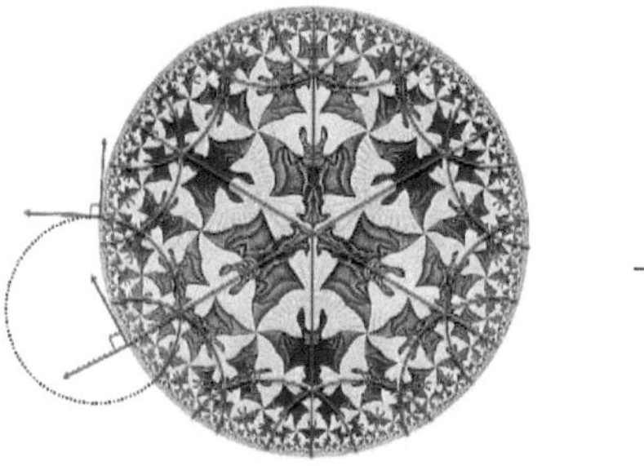

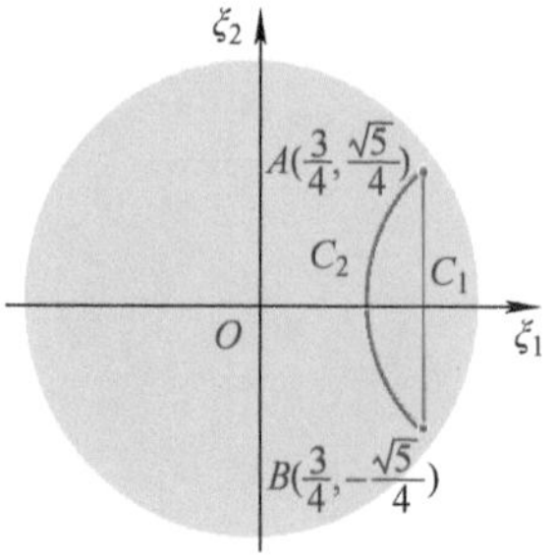

（1）通过计算，比较庞加莱圆盘上具有相同端点的直线段与一条圆弧段的弧长，其中端点坐标为 $A(\frac{3}{4},\frac{\sqrt{5}}{4})$，$B(\frac{3}{4},-\frac{\sqrt{5}}{4})$，蓝色曲线 C_1 为直线段（欧氏平面上的），红色曲线 C_2 为与圆盘的边界垂直的圆弧段（欧氏平面上的）.

首先给出两条曲线的参数方程. 不难得到 $C_1:(\xi_1(t),\xi_2(t))=\left(\frac{3}{4},t\right),t\in\left(-\frac{\sqrt{5}}{4},\frac{\sqrt{5}}{4}\right)$.

再给出曲线 C_2 的参数方程，画出下图中的辅助圆、圆心角 θ 及 θ_0. 根据几何关系，计算出 $\theta_0=2\arccos\frac{1}{\sqrt{6}}$.

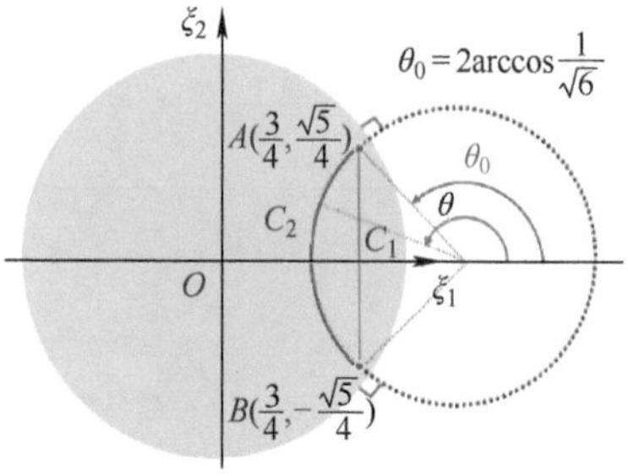

故 $C_2:(\xi_1(\theta),\xi_2(\theta))=\left(\frac{5}{4}+\frac{3}{4}\cos\theta,\frac{3}{4}\sin\theta\right)$，其中，$\theta\in(\theta_0,2\pi-\theta_0)$.

利用庞加莱圆盘上曲线 $(\xi_1(t),\xi_2(t)),t\in(t_0,t_1)$ 的弧长公式 $\int_{t_0}^{t_1}\frac{2}{1-|\boldsymbol{\xi}|^2}\sqrt{\xi_1'^2+\xi_2'^2}\,\mathrm{d}t$，分别计算曲线 C_1 和 C_2 的弧长，有

$$L(C_1)=\int_{-\frac{\sqrt{5}}{4}}^{\frac{\sqrt{5}}{4}}\frac{32}{7-16t^2}\mathrm{d}t\approx 7.49,\quad L(C_2)=\int_{\theta_0}^{2\pi-\theta_0}\frac{4}{3+5\cos\theta}\mathrm{d}\theta\approx 5.77$$

故 $L(C_2)<L(C_1)$.

事实上，曲线 C_2 是庞加莱圆盘上连接 A，B 的最短曲线，即测地线.

教学意图：

计算庞加莱圆盘上两条曲线的弧长，巩固庞加莱圆盘上曲线的弧长计算.

观察：

观察版画“圆之极限 IV”图片，发现其对称曲线弧的特点.

在教师的启发引导下，先写出两条曲线的参数方程，进而根据弧长公式积分计算弧长. 培养学生严谨的数学推导能力.

提问：

两条曲线谁长？

欧氏空间下的弧长谁长？

庞加莱圆盘上的弧长谁长？

（续）

性质分析

（2）比较庞加莱圆盘上具有相同端点圆弧段的弧长.

通过 MATLAB 编程作图，动画演示弧长的计算结果，见下图.

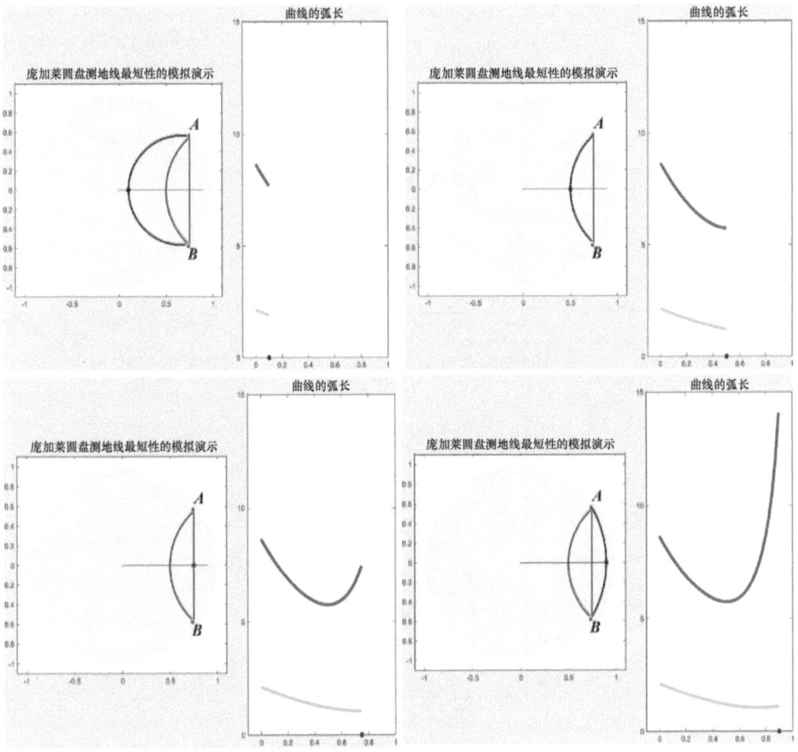

曲线在庞加莱圆盘上的弧长

曲线在欧氏平面上的弧长

其中，圆盘上的蓝色曲线和红色曲线为前面讨论过的直线段和与圆盘边界垂直的圆弧段，黑色曲线表示连接 A，B 两点其他圆弧段. 右侧图中紫色的曲线表示圆盘上黑色曲线对应的庞加莱圆盘上的弧长；绿色的曲线表示圆盘上黑色曲线在欧氏平面上的弧长. 通过黑色圆弧的变化，可以看出在连接 A, B 两点的圆弧中黑色的圆弧是弧长最短的，其长度比连接 A，B 两点的直线段更短.

（3）庞加莱圆盘测地线的理论分析

庞加莱圆盘的测地线方程为：

$$\frac{\mathrm{d}^2\xi_1}{\mathrm{d}t^2}+2\left(1-|\boldsymbol{\xi}|^2\right)^{-1}\times\left(\xi_1\left(\frac{\mathrm{d}\xi_1}{\mathrm{d}t}\right)^2+2\xi_2\frac{\mathrm{d}\xi_1}{\mathrm{d}t}\frac{\mathrm{d}\xi_2}{\mathrm{d}t}-\xi_1\left(\frac{\mathrm{d}\xi_2}{\mathrm{d}t}\right)^2\right)=0$$

$$\frac{\mathrm{d}^2\xi_2}{\mathrm{d}t^2}+2(1-|\boldsymbol{\xi}|^2)^{-1}\times\left(-\xi_2\left(\frac{\mathrm{d}\xi_1}{\mathrm{d}t}\right)^2+2\xi_1\frac{\mathrm{d}\xi_1}{\mathrm{d}t}\frac{\mathrm{d}\xi_2}{\mathrm{d}t}+\xi_2\left(\frac{\mathrm{d}\xi_2}{\mathrm{d}t}\right)^2\right)=0$$

动画演示：

（ch2sec11- 庞加莱圆盘测地线）

庞加莱圆盘上连接 A，B 两点的圆弧段的弧长. 此外，动画还再次对比了圆盘上同一条曲线在欧氏空间下的弧长及庞加莱圆盘上的弧长.

观察动画，可知庞加莱圆盘上连接 A，B 两点所有圆弧段中，与圆盘边界垂直的圆弧的弧长最小，即测地线.

这里的“圆弧”“直线”都是指欧氏空间平面上的圆弧和直线.

提问：

庞加莱圆盘上连接 A，B 两点所有曲线中，哪条曲线的弧长最短？

分析庞加莱圆盘上的测地线. 由测地线方程解出测地线的两种情况.

（续）

性质分析	
求解测地线方程，可知庞加莱圆盘的测地线为 （1）圆盘的直径上的线段 （2）与边界垂直的圆弧	直观展示庞加莱圆盘上的圆弧形测地线及其在球极投影下及Lorentz内积下上半双叶双曲面上对应的测地线.

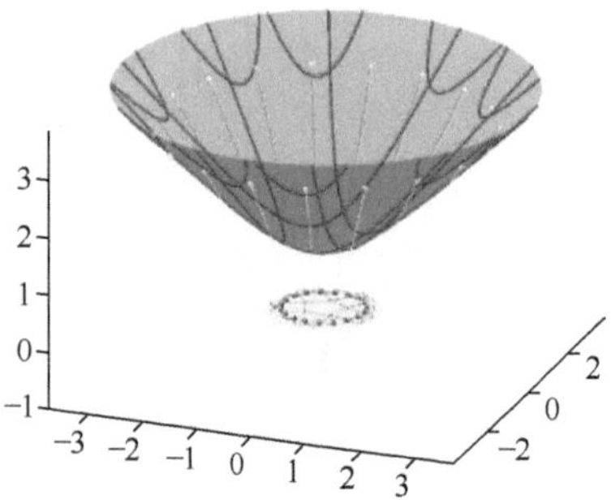

上半双叶双曲面上的测地线

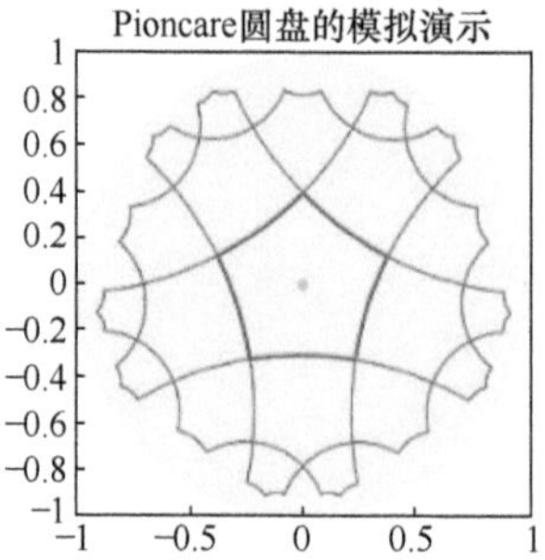

庞加莱圆盘上的测地线

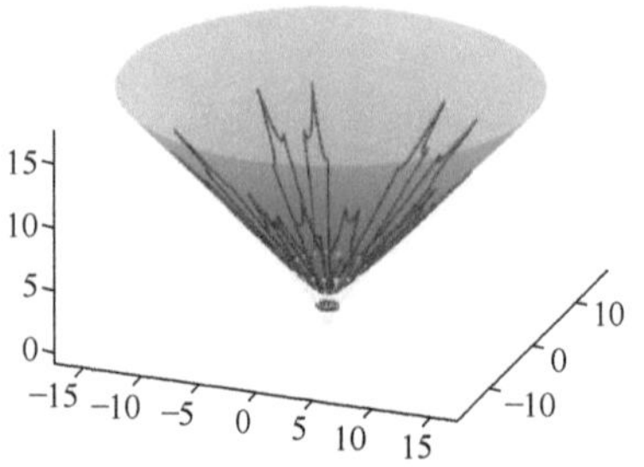

上半双叶双曲面上的测地线（远视）

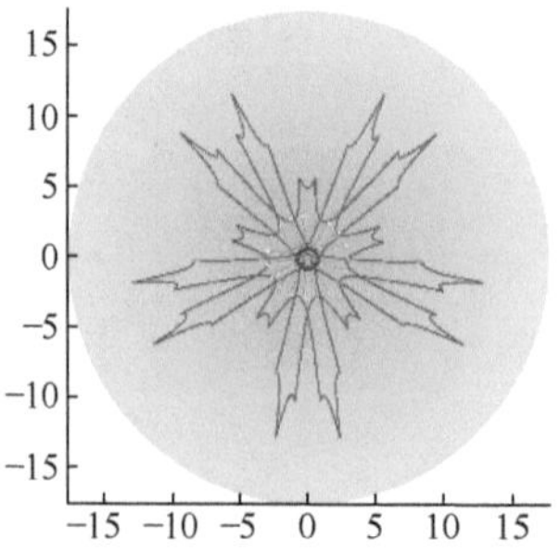

上半双叶双曲面上的测地线（俯视）

庞加莱圆盘的高斯曲率

定理：庞加莱圆盘的高斯曲率为 -1.

证明：注意到庞加莱圆盘的 $F=0$，故其高斯曲率有如下表达式

$$K=-\frac{1}{2}(EG)^{-\frac{1}{2}}\left[(E_{\xi_2}(EG)^{-\frac{1}{2}})_{\xi_2}+(G_{\xi_1}(EG)^{-\frac{1}{2}})_{\xi_1}\right].$$

进一步计算得，

$$K=-\frac{(1-|\boldsymbol{\xi}|^2)^2}{8}\left[\left(\frac{16\xi_2(1-|\boldsymbol{\xi}|^2)^2}{4(1-|\boldsymbol{\xi}|^2)^3}\right)_{\xi_2}+\left(\frac{16\xi_1(1-|\boldsymbol{\xi}|^2)^2}{4(1-|\boldsymbol{\xi}|^2)^3}\right)_{\xi_1}\right]$$

$$=-\frac{(1-|\boldsymbol{\xi}|^2)^2}{8}\left[\left(\frac{4\xi_2}{1-|\boldsymbol{\xi}|^2}\right)_{\xi_2}+\left(\frac{4\xi_1}{1-|\boldsymbol{\xi}|^2}\right)_{\xi_1}\right]$$

$$=-\frac{(1-|\boldsymbol{\xi}|^2)^2}{8}\left[\frac{4(1-|\boldsymbol{\xi}|^2)-4\xi_2(-2\xi_2)}{(1-\boldsymbol{\xi}^2)^2}+\frac{4(1-|\boldsymbol{\xi}|^2)-4\xi_1(-2\xi_1)}{(1-|\boldsymbol{\xi}|^2)^2}\right]$$

$$=-\frac{(1-|\boldsymbol{\xi}|^2)^2}{8}\left[\frac{8(1-|\boldsymbol{\xi}|^2)+8\xi_1^{\ 2}+8\xi_2^{\ 2}}{(1-|\boldsymbol{\xi}|^2)^2}\right]$$

$$=-1$$

教学意图：

推导庞加莱圆盘的高斯曲率.

在教师的启发引导下，首先从学过的高斯曲率计算公式出发，然后代入庞加莱圆盘的 E，F，G，从而得到高斯曲率. 培养学生严谨的数学推导能力.

（续）

问题拓展	
双曲几何 　　根据欧氏平面直线及平行的定义，相应的定义庞加莱圆盘上的测地线就是"直线"，不相交的测地线即为"平行直线"，进而说明庞加莱圆盘上，过"直线"外一点有无数条"直线"与该"直线"平行，即庞加莱圆盘不满足平行公理（通过一个不在直线上的点，有且仅有一条不与该直线相交的直线）．因此，庞加莱圆盘显然不是欧氏几何，它实际上是一种双曲几何．下图是欧氏几何与庞加莱圆盘几何特性的对比．	**教学意图：** 　　由学生们已经熟知的欧氏几何拓展到双曲几何．并比较它们的相同与不同． **提问：** 　　庞加莱圆盘上的"直线"是什么？过"直线"外一点与该"直线"平行的"直线"有多少条？ 　　这样的问题突破了学生的认知常识，使得他们兴趣盎然．

	欧氏平面	庞加莱圆盘
连接两点的最短曲线	直线	测地线(直线)
平行	不相交的直线	不相交的测地线(直线)
平行公理	过直线外一点有且仅有一条与该直线平行的直线	过直线外一点有无数多条与该直线平行的直线
	欧氏几何	双曲几何

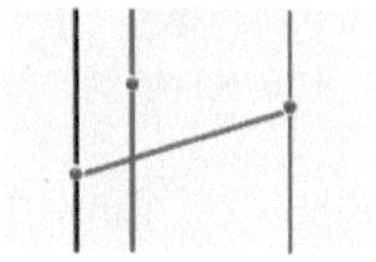

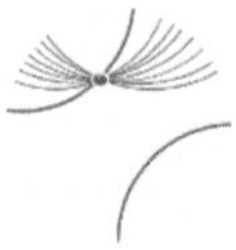

　　进而，利用类似庞加莱圆盘的定义方法，利用欧氏内积、球极投影，可得到圆盘上的第三种弧长元（度量）的定义方式，从而得到一个椭圆几何的模型，椭圆几何同样也是一种非欧几何．

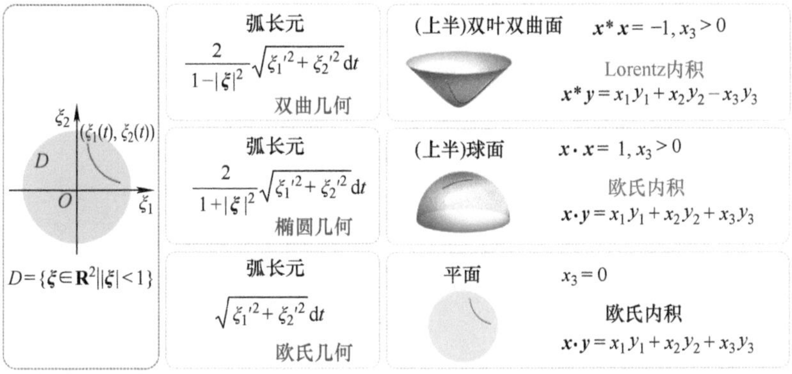

		非欧几何	
弧长元 $\dfrac{2}{1-|\boldsymbol{\xi}|^2}\sqrt{\xi_1'^2+\xi_2'^2}\,\mathrm{d}t$ 双曲几何	(上半)双叶双曲面	$\boldsymbol{x}*\boldsymbol{x}=-1,\ x_3>0$ Lorentz内积 $\boldsymbol{x}*\boldsymbol{y}=x_1y_1+x_2y_2-x_3y_3$
弧长元 $\dfrac{2}{1+|\boldsymbol{\xi}|^2}\sqrt{\xi_1'^2+\xi_2'^2}\,\mathrm{d}t$ 椭圆几何	(上半)球面	$\boldsymbol{x}\cdot\boldsymbol{x}=1,\ x_3>0$ 欧氏内积 $\boldsymbol{x}\cdot\boldsymbol{y}=x_1y_1+x_2y_2+x_3y_3$
弧长元 $\sqrt{\xi_1'^2+\xi_2'^2}\,\mathrm{d}t$ 欧氏几何	平面	$x_3=0$ 欧氏内积 $\boldsymbol{x}\cdot\boldsymbol{y}=x_1y_1+x_2y_2+x_3y_3$

$D=\{\boldsymbol{\xi}\in\mathbf{R}^2\,|\,|\boldsymbol{\xi}|<1\}$

非欧几何 　　在长达大约两千年中，人们一直认为欧氏几何是关于空间的真理．虽然 18 世纪至 19 世纪初，已经有一些数学家 [兰伯特（H. Lambert 1728—1777）、施韦卡特（F. Schweikart 1780—1857）、陶里努斯（F. Taurinus，1794—1874）] 注意到非欧几何的存在．但受到传统思想的约束和人类科学发展的历史局限，他们没有意识到欧氏几何并不是唯一的描述物质空间性质的几何．	**教学意图：** 　　介绍非欧几何的发展历程． 　　特别指出非欧几何的数学理论为广义相对论提供了思想基础和有力工具．

（续）

<table>
<tr><th colspan="2">问题拓展</th></tr>
<tr><td>

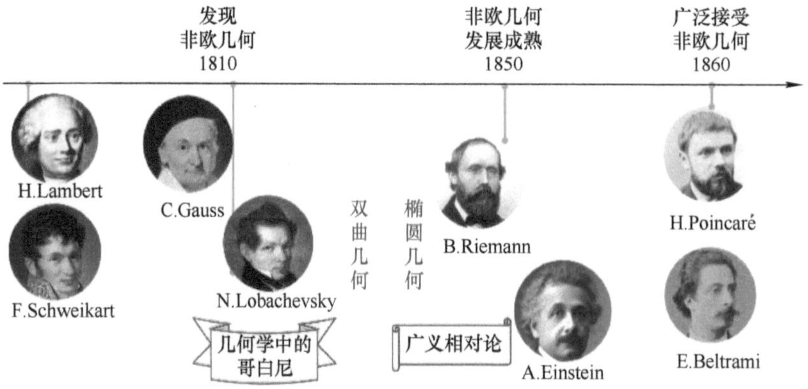

高斯是预见到非欧几何的第一人. 1813 年高斯已经形成了一套关于新几何的思想，也是他给这种新的几何命名为非欧几何. 但是忌于自己的声望，高斯终其一生都没有将他对非欧几何的思想公之于众.

1820 年俄国数学家罗巴切夫斯基是对双曲几何系统研究并发表著作的第一人. 但由于其理论太过违背传统思想，罗巴切夫斯基受到当时正统数学界的排挤和打压，他也因坚持自己的数学理论而被迫离开自己喜爱、奋斗一生的工作岗位，精神受到了极大的冲击. 但历史最终证实罗巴切夫斯基理论的正确性，人们称他是“几何学中的哥白尼”，而双曲几何也称为罗氏几何.

此后，高斯的学生黎曼发展了高斯的思想，建立了黎曼几何（椭圆几何）. 黎曼几何的诞生标志着非欧几何的成熟. 也在半个世纪后为爱因斯坦的广义相对论提供了思想基础和有力工具.

19 世纪中后期意大利数学家贝尔特拉米，法国数学家庞加莱等众多数学家的共同努力，给出了一系列非欧几何的数学模型，这些模型中就包括本节所介绍的庞加莱圆盘，这才让大部分数学家接受了非欧几何.

著名数学家希尔伯特（D. Hilbert）认为非欧几何的发现是 19 世纪最有启发性、最重要的数学成就.

</td><td>

课程思政：

介绍非欧几何的发展历程，说明探索真理的道路并不是一帆风顺的，而是非常艰苦的，需要几代人持之以恒的努力和坚定的信念. 而抽象的数学理论，也许在多年之后将极大地推动人类科技的发展. 教育学生坚定信念，树立科学精神和责任担当.

</td></tr>
<tr><th colspan="2">课后思考</th></tr>
<tr><td>

课后思考：

（1）庞加莱圆盘上的白色天使面积是否都相同?

（2）查阅文献，了解双曲几何的其他数学模型，计算对应的弧长元.

</td><td></td></tr>
</table>

四、扩展阅读资料

（1）CANNON J W，FLOYD W J，KENYON R，RARRY W R. Hyperbolic Geometry[M]. Flavors of Geometry MSRI Publications，Volume 31，1997.

（2）PAPADOPOULOS F，et al.. Popularity versus similarity in growing networks[J]. Nature，2012，489：537-540.

五、教学评注

庞加莱圆盘是双曲几何的一个重要且有趣的模型，其教学重点是庞加莱圆盘的定义和性质．课程从荷兰艺术家 M.C. Escher 的版画《圆之极限 IV：天使与恶魔》引入，激发学生浓厚的兴趣，引导学生思考．此后，借由已学过的球面到平面的球极投影，给出双叶双曲面的上半叶到平面的球极投影及其坐标表示；进而介绍 Lorentz 内积，给出庞加莱圆盘及其弧长元的概念．随后循序渐进地引导学生探索庞加莱圆盘的性质．借助丰富的图形和动画模拟演示，直观而形象地将与庞加莱圆盘的相关的球极投影、弧长元、不同曲线的弧长、测地线等呈现在学生眼前，便于学生理解抽象概念．最后在拓展与应用的部分，指出庞加莱圆盘不满足平行公理，它是双曲几何的一个数学模型．从而自然地介绍非欧几何这一 19 世纪最有启发性、最重要的数学成就，从而介绍双曲几何和非欧几何的发展历程．融入思政元素，说明探索真理的道路并不是一帆风顺的，是非常艰苦的，需要几代人持之以恒的努力和坚定的信念，教育学生坚定信念，树立科学精神和责任担当．

卷绕数和毛球定理

一、教学目标

卷绕数在代数拓扑中是基本的概念，在微分几何中也扮演了重要的角色．毛球定理是一个有趣而深刻的定理，它是 Hopf-Poincaré 定理的推论，有着广泛的应用．通过本节内容的学习，使学生能理解卷绕数的概念和性质、毛球定理的叙述及意义，掌握利用卷绕数的性质证明毛球定理的方法，了解毛球定理的应用，并能够在今后的学习和研究中应用卷绕数和毛球定理相关知识去解决实际问题．

二、教学内容

1. 主要内容

（1）平面曲线卷绕数的定义；
（2）平面曲线卷绕数的计算；
（3）平面曲线卷绕数的性质；
（4）毛球定理及其证明．

2. 教学重点

（1）平面曲线卷绕数的定义及性质；
（2）毛球定理及证明方法的数学思想．

3. 教学难点

（1）平面曲线卷绕数的性质；
（2）毛球定理的证明．

三、教学设计

1. 教学进程框图

问题引入	提出问题	数学描述	直观分析
平面曲线的卷绕数	卷绕数的定义	卷绕数的计算	卷绕数的性质
毛球定理的证明	证明思路	构造卷绕数不同的平面闭曲线	构造连续形变
问题拓展	气旋和风眼	东方超环	

2. 教学环节设计

问题引入

提出问题

想象一个密布毛发的球面，能否将球面上的每根毛都梳平？

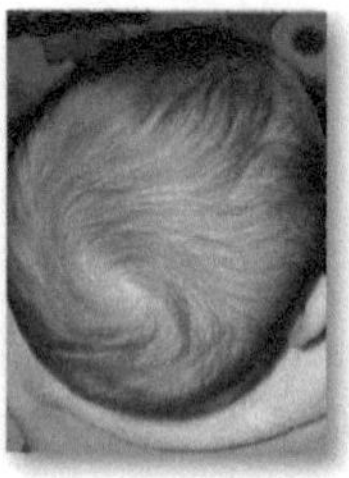

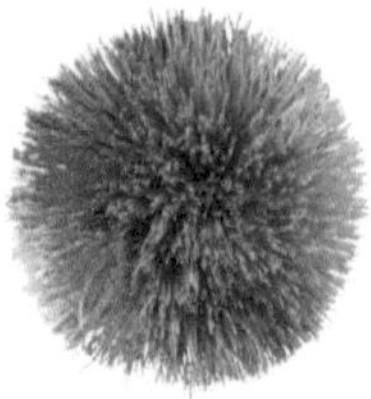

梳平要求不留下像鸡冠一样的一撮毛或者像头上的发旋一样的旋. 也许大家会本能地回答“可以”，这似乎并不是什么难事，只要我们一直按照同一个方向去顺毛，不就可以达到要求了吗？

请大家注意的是，我们现在考虑的是一个表面长满毛的球面，球面上每一点都对应一根毛发. 看来结果并不那么显然. 其实，它对应着一个非常深刻的数学定理. 接下来，先用数学语言来描述这一问题.

教学意图：

提出并解释问题，激发学生的兴趣和讨论.

数学描述

考虑单位球面，即

$$S^2=\left\{(x_1,x_2,x_3)\in\mathbf{R}^3\left|x_1^2+x_2^2+x_3^2=1\right.\right\}.$$

球面上的一根毛对应过球面上点 x 的一条曲线，我们只关注这条曲线在球面表面邻近的部分，因此可以用曲线在 x 点处的切向量 $\boldsymbol{v}(x)\in\mathbf{R}^3$ 来代表这条曲线. 在合理的参数表示下，这个切向量不是零向量.

梳平的毛对应于球面上的曲线，这时曲线在 x 点处的切向量 $\boldsymbol{v}(x)$ 也是球面在 x 处的一个切向量. 每一根毛都梳理平整就意味着球面上所有点对应的 $\boldsymbol{v}(x)$ 构成球面上一个非零的连续切向量场.

根据上述分析，将问题“密布毛发的球面，能否将球面上的每根毛都梳平？”转化为“球面上是否存在处处非零的连续切向量场？”

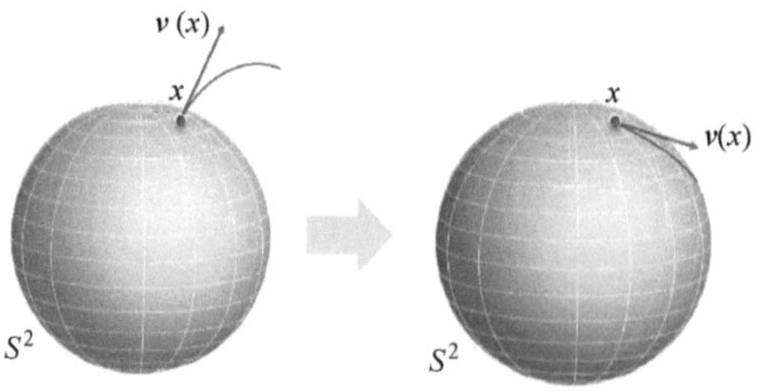

教学意图：

借助图形将所提出的问题抽象为数学问题，并直观解释零点的含义.

思政元素：

如何将实际问题转化成数学问题，是培养学生学以致用，解决实际问题能力的重要一环.

（续）

问题引入

直观分析

先来看两个简单的曲面，平面与圆柱面，如果密布了毛发能不能梳平？等价的只要看这两个曲面上是否存在处处非零的连续切向量场.

直观上，连续切向量场是指在小邻域内向量的方向和大小改变都不大.

给定平面上某一向量场：

可将其梳平，得到平面上存在处处非零的连续切向量场：

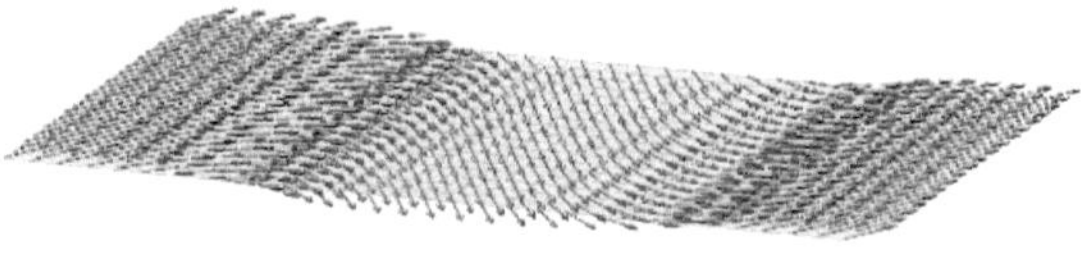

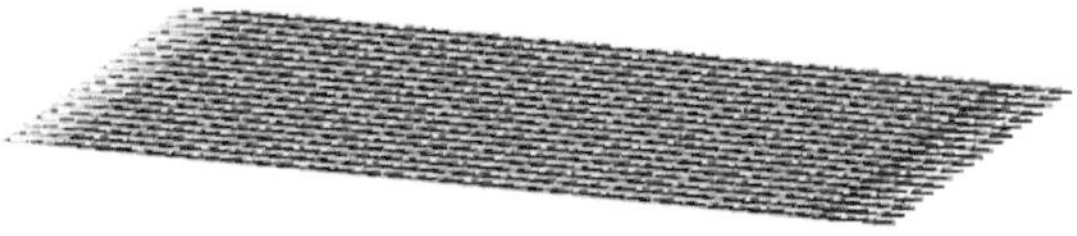

类似地，由于圆柱面可以通过平面卷起来得到. 只要黏合处的切向量可以保持连续性，就可以得到在整个圆环面上的连续切向量场. 因此圆柱面上也存在处处非零的连续切向量场：

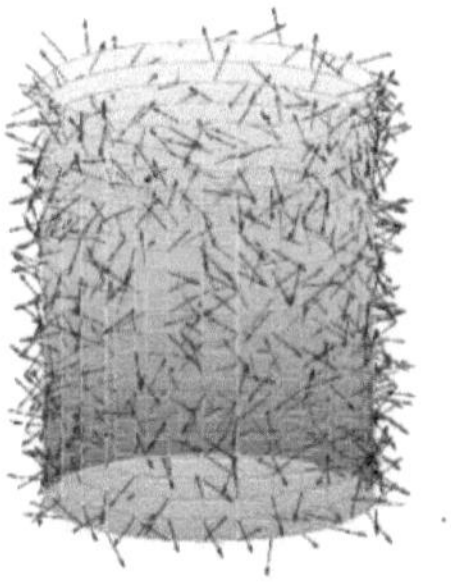

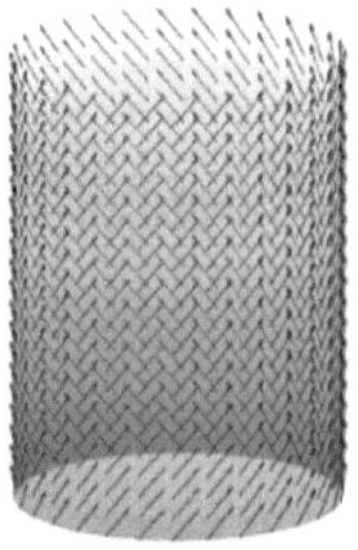

接着考虑球面上切向量场的问题.

给定球面上某一向量场：

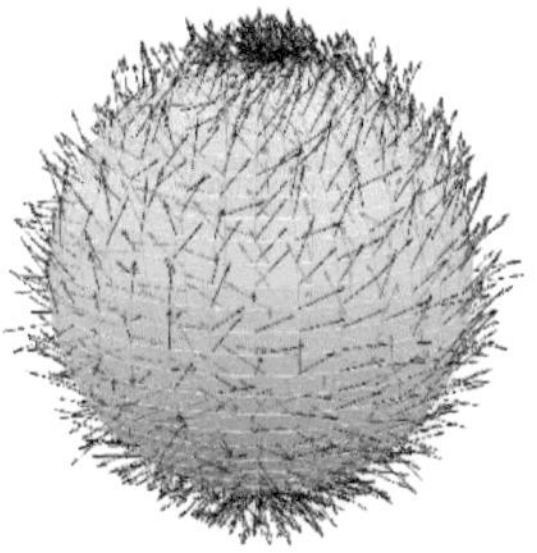

尝试不同的梳理方式.

教学意图：

以相对简单的平面、圆柱面为例，结合图形说明这两种曲面上的处处非零的连续切向量场的存在性. 进一步明确毛发被梳平的数学表述.

通过图形强调连续切向量场的直观含义.

提问：

大家想怎么梳理这个毛球呢？引导学生展开想象力来梳理毛球.

（续）

<table>
<tr><th colspan="2">问题引入</th></tr>
<tr><td>

（1）若按经线方向梳理，则在南北两极会出现零点.

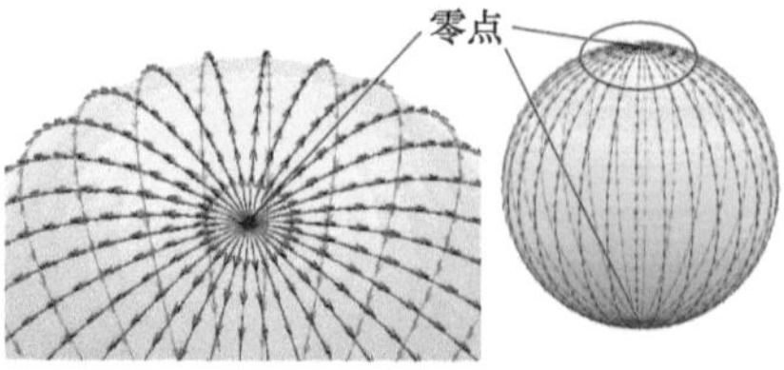

左图为右图在北极点附近的局部放大图.

如上右图中，从北极向南极沿着经线，从上往下梳．猛一看，似乎梳平了．但若把北极点附近放大后，可以看到北极点周围的切向量方向指向四周，北极点处的切向量应是什么方向的才能使得在这点处连续？北极点处的切向量只能是零向量．因此，这个切向量场存在零点.

注意，这个球面是密布毛发的，每点都有毛发，北极点的这根毛就没有梳平．这显然不符合我们的要求.

（2）若按纬线方向梳理，则在南北两极也会出现零点.

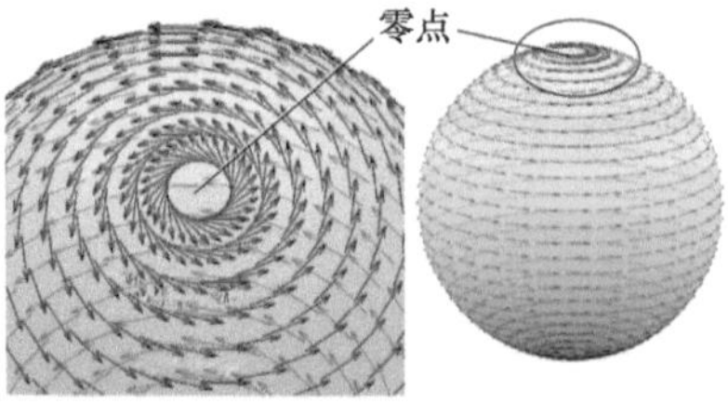

</td><td>

尝试不同的梳理方式得到显而易见的结论：

若按经线方向或纬线方向梳理，则在南北两极都会出现零点.

为学生直观理解毛球定理的结论铺垫基础.

进而提问：

是否无论如何梳理都会出现零点？

</td></tr>
<tr><td>

毛球定理

毛球定理：球面 S^2 上的连续切向量场必有零点.

形象描述是：永远不可能“抚平”一个毛球！它最早由法国数学家 Poincaré（庞加莱）于 1885 年提出．事实上，这个定理可以推广到更高维的空间：任意偶数维单位球上的连续切向量场必有零点，这一结论由荷兰数学家 Brouwer（布劳威尔）于 1912 年证明.

</td><td>

教学意图：

介绍毛球定理.

课程思政：

不可思议的现象背后往往有深刻的数学背景.

</td></tr>
<tr><td>

数学家庞加莱和布劳威尔介绍

前面学习 Poincaré 圆盘时已介绍过庞加莱．他被公认是 19 世纪后期和二十世纪初的领袖数学家，“最后一个数学全才”，是一位在数学所有分支领域都造诣深厚的数学家.

H.Poincaré
法国数学家 1854~1912

L. Brouwer
荷兰数学家 1881~1966

布劳威尔，荷兰数学家．主要研究领域为拓扑学，他取得不少重要的成果，突出贡献是建立布劳威尔不动点定理．他强调数学直觉，坚持数学对象必须可以构造，被视为直觉主义的创始人和代表人物．他的工作得到全世界的承认，被奥斯陆大学、剑桥大学授予荣誉学衔；被推选为荷兰皇家科学院和德国科学院院士；被选为美国哲学会和伦敦的皇家学会会员.

庞加莱和布劳威尔对毛球定理的证明都比较复杂，接下来将学习平面闭曲线的卷绕数，从而给出毛球定义一个简短的证明.

</td><td>

课程思政：

通过数学家的介绍，提高学生数学修养和科学精神，激发学生的学习积极性.

介绍数学家庞加莱和布劳威尔突出成就和重大贡献.

明确本节课接下来的教学任务.

</td></tr>
</table>

（续）

平面曲线的卷绕数

卷绕数的定义

定义：给出平面曲线 $\gamma = \gamma(t), t \in [0, l]$，其中 $\gamma \in \mathbf{R}^2$. 若 $\gamma(0) = \gamma(l)$，则称曲线是闭的. 平面有向闭曲线 γ 相对于点 P（不在曲线上）的卷绕数为曲线绕点 P 转过的圈数，与平面的定向相同为正，相反为负，记为 $W(\gamma, P)$. 其中平面定向如右图所示.

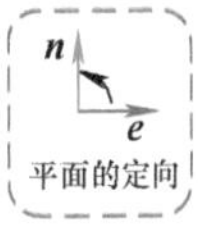

注：（1）直观描述：把曲线想象为某个物体的运动轨迹，运动方向就是曲线方向，曲线的卷绕数就是物体按平面定向绕过点 P 的总次数.

（2）以如下两个单位圆的为例：

绿色曲线 γ 绕点 P 转过的圈数为 1，且曲线 γ 的方向与平面的定向相同，故 $W(\gamma, P) = 1$.

红色曲线 γ_1 绕点 Q 转过的圈数为 1，但曲线 γ_1 的方向与平面的定向相反，故 $W(\gamma_1, Q) = -1$.

例：考虑如下曲线相对于点 P 的卷绕数.

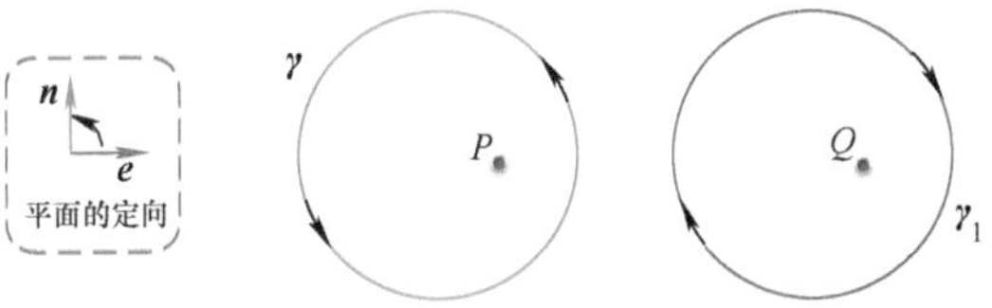

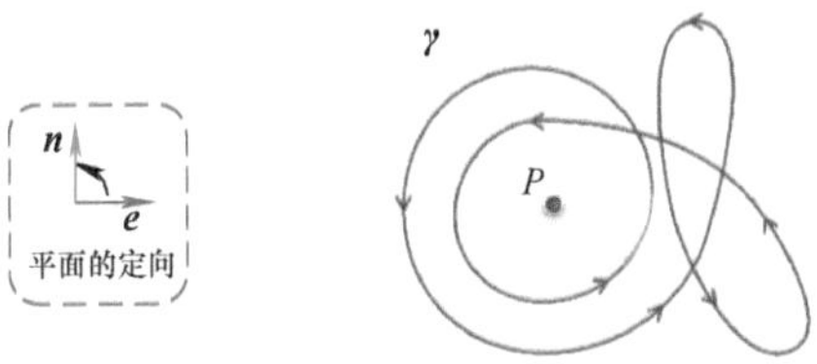

解：根据卷绕数的直观描述，把曲线想象为某个物体的运动轨迹，以点 P 为观察点，借助动画展示曲线绕观察点 P 的圈数，用图中的蓝色曲线表示. 可见曲线绕点 P 转过的圈数为 2，且曲线的方向与平面的定向相同，故 $W(\gamma, P) = 2$.

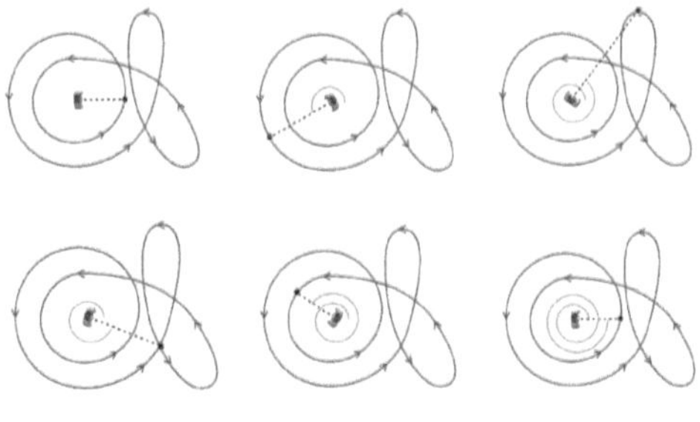

练习：考虑如下平面闭曲线相对于点 P 的卷绕数.

解：根据卷绕数的直观描述，上述曲线相对于点 P 的卷绕数分别为 -2，-1，0，1，2，3.

教学意图：
给出卷绕数的定义.

强调卷绕数的符号与平面定向及曲线本身的定向的关系.

通过卷绕数的描述性定义计算特殊曲线的卷绕数.

通过练习使学生熟悉卷绕数的定义.

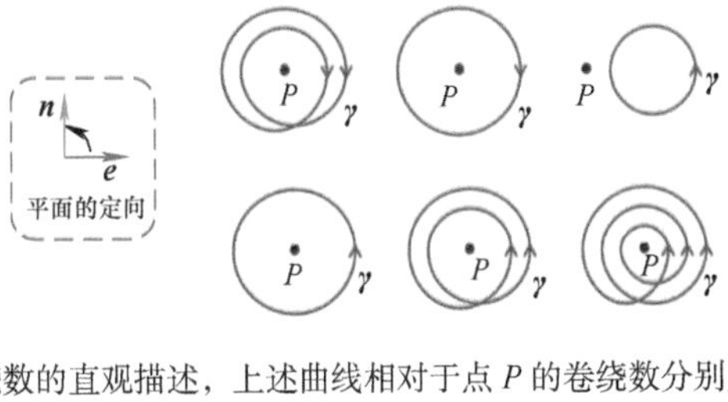

通过提问的方式设计教学互动，让学生熟悉卷绕数的定义，并为卷绕数的简便计算法做铺垫.

（续）

平面曲线的卷绕数

卷绕数的计算

（1）卷绕数的简便计算法

再次考虑上面的练习和例题，依然选择上面的平面定向，即顺时针方向为负，逆时针方向为正，从 P 点出发，沿任意方向做射线，如下图所示：

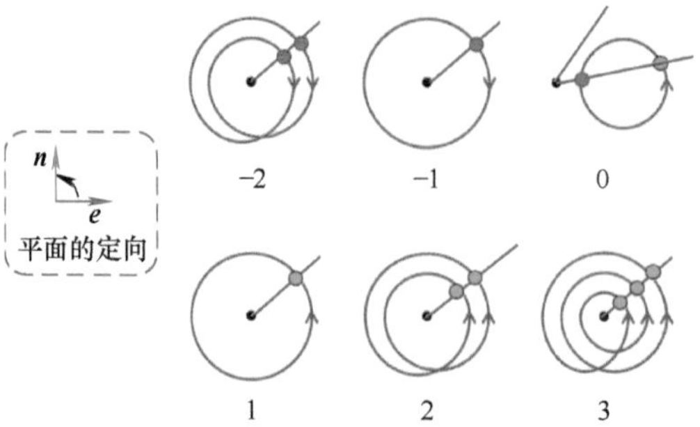

上图中红色的点表示负向穿过射线的交点，绿色的点表示正向穿过射线的交点．计算曲线与射线的交点个数，即可得到卷绕数的如下计算公式：

$W(\gamma,P)$ = 正向穿过射线的交点个数 − 负向穿过射线的交点个数.

教学意图：

通过对图形的观察引导学生总结出卷绕数更为简洁的计算方式.

（2）卷绕数的公式计算法

平面上的点 $\boldsymbol{x}$ 用相应的极坐标表示，即 $\boldsymbol{x}=\|\boldsymbol{x}\|(\cos\theta,\sin\theta)$．考虑不经过原点的连续平面闭曲线 $\boldsymbol{\gamma}=\boldsymbol{\gamma}(t),t\in[0,l]$，则存在连续函数 $\theta(t)$ 使得

$$\boldsymbol{\gamma}(t)=\|\boldsymbol{\gamma}(t)\|(\cos\theta(t),\sin\theta(t)).$$

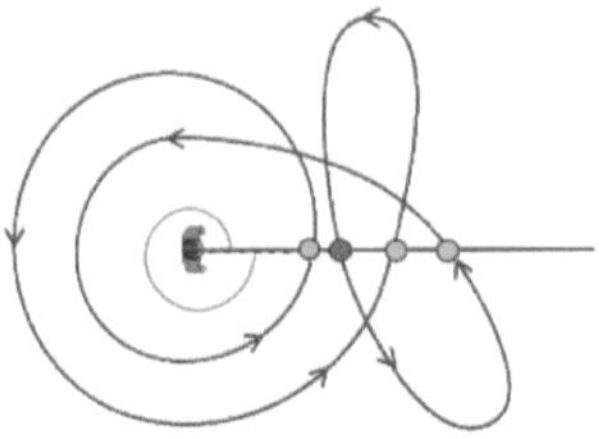

类似地，若平面闭曲线 $\boldsymbol{\gamma}=\boldsymbol{\gamma}(t),t\in[0,l]$ 不经过点 $P(x_0,y_0)$，则存在某一连续函数 $\theta(t)$ 使得

$$\boldsymbol{\gamma}(t)=(x_0,y_0)+\|\boldsymbol{\gamma}(t)\|(\cos\theta(t),\sin\theta(t)).$$

若存在另一个连续函数 $\phi(t)$ 使得

$$\boldsymbol{\gamma}(t)=(x_0,y_0)+\|\boldsymbol{\gamma}(t)\|(\cos\phi(t),\sin\phi(t)),$$

则对每一个 $t\in[0,l]$，有

$$\phi(t)-\theta(t)=2\pi k_t,$$

其中 k_t 是某一整数．注意到 $\theta(t)$ 和 $\phi(t)$ 的连续性，$\phi(t)-\theta(t)$ 也是连续函数．因此，$\phi(t)-\theta(t)$ 是常函数，且 $\phi(b)-\phi(a)=\theta(b)-\theta(a)$.

根据上述分析，可以给出卷绕数的如下计算公式.

结论： $\boldsymbol{\gamma}=\boldsymbol{\gamma}(t)\in\mathbf{R}^2,t\in[0,l]$，$\boldsymbol{\gamma}(0)=\boldsymbol{\gamma}(l)$ 是不经过点 $P(x_0,y_0)$ 的平面闭曲线．若

$$\boldsymbol{\gamma}(t)=(x_0,y_0)+\|\boldsymbol{\gamma}(t)\|(\cos\theta(t),\sin\theta(t)),$$

其中 $\theta(t)$ 为某一连续函数，则 $W(\boldsymbol{\gamma},P)=\dfrac{\theta(l)-\theta(0)}{2\pi}$.

教学意图：

通过推导引导学生总结出卷绕数的计算公式.

强调卷绕数是一个整数，且不依赖于角度函数 $\theta(t)$ 的选取.

（续）

平面曲线的卷绕数

卷绕数的性质

教学意图：

介绍平面闭曲线连续形变的定义．给出卷绕数的性质．

根据卷绕数的定义，直观上就可以知道，卷绕数在曲线的连续形变下应该是保持不变的．为了将这一性质严格叙述，先给出连续形变的概念．

定义：设 $\gamma_a:[0,l]\to D,\gamma_b:[0,l]\to D$ 是 $D\subset\mathbf{R}^2$ 内两条闭曲线，若存在连续映射 $H:[0,l]\times[a,b]\to D$ 使得

$$H(t,a)=\gamma_a(t),H(t,b)=\gamma_b(t)$$

且对任意 $u\in(a,b)$，$H(t,u)=\gamma_u(t)$ 为 D 中闭曲线，则称 $H(t,u)$ 为 D 内从曲线 γ_a 到 γ_b 的连续形变．

对于存在连续形变的两条平面闭曲线的卷绕数有如下重要结论．

性质：若 $\gamma_a(t)$ 可不经过 P 点连续形变到 $\gamma_b(t)$，则 $W(\gamma_a,P)=W(\gamma_b,P)$．

注：以下通过几个具体的例子解释说明该性质：

（1）设 $\gamma_1(\theta)=(\cos\theta,\sin\theta)$, $\gamma_2(\theta)=(2\cos\theta,2\sin\theta)$, $\theta\in[0,2\pi]$ 分别是半径为 1 和 2 的两个圆，若点 P 在半径为 1 的小圆内部，如下左图所示．显然有 $W(\gamma_1,P)=W(\gamma_2,P)=1$．

以两个半径不同的圆为例，通过放缩的方式建立它们之间的一种连续形变．

构造映射：

$$H(\theta,u)=(u\cos\theta,u\sin\theta),\theta\in[0,2\pi],u\in[1,2],$$

如下右图所示．

可以验证 $H(\theta,1)=\gamma_1(\theta)$, $H(\theta,2)=\gamma_2(\theta)$, $H(\theta,u)$ 为 (θ,u) 的连续映射，且对任意的 $(\theta,u)\in[0,2\pi]\times[1,2]$，都有 $P\notin H(\theta,u)$．

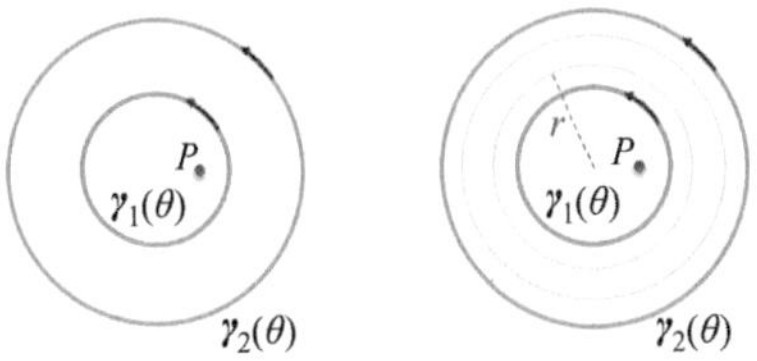

因此，$H(\theta,u)$ 是 $D\subset\mathbf{R}^2/P$ 内从曲线 γ_1 到 γ_2 的连续形变．从而验证了连续形变不改变曲线的卷绕数．

（2）设 $\gamma_0(\theta)=(\cos\theta,\sin\theta)$, $\theta\in[0,2\pi]$ 为一单位圆，将其逆时针旋转 90°，得 $\gamma_{\frac{\pi}{2}}(\theta)=\left(\cos(\theta+\frac{\pi}{2}),\sin(\theta+\frac{\pi}{2})\right),\theta\in[0,2\pi]$，如下图所示．其实它们表示同一单位圆，但选择的参数不同．

以两个半径相同的圆为例，通过旋转的方式建立它们之间的一种连续形变．

显然有 $W(\gamma_0,O)=W(\gamma_{\frac{\pi}{2}},O)=1$．

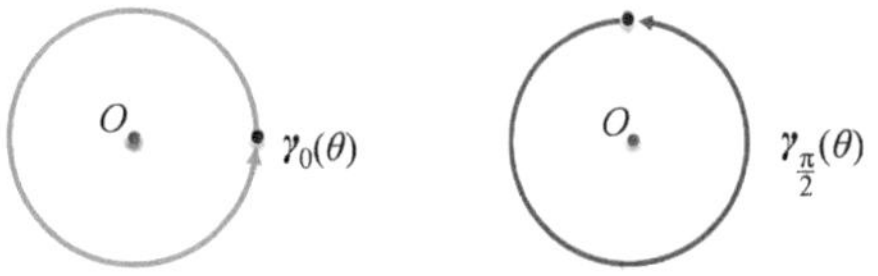

构造映射：$H(\theta,\varphi)=(\cos(\theta+\varphi),\sin(\theta+\varphi))$，$\theta\in[0,2\pi],\varphi\in\left[0,\frac{\pi}{2}\right]$．

可以验证 $H(\theta,0)=\gamma_0(\theta)$, $H(\theta,\frac{\pi}{2})=\gamma_{\frac{\pi}{2}}(\theta)$, $H(\theta,\varphi)$ 关于 (θ,φ) 的连续，且对任意的 $(\theta,\varphi)\in[0,2\pi]\times\left[0,\frac{\pi}{2}\right]$，都有 $O\notin H(\theta,u)$．

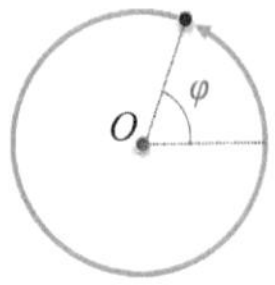

因此，$H(\theta,\varphi)$ 是 $D\subset\mathbf{R}^2/O$ 内从曲线 γ_0 到 $\gamma_{\frac{\pi}{2}}$ 的连续形变．从而再次验证了连续形变不改变曲线的卷绕．

（续）

平面曲线的卷绕数

（3）若连续形变经过 P 点，则变化后的曲线的卷绕数可能会改变.

下图中的曲线 γ_1 可以通过连续形变（缩小和平移）变为曲线 γ_2，但点 P 在中间某一连续形变对应的闭曲线上，不满足卷绕数性质的条件. 对于下图中的两个例子，均有 $W(\gamma_1,P)\neq W(\gamma_2,P)$.

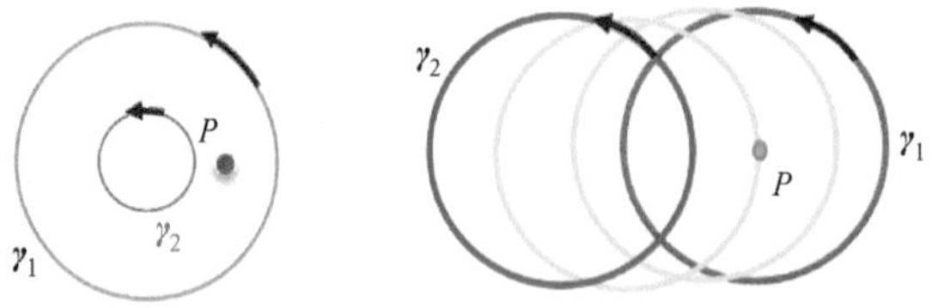

引导思考：

若点 P 在两圆中间，还可以利用性质得到 $W(\gamma_a,P)$ 等于 $W(\gamma_b,P)$ 吗?

强调连续形变不经过 P 点.

毛球定理的证明

毛球定理的证明思路

明确需要证明的结论，回顾毛球定理的叙述：球面 S^2 上的连续切向量场必有零点.

正所谓“正难则反”，反证法是间接论证的方法之一，是从反方向证明的证明方法，即：肯定题设而否定结论，经过推理导出矛盾，从而证明原命题. 反证法是一种有效的解释方法，特别是在进行正面的直接论证比较困难时，用反证法往往会收到更好的效果. 牛顿曾评价：“反证法是数学家最精当的武器之一”.

采用反证法证明毛球定理，首先假设存在 S^2 上的连续切向量场 $\boldsymbol{v}(x)$，且 $\boldsymbol{v}(x)\neq 0,\forall x\in S^2$（即该向量场没有零点）. 于是，不妨设 $\boldsymbol{v}(x)$ 为单位切向量场. 如何进一步结合卷绕数的性质导出矛盾？注意到，卷绕数是对平面闭曲线来定义的，因此接下来证明的关键是构造可连续形变的平面闭曲线. 具体步骤为：

1. 利用连续单位切向量场 $\boldsymbol{v}(x)$ 构造两条卷绕数不同的平面闭曲线；

2. 证明上述构造出的两条闭曲线可连续形变，且连续形变不经过相对点，则结合卷绕数的性质，便可得出矛盾！

教学意图：

梳理证明思路.

课程思政：

引导学生联想到反证法，强化反证法的数学思想.

引导思考：

如何利用卷绕数的性质导出矛盾，从而证明毛球定理?

球面的切向量与平面上点的对应关系

首先给出 $S^2=\left\{(x_1,x_2,x_3)\in\mathbf{R}^3\,\middle|\,x_1^{\ 2}+x_2^{\ 2}+x_3^{\ 2}=1\right\}$ 的参数方程：$\boldsymbol{r}(\theta,t)=(\sqrt{1-t^2}\cos\theta,\sqrt{1-t^2}\sin\theta,t)$，其中 $(\theta,t)\in[0,2\pi)\times[-1,1]$，$\theta$ 和 t 的意义如图所示.

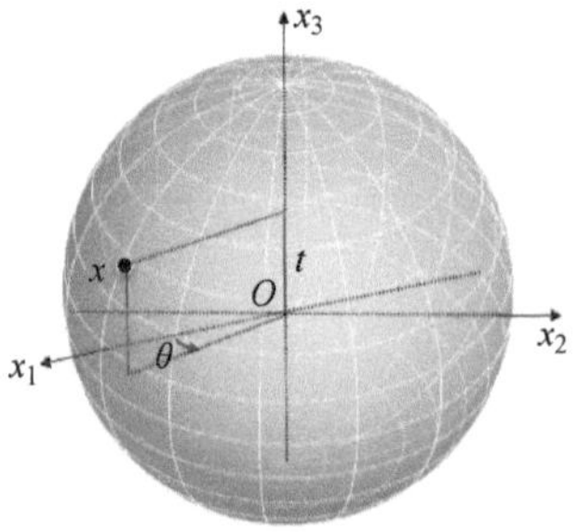

接下来，建立球面的切向量与平面上点的对应关系，具体方式如下：

（1）对于球面 S^2 上每一点 x，根据反证法假设，都存在一个单位切向量 $\boldsymbol{v}(x)$ 与之对应. 根据上述球面的参数方程，可知切向量 $\boldsymbol{v}(x)$ 又可看成 θ 和 t 的函数. 由于 $\boldsymbol{v}(x)$ 在球面过点 x 的切平面上（下图中的灰色平面），若以球面在该点处的指向东方的单位向量（纬线的单位切向量）$\boldsymbol{e}=(-\sin\theta,\cos\theta,0)$ 和指向北方的单位向量（经线的单位切向量）$\boldsymbol{n}=(-t\cos\theta,-t\sin\theta,\sqrt{1-t^2})$ 为自然基底，则切向量 $\boldsymbol{v}(x)$ 有如下表示：$\boldsymbol{v}=(\boldsymbol{v}\cdot\boldsymbol{e})\boldsymbol{e}+(\boldsymbol{v}\cdot\boldsymbol{n})\boldsymbol{n}$.

教学意图：

建立球面的切向量与平面上点的对应关系，为构造可连续形变的平面闭曲线做准备.

（续）

毛球定理的证明

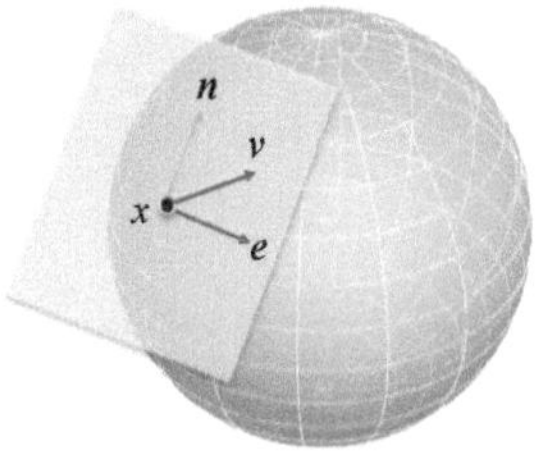

结合图形将球面的切向量在自然基底下分解.

（2）取 xOy 平面上的指向东方的单位向量 $\boldsymbol{e}'=(1,0)$ 和指向北方的单位向量 $\boldsymbol{n}'=(0,1)$ 为自然基底，以上述的 $\boldsymbol{v}\cdot\boldsymbol{e}$ 和 $\boldsymbol{v}\cdot\boldsymbol{n}$ 为横纵坐标，可以唯一确定平面上某一点，如下图所示（蓝色的点）. 注意到 $\boldsymbol{v}(x)$ 是单位向量，该点到原点的距离为 1.

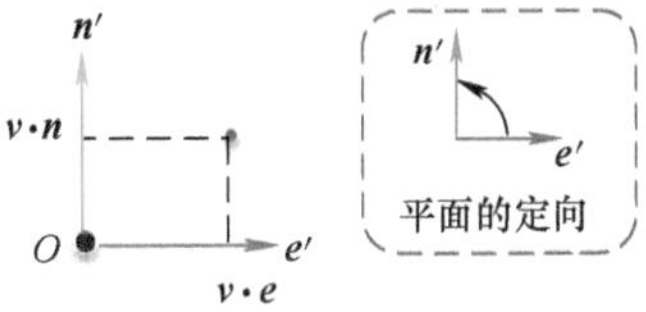

结合图形给出球面的切向量与平面上点的对应关系.

上述两个步骤实际上给出了球面的切向量与平面上单位圆周上点的对应关系：

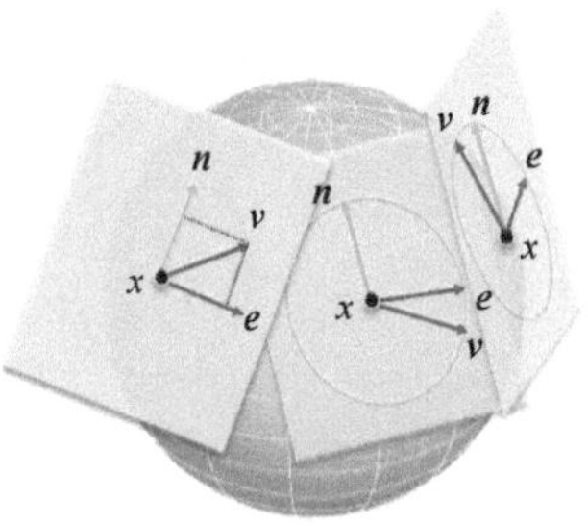

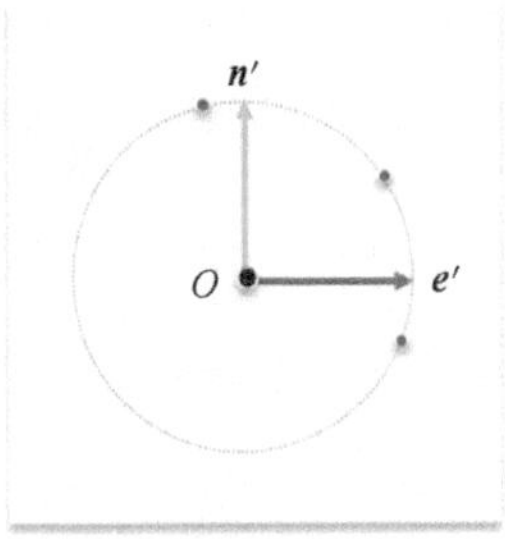

讨论：

如何直观理解这种对应关系？实际上将切平面移动到 xOy 平面，并将它们的自然基底重合，切向量 $\boldsymbol{v}$ 的终点就是对应点.

构造卷绕数不同的平面闭曲线

结合上述球面的切向量与平面上点的对应关系，为直观构造平面闭曲线，不妨考虑极点附近的纬圆.

（1）由北极点附近纬圆的切向量构造平面闭曲线

北极点 N 附近的纬圆对应的参数 t 为常数，记为 b. 该纬圆上各点的切向量也可以近似看成常向量，记为 $\boldsymbol{v}(\theta,b)$. 显然有 $b\approx 1$，$\boldsymbol{v}(\theta,b)\approx\boldsymbol{v}(N)\neq 0$.

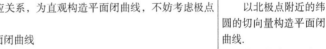

利用球面的切向量与平面上点的对应关系，与这些切向量对应的曲线是平面上的单位圆，记为 $\boldsymbol{\gamma}_b$，则 $\boldsymbol{\gamma}_b(\theta)=(\boldsymbol{v}\cdot\boldsymbol{e},\boldsymbol{v}\cdot\boldsymbol{n})|_{t=b}$. 下面讨论 $\boldsymbol{\gamma}_b$ 相对于原点的卷绕数.

教学意图：

以北极点附近的纬圆的切向量构造平面闭曲线.

数形结合，明确北极点附近纬圆切向量的特点.

（续）

毛球定理的证明

下图左侧图像中的黑色圆圈表示球面上北极点附近的小纬圆（放大后的效果图），绿色向量是指向北方的单位向量，红色向量是指向东方的单位向量，蓝色向量表示球面在纬圆上相应点处的切向量，这里将其近似为球面在北极点处的切向量；下图右侧图像表示与左侧切向量对应的平面上的点及向径.

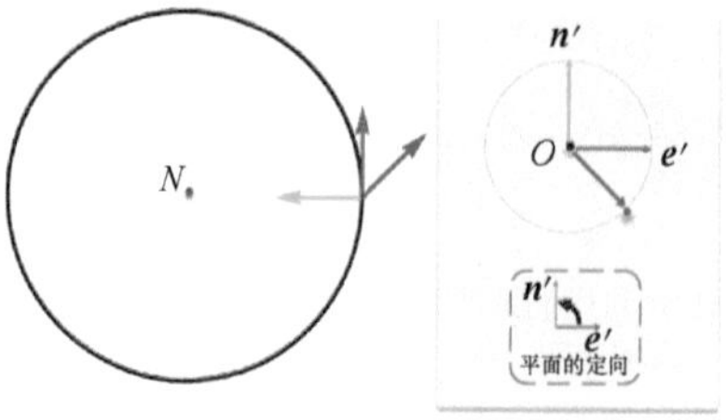

设计动画演示，

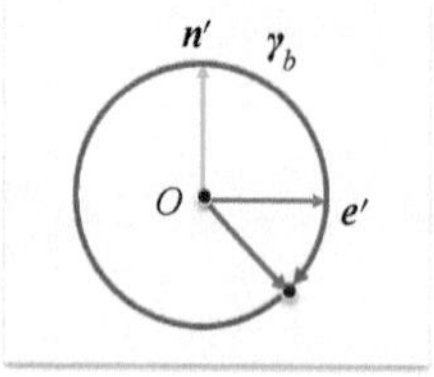

展示北极点附近的纬圆的切向量对应的平面点的轨迹为单位圆周，且运动方向为顺时针方向，与平面的定向相反. 因此，$W(\gamma_b,O)=-1$.

（2）由南极点附近纬圆的切向量构造平面闭曲线

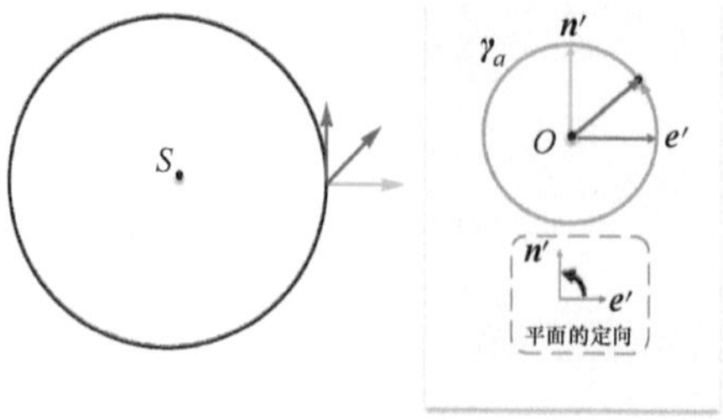

类比上述讨论，南极点 S 附近的纬圆对应的参数 t 记为 a. 该纬圆上各点的切向量也可以近似看成常数，记为 $\boldsymbol{v}(\theta,a)$. 由这些切向量可构造平面上一个单位圆，记为 $\boldsymbol{\gamma}_a$，则 $\boldsymbol{\gamma}_a(\theta)=(\boldsymbol{v}\cdot\boldsymbol{e},\boldsymbol{v}\cdot\boldsymbol{n})|_{t=a}$. 同样借助动画可知 $W(\boldsymbol{\gamma}_a,O)=1$.

> 动画演示：
>
> （ch3sec1- 北极点附近曲线卷绕数演示）北极点附近的纬圆的切向量对应的平面点的轨迹 $\boldsymbol{\gamma}_b$.
>
> 借助动画直观讨论 $\boldsymbol{\gamma}_b$ 相对于原点的卷绕数.
>
> 引导思考：
>
> 如何构造出一条平面闭曲线？
>
> 类比由北极点附近的纬圆的切向量得到平面闭曲线的方式，构造另外一条平面闭曲线.
>
> 动画演示：
>
> （ch3sec1- 南极点附近曲线卷绕数演示）动画演示南极点附近的纬圆的切向量对应平面点的轨迹 $\boldsymbol{\gamma}_a$.

构造连续形变

再次利用球面的切向量与平面上点的对应关系，借助球面上的一系列纬圆的切向量构造曲线 $\boldsymbol{\gamma}_a$ 到 $\boldsymbol{\gamma}_b$ 的连续形变. 具体来说，令 $H(\theta,t)=(\boldsymbol{v}\cdot\boldsymbol{e},\boldsymbol{v}\cdot\boldsymbol{n})$，$\theta\in[0,2\pi],t\in[a,b]$.

可以验证 $H(\theta,a)=\boldsymbol{\gamma}_a(\theta)$, $H(\theta,b)=\boldsymbol{\gamma}_b(\theta)$, 由于 $\boldsymbol{e},\boldsymbol{n},\boldsymbol{v}$ 的连续性可知，$H(\theta,t)$ 是关于 (θ,t) 的连续映射，且对任意的 $(\theta,t)\in[0,2\pi]\times[a,b]$，都有 $O\notin H(\theta,u)$.

因此，$H(\theta,t)$ 是 $D\subset\mathbf{R}^2/O$ 内从曲线 $\boldsymbol{\gamma}_a$ 到 $\boldsymbol{\gamma}_b$ 的连续形变.

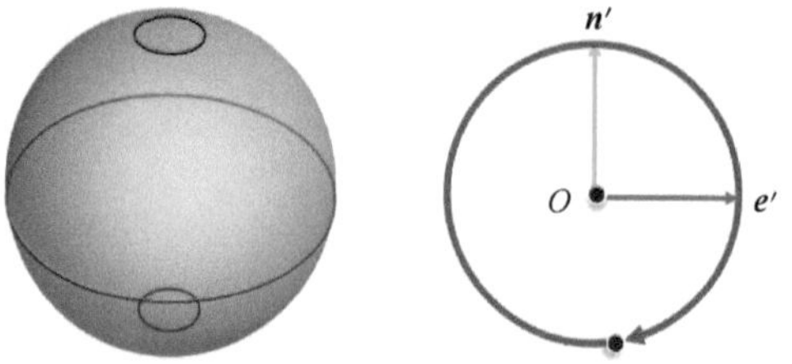

利用卷绕数在连续形变下的不变性，可知 $W(\boldsymbol{\gamma}_a,O)=W(\boldsymbol{\gamma}_b,O)$，这与 $W(\boldsymbol{\gamma}_a,O)=1$，$W(\boldsymbol{\gamma}_b,O)=-1$ 矛盾. 从而毛球定理得证.

> 教学意图：
>
> 构造上述两条闭曲线的连续形变.
>
> 引导思考：
>
> 是否能将证明中连续映射 $H(\theta,t)$ 中 t 的取值范围变为 $[-1,1]$？

（续）

<table>
<tr><th colspan="2">毛球定理的证明</th></tr>
<tr><td>

毛球定理的严格证明

证明：采用反证法，假设存在 S^2 上的连续的处处非零切向量场 $\boldsymbol{v}$（以 (θ,t) 为参数），不妨设 $|\boldsymbol{v}|=1$．定义连续形变：

$$H:[0,2\pi]\times[-1,1]\to\mathbf{R}^2/(0,0)$$
$$H(\theta,t)=(\boldsymbol{v}\cdot\boldsymbol{e},\boldsymbol{v}\cdot\boldsymbol{n}),$$

其中，$\boldsymbol{e}=(-\sin\theta,\cos\theta,0)$, $\boldsymbol{n}=(-t\cos\theta,-t\sin\theta,\sqrt{1-t^2})$．

则 $H(\theta,-1)=(\boldsymbol{v}(\theta,-1)\cdot\boldsymbol{e},\boldsymbol{v}(\theta,-1)\cdot\boldsymbol{n})$，$\theta\in[0,2\pi]$，其中 $\boldsymbol{v}(\theta,-1)$ 是球面 S^2 在南极点处的切向量，$\boldsymbol{e}=(-\sin\theta,\cos\theta,0),\boldsymbol{n}=(\sin\theta,\cos\theta,0)$ 为 S^2 在南极点处切平面的自然基底．

易知，随着 θ 的增加，$\{\boldsymbol{e},\boldsymbol{n}\}$ 顺时针旋转一周，所以 $\boldsymbol{v}(\theta,-1)$ 相对于基底 $\{\boldsymbol{e},\boldsymbol{n}\}$ 应该逆时针旋转一周，且与平面定向同向，故 $W(H(\theta,-1),O)=1$．类似地，可得 $W(H(\theta,1),O)=-1$．这与卷绕数在连续形变下的不变性矛盾，假设不成立．故球面 S^2 上的连续切向量场必有零点．

</td><td>

教学意图：

上述证明过程将球面在极点附近纬圆上的切向量近似为极点处的切向量，仅是一种直观上的证明．实际上只需稍加改动就可以给出毛球定理的严格证明．

由具体到抽象，培养学生的逻辑思维能力．

</td></tr>
<tr><th colspan="2">问题拓展</th></tr>
<tr><td>

气旋和风眼

作为理想化的模型，忽略空气的垂直运动，将风看成地球表面的一个切向量．因为覆盖地球表面的大气层可以看作是连续分布的，自然地，可将风视为是球面上一个连续的切向量场．这样看来，一个完全没有风的点（空气静止）对应着向量场的一个零点．毛球定理说明零点存在，因此可知任意时刻地球表面都存在没有风的点．

而零点又对应着气旋或反气旋的中心（风眼）．由毛球定理可以得出，任意时刻地球表面都存在没有风的点，如气旋和风眼，在风眼处风平浪静，不会从水平吹入中心或从其中吹出（只能上升或下降），但四周都有风环绕．

</td><td>

教学意图：

将运用到气象学上，解释气旋和风眼的存在．

</td></tr>
<tr><td>

东方超环

球面上不存在处处非零的连续切向量场，而环面上存在处处非零的连续切向量场．

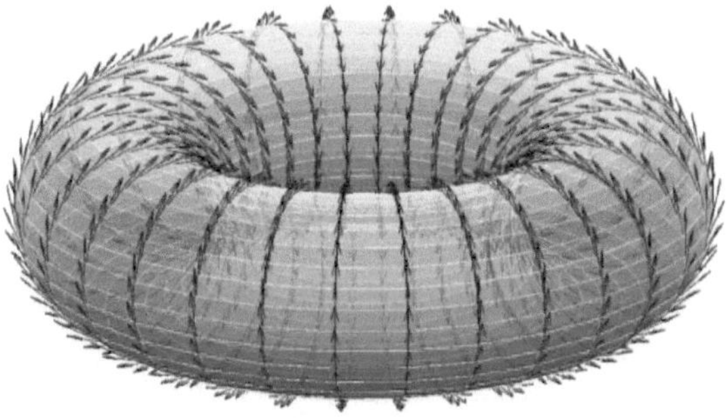

</td><td>

动画演示：

（ch3sec1- 圆环面上的切向量场）

直观展示环面上存在处处非零的连续切向量场．

</td></tr>
</table>

（续）

<table>
<tr><th colspan="2">问题拓展</th></tr>
<tr><td>
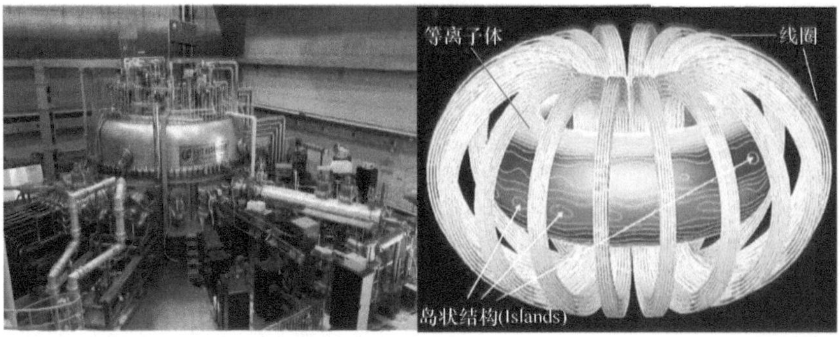

“东方超环”是中科院合肥物质科学研究院等离子体物理研究所自主研制，并拥有完全知识产权的国际首个全超导托卡马克装置，因为它的目标就是像太阳一样发生核聚变为人类提供能源，“东方超环”也被称为“人造太阳”.

在 2017 年，“东方超环”在世界上首次实现了 5000 万度等离子体持续放电 101.2s 的高约束运行，实现了从 60s 到百秒量级的跨越.

2018 年底，“东方超环”又首次实现了 1 亿度等离子体放电，实现加热功率超过 10MW，等离子体储能增加到 300kJ.

2020 年 4 月，“东方超环”将 1 亿度维持了近 10s，这次的创举实际上是东方超环取得的重大突破.

“东方超环”的建造具有十分重大的科学意义，它不仅是一个全超导托卡马克，而且具有会改善等离子体约束状况的大拉长非圆截面的等离子体位形，它的建成使我国成为世界上少数几个拥有这种类型超导托卡马克装置的国家，使我国磁约束核聚变研究进入世界前沿.

“东方超环（EAST）”通过磁场来约束磁瓶中的核聚变物质，从而达到核聚变反应要求的超高温环境. 正是由于圆环面上存在着处处非零的连续切向量场，才使得上述通过磁场来约束超高温的核聚变物质成为可能，本节所介绍的毛球定理从理论上告诉我们球形的容器是不适用的.
</td><td>
课程思政：

介绍我国自主设计、研制并拥有完全知识产权的国际首个全超导托卡马克装置“东方超环”，是国际上最重要的高参数长脉冲等离子体物理实验平台. 通过这一重大科技成果激发学生爱国热情与情怀，教育学生树立科学精神和责任担当.

介绍“东方超环”，开阔学生的眼界，激发学生的爱国热情.
</td></tr>
<tr><th colspan="2">课后思考</th></tr>
<tr><td>
课后思考：

查阅文献资料，课后思考两个问题：

（1）卷绕数的其他性质及证明；

（2）毛球定理的其他证明方法.
</td><td></td></tr>
</table>

四、扩展阅读资料

（1）CURTIN E. Another short proof of the hairy ball theorem[J]. The American Mathematical Monthly，2018，125（5）：462-463.

（2）MILNOR J. Analytic proofs of the “Hairy Ball Theorem” and Brouwer fixed point

theorem[J]. The American Mathematical Monthly，1978，85（7）：521-524.

（3）http：//www.math.uchicago.edu/~may/VIGRE/VIGRE2010/REUPapers/Libgober.pdf

五、教学评注

本节课的教学重点是卷绕数的定义和性质、毛球定理及其证明. 课程首先提出问题“密布毛发的球面，能否将球面上的每根毛都梳平？”，引起学生的兴趣. 然后，将其转化为数学问题，给出毛球定理的叙述. 接着给出卷绕数的概念、计算和性质. 借助丰富的图形和动画模拟演示，直观而形象地将密布毛发的球面的不同梳理方法、平面闭曲线的卷绕数等抽象几何概念呈现在学生眼前，便于学生理解. 随后，借助卷绕数的性质证明毛球定理，回应最初的问题，前后呼应. 在毛球定理证明中注重思路的分析，结合图形，由具体到抽象，有利于学生理清脉络和掌握要点，提升学生处理复杂问题的能力. 最后在拓展与应用的部分，利用毛球定理解释了气象学中风眼的存在，然后介绍“东方超环”，融入思政元素开阔学生视野，用自主创新科技成果激发学生的爱国热情，教育学生要学习科学家的爱国情怀、科学精神和责任担当.

等周不等式

一、教学目标

等周不等式是微分几何中关于平面曲线重要的整体性质之一. 通过本节内容的学习，使学生能理解等周问题与等周不等式的转化关系、理解等周不等式的条件和结论、掌握等周不等式的两种基本的证明方法、并了解等周问题的拓展及其在实际中的应用.

二、教学内容

1. 主要内容

（1）等周问题；

（2）等周不等式；

（3）等周不等式的基于微积分的证明；

（4）等周不等式的基于傅里叶级数的证明.

2. 教学重点

（1）等周问题和等周不等式；

（2）等周不等式的两种证明方法的数学思想.

3. 教学难点

（1）等周问题与等周不等式的转化；

（2）等周不等式基于微积分的证明.

三、教学设计

1. 教学进程框图

问题引入	服皂膜实验	等周问题	
问题分析	等周问题的直观讨论	等周问题的回答	
数学证明	等周不等式	等周不等式的证明一	等周不等式的证明二
问题拓展	等周问题的拓展	极小曲面举例	螺旋24面体的应用

2. 教学环节设计

问题引入

肥皂膜实验

在一个铁丝圈中固定一个棉线圈，把整个铁丝圈浸入到肥皂液中，取出后铁丝圈上张出了一张肥皂膜．将棉线圈中的肥皂膜戳破，可以观察到棉线圈呈现出了一个圆形．为什么会产生这样的现象呢？

物理学的知识告诉我们，在张力的作用下，肥皂膜在稳定时其面积最小．而外侧的铁丝圈围成的面积是固定的，铁丝圈与内侧的棉线圈之间的肥皂膜面积达到最小，那就意味着棉线围成的区域面积应达到最大．那么，棉线圈围成的区域为什么会呈现实验中的圆形呢？

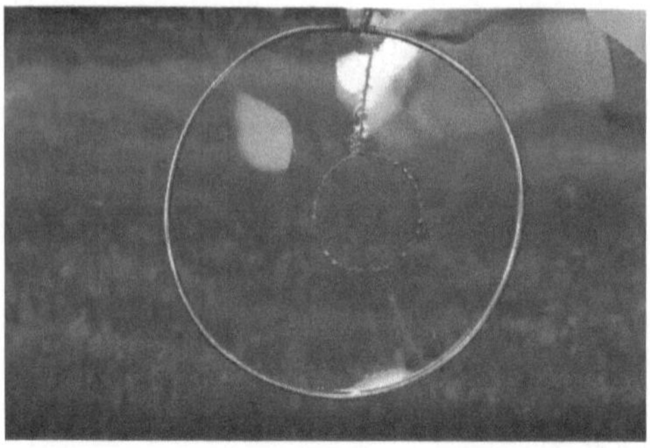

教学意图：

通过肥皂膜实验的视频演示吸引学生的注意力和兴趣，提出问题．

实验：

（ch3sec2- 肥皂膜实验）

提问：

这个问题能转化为怎样的数学问题？

等周问题

由于棉线圈的周长是一定的，寻求什么样的曲线将使其围成的区域面积最大，在数学上就是等周问题．

> 等周问题
>
> **给定周长的平面曲线何时围成的面积最大？**

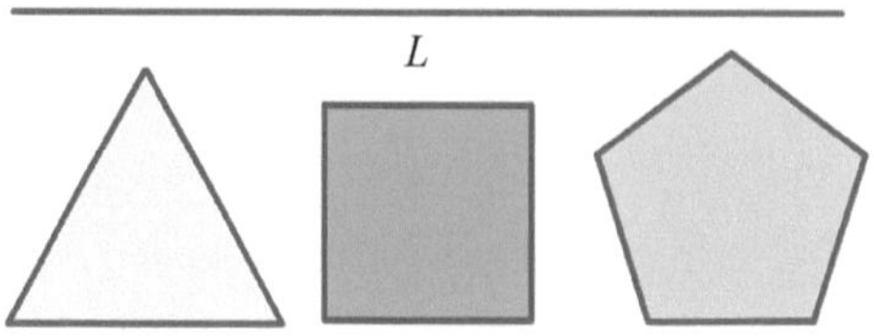

教学意图：

将实际问题抽象为数学问题．

等周问题具有悠久的历史，古希腊时期的人就知道其答案，请同学分析该问题．

（续）

问题分析	

等周问题的古典直观讨论

早在古希腊时期人们就研究过等周问题，通过直观分析就可以知道它的答案.

芝诺多罗斯（Zenodorus）是生活在公元前 200 年到公元前 100 年之间的古希腊数学家，据说他写过一本关于等周问题的书，其中提出了以下命题：

1. 周长相等的 n 边形中，正 n 边形的面积最大.
2. 周长相等的正多边形中，边数越多的正多边形面积越大.
3. 圆的面积比同样周长的正多边形的面积大.

可见公元前的古人就对等周问题有了一定的认识，但在当时这些命题都没有给出详尽的证明.

教学意图：

从直观分析引导学生思考，介绍等周问题的研究历史.

等周问题的现代直观讨论

在达到最大面积曲线存在的前提假设下，瑞士数学家施泰纳（Jacob Steiner）采用综合分析法，给出了等周问题的答案. 他考虑的是达到最大面积的曲线应满足的性质.

首先考虑达到面积最大的曲线的凹凸性. 观察下图左侧的曲线，该曲线能否作为达到最大面积的曲线？

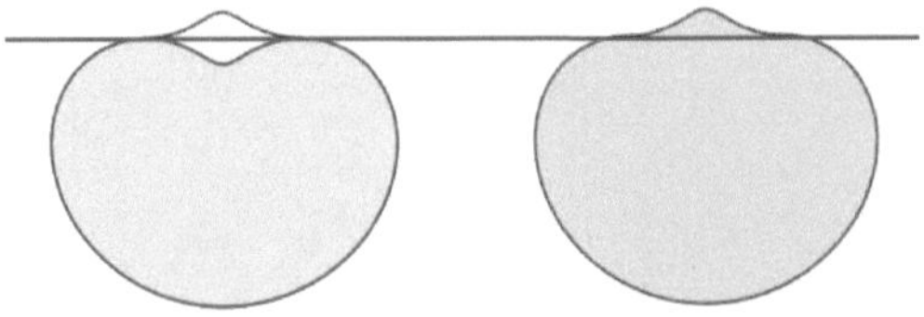

分析：上左图的曲线是非凸曲线，如果该曲线就是达到最大面积的曲线，那么将其下凹的弧线部分沿切线进行对称翻折，得到一条与原曲线具有相同周长的新曲线（上右图），并且该曲线围成的图形面积更大. 因此左侧的曲线一定不能作为达到最大面积的曲线.

从而观察可知：非凸曲线围成的区域面积可通过修改曲线，得到周长相等而所围区域的面积更大的曲线.

因此，可得如下结论.

结论一凸性：给定周长，达到最大面积的曲线一定是凸曲线.

教学意图：

通过直观图形的观察引导学生总结出达到面积最大的曲线应满足的性质，感受数学发现的过程和乐趣.

提问：

左侧的非凸曲线是否可以作为达到最大面积的曲线？

引导思考：

左侧的曲线是否可以通过某种方式变成围成面积更大的曲线？

进一步观察下图左侧曲线，假设其就是达到最大面积的曲线. 若用割线将其分成弧长相同（$L_1 = L_2$）的上下两段曲线，曲线围成的面积也被分成了上下两块 S_1，S_2，这两块面积是否有大小关系？

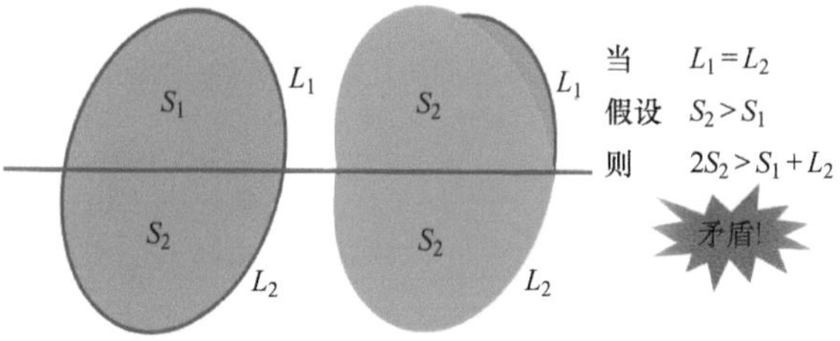

分析：如果分成的两块面积不等，那么可以通过对称翻折将面积大的那块翻折后代替面积小的那块，得到一条周长与原曲线相同，围成更大面积的曲线. 这就和原曲线达到最大面积矛盾！因此有如下结论.

结论二对称性：当用割线将达到最大面积的曲线分成等弧长的两段，围成的面积也相应分成了相等的两块.

$$L_1 = L_2 \Longrightarrow S_1 = S_2$$

教学意图：

启发学生采用与结论一中相同的处理方法，得到新的结论.

提问：

达到最大面积的曲线还应满足什么性质？是否会有对称性？

引导思考：

仿照结论一中的处理方法，给出结论二的分析.

（续）

<table>
<tr><th colspan="2">问题分析</th></tr>
<tr><td>
根据结论二，接下来只需观察上半部分的图形即可.
达到最大面积的曲线的上半部分可以如下图左侧的图形吗？
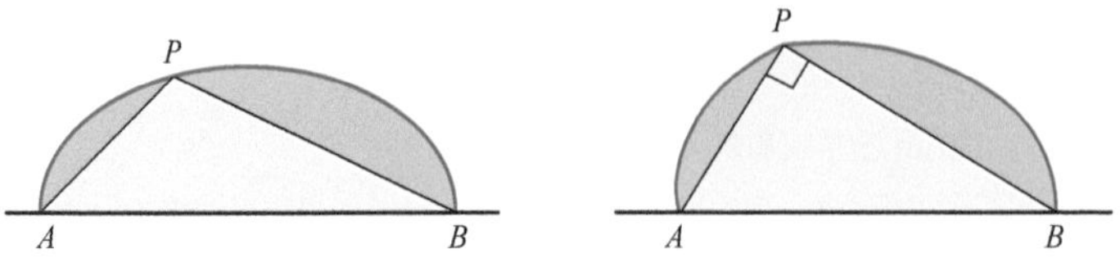

分析：在曲线上任取一点 P，如果$\angle APB$ 不是直角. 那么可以保持上图中紫色部分图形形状不变，将$\angle APB$ 弯成直角，得到的图形（上图右侧）和原图形（上图左侧）具有相同的弧长，但是围成的面积更大. 因此，任取曲线上一点 P，$\angle APB$ 都是直角，这样上半部分的曲线只能是半圆.
从而得到如下结论.
结论三半圆性：达到最大面积的曲线的上半部分是半圆.
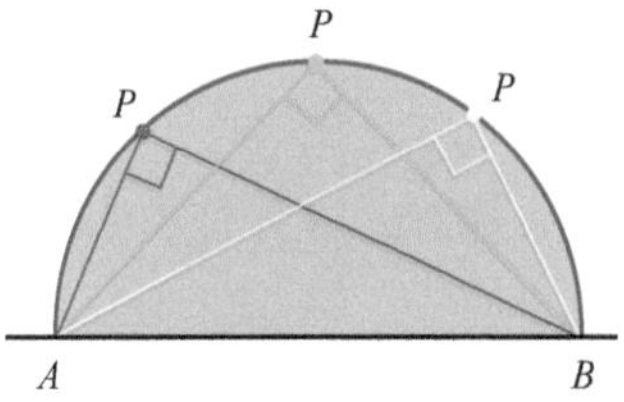

</td><td>
教学意图：
对达到最大面积的曲线的上半部分进一步分析.
提问：
达到最大面积的曲线的上半部分可以是椭圆吗？
提问：
具有这样性质的曲线一定是什么曲线？
回答：
半圆.
</td></tr>
<tr><td>
等周问题的回答
综合三个分析结论，我们得出给定周长达到面积最大的曲线应是凸曲线、具有对称性、并且其一半是半圆. 由此可知等周问题的回答：给定周长的平面曲线圆的面积最大.
</td><td>
教学意图：
从观察所得三个结论中得到等周问题的答案.
</td></tr>
<tr><td>

Jacob Steiner
（1796~1863）
施泰纳（Jacob Steiner）介绍：
施泰纳，瑞士数学家，主要从事几何学的研究. 他是综合法的倡导者，并极力排斥分析法. 他建立了射影几何学的严密系统，主要著作是 1832 年出版的《几何形的相互依赖性的系统发展》，该书运用射影的概念从简单的结构（如点、线、线束、面、面束）建造出更复杂的结构.
他的著名成果有等周问题的几何直观证明法，以及施泰纳 - 莱默斯定理：如果三角形中两内角平分线长度相等，则必为等腰三角形.
</td><td>
教学意图：
介绍近代几何学家施泰纳的工作.
课程思政：
通过数学家的介绍，数学家的生平、追求及努力可以极大地激发学生的学习积极性，有助于良好品格的形成.
</td></tr>
<tr><th colspan="2">数学证明</th></tr>
<tr><td>
问题转化
前面关于等周问题的直观讨论虽然给出了等周问题的答案，但是却不能作为其数学上严格的证明. 原因是其做了一个关键的前提假设，即达到最大面积的曲线是存在的. 并且整个直观分析过程并不能说明这样的曲线一定存在.
只有用近代的数学方法才能得到等周问题严格的证明，需要先将其转化为一个与其等价且便于定量分析的数学问题.
如果平面闭曲线的周长给定了，那么其围成的面积就不能任意大，也就是说该面积应有一个能由其周长表示的上界.
</td><td>
教学意图：
指明直观讨论并不是严格证明.
</td></tr>
</table>

（续）

数学证明

对于特殊的平面闭曲线，如正多边形，利用中学的知识就可以算出其面积与周长的关系. 注意到周长为 L 的圆的面积为 $\frac{L^2}{4\pi}$，而周长为 L 的正多边形的面积经计算都满足的关系：

$$A \leqslant \frac{L^2}{4\pi}.$$

$A = \frac{L^2}{4\pi} \approx 0.0796L^2$

图形		周长	面积
正多边形		L	$A=\frac{\sqrt{3}}{36}L^2 \approx 0.048L^2 \leqslant \frac{L^2}{4\pi}$
		L	$A=\frac{1}{16}L^2 = 0.0625L^2 \leqslant \frac{L^2}{4\pi}$
		L	$A=\frac{1}{20\tan(\pi/5)}L^2 \approx 0.069L^2 \leqslant \frac{L^2}{4\pi}$
		L	$A=\frac{1}{4n\tan(\pi/n)}L^2 \to \frac{L^2}{4\pi}\ (n\to\infty)$
一般曲线		L	$A \overset{?}{\leqslant} \frac{L^2}{4\pi}$

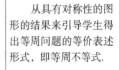

对于一般的平面闭曲线，其周长与所围区域面积是否仍满足上面的不等式关系呢？如果给定周长的闭曲线中圆的面积是最大的，那么其他的闭曲线围成的面积就应不超过圆的面积，那也就是说：等周问题等价于如下的等周不等式.

等周不等式：对任意简单闭曲线，若其周长为 L，围成的面积为 A，则有

$$A \leqslant \frac{L^2}{4\pi},$$

且等号成立当且仅当曲线为圆.

从具有对称性的图形的结果来引导学生得出等周问题的等价表述形式，即等周不等式.

课程思政：

数学中许多公理、定理的发现都遵循人类的一般认识规律，按照由特殊到一般，再由一般到特殊等认识规律而产生，通过数学的方法进一步归纳、推广、应用的. 进一步的提高学生对科学探究的追求.

等周不等式的严格证明（方法一）

下面我们介绍 E. Schmidt 于 1939 年给出的等周不等式的基于微积分的证明.

对于给定的简单闭曲线 C，建立坐标系使得 C 在 x 轴的投影为 $[-r,r]$. 设曲线 C 的参数方程为：

$$C:\begin{cases} x = x(t) \\ y = y(t) \end{cases},\quad t\in[0,L],$$

其中 L 为曲线 C 的周长，t 为弧长参数.

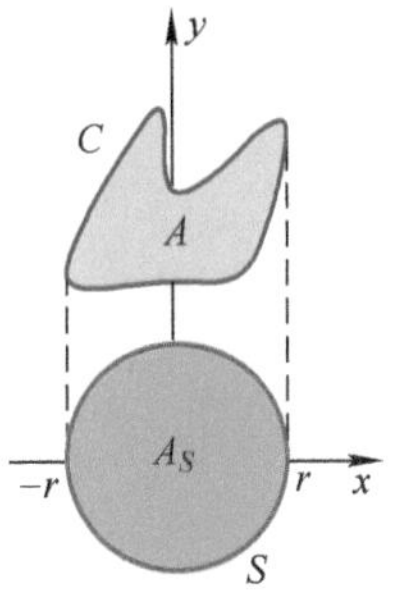

做一个与曲线 C 宽度相同的辅助圆 S，其一般方程为 $x_S^2+y_S^2=r^2$. 选择以曲线 C 的弧长参数 t 为参数将 S 参数化，得到圆 S 的参数方程为：

$$S:\begin{cases} x_S = x(t) \\ y_S = \pm\sqrt{r^2-x^2(t)} \end{cases},\quad t\in[0,L].$$

由格林公式的推论知，C 围成面积：

$$A = \int_0^L xy'\mathrm{d}t. \qquad (1)$$

圆 S 的面积为 $A_S = \pi r^2 = -\int_0^L y_S x_S'\mathrm{d}t = -\int_0^L y_S x'\mathrm{d}t.$ （2）

教学意图：

给出等周不等式的严格数学证明. 该证明方法不需要假设“达到最大面积的曲线存在”.

通过证明过程介绍基本的不等式放大和估计的技巧.

（续）

数学证明

式（1）和式（2）两式相加得 $A+A_S=A+\pi r^2=\int_0^L (xy'-y_Sx')\mathrm{d}t$

$$\leqslant \int_0^L |xy'-y_Sx'|\mathrm{d}t$$

$$\leqslant \int_0^L \sqrt{(x^2+y_S^2)((x')^2+(y')^2)}\mathrm{d}t$$

$$\leqslant \int_0^L \sqrt{(x_S^2+y_S^2)((x')^2+(y')^2)}\mathrm{d}t$$

$$\leqslant Lr.$$

Erhard Schmidt
德国数学家 1876~1959

这里，利用了柯西不等式，且由于 t 为弧长参数，因此 $(x')^2+(y')^2=1$，以及 $x_S=x(t)$．

于是，可以得到 $A+\pi r^2\leqslant Lr$．

再利用均值不等式可得，

$$\sqrt{A\cdot\pi r^2}\leqslant\frac{1}{2}(A+\pi r^2)\leqslant\frac{1}{2}Lr.$$

两边平方并消去 r，即得等周不等式.

取到等号情形分析：

若有 $A=\dfrac{L^2}{4\pi}$，则由柯西不等式取到等号的充要条件可知，$(x,-y_S)$ 与 (y',x') 线性相关，即

$$\frac{y'}{x}=-\frac{x'}{y_S}.$$

另一方面，由方程 $x^2(t)+y_S^2(t)=r^2$，两边关于 t 求导得 $2xx'+2yy_S'=0$．于是有

$$\frac{y_S'}{x}=-\frac{x'}{y_S}.$$

因此 $y'=y_S'$ 于是 $y=y_S+k$，k 为常数．也就是说此时 C 是圆 S 沿 y 轴的一个平移，也必是圆.

教学意图：

分析使得等周不等式取到等号的曲线类型.

提问：

在前面的推导过程中柯西不等式取到等号的条件是什么？

回答：

柯西不等式中的等号成立充要条件为 $(x,-y_S)$ 与 (y',x') 线性相关.

等周不等式的严格证明（证明准备）

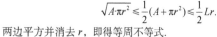

Wilhelm Wirtinger
奥地利数学家
1865~1945

为给出等周不等式的第二种证明方法，我们先证明 Wirtinger 引理．

引理：设 $f(t)$ 是周期为 2π 的连续的周期函数，且具有连续的导数 $f'(t)$．若 $\int_0^{2\pi} f(t)\mathrm{d}t=0$，则 $\int_0^{2\pi} f'(t)^2\mathrm{d}t\geqslant\int_0^{2\pi} f(t)^2\mathrm{d}t$．

此外，等号成立当且仅当 $f(t)=a\cos t+b\sin t$.

证明：将 $f(t)$ 展开成傅里叶级数：$f(t)=\dfrac{a_0}{2}+\sum\limits_{n=1}^{\infty}(a_n\cos nt+b_n\sin nt)$．

因为 $f'(t)$ 是连续的，它的傅里叶级数可以由上式逐项微分得到：

$$f'(t)=\sum_{n=1}^{\infty}(-na_n\sin nt+nb_n\cos nt).$$

因为 $\int_0^{2\pi} f(t)\mathrm{d}t=\pi a_0$，由假设条件得到 $a_0=0$．由 Parsevel 公式得

$$\int_0^{2\pi}[f(t)]^2\mathrm{d}t=\sum_{n=1}^{\infty}(a_n^{\ 2}+b_n^{\ 2}),$$

$$\int_0^{2\pi}[f'(t)]^2\mathrm{d}t=\sum_{n=1}^{\infty}n^2(a_n^{\ 2}+b_n^{\ 2}).$$

因此 $\int_0^{2\pi}[f(t)]^2\mathrm{d}t-\int_0^{2\pi}[f'(t)]^2\mathrm{d}t=\sum\limits_{n=1}^{\infty}(n^2-1)(a_n^{\ 2}+b_n^{\ 2})\geqslant 0.$

于是有 $\int_0^{2\pi} f'(t)^2\mathrm{d}t\geqslant\int_0^{2\pi} f(t)^2\mathrm{d}t$．

注意到等号成立当且仅当 $a_n=b_n,n\geqslant 2$，即有

$$f(t)=a_1\cos t+b_2\sin t.$$

教学意图：

给出引理，为等周不等式的第二种证明方法做准备.

引导思考：

根据傅里叶级数的性质导函数的傅里叶级数该如何表示？与原函数的傅里叶级数有什么关系？

回答：

若导函数连续，则只需对原函数的傅里叶级数逐项求导就是导函数的傅里叶级数.

提问：

等号成立的充要条件是什么？

（续）

数学证明

等周不等式的严格证明（方法二）

下面我们介绍 A. Hurwitz 于 1902 年给出的等周不等式的基于傅里叶级数的证明.

证明：不妨设曲线周长 $L=2\pi$，曲线 C 的参数方程为 $C:\begin{cases}x=x(t),\\ y=y(t),\end{cases}\quad t\in[0,2\pi]$，$t$ 为弧长参数. 并且通过平移可将曲线的重心移到 x 轴上，即有 $\int_0^{2\pi}x(t)\mathrm{d}t=0$.

于是曲线的周长和曲线所围面积分别表示为

$$2\pi=\int_0^{2\pi}\left[(x')^2+(y')^2\right]\mathrm{d}t,\quad A=\int_0^{2\pi}xy'\mathrm{d}t .$$

从这两个方程可以得到

$$2(\pi-A)=\int_0^{2\pi}\left[(x')^2-x^2\right]\mathrm{d}t+\int_0^{2\pi}(x-y')^2\mathrm{d}t . \tag{3}$$

由 Wirtinger 引理知上式第一个积分是大于等于零的，第二个积分显然也是非负的. 因此得 $A\leqslant\pi=\dfrac{L^2}{4\pi}$.

并且等号成立必须有 $x(t)=a\cos t+b\sin t,\ y'(t)=x(t)$.

求解可得 $x(t)=a\cos t+b\sin t,\ y(t)=a\sin t-b\cos t+c$ ，即曲线 C 为一圆周.

教学意图：

给出等周不等式的第二种证明方法.

引导思考：

如何利用 Wirtinger 引理证明等周不等式？

提问：

等号的成立的充要条件是什么？

回答：

式（3）中两项均为 0.

数学历史：等周问题与变分法的起源

James Bernoulli
1654~1705

对等周问题的研究，除了古希腊数学家芝诺多罗斯的工作外，直到17世纪末都没有什么进展. 在1697年5月的《教师学报》上，詹姆斯·伯努利（James Bernoulli）提出了一个包含几种情形的相当复杂的等周问题，向他的弟弟约翰·伯努利求助. 对于完满的解答，詹姆斯·伯努利甚至愿给约翰·伯努利一笔 50 个金币的奖金. 约翰·伯努利给出了几种解法，但都是错误的. 其后，詹姆斯·伯努利给出了一个正确的答案. 兄弟两人为各自解法的正确性而争论着. 事实上，詹姆斯·伯努利的方法不仅是等周问题历史上第一个严格的数学解答，而且还是朝着不久之后就要形成的一般技巧（即变分法）前进的一个重大步骤. 在詹姆斯·伯努利对等周问题及其他几个问题的研究方法的基础上，欧拉（Leonhard Euler）着手寻找关于这类问题的更一般的方法. 经过多年的研究，欧拉不仅简化了詹姆斯·伯努利的方法，而且解决了包含特殊边界条件的更加困难的问题. 欧拉将其研究成果整理成《寻求具有某种极大或极小性质的曲线的技巧》一书. 这本书立即给他带来了声誉，把他看作是当时活着的最伟大的数学家. 随着欧拉这本书的出版，变分法作为一个新的数学分支诞生了.

Leonhard Euler
1707~1783

教学意图：

通过等周问题介绍变分法这一数学分支的起源.

课程思政：

通过数学历史故事的介绍，展现数学的美，提高学生数学修养和科学精神.

变分法在几何分析、偏微分方程等数学分支以及在物理、控制论、经济学等学科中都有广泛应用.

问题拓展

等周问题的拓展

平面等周问题可以转化为如下的泛函约束极值问题，约束条件对应于曲线的周长为 L，目标函数对应于区域面积最大化，

$$\max A=\max_{x,y}\int_0^L xy'\mathrm{d}t$$

$$\text{s.t.}\quad \int_0^L\sqrt{x'(t)^2+y'(t)^2}\,\mathrm{d}t=L .$$

考虑给定空间中的一条曲线 C，寻求以曲线 C 为边界的面积最小的曲面. 这就是著名的普拉图问题，它也可表示成一个泛函约束极值问题.

教学意图：

将等周问题拓展到其他约束极值问题与极小曲面.

给定空间中的曲线 C，以其作为边界所张成的曲面有无穷多个.

（续）

问题拓展

$$\min A = \min_{f} \iint_{D} \sqrt{1 + f_x^2 + f_y^2}\,\mathrm{d}x\mathrm{d}y$$

$$\text{s.t.} \quad \partial M = C$$

这里 M 为曲面 $z = f(x, y)$．使得这个泛函约束极值取到极小的曲面成为极小曲面.

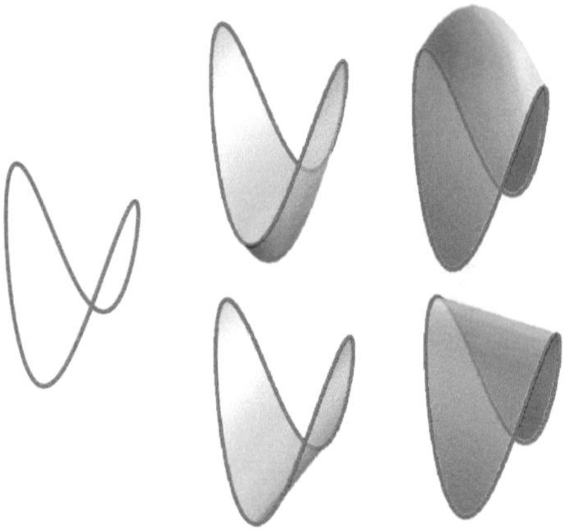

显然，在这些曲面中，面积最大的曲面是不存在的．那么，面积极小的曲面呢？这就是极小曲面.

极小曲面举例

回到最初的肥皂膜的实验，既然我们已经知道稳定的肥皂膜面积最小，也就是说如果把铁丝弯成曲线 C 的形状，这样形状的铁丝上张出的肥皂膜就是一个极小曲面.

下面我们来看几个极小曲面的例子．如果给定的边界曲线是平面上的闭曲线，那么可以想象，我们得到的肥皂膜也在一个平面上．这就是最简单的极小曲面——平面.

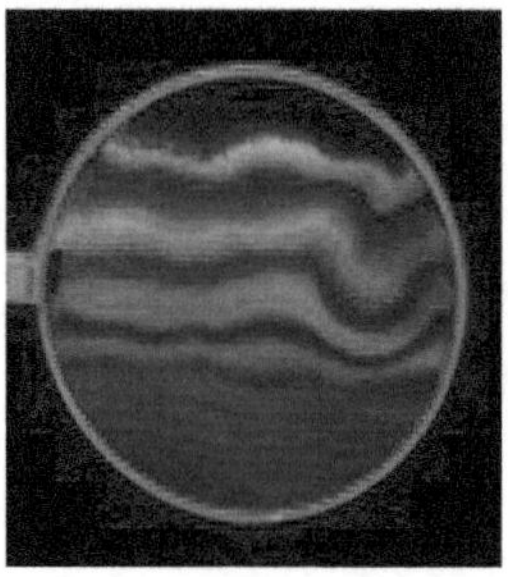

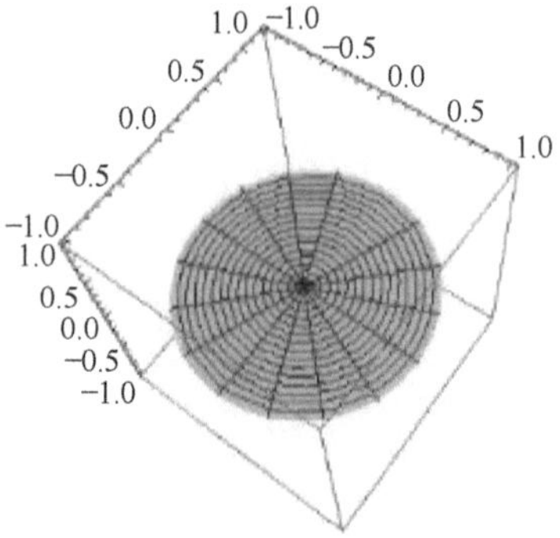

平面

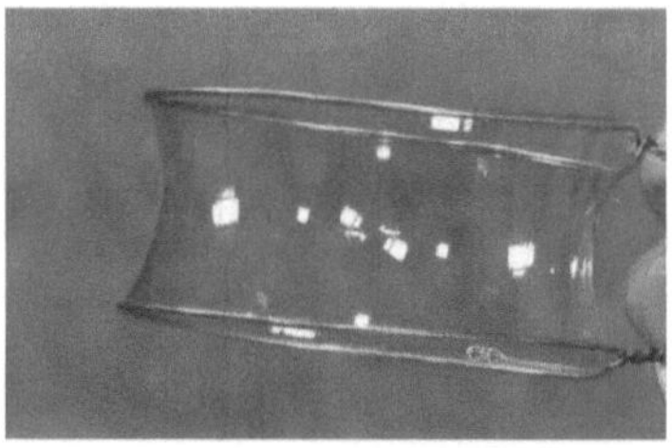

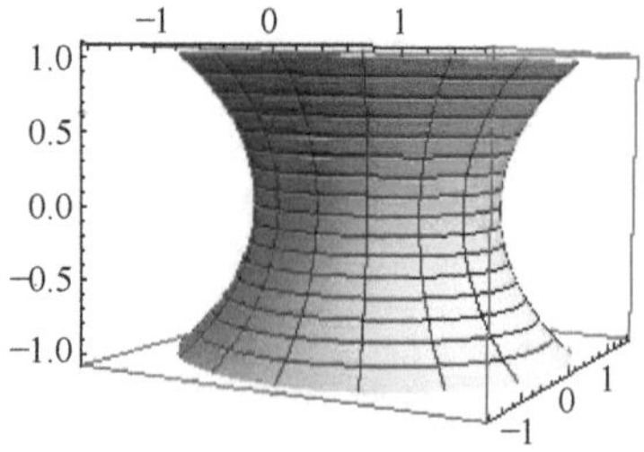

悬链面

教学意图：

展示几种常见的极小曲面的例子.

联系最初的肥皂膜实验，利用肥皂实验可以直接得到多种极小曲面.

（续）

问题拓展

如果用两个铁丝圆圈作为边界，可以张出悬链面．悬链面是一种具有旋转对称性的极小曲面．还有我们熟悉的莫比乌斯带和螺旋面，也都是极小曲面．

莫比乌斯带

正螺面

下图中的极小曲面不太常见，它叫作螺旋 24 面体，但它可以用如下初等函数构成的方程来近似表示：

$$\sin x\cos y+\sin y\cos z+\sin z\cos x=0\ .$$

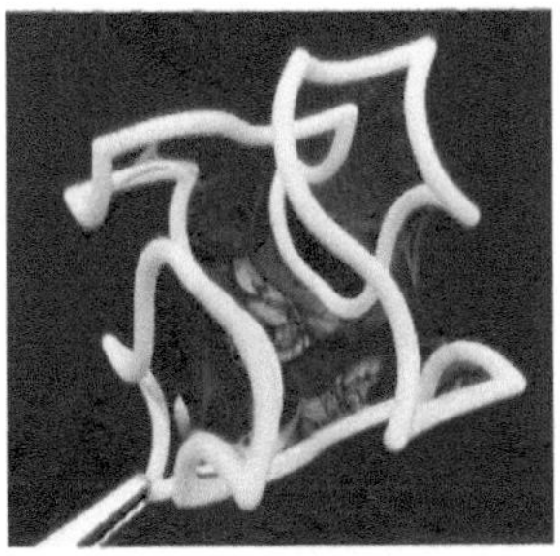

螺旋24面体

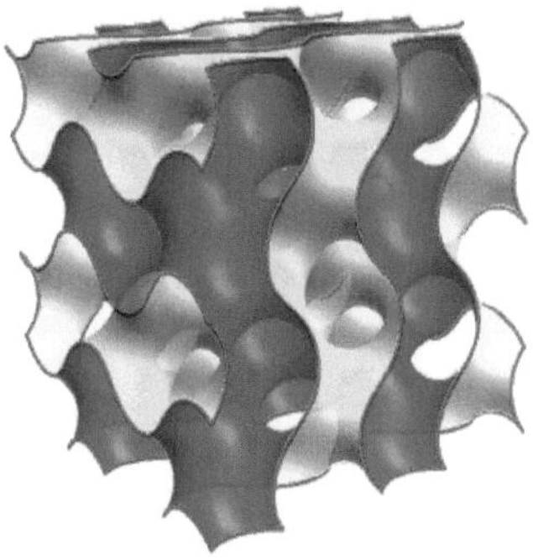

螺旋 24 面体可以在空间中形成类似海绵的多孔连续曲面结构，如上右图．

螺旋 24 面体的应用

应用一：看上去非常奇特的螺旋 24 面体并不是仅仅存在于数学的理论中．螺旋 24 面体是存在于自然界中的结构，在蝴蝶翅膀里就能找到它．自然界中的一些蝴蝶的翅膀可以呈现出美丽的荧光色，如灰蝶科和凤蝶科的一些蝴蝶，如下图所示．

卡灰蝶

穹翠凤蝶

教学意图：

介绍极小曲面在其他学科中的应用．从应用学科的最新研究成果来展示极小曲面的应用，开阔学生的眼界，从而激发学生的学习兴趣．

（续）

问题拓展

耶鲁大学的科学家研究发现这些蝴蝶翅膀呈现出的荧光色是由其翅膀鳞屑的螺旋 24 面体结构和空气的共同作用导致的．感兴趣的同学可以查阅发表在《美国科学院院刊》上的论文（见拓展阅读资料（5））．

应用二：2017 年，MIT 的研究人员将石墨烯加热加压后，做成螺旋 24 面体的形状．获得了现今最轻最坚固的材料之一．

这种材料密度只有钢的 5%，但是却比钢坚固 10 倍．

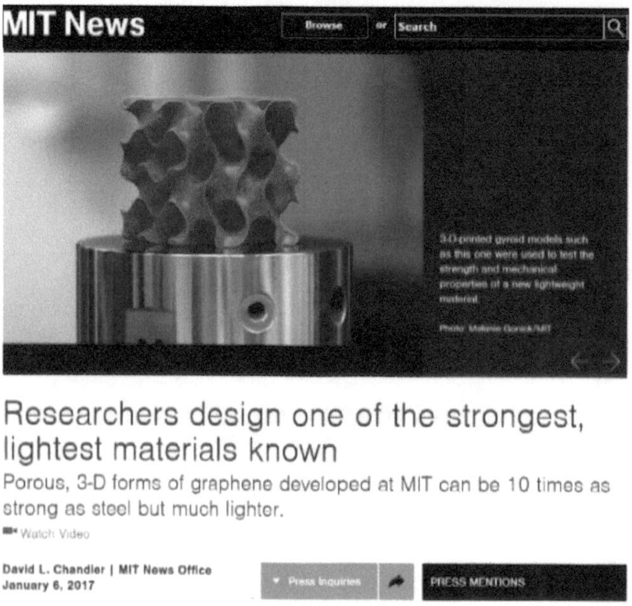

进一步的研究发现，这种强度的提升实际上是由螺旋 24 面体本身的几何结构所导致的，即使用其他材料制作出螺旋 24 面体的造型，同样也可以得到类似的结构强化效果．未来有望利用螺旋 24 面体或者其他类似的极小曲面设计出超轻型飞机材料、超轻型建筑材料等新型材料．

课程思政：

学生学习数学的过程不仅为了学习相应的数学知识，更重要的是通过学习的过程陶冶情操，理解数学的精神、思想和方法，将其内化成自己的智慧，使思维能力得到提高，并把它们迁移到具体的工作、学习和生活中，树立为国贡献的信念．

课后思考

课后思考：

（1）除了圆，还有其他曲线能够使得等周不等式取到等号吗？

（2）查阅文献，找出等周问题的其他证明方法；

（3）考虑在曲线宽度限制的条件下给定周长的平面曲线何时围成的面积最大？

四、扩展阅读资料

（1）对等周不等式及其推广的理论结果感兴趣的同学可以参考 Osserman 的经典综述论文：

OSSERMAN R. The isoperimetric inequality[J]. Bull. American Math. Soc.，1978，84（6）：1182-1238.

（2）等周问题的前沿进展可参看 Morgan 的论文：

MORGAN F. The isoperimetric problem with density[J]. The Mathematical Intelligencer，297，39（4）：2-8.

（3）极小曲面的更多介绍可参阅：

陈维桓，极小曲面 [M]. 大连：大连理工出版社，2011.

（4）对螺旋 24 面体构造感兴趣的同学可以参考 Schoen 的论文，该论文中首先提出了螺旋 24 面体的构造方式：

SCHOEN A. Infinite periodic minimal surfaces without self-intersections[J]. NASA Technical Note，1970，D-5541.

（5）关于蝴蝶翅膀荧光色与螺旋 24 面体可参看：

SARANATHAN V. et al. Structure，function，and self-assembly of single network gyroid（I4（1）32）photonic crystals in butterfly wing scales[J]. Proceedings of the National Academy of Sciences，2010，107（26）：11676-11681.

五、教学评注

本节课的教学重点是等周问题和等周不等式，以及关于等周不等式的两种证明方法的数学思想．课程从贴近生活的肥皂膜实验引入，引起学生的兴趣，发现等周问题；通过大量的图形直观演示，形象地讨论便于学生理解．此后，介绍等周不等式的两种证明方法，在证明过程中体现出的将几何对象转化为代数对象的数学思想、以及处理不等式的技巧是需要学生仔细体会和掌握的．最后，通过等周问题和等周不等式的推广，简单介绍变分学的起源以及几种常见的极小曲面的例子，并通过极小曲面在实际生活、建筑材料和超轻型飞机材料中的应用展示来开阔学生的眼界、有机融入“科技强国”的思政元素，激励学生要努力学习、勇攀科技高峰.

四顶点定理

一、教学目标

四顶点定理是最早的整体微分几何学的结果之一．通过本节内容的学习，使学生能理解四顶点定理的内容，掌握四顶点定理的证明，认识卵形线的顶点与平面卵形薄板平衡点的关系，了解四顶点定理及其推论的应用，并能够在今后的学习和研究中应用四顶点定理的相关知识去解决实际问题.

二、教学内容

1. 主要内容

（1）卵形线及曲线顶点的概念；

（2）四顶点定理的证明；

（3）四顶点定理的推论.

2. 教学重点

（1）曲线顶点概念的理解；

（2）四顶点定理的证明.

3. 教学难点

（1）卵形线的顶点与卵形薄板的平衡点的关系及相互转化；

（2）四顶点定理的证明方法及数学思想.

三、教学设计

1. 教学进程框图

问题引入	春分竖蛋	平衡点问题	
问题分析	平衡点的数学描述	椭圆形薄板的平衡点分析	
数学证明	问题转化	四顶点定理的严格证明	四顶点定理的逆定理及推论
问题拓展	单-单静平衡体	冈布茨	冈布茨在医学制药中的应用

2. 教学环节设计

<table>
<tr><th colspan="2">问题引入</th></tr>
<tr><td>

春分竖蛋

春分竖蛋，也称春分立蛋，是指在每年春分这一天，各地民间流行的“竖蛋游戏”，这个中国习俗也早已传到国外，成为“世界游戏”. 4000 年前，中华民族的先人就开始以此庆贺春天的来临，“春分到，蛋儿俏”的说法流传至今.

平衡点问题

一个竖着的鸡蛋运动状态不发生改变时称为**平衡**，平衡时鸡蛋与地面接触的点称为**平衡点**. 鸡蛋的大头和小头各有一个平衡点. 放倒鸡蛋后，与地面接触的点也是平衡点. 此时，如图所示蓝色曲线上的每个点都是平衡点，因此鸡蛋有无穷多个平衡点.

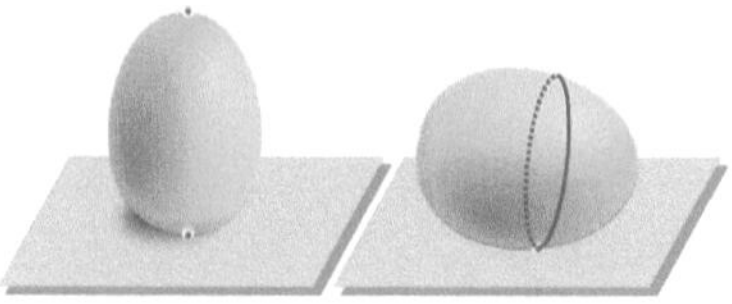

问题 1：密度为常数的均匀凸体至少有几个平衡点？

这是三维问题，先来讨论下面的二维情形.

</td><td>

教学意图：

通过春分竖蛋这一习俗吸引学生的注意力.

课程思政：

通过对中国习俗的介绍，展现大国文化.

春分竖蛋这一习俗具有悠久的历史，在介绍春分竖蛋游戏过程中与学生进行互动交流.

从直观分析引导学生思考，讨论鸡蛋的平衡点，及平衡点的个数.

引导学生思考三维空间中的均匀凸体的平衡点问题.

先从较简单的二维情形入手.

</td></tr>
</table>

（续）

问题引入

卵形线： 简单的正规平面闭曲线且曲率 $k>0$.

简单是指曲线无自相交点，正规是指曲线上每一点处都有切线，闭曲线是指曲线是封闭，（相对）曲率 $k>0$ 则曲线说明为凸曲线.

如右图中鸡蛋样子的图形的边界曲线就是一条卵形线.

问题 2： 边界曲线为卵形线的均匀薄板，垂直放置在平面上，至少有几个平衡点？

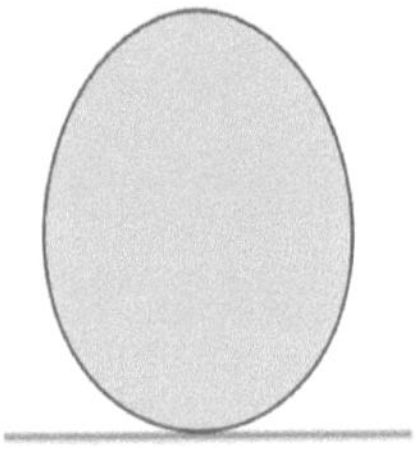

教学意图：

由二维情形入手，引导学生思考问题，给出卵形线的概念.

为叙述方便，下文中还要求曲线足够光滑，使得（相对）曲率函数具有连续导数.

边界曲线为卵形线的均匀薄板，简称为“卵形薄板”.

问题分析

平衡点的数学描述

要回答卵形薄板有几个平衡点，首先要对其平衡点进行数学描述.

设 C 是边界卵形线，以卵形薄板的重心 O 为坐标原点建立直角坐标系，设曲线 C 的参数方程为 $\boldsymbol{r}(t)=(x(t),y(t)),t\in[0,2\pi]$. 若 P 点为平衡点，由物理学的二力平衡条件知，平面薄板所受重力与平面的支撑力大小相同，方向相反，作用线共线. 因此，必有向量 $\overrightarrow{OP}=\boldsymbol{r}(t)$ 与地面垂直，而 P 点处的切方向 $\boldsymbol{r}'(t)=(x'(t),y'(t))$ 与 x 轴共线. 因此，P 点为平衡点表示 $\boldsymbol{r}(t)\cdot\boldsymbol{r}'(t)=0$，进一步可改写成 $|\boldsymbol{r}(t)|'=0$，即平衡点为向径模长函数的驻点.

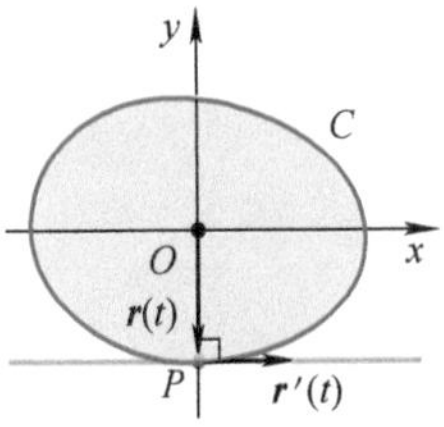

O 重心

由于上述条件建立在选取的坐标原点为平面薄板的重心的前提条件下，即重心的横坐标和纵坐标均为 0. 等价于 $|\boldsymbol{r}(t)|$ 满足积分 $\int_0^{2\pi}|\boldsymbol{r}(t)|^3\cos t\,\mathrm{d}t=0$；$\int_0^{2\pi}|\boldsymbol{r}(t)|^3\sin t\,\mathrm{d}t=0$.

因此，寻找以卵形线 $C:\boldsymbol{r}(t)=(x(t),y(t)),t\in[0,2\pi]$ 为边界的平面薄板的平衡点问题，在数学上可描述为，对满足约束条件

$$\begin{cases}\int_0^{2\pi}|\boldsymbol{r}(t)|^3\cos t\,\mathrm{d}t=0,\\ \int_0^{2\pi}|\boldsymbol{r}(t)|^3\sin t\,\mathrm{d}t=0.\end{cases}\tag{1}$$

的向量值函数 $\boldsymbol{r}(t)$ 求其模长的驻点个数.

下面看一个具体的例子.

教学意图：

从直观分析引导学生思考，把平衡点问题转化成数学问题，并用数学语言来进行描述.

建立恰当的平面直角坐标系，用参数方程表示卵形线，通过分析把平衡点问题转化成在约束条件下求向量函数模长驻点问题.

给出平衡点转化为驻点时的约束条件.

椭圆形薄板的平衡点分析

例： 如图建立平面直角坐标系，椭圆参数方程为

$$C_0:\boldsymbol{r}(t)=(2\cos t,\sin t)\quad t\in[0,2\pi].$$

求以椭圆 $\boldsymbol{r}(t)$ 为边界的平面薄板的平衡点.

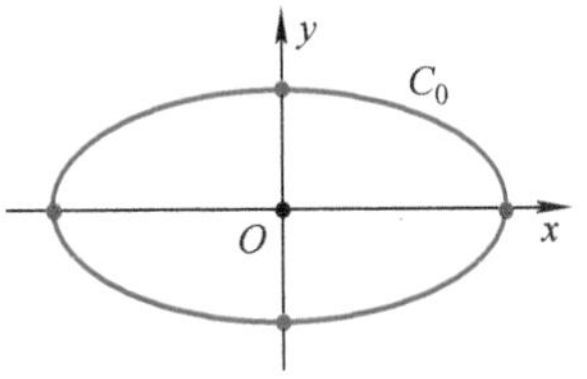

解： 从前面的分析可知，对给定的卵形线 $C:\boldsymbol{r}(t)=(x(t),y(t))$

若满足约束条件 $\begin{cases}\int_0^{2\pi}|\boldsymbol{r}(t)|^3\cos t\,\mathrm{d}t=0,\\ \int_0^{2\pi}|\boldsymbol{r}(t)|^3\sin t\,\mathrm{d}t=0.\end{cases}$

则薄板的平衡点 $\Leftrightarrow$ 使得 $|\boldsymbol{r}(t)|'=0$ 的点.

教学意图：

以具体的卵形薄板——椭圆形薄板为例，计算出其平衡点，进而直观地理解椭圆薄板的平衡点为椭圆向径模长函数的四个驻点.

（续）

问题分析

因此，当卵形薄板的中心为坐标原点时，建立起边界曲线的参数方程，就可计算出它的平衡点．当均匀薄板的边界曲线为椭圆时，其几何中心即为重心，如图建立直角坐标系时，只需要计算函数 $\boldsymbol{r}(t)$ 模长的驻点．

不难算出 $|\boldsymbol{r}(t)|=\sqrt{3\cos^2 t+1}$．

进而有 $|\boldsymbol{r}(t)|'=-3\dfrac{\cos t\sin t}{\sqrt{3\cos^2 t+1}}=0$．

于是 $t=0, \dfrac{\pi}{2}, \pi, \dfrac{3\pi}{2}$ 时，为四个椭圆的向径模长函数的四个驻点，对应于椭圆形薄板的四个平衡点，如上图所示，椭圆上两个红点和两个蓝点都是椭圆形薄板的平衡点．

进一步考虑一般情况，是否所有的平面均匀卵形薄板，都至少有四个平衡点？

> 提问：
> 对上述椭圆形薄板，是否满足平衡点的数学描述中的约束条件？

问题 3：边界曲线为卵形线的均匀薄板，是否都至少有四个平衡点？

要回答问题 3，就意味着要对所有满足约束条件（1）的向量值周期函数 $\boldsymbol{r}(t)$ 计算其模长驻点个数．这个问题在数学上并不容易处理．因此我们需要将问题转化一下，继续寻找其他与平衡点有关的条件．

仍旧以椭圆形薄板为例进行观察．此前计算出的四个平衡点对于椭圆这条闭曲线来说非常特殊，恰好是其弯曲程度最大和最小的四个点．下右图中为椭圆（相对）曲率函数的图形．

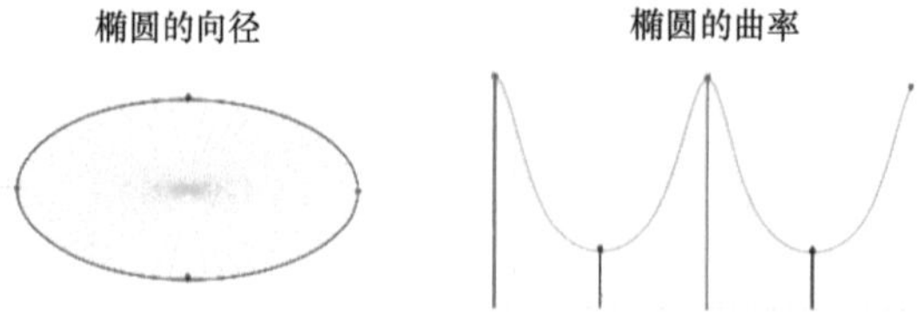

> 回顾（相对）曲率函数的计算公式为
> $$k(t)=\frac{x'y''-x''y'}{(x'^2+y'^2)^{3/2}}.$$
> 用数值计算，向学生直观地展示对应关系．

因此对于椭圆，曲率函数的驻点恰好为椭圆形薄板的平衡点．

这一结论是否适用于一般情况呢？即对于任意的卵形薄板，其边界卵形线曲率函数的驻点是否也是薄板平衡点？

三次卵形线薄板的平衡点分析

再观察另一条特殊的卵形线——三次卵形线：

$$\frac{x^2}{2x+24}+\frac{y^2}{9}=1\ .$$

> 分析三次卵形线的曲率函数的极值点与薄板的平衡点不同．

下左图中紫色曲线即为三次卵形线，下右图为该曲线的曲率函数图．可以看出，B 点对应曲率函数的极小值点，为曲率函数的驻点．而左图中看出 B 点处的向径（以薄板的重心为起点）与 B 点处的切线并不垂直，因此 B 点不是薄板的平衡点；在 A 点处切线与向径垂直（以薄板的重心为起点），是该薄板的平衡点，但是 A 点并不是曲率函数的驻点．

> 提问：
> 此时坐标原点是不是卵形薄板的重心？

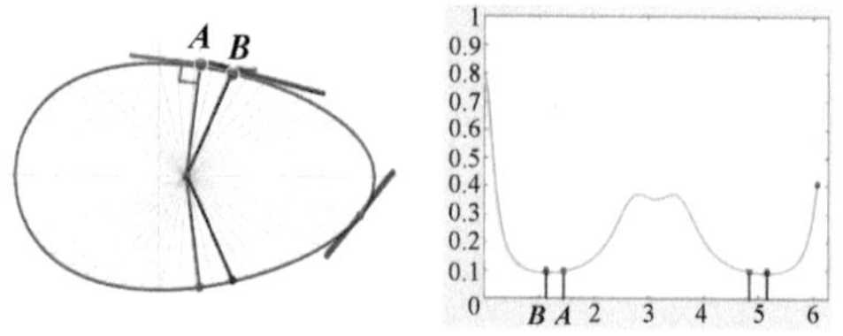

顶点：曲率函数的驻点为曲线的顶点，即 $k'(t)=0$．

上述三次卵形线的例子说明，卵形线的顶点不一定是该卵形薄板的平衡点，卵形薄板的平衡点也不一定是边界卵形线的顶点．从直观上来看，曲率描述曲线在一点处的弯曲程度，是曲线的局部性质，而平衡点与整个薄板区域有关，是整体性质，两者显然是不同的．

（续）

数学证明

问题转化——平衡点与顶点的关系分析

若能通过计算曲线的顶点就可得到均匀平面薄板的平衡点，这样就是一个纯粹的几何问题，没有了约束条件．但由分析可知，卵形线 C_0 的顶点不一定就是以 C_0 为边界的均匀平面薄板的平衡点．

但如果能找到另一条卵形线 C_1，使 C_1 的顶点对应于以 C_0 为边界的薄板的平衡点，平衡点的个数问题依然能够转化为求卵形线顶点的问题．那么，对于任意给定的卵形线 C_0，能找到满足要求的曲线 C_1 吗？

教学意图：

进一步转化平衡点问题．

对于任意给定的卵形线 C_0，以其为边界的平面均匀薄板的重心为坐标原点，建立直角坐标系，设 $C_0:\boldsymbol{r}=\boldsymbol{r}(t)$，$t\in[0,2\pi]$，此时 $\boldsymbol{r}(t)$ 自然满足约束条件（1），且 $|\boldsymbol{r}(t)|>0$．由平衡点的数学描述知，以 C_0 为边界的薄板的平衡点等价于使得 $|\boldsymbol{r}(t)|'=0$ 的点．

记 $k(t)=\dfrac{2\pi}{K}\dfrac{1}{|\boldsymbol{r}(t)|^3}$，$t\in[0,2\pi]$，其中，$K=\displaystyle\int_0^{2\pi}\frac{1}{|\boldsymbol{r}(t)|^3}\mathrm{d}t$．

令

$$\begin{cases} x(s)=\displaystyle\int_0^s\cos\left(\int_0^z k(t)\mathrm{d}t\right)\mathrm{d}z, \\ y(s)=\displaystyle\int_0^s\sin\left(\int_0^z k(t)\mathrm{d}t\right)\mathrm{d}z \end{cases} \quad s\in[0,2\pi],$$

以上式为参数方程构造曲线 $C_1:\tilde{\boldsymbol{r}}(s)=(x(s),y(s))$，$s\in[0,2\pi]$．

下面验证曲线 C_1 是周长为 2π 的卵形线，且曲率函数就是 $k_{C_1}(t)=k(t)$．

（i）直接计算可得

$$x'^2(s)+y'^2(s)=\cos^2\left(\int_0^s k_{C_1}(t)\mathrm{d}t\right)+\sin^2\left(\int_0^s k_{C_1}(t)\mathrm{d}t\right)\equiv 1,$$

故 s 为曲线 C_1 的弧长参数，则 C_1 的周长为 2π．

（ii）根据相对曲率计算公式 $k_{C_1}(s)=\dfrac{x'y''-x''y'}{(x'^2+y'^2)^{3/2}}$，得 $k_{C_1}(s)=\dfrac{2\pi}{K}\dfrac{1}{|\boldsymbol{r}(s)|^3}=k(s)>0$，$s\in[0,2\pi]$．

（iii）C_1 为封闭曲线．

显然 $\tilde{\boldsymbol{r}}(0)=(0,0)$，$\tilde{\boldsymbol{r}}'(0)=(1,0)$，即曲线 C_1 经过坐标原点，且原点处切线与 $\boldsymbol{x}$ 轴平行．记切向量 $\tilde{\boldsymbol{r}}'(s)$ 与 $\boldsymbol{x}$ 正向的夹角为 $\theta(s)$，则 $\theta(s)=\int_0^s k(t)\mathrm{d}t$，不难验证 $\theta(2\pi)=2\pi$，且由相对曲率的几何意义知 $\theta'(s)=k_{C_1}(s)=\dfrac{2\pi}{K|r(s)|^3}>0$．因此 $\theta=\theta(s),s\in[0,2\pi]$，存在反函数，记为 $s=s(\theta),\theta\in[0,2\pi]$．

于是，利用约束条件（1）可得

$$x(2\pi)-x(0)=\int_0^{2\pi}\frac{\mathrm{d}x}{\mathrm{d}s}\mathrm{d}s=\int_0^{2\pi}\cos(\theta(s))\mathrm{d}s$$

$$=\int_0^{2\pi}\cos(\theta)\frac{\mathrm{d}s}{\mathrm{d}\theta}\mathrm{d}\theta=\int_0^{2\pi}\cos(\theta)\frac{1}{k_{C_1}(\theta)}\mathrm{d}\theta$$

$$=\int_0^{2\pi}|\boldsymbol{r}(\theta)|^3\cos(\theta)\frac{K}{2\pi}\mathrm{d}\theta=0.$$

同理，可验证 $y(2\pi)-y(0)=0$．

因此 C_0 的约束条件（1）对应于曲线 C_1 是封闭曲线．

由于 $\left(k_{C_1}(s)\right)'=\dfrac{-6\pi}{|\boldsymbol{r}(s)|^4K}|r(s)|'$，因此以卵形线 C_0 为边界的薄板的平衡点对应于曲线 C_1 的顶点．

提问：

对于一般的卵形线 C_0 是否能找到这样的曲线 C_1？

引导学生，由一般的卵形线 C_0 构造曲线 C_1．

提问：

原曲线 C_0 所满足的约束条件对曲线 C_1 而言意味着什么？

（续）

数学证明	

其关系如下图所示：

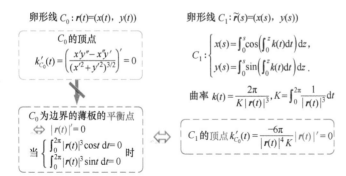

卵形线 $C_0: \boldsymbol{r}(t)=(x(t),\ y(t))$

C_0 的顶点

$$k'_{C_0}(t)=\left(\frac{x'y''-x''y'}{(x'^2+y'^2)^{3/2}}\right)'=0$$

（不能推出）

C_0 为边界的薄板的平衡点

$\Leftrightarrow\ |\boldsymbol{r}(t)|'=0$

当 $\begin{cases}\int_0^{2\pi}|\boldsymbol{r}(t)|^3\cos t\,\mathrm{d}t=0\\ \int_0^{2\pi}|\boldsymbol{r}(t)|^3\sin t\,\mathrm{d}t=0\end{cases}$ 时

卵形线 $C_1: \tilde{\boldsymbol{r}}(s)=(x(s),\ y(s))$

$$C_1:\begin{cases}x(s)=\int_0^s\cos\left(\int_0^z k(t)\mathrm{d}t\right)\mathrm{d}z,\\ y(s)=\int_0^s\sin\left(\int_0^z k(t)\mathrm{d}t\right)\mathrm{d}z.\end{cases}$$

曲率 $k(t)=\dfrac{2\pi}{K|\boldsymbol{r}(t)|^3},K=\int_0^{2\pi}\dfrac{1}{|\boldsymbol{r}(t)|^3}\mathrm{d}t$

$\Leftrightarrow$ C_1 的顶点 $k'_{C_0}(t)=\dfrac{-6\pi}{|\boldsymbol{r}(t)|^4K}|\boldsymbol{r}(t)|'=0$

有了以上结论，回答之前所提出的问题：以卵形线为边界的平面薄板至少有四个平衡点的问题，可转化为证明任意卵形线至少有四个顶点的问题. 这是一个纯粹的几何问题，即四顶点定理.

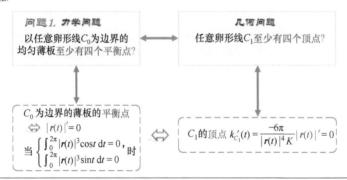

问题 1. 力学问题
以任意卵形线 C_0 为边界的均匀薄板至少有四个平衡点?

$\longleftrightarrow$

几何问题
任意卵形线 C_1 至少有四个顶点?

$\updownarrow$

C_0 为边界的薄板的平衡点

$\Leftrightarrow\ |\boldsymbol{r}(t)|'=0$

当 $\begin{cases}\int_0^{2\pi}|\boldsymbol{r}(t)|^3\cos t\,\mathrm{d}t=0,\\ \int_0^{2\pi}|\boldsymbol{r}(t)|^3\sin t\,\mathrm{d}t=0\end{cases}$ 时

$\Leftrightarrow$ C_1 的顶点 $k'_{C_1}(t)=\dfrac{-6\pi}{|\boldsymbol{r}(t)|^4K}|\boldsymbol{r}(t)|'=0$

数学家慕克赫帕沙亚（Mukhopadhyaya）介绍：

四顶点定理最早由印度的数学家慕克赫帕沙亚（Mukhopadhyaya）于 1909 年提出. 他证明了此定理对凸曲线（即有严格正曲率）成立. 他的证明用到了以下结果：曲线上一点的曲率是极值，当且仅当在该点的密切圆与曲线有 4 点切触.（密切圆与曲线一般只有 3 点切触.）

但他不能进一步改进，因为当椭圆有不等的长短轴时，恰好有四个顶点，即椭圆和两主轴的交点. 此外，这个定理对某些非凸曲线也成立，但证明比较困难. 1912 年阿道夫・克内泽尔证明了定理在一般情况成立.

慕克赫帕沙亚（Mukhopadhyaya）
印度数学家（1866—1937）

教学意图：
介绍近代数学家慕克赫帕沙亚的工作.

课程思政：
通过对四顶点定理的发展历程的介绍激发学生的学习积极性，培养学生孜孜不倦的科学探索精神.

四顶点定理的严格证明

四顶点定理　卵形线至少有四个顶点

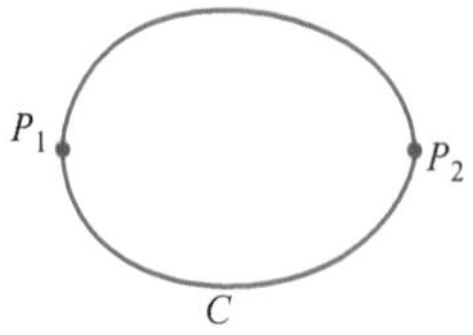

教学意图：
给出四顶点定理及其严格数学证明.

（续）

数学证明	

证明：

假设卵形线的参数方程为 $C: \boldsymbol{r}=\boldsymbol{r}(s), s\in[0,L]$，其中 s 为弧长参数.（相对）曲率函数为 $k(s)$，不妨设 $k(s)$ 在任意小区间都不为常数（否则有无穷多个顶点）. 注意到曲率函数 $k(s)$ 是连续函数，因此在闭区间 $[0,L]$ 内必存在最小值与最大值.

不妨设 P_1 为 $k(s)$ 的最小值点，P_2 为 $k(s)$ 的最大值点，且 $P_1 \neq P_2$. 曲率函数的最值点也是其驻点，因此找到了两个顶点. 即至少有两个顶点 P_1，P_2.

第一步：证明至少有三个顶点.

反证法：

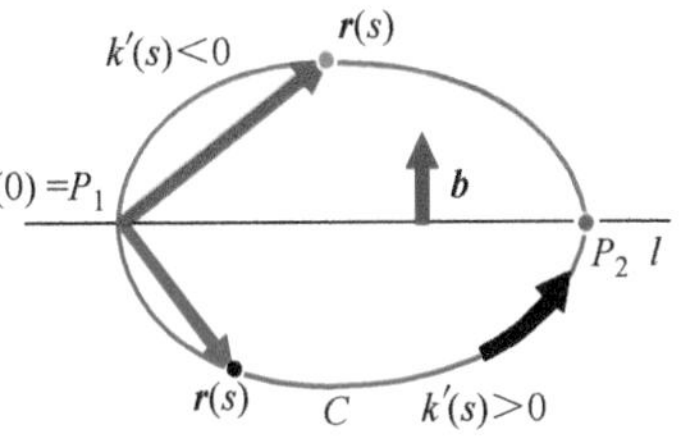

假设只有 P_1，P_2 两个顶点，且 $P_1=\boldsymbol{r}(0)=\boldsymbol{r}(L)$，$P_2=\boldsymbol{r}(s_1)$.

即下半弧段 $s\in(0,s_1)$，上半弧段 $s\in(s_1,L)$.

此时观察曲率函数 $k(s)$ 的变化情况. 在下半弧段，随着 s 增大，曲率函数从最小值变化到最大值，且不存在其他驻点，因此有 $k'(s)>0$. 可类似讨论上半弧段，有 $k'(s)<0$.

连接 P_1，P_2 做直线 l，且用 $\boldsymbol{b}$ 表示其法向量. 观察图中蓝色向量，其在下半弧段中与法向量 $\boldsymbol{b}$ 的夹角始终大于 $\dfrac{\pi}{2}$，因此有 $[\boldsymbol{r}(s)-\boldsymbol{r}(0)]\cdot\boldsymbol{b}<0$.

同理在上半弧段时的红色向量满足 $[\boldsymbol{r}(s)-\boldsymbol{r}(0)]\cdot\boldsymbol{b}>0$.

综上所述，除 P_1，P_2 点外，在弧段的任意点处恒有

$$k'(s)(\boldsymbol{r}(s)-\boldsymbol{r}(0))\cdot\boldsymbol{b}<0, \quad \forall s\in(0,s_1)\cup(s_1,L).$$

因此有

$$\int_0^L k'(s)(\boldsymbol{r}(s)-\boldsymbol{r}(0))\cdot\boldsymbol{b}\,\mathrm{d}s<0.$$

另一方面，直接计算此积分：

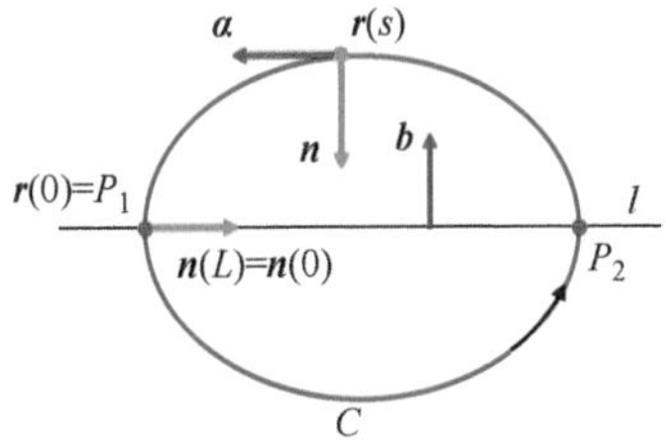

利用分部积分公式，可把积分分为两部分

$$\int_0^L k'(s)[\boldsymbol{r}(s)-\boldsymbol{r}(0)]\cdot\boldsymbol{b}\,\mathrm{d}s$$

$$=\left(k(s)[\boldsymbol{r}(s)-\boldsymbol{r}(0)]\cdot\boldsymbol{b}\right)\Big|_0^L-\int_0^L k(s)\boldsymbol{r}'(s)\cdot\boldsymbol{b}\,\mathrm{d}s.$$

因 $\boldsymbol{r}(L)=\boldsymbol{r}(0)=P_1$，因此第一项为 0. 而第二项中，$\boldsymbol{r}'(s)$ 恰好是切向量 $\boldsymbol{\alpha}(s)$，因此有

$$\int_0^L k'(s)(\boldsymbol{r}(s)-\boldsymbol{r}(0))\cdot\boldsymbol{b}\,\mathrm{d}s=-\int_0^L k(s)\boldsymbol{\alpha}(s)\cdot\boldsymbol{b}\,\mathrm{d}s$$

通过引导思考，用反证法证明至少存在三个顶点.

假设卵形线 C 只有两个顶点，分析得积分的值恒小于零，但通过具体计算可得积分值恒等于零，从而找到矛盾证明顶点数至少三个.

结合图形，分两种情况讨论在弧段的任意点处恒有

$k'(s)(\boldsymbol{r}(s)-\boldsymbol{r}(0))\cdot b<0.$

（续）

数学证明

进一步，利用 Frenet 公式有 $k(s)\boldsymbol{\alpha}(s)=-\boldsymbol{n}'(s)$，其中 $\boldsymbol{n}(s)$ 为法向量.

直接计算可得

$$\int_0^L k'(s)(\boldsymbol{r}(s)-\boldsymbol{r}(0))\cdot\boldsymbol{b}\,\mathrm{d}s=\int_0^L \boldsymbol{n}'(s)\cdot\boldsymbol{b}\,\mathrm{d}s.$$

$$=\left(\boldsymbol{n}(s)\cdot\boldsymbol{b}\right)\Big|_0^L=\boldsymbol{n}(L)\cdot\boldsymbol{b}-\boldsymbol{n}(0)\cdot\boldsymbol{b}=0.$$

这与分析结果矛盾. 因此第一步得证，至少有三个顶点.

第二步：证明至少有四个顶点.

反证法：假设只有三个顶点 P_1，P_2，P_3.

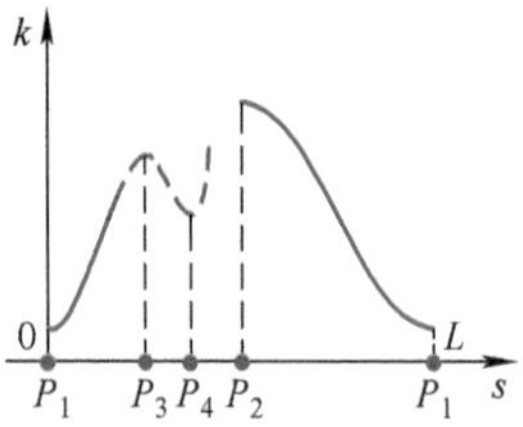

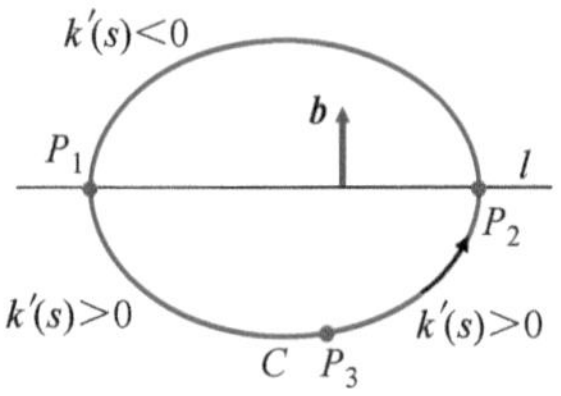

类似于第一步的讨论，通过分析曲率函数单调性，可得相互矛盾的两个结论，即

$$\int_0^L k'(s)(\boldsymbol{r}-\boldsymbol{r}(0))\cdot\boldsymbol{b}\,\mathrm{d}s<0,$$

$$\int_0^L k'(s)(\boldsymbol{r}-\boldsymbol{r}(0))\cdot\boldsymbol{b}\,\mathrm{d}s=0.$$

因此任意卵形线至少有四个顶点，四顶点定理得证.

引导思考：

具体计算所给出的积分，利用分部积分法及 Frenet 公式可得积分恒为 0，因此假设不成立.

通过引导思考，继续假设只有三个顶点，用类似第一步的方法找到矛盾.

四顶点定理的逆定理

四顶点定理的逆定理是指，在圆上定义任意连续实值函数，使得有两个局部极大值和两个局部极小值，那么这个函数是一条简单平面闭曲线的曲率函数.

1971 年赫尔曼·格卢克证出严格正函数的情形. 他证明在 n 维球面预先定义曲率的更一般定理，以上结果是其特例. 比约恩·达尔贝里在 1998 年 1 月去世前不久，证明了逆定理的完整版本. 他的证法用到卷绕数，类似代数基本定理的拓扑证明.

引导学生思考四顶点的逆定理，并给出思考题，布置作业进行相关文献的查阅.

四顶点定理的推论：边界曲线为卵形线的均匀薄板，垂直放置在平面上，至少有四个平衡点.

这样，二维的情况就解答完毕了. 在进一步分析三维空间中的均匀凸体的平衡点个数问题之前，先利用平面薄板的平衡点直观介绍平衡点的分类.

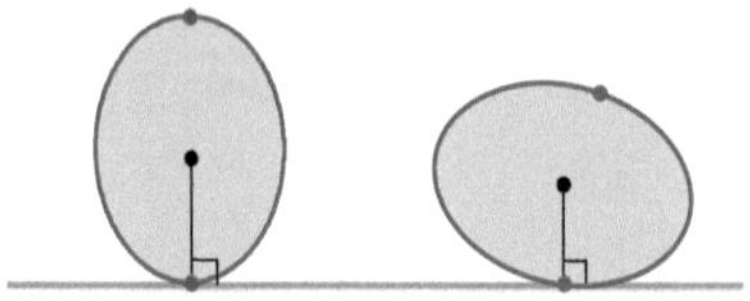

不稳定平衡点　　　稳定平衡点

如上图所示的卵形薄板，至少可以找到四个平衡点. 仔细观察这四个平衡点是有所不同的. 左图中红色点为平衡点，称为**不稳定平衡点**，即当平面薄板在此平衡点达到平衡时，若对其做微小的扰动，薄板无法自行回到此平衡位置. 而右图中的蓝色点称为**稳定平衡点**，即当平面薄板在此平衡点达到平衡时，若对其做微小扰动，薄板可以自行回到此平衡位置.

再回到课程开头提到的三维空间中的均匀凸体平衡点问题. 三维空间中的均匀凸体，至少有几个平衡点？是否与平面薄板一样，至少有四个？还是更多呢？

提问：

有了四顶点定理，是否可以回答问题2呢？

教学意图：

给出四顶点定理的推论，进一步介绍稳定平衡点与不稳定平衡点.

教学意图：

将二维问题拓展到三维空间中的凸体的平衡点问题.

（续）

数学证明	
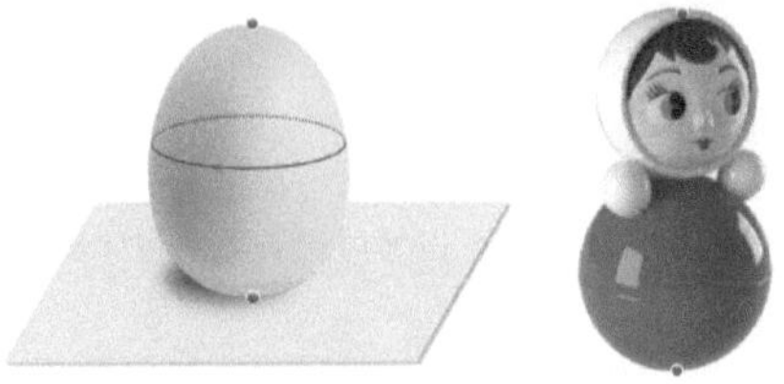 事实上，若把鸡蛋看成一个均匀凸体，它有无穷多个平衡点. 在实际生活中，是否能找到某个物体，只有两个平衡点呢？儿时玩的不倒翁就只有两个平衡点. 底部蓝色的点是一个稳定平衡点，而顶部红色点则为不稳定平衡点. 不倒翁只有两个平衡点，是于其内部放置了一个重物，使其重心下移所形成的，它并不均匀也并不是凸体，因此不满足我们的要求. 那么均匀凸体的平衡点个数至少有几个？ 与直观感觉相反，维数增加了，最少平衡点的个数却减少了.	

问题拓展	
单 - 单静平衡体 对于均匀凸体的平衡点至少有几个这一问题，俄罗斯数学家 Arnold 在 1995 年提出了一个猜想，他认为存在只有两个平衡点的均匀凸体，这样的物体称为“单 - 单静平衡体”. 可以证明若存在只有两个平衡点的物体，则必然只有唯一稳定平衡点和唯一不稳定平衡点，因此称其为“单 - 单静平衡体”. 2006 年，匈牙利的科学家 Domokos 和 Varkonyi 从理论上证明了单 - 单静平衡体的存在性，并将它命名为冈布茨（Gömböc）（匈牙利语，意为类球体）. 但他们找到的单 - 单静平衡体与球只相差百分之一，若把它在现实制造出来几乎看不出与球体的差别.  V. Arnold（1937—2010） 俄数学家	教学意图： 介绍只有两个平衡点的均匀凸体，“单 - 单静平衡体”.
 G. Domokos 匈科学家  P. Varkonyi 匈科学家	课程思政： 通过数学历史故事的介绍，展现数学的美. 展现数学家不断探索的历程，提高学生的数学修养和科学精神.
在实际生活中，能否构造出与球体有明显差别，且为均匀凸体的单 - 单静平衡体？人们花了很多时间去寻找，却一直无果，最后科学家从自然界中获得了灵感.  	通过与普通乌龟的对比，介绍印度星龟及它们的平衡点.

（续）

问题拓展

稍加注意不难发现，一般的乌龟（上图）一旦翻过身就很难再自行翻回去．这是因为一般的乌龟背部通常有一个或多个稳定平衡点．

自然界中有一种乌龟叫作印度星龟，这种乌龟的背部非常高耸，并有特殊的凸起，使得印度星龟的背部只有一个平衡点，并且是不稳定平衡点，而腹部的平衡点为稳定平衡点．所以印度星龟一旦被翻过身，它不需要借助头颈和四肢的帮助，而可以通过左右晃动身体顺利地翻转成四肢落地的正常状态，回到唯一的稳定平衡点．

印度星龟

冈布茨(非光滑)
Gömböc

科学家 Domokos 和 Varkonyi 从印度星龟身上找到了灵感，构造出非光滑的冈布茨．它是一个均匀凸体，并且只有两个平衡点（唯一稳定平衡点和唯一不稳定平衡点）．

无论以何种角度将冈布茨（非光滑）放置在水平的桌面上，它都可以自动回滚到其唯一的稳定平衡点上，也就是说，它具有“自恢复”的特点．

通过对印度星龟的分析，进一步介绍非光滑冈布茨．

引导思考：

奇特的冈布茨（非光滑）可以在哪里应用?

冈布茨在医学制药中的应用

我们知道，许多糖尿病患者，每天都需要注射胰岛素，非常痛苦．为什么不将胰岛素口服呢？这是由于胰岛素在胃酸和消化酶作用下会迅速降解，因此无法口服．

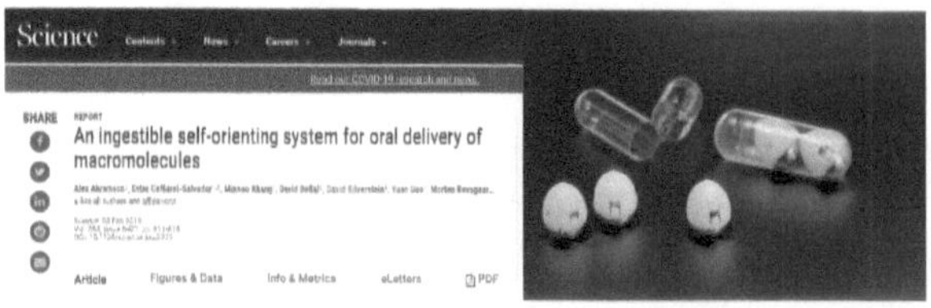

2019 年发表在 Science 上的这篇文章利用冈布茨设计了一种可以口服的胰岛素药物外壳．

利用黄豆大小的冈布茨作为外壳，配以重心调整．口服之后，药物在胃中会在极短的时间内自动调整稳定位置，将唯一的稳定平衡点贴于胃壁．

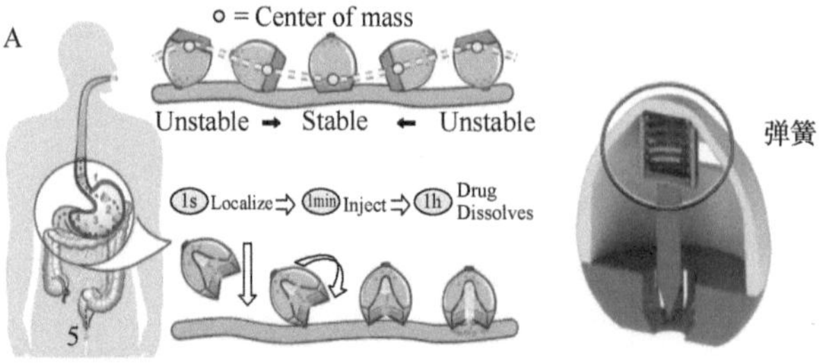

药物内部装有压缩小弹簧，压缩物质可被人体消化吸收，弹簧弹出微型的胰岛素固体针头，在胃中完成一次微型的胰岛素注射．从而实现胰岛素的口服给药，减轻病人的痛苦．

教学意图：

介绍发表在 Science 上，利用冈布茨设计的药物外壳的一篇文章．

从应用学科的最新研究成果来展示冈布茨（非光滑）的应用，开阔学生的眼界，激发学生的学习兴趣．

课程思政：

学习数学的过程不仅是积累数学知识，更重要的是建立利用数学的思想和方法，以及运用数学知识造福人类的信念．

（续）

课后思考	
课后思考： （1）四顶点定理的其他证明方法； （2）查阅文献，学习四顶点定理逆定理问题及其证明.	

四、扩展阅读资料

（1）VARKONYI P L, DOMOKOS G. Static equilibria of rigid Bodies: dice, pebbles, and the Poincare-Hopf Theorem[J]. Journal of Nonlinear Science, 2006, 16(3):255-281.

（2）ABRAMSON A, SALVADOR E C, KHANG M, et al. An ingestible self-orienting system for oral delivery of macromolecules[J]. Science，2019, 363(6427):611-615.

五、教学评注

在课程设计上，本节以中国民间流行的“竖蛋游戏”这一习俗为引入，吸引学生的注意力、让学生从直观上理解平衡点问题；然后，结合图形演示讨论以卵形线为边界的均匀薄板的平衡点问题，并把问题转化成在约束条件下求向径模长函数驻点个数的数学问题；接下来，引导学生由卵形线构造新曲线，从而将卵形薄板平衡点的个数问题进一步转化成曲线求顶点的几何问题，通过四顶点定理的推论予以解决．针对四顶点定理的数学证明，首先利用反证法，证明顶点个数至少有三个；然后引导学生再次利用反证法，证明顶点数至少有四个，进而得到结论．通过证明过程中的分析推理让学生领悟其中包含的数学思想，掌握在几何中应用反证法和直观讨论的常用技巧和方法．最后，在拓展与应用部分再一次提出均匀凸体的平衡点问题，前后呼应，并介绍“单 - 单静平衡体”——冈布茨，以及科研人员在医学制药中利用非光滑冈布茨设计的口服胰岛素胶囊，从而减轻病人的痛苦造福人类，有机地融入思政元素，激发学生热爱科学，教育学生树立科学精神和责任担当．

等宽曲线

一、教学目标

曲线宽度和周长都是曲线基本的整体性质．在课程前几章中，所讨论的大都是曲线或曲面的局部性质，而在本章中我们将利用这些局部性质来刻画曲线和曲面的整体性质，这就是整体微分几何的研究目标——从局部性质中得到几何对象的整体性质．等宽曲线是一种具有等宽性质的平面简单闭曲线．通过本节内容的学习，使学生理解曲线宽度和等宽曲线的数学定义、掌握等宽曲线定理的结论和证明过程、掌握利用支撑函数证明等宽曲线性质的方法，了解等宽曲线在实际中的应用．

二、教学内容

1. 主要内容

（1）常见的等宽曲线；

（2）曲线宽度和等宽曲线的定义；
（3）等宽曲线的周长计算；
（4）等宽曲线的性质.

2. 教学重点

（1）曲线宽度和等宽性的概念；
（2）一般等宽曲线的周长计算.

3. 教学难点

（1）等宽曲线定理的证明；
（2）利用支撑函数证明等宽曲线的性质.

三、教学设计

1. 教学进程框图

问题引入	井盖的形状问题	莱洛三角形	莱洛多边形
等宽曲线的定义	卵形线	曲线宽度的定义	等宽曲线的定义
等宽曲线的周长	特殊等宽曲线的周长计算	一般等宽曲线的周长计算	
等宽曲线的性质	曲率半径恒等式	最大周长性	面积不等式
等宽曲线的应用	转子发动机	钻方形孔	建筑设计

2. 教学环节设计

<table>
<tr><th colspan="2">问题引入</th></tr>
<tr><td>井盖的形状问题
生活中大家见到的井盖大多都是圆的，那么井盖只能是圆形的吗？
</td><td>教学意图：
通过贴近生活的问题引起学生兴趣.

引导思考：
圆形的井盖有什么好处？方形的井盖有什么缺点？</td></tr>
</table>

（续）

问题引入

把井盖做成圆形是因为圆具有完美的对称性．沿任意方向用两条平行线夹一个圆，平行线之间的距离都是相等的，这样的性质叫作**等宽性**.

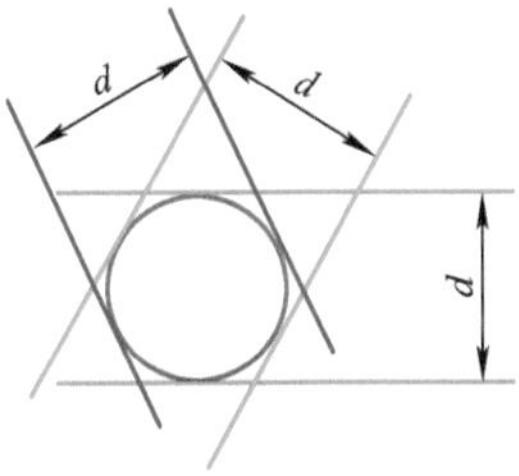

具有等宽性的圆形井盖，即使翻转了，也不会落入井中．是否可以将井盖做成其他形状呢？这也就是问：具有等宽性的平面封闭曲线只有圆吗？

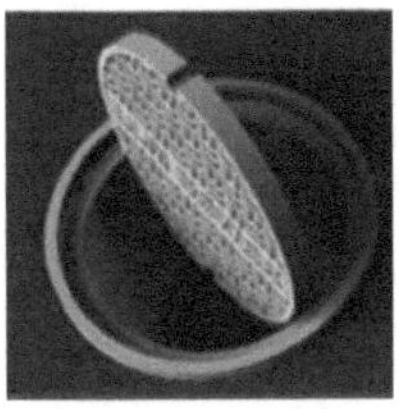

对应与数学上圆的什么性质？

莱洛三角形

下图是 1514 年意大利著名的画家、科学家，达芬奇制作的世界地图．达芬奇将地球分成八块，每块平铺到平面上画出了世界地图．其中每一块的边界曲线看上去是一个由圆弧组成的弧三角形.

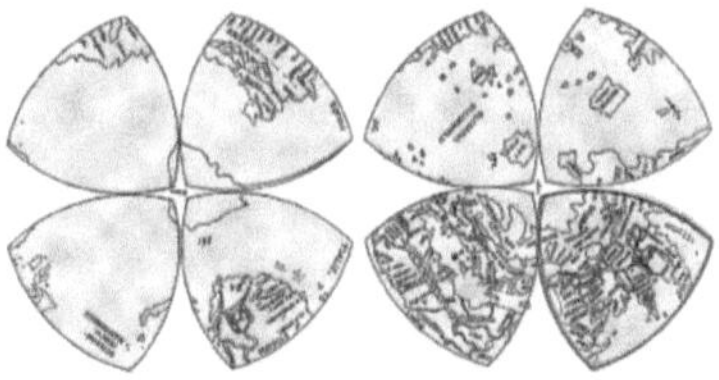

1514 年达芬奇绘制的世界地图

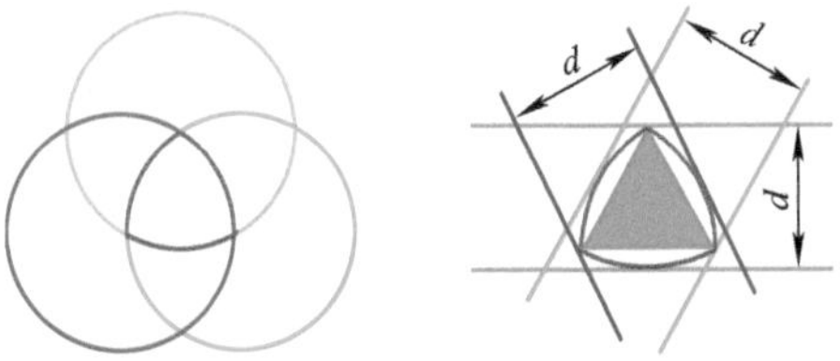

图中红色曲线为莱洛三角形

这个弧三角可以由三个半径相同的圆，如上左图构成.

另一种构造方式，是利用等边三角形，分别做以顶点为圆心，等边三角形的边长为半径的圆弧所得．该曲线以运动学之父 Franz Reuleaux 命名，称为莱洛三角形．通过构造方式可以看出莱洛三角形与圆一样具有等宽的性质.

由于莱洛三角形具有等宽性，也可将井盖做成莱洛三角形的．事实上，在美国旧金山就可以看到这样的井盖.

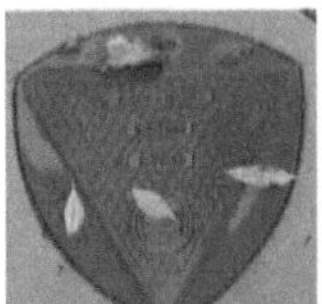

美国旧金山　　井盖

教学意图：

通过数学史的案例引导学生观察图形.

从多种角度给出最直观的等宽曲线的例子——莱洛三角形．便于学生理解等宽性.

结合实际应用引起学生思考.

（续）

<table>
<tr><th colspan="2">问题引入</th></tr>
<tr><td>
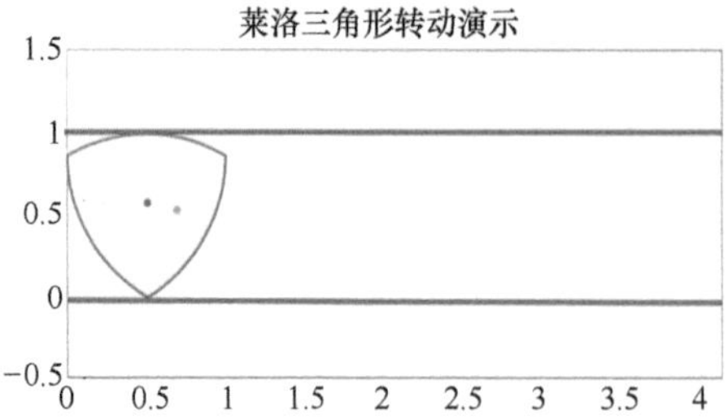

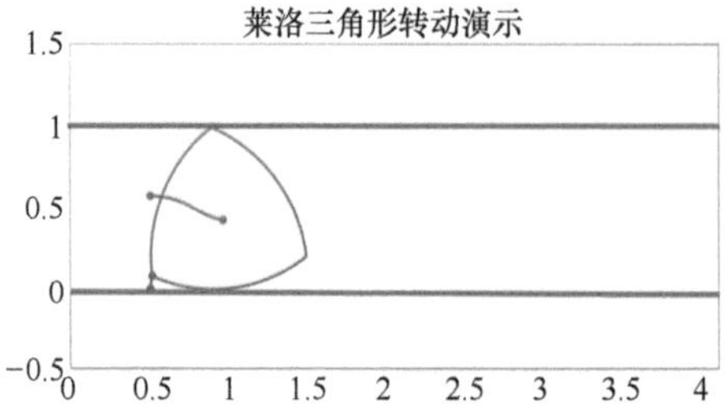

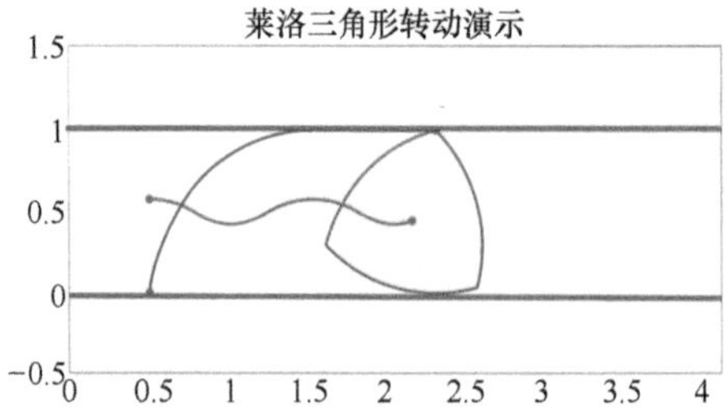

</td><td>
动画演示：
（ch3sec4-莱洛三角形在平行直线间滚动）莱洛三角形可以在两条平行直线间做连续转动，转动过程中任意时刻都与两条直线各有一个交点. 由此可知莱洛三角形具有等宽性.

提问：
除了圆和莱洛三角形，还有其他具有等宽性质的曲线吗？
</td></tr>
<tr><td>
莱洛多边形及任意莱洛三角形
除了莱洛三角形还有其他具有等宽性质的曲线吗？
比较容易想到的是仿照莱洛三角形的构造方式，利用奇数边的正多边形，以顶点做圆形，选择合适的半径即可得到“莱洛多边形”.
如下左图，外侧红色曲线为莱洛五边形，下右图中外侧绿色曲线为莱洛七边形.
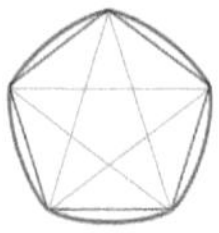

是否只能由正多边形出发才能构造出等宽曲线？
并不是. 事实上，从任意的三角形出发，都可得到具有等宽性质的曲线. 其构造方式与莱洛多边形的构造思想是类似的，具体构造方法留给同学们课后思考.
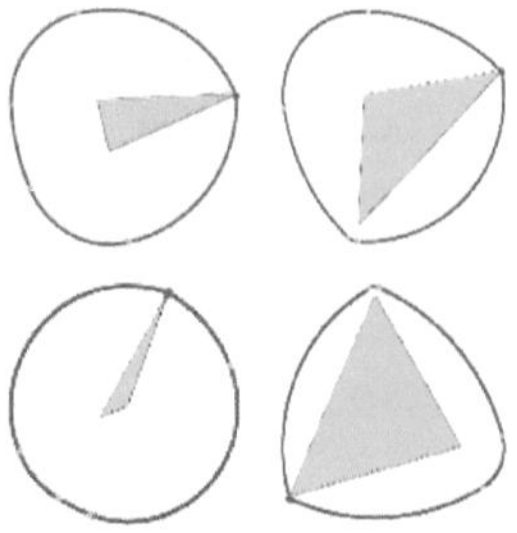
</td><td>
教学意图：
将莱洛三角形的构造方式推广得到一般的莱洛多边形.

利用初等的方法便可从三角形出发构造出等宽曲线.

动画演示：
（ch3sec4-等宽曲线的例子）观察动画，从随机生成的三角形出发均可构造出等宽曲线. 可见等宽曲线是很多的.
思考：
如何从任意三角形入手，构造出等宽曲线？从偶数边的正多边形（如正方形）出发，能否构造出等宽曲线？
</td></tr>
</table>

（续）

问题引入	
本节主要内容概要介绍 根据前面的例子可知等宽曲线其实是有很多的．为了进一步讨论等宽曲线的性质，我们需要给出曲线宽度和等宽曲线的严格数学定义．为了简单起见，在下面的课程中我们只讨论性质比较好的光滑曲线． 接下来，我们首先给出卵形线的概念，然后针对卵形线给出曲线宽度和等宽曲线的严格数学定义；接着，计算等宽卵形线的周长，介绍等宽卵形线的三个重要性质；最后，再介绍几个等宽曲线在实际中的应用．	教学意图： 明确接下来课程的内容结构．
等宽曲线的定义	
卵形线和等宽曲线的数学概念 在微分几何中我们主要使用数学分析（微积分）的方法来研究几何问题，因此对几何对象有基本的光滑性要求，如在每一点处都有切线，这样的曲线称为**正规的**． 定义（卵形线）：简单的平面正规闭曲线且曲率 $k>0$ 称为卵形线． 定义（曲线宽度和等宽曲线）：任给卵形线 C 上一点 P，C 上一定存在一点 $\bar{P}$，使得 $\bar{P}$ 处的正向切向量与 P 处的正向切向量方向相反，称 $\bar{P}$ 为 P 的相对点．P 与它的相对点 $\bar{P}$ 的切线之间的距离称为曲线在 P 点处的宽度． 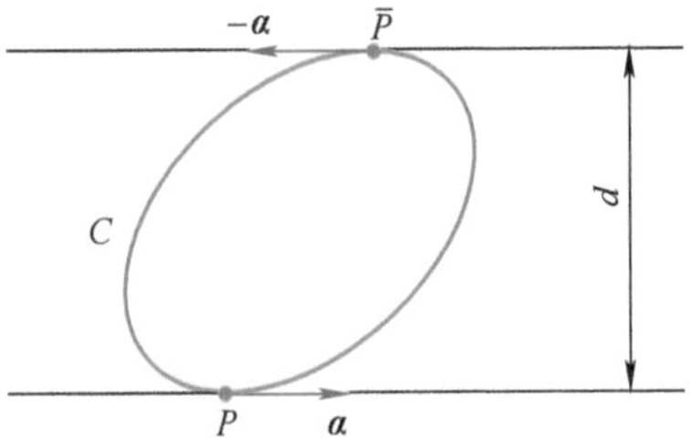 注意到：相对点有如下性质， 性质 1：卵形线上任意一点的相对点是唯一的； 性质 2：相对点处的切线平行，正向的切向量方向相反． 定义（等宽曲线）：若曲线上各点的宽度相等，则称其为等宽曲线．	教学意图： 介绍曲线宽度和等宽曲线的严格定义． 强调相对点的性质，这些性质在后面的证明中将起到重要作用． 强调： 卵形线定义中“简单”意味着曲线没有相交点；“正规”说明曲线在任意一点处都存在切线；“闭”是指曲线为封闭曲线，首尾相连；曲率严格大于零则说明曲线是凸曲线． 凸曲线保证了相对点是唯一的．
等宽曲线的周长	
周长是一条平面闭曲线最基本的性质之一． 具有相同宽度的等宽曲线周长相同吗？如何计算出等宽曲线的周长？ 接下来，先考虑特殊的等宽曲线，比如圆、莱洛三角形、莱洛多边形，计算出这些曲线的周长，并且观察计算结果；然后，对一般的等宽曲线的周长问题提出猜想和证明． 	教学意图： 引出等宽曲线的周长计算问题． 如果将宽度相同的不同等宽曲线制作成车轮，车轮转一周，向前走过的距离是一样的吗？走过的距离能用宽度表示吗？ 这就需要计算等宽曲线的周长．

（续）

等宽曲线的周长

特殊等宽曲线的周长计算

对于宽度为 d 的圆，宽度 d 也就是圆的直径，圆的周长 $L=\pi d$.

对于宽度为 d 的莱洛三角形，宽度 d 也就是连接顶点的等边三角形的边长，即圆弧的半径，每条圆弧的弧长为 $\frac{\pi}{3}d$，因此莱洛三角形的周长为 $L=\pi d$.

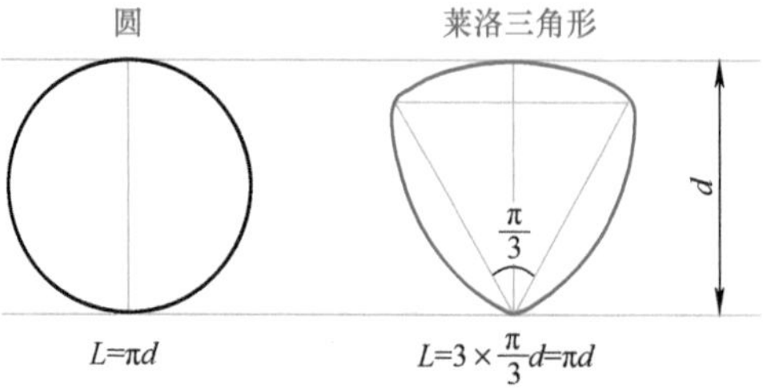

对于宽度为 d 的莱洛 n 边形，每段圆弧边的半径为 d. 做正 n 边形的外接圆可以看出，圆弧的圆周角等于相应的圆心角的一半，为 $\frac{\pi}{n}$. 因此，莱洛 n 边形的周长都为 $L=n\times\frac{\pi}{n}d=\pi d$.

观察上述计算结果，自然会猜想所有宽度为 d 的等宽曲线周长是否都为 $L=\pi d$？

教学意图：

直接计算一些特殊的等宽曲线的周长，观察结果，并提出猜想.

利用初等的方法就能计算出圆和莱洛 n 边形的周长.

一般等宽曲线的周长计算

设 $P=\boldsymbol{r}(s)$，$\bar{P}=\bar{\boldsymbol{r}}(\bar{s})$，其中，$s$ 为 P 点对应的自然参数.

则 $\bar{\boldsymbol{r}}(\bar{s})-\boldsymbol{r}(s)=v\boldsymbol{\alpha}(s)+d\boldsymbol{n}(s)$，这里 $\boldsymbol{\alpha}(s)$ 是曲线在 P 点处的正向单位切向量，$\boldsymbol{n}(s)$ 是曲线在 P 点处的正向单位法向量，即将 $\boldsymbol{\alpha}(s)$ 逆时针旋转 $\frac{\pi}{2}$ 得 $\boldsymbol{n}(s)$.

由于相对点处的正向切向量方向相反，因此有

$$
\begin{aligned}
-\boldsymbol{\alpha}(s)&=\frac{\mathrm{d}\bar{\boldsymbol{r}}}{\mathrm{d}\bar{s}}=\frac{\mathrm{d}\bar{\boldsymbol{r}}}{\mathrm{d}s}\frac{\mathrm{d}s}{\mathrm{d}\bar{s}}\\
&=\frac{\mathrm{d}s}{\mathrm{d}\bar{s}}\frac{\mathrm{d}(\boldsymbol{r}+v\boldsymbol{\alpha}+d\boldsymbol{n})}{\mathrm{d}s}\\
&=\frac{\mathrm{d}s}{\mathrm{d}\bar{s}}\left(\frac{\mathrm{d}\boldsymbol{r}}{\mathrm{d}s}+\frac{\mathrm{d}v}{\mathrm{d}s}\boldsymbol{\alpha}+v\frac{\mathrm{d}\boldsymbol{\alpha}}{\mathrm{d}s}+\frac{\mathrm{d}d}{\mathrm{d}s}\boldsymbol{n}+d\frac{\mathrm{d}\boldsymbol{n}}{\mathrm{d}s}\right).
\end{aligned}
$$

根据平面曲线伏雷内公式

$\frac{\mathrm{d}}{\mathrm{d}s}\boldsymbol{\alpha}(s)=k\boldsymbol{n}(s),\ \frac{\mathrm{d}}{\mathrm{d}s}\boldsymbol{n}(s)=-k\boldsymbol{\alpha}(s)$ 以及 $\frac{\mathrm{d}d}{\mathrm{d}s}=0$，得等式

$$-\boldsymbol{\alpha}=\frac{\mathrm{d}s}{\mathrm{d}\bar{s}}\left(\boldsymbol{\alpha}+\frac{\mathrm{d}v}{\mathrm{d}s}\boldsymbol{\alpha}+vk\boldsymbol{n}-dk\boldsymbol{\alpha}\right).$$

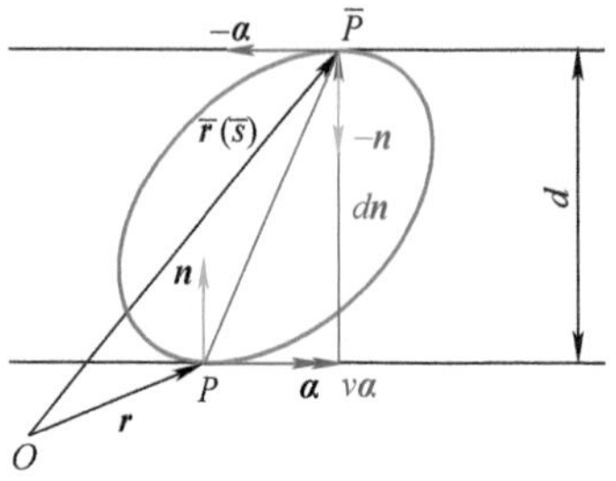

上式两边切方向的系数相等，得

$$-1=\frac{\mathrm{d}s}{\mathrm{d}\bar{s}}\left(1+\frac{\mathrm{d}v}{\mathrm{d}s}-dk\right);$$

教学意图：

给出一般的等宽卵形线的周长计算过程，即为等宽曲线定理的证明.

引导思考：

如何利用等宽性？注意到 $\overrightarrow{P\bar{P}}$ 在 P 点处正向法方向的分向量即为 $d\boldsymbol{n}$.

提问：

$\frac{\mathrm{d}d}{\mathrm{d}s}$ 这一项等于什么？

回答：

利用等宽性可知 $\frac{\mathrm{d}d}{\mathrm{d}s}=0$.

（续）

等宽曲线的周长	
等式两边法方向的系数也应相等，则有 $0=\frac{\mathrm{d}s}{\mathrm{d}\bar{s}}vk$. 综合这两个等式，再利用曲线为卵形线，曲率具有性质 $k>0$，因此由法方向的系数等式知 $v=0$，将其代入切方向的等式中便可得 $$1+\frac{\mathrm{d}\bar{s}}{\mathrm{d}s}=dk .$$ 上式两边从 P 到 $\bar{P}$ 积分，并设 P 到 $\bar{P}$ 的弧长为 s_1 得 $$\int_0^{s_1}\left(1+\frac{\mathrm{d}\bar{s}}{\mathrm{d}s}\right)\mathrm{d}s=\int_0^{s_1}dk(s)\mathrm{d}s .$$ 上式左端：$\int_0^{s_1}\left(1+\frac{\mathrm{d}\bar{s}}{\mathrm{d}s}\right)\mathrm{d}s=\int_0^{s_1}1\mathrm{d}s+\int_0^{s_1}\frac{\mathrm{d}\bar{s}}{\mathrm{d}s}\mathrm{d}s$ $=s_1+\int_0^{s_1}\mathrm{d}\bar{s}(s)=s_1+\int_{s_1}^{L}\mathrm{d}\bar{s}=L .$ 而右端：$\int_0^{s_1}dk(s)\mathrm{d}s=d\int_0^{s_1}\frac{\mathrm{d}\theta}{\mathrm{d}s}\mathrm{d}s=d(\theta(s_1)-\theta(0))=d\pi .$ 综上得，$L=\pi d$.	提问： $v=0$ 说明了什么？ 回答： $v=0$ 即指 $\overrightarrow{P\bar{P}}$ 在 P 点处正向的切方向的分向量为零，这样便得到，对于等宽曲线而言，$\overrightarrow{P\bar{P}}$ 与正向法方向平行. 提问： 做变量代换后，积分上下限如何变化？
等宽曲线定理 定理：宽度为 d 的等宽卵形线，周长为 πd. 注：对于一般非光滑曲线，这一结论也成立.	教学意图： 总结得到的结论.
等宽曲线的性质	
复习： 设卵形线 C 的支撑函数为 $p(\theta)$，则有如下结论成立： （1）曲率 $k(\theta)=\frac{1}{p(\theta)+p''(\theta)}$； （2）$C$ 的周长 $L=\int_0^{2\pi}p(\theta)\mathrm{d}\theta$； （3）$C$ 所围面积 $A=\frac{1}{2}\int_0^{2\pi}[p^2(\theta)-p'^2(\theta)]\mathrm{d}\theta$.	教学意图： 复习支撑函数的相关性质，便于下面课程的介绍. 支撑函数不仅是讨论曲线性质时的重要工具，也是一种表示卵形线的方法.
等宽曲线的性质 1 性质 1：（曲率半径恒等式）设曲线 C 是等宽的卵形线，则相对点的曲率半径之和是常量. 证明：设曲线 C 的宽度为 d，则由支撑函数的定义可知，对任意的 $\theta\in[0,2\pi]$，有 $$p(\theta)+p(\theta+\pi)=d .$$ 上式关于 θ 求导两次得 $p''(\theta)+p''(\theta+\pi)=0$. 于是有 $p(\theta)+p''(\theta)+p(\theta+\pi)+p''(\theta+\pi)=d$. 注意到曲率 $k(\theta)=\frac{1}{p(\theta)+p''(\theta)}$. 即得 $$\frac{1}{k(\theta)}+\frac{1}{k(\theta+\pi)}=d .$$ 这也就是相对点处的曲率半径之和即为等宽曲线的宽度.	教学意图： 介绍等宽卵形线曲率半径的性质. 提问： 曲线宽度如何用支撑函数表示？ 回答： 由支撑函数定义知，宽度 d 等于 $p(\theta)+p(\theta+\pi)$. 回忆曲率半径的定义，曲率半径定义为曲率的倒数.

（续）

<table>
<tr><th colspan="2">等宽曲线的性质</th></tr>
<tr><td>

等宽曲线的性质 2

定义：当卵形线的两条平行切线之间的距离为最大时，称这个距离为该卵形线的直径.

性质 2：（最大周长性）在所有以 d 为直径的卵形线中，宽度为 d 的等宽曲线有最大周长.

证明：由直径的定义知，$d=\max\limits_{\theta\in[0,2\pi]}[p(\theta)+p(\theta+\pi)]$.

由于卵形线的周长为

$$L=\int_0^{2\pi}p(\theta)\mathrm{d}\theta=\int_0^{\pi}p(\theta)\mathrm{d}\theta+\int_{\pi}^{2\pi}p(\theta)\mathrm{d}\theta .$$

上式后一积分中，令 $\theta_1=\theta+\pi$，有

$$\int_{\pi}^{2\pi}p(\theta)\mathrm{d}\theta=\int_0^{\pi}p(\theta_1+\pi)\mathrm{d}\theta_1=\int_0^{\pi}p(\theta+\pi)\mathrm{d}\theta .$$

回代得，

$$L=\int_0^{\pi}(p(\theta)+p(\theta+\pi))\mathrm{d}\theta\leqslant\pi d .$$

而由等宽曲线定理，πd 恰是宽度为 d 的等宽曲线的周长.

</td><td>

教学意图：

介绍曲线直径的定义以及等宽曲线的周长最大性质.

提问：

卵形线的直径与曲线的宽度有什么区别?

回答：

卵形线在每一点处都有宽度，即为该点与该点的相对点处的切线之间的距离．对于非等宽曲线，不同点处的宽度可以不同.

</td></tr>
<tr><td>

等宽曲线的性质 3

性质 3：（面积不等式）若卵形线 C 的直径为 d，所围面积为 A，则 $A\leqslant\frac{1}{4}\pi d^2$，当且仅当 C 是圆周时，等号成立.

证明：由于卵形线所围区域面积

$$A=\frac{1}{2}\int_0^{2\pi}[p^2(\theta)-p'^2(\theta)]\mathrm{d}\theta ,$$

利用分部积分公式，并注意到 $p(\theta)=p(\theta+2\pi)$，得

$$\begin{aligned}A&=\frac{1}{2}\int_0^{2\pi}[p^2(\theta)+p(\theta)p''(\theta)]\mathrm{d}\theta\\&=\frac{1}{2}\int_0^{2\pi}p(\theta)(p(\theta)+p''(\theta))\mathrm{d}\theta,\end{aligned}$$

由于曲率 $k(\theta)=\dfrac{1}{p(\theta)+p''(\theta)}=\dfrac{\mathrm{d}\theta}{\mathrm{d}s}$，则有

$$(p(\theta)+p''(\theta))\mathrm{d}\theta=\mathrm{d}s .$$

因此 $A=\frac{1}{2}\int_C p(\theta)\mathrm{d}s=\frac{1}{4}\int_C(p(\theta)+p(\theta+\pi))\mathrm{d}s\leqslant\frac{1}{4}\int_C d\,\mathrm{d}s=\frac{1}{4}dL\leqslant\frac{1}{4}\pi d^2$.

上式最后一个不等式利用了性质 2 的结果.

如果 $A\leqslant\frac{1}{4}\pi d^2$ 中等号成立，那么上述推导中所有不等式全化为等式，由此知对任意的 $\theta\in[0,2\pi]$，

$$p(\theta)+p(\theta+2\pi)=d .$$

即该卵形线是等宽曲线，因此周长 $L=\pi d$. 而所围区域面积 $A=\frac{1}{4}\pi d^2$，此时 $L^2=\pi^2d^2=4\pi A$. 由等周不等式知，此时卵形线 C 必为一个圆周．另一方面，当 C 为圆周时 $A=\frac{1}{4}\pi d^2$ 成立是自然的．证毕.

</td><td>

教学意图：

介绍等宽曲线的面积上界估计.

引导思考：

当卵形线的直径给定时，其所围区域的面积就不能任意大，一定具有上界．那么，是否能用直径来给出所围区域面积的上界?

等号成立的充要条件是什么?

</td></tr>
</table>

（续）

等宽曲线的应用

等宽曲线的应用一：转子发动机

下图为一台转子发动机，第一台转子发动机是德国工程师汪克尔于 20 世纪 50 年代制造出来的，因此转子发动机也被称为汪克尔发动机. 发动机中的转子的截面是莱洛三角形，无论转子转到什么角度，都严格将汽缸分成三部分，同时进行进气、压缩、点火与排气的周期，这样当转子转过一周时可以做功三次，效率远高于旋转两周才做工一次的传统四冲程活塞发动机.

菲加士・汪克尔（Felix Wankel）
1902—1988　德国数学家

转子发动机具有结构简单、体积较小、重量轻、低重心等优点，并且由于转子轴向运转特性，它不需要精密的曲轴平衡就能达到较高的运转转速，特别适合作为高速发动机. 但同时，转子发动机对材料和工艺的要求也更高，具有油耗高、污染高等缺陷.

虽然转子发动机的特点决定了它不太适用在民用车型上，但是对于完全不考虑燃油经济性和耐用性的赛车来说，转子发动机是一种近乎完美的发动机. 使用了四转子引擎的马自达 787B 赛车在 1991 年的勒芒 24h 耐力赛上以领先第 2 名两圈的好成绩夺得冠军.

教学意图：

介绍等宽曲线在发动机设计中的应用.

等宽曲线的应用二：钻方形孔

能否用钻头在墙上钻出一个方形的孔？

由于等宽性，莱洛三角形可以在一个正方形内贴着边沿滚动. 利用这一性质，人们设计出了能够钻出方孔钻头. 在工作时钻头的中心随着钻头的转动同时绕轴做近似圆周运动，就可以钻出四角略圆的正方形.

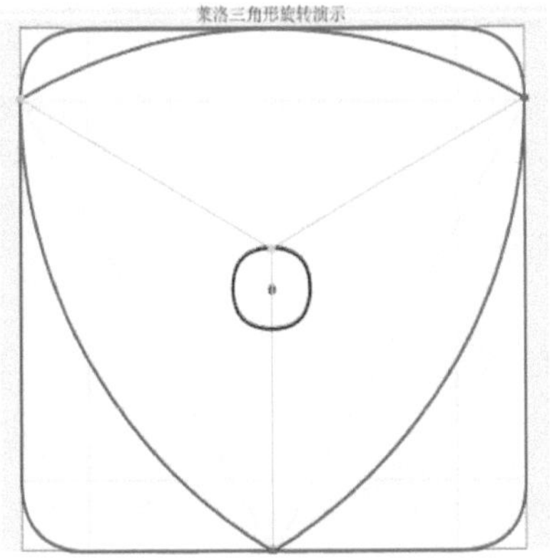

利用同样的性质，将扫地机器人的外形设计成莱洛三角形，可以将房间的角落打扫得更干净.

教学意图：

介绍等宽曲线在工程和工业设计中的应用.

动画演示：

(ch3sec4- 钻方形孔)

展示莱洛三角形在正方形中的运动过程.

莱洛三角形在正方形中转动时，其中心并不固定，而是做类似圆周的转动，并且边界的轨迹也不是严格的正方形，而是四角为弧线的近似正方形.

（续）

等宽曲线的应用

等宽曲线的应用三：建筑设计

等宽曲线很早就被人们应用到了建筑设计中，如比利时布鲁日的圣母教堂的窗户，就可以看到莱洛三角形的窗户，以及用莱洛三角形设计出的装饰花纹.

下图是位于上海市陆家嘴金融贸易区的上海中心大厦，建筑主体为 118 层，总高为 632m，为目前我国第一高楼. 从顶部看，上海中心大厦的外形是莱洛三角形，随着楼层升高，每层扭曲近 1°. 这种设计能够延缓风流，降低风荷载，能使建筑物经受沿海地区台风考验.

上海中心大厦演示

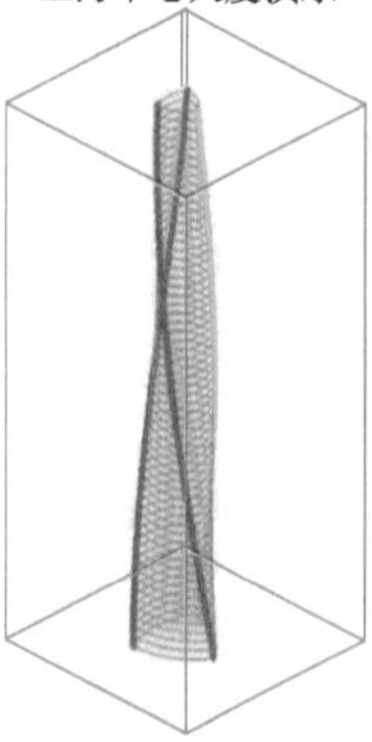

课程思政：

学生学习数学的过程不仅为了学习相应的数学知识，更重要的是通过学习的过程陶冶情操，提高学生的艺术修养.

动画展示：

（ch3sec4- 上海中心大厦）

利用动画模拟上海中心的外形轮廓，展示几何之美.

请同学们课后细心观察，寻找生活中等宽曲线的其他应用.

课后思考

课后思考：

（1）计算等宽曲线围成区域的面积. 并证明：在所有宽度相同的等宽曲线中，所围面积最大的是圆；所围区域面积最小的是莱洛三角形（该结论即为 Baschke-Lebesgue 定理）.

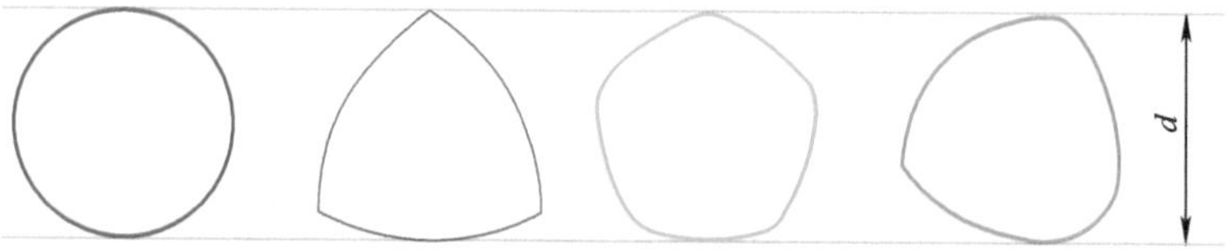

（2）等宽曲面的构造.

什么样的封闭曲面具有等宽性，也就是说，用两个平行平面去夹这个封闭曲面，任意方向的两平面夹出的宽度都相同？

四个相同的球相交区域的边界曲面称为莱洛四面体，历史上许多数学家都认为莱洛四面体是等宽曲面. 事实上，仔细计算便可以发现莱洛四面体并不等宽.

提示：

利用等周不等式结合这节课介绍的等宽曲线定理便可得到结论“所围面积最大的等宽曲线是圆”.

请同学课后结合文献思考莱洛四面体为何不具有等宽性.

（续）

<table>
<tr><th colspan="2">小结和拓展</th></tr>
<tr><td>
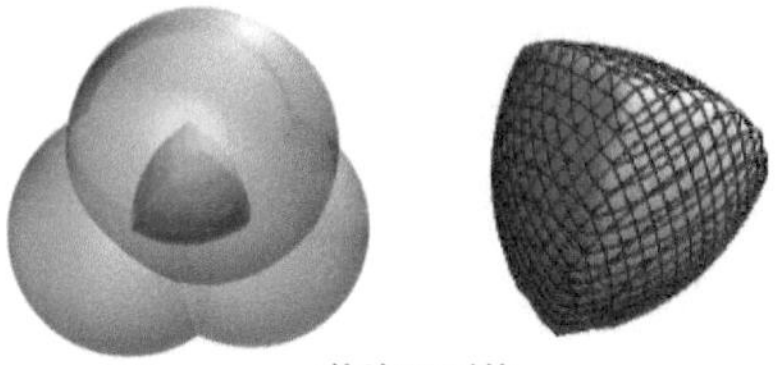

莱洛四面体

为得到等宽曲面，一种做法是将莱洛三角形沿其某一对称轴旋转得到旋转曲面，这个曲面是等宽曲面. 请查阅文献，学习其他等宽曲面的构造方法和等宽曲面更多的几何性质.

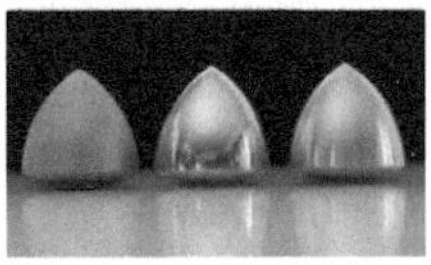

由莱洛三角形生成的旋转曲面

Resnikoff曲面
</td><td></td></tr>
</table>

四、扩展阅读资料

（1）对等宽曲线进一步的性质研究感兴趣的同学可查阅文献：

陆雅言，丁以山 . 关于等宽曲线的讨论 [J]. 中国科学技术大学学报 , 1983 13(4):534-536.

（2）关于 Baschke-Lebesgue 定理，可参看文献：

HARRELL E. A direct proof of a theorem of Blaschke and Lebesgue[J]. J. Geom. Anal., 2002, 12:81.

（3）对等宽曲面的构造和性质感兴趣的同学可以查阅文献：

CHAKERIAN G D, GROEMER H. Convex bodies of constant width，Convexity and Its Applications[M]. Basel : BIRKHAUSER.

（4）对 Resnikoff 曲面的构造感兴趣的同学可参看文献 :

RESNIKOFF H L. On curves and surfaces of constant width[Z]. arXiv:1504.06733.

五、教学评注

本节课的教学重点是曲线宽度和等宽性的概念，一般等宽曲线的周长计算. 在课程设计上，以“下水道井盖只能是圆形的吗”这一贴近实际生活的问题作为引入，引起学生的兴趣，从而引出等宽曲线；其后，利用初等方法构造出等宽曲线的一些例子，结合动画和教具直观展示等宽性；结合图形介绍特殊的等宽曲线周长，并利用微积分的方法证明具有相同宽度的等宽卵形线周长相等的结论；此后，从不同角度讨论等宽曲线的基本性质，即：曲率半径恒等式、周长最大性、面积不等式. 并且通过这些性质的证明过程来演示支撑函数在证明数学结果中的方法和技巧. 在证明过程中体现出的将几何对象转化为代数对象的

思想和处理不等式的技巧是需要学生仔细体会和掌握的. 最后，通过等宽曲线在实际中的应用有机地融入思政元素，激发学生兴趣、陶冶其情操，提高学生的数学修养. 并通过拓展内容开阔学生的眼界，鼓励学生了解研究科学前沿问题，培养学生积极进行科研探索的精神.

Crofton 公式

一、教学目标

Crofton 公式是整体微分几何学和积分几何学中的重要公式，其本身已经包含了积分几何的思想. 通过本节课的学习，使学生掌握 Crofton 公式的条件和结论，理解 Crofton 公式的证明方法，学会使用 Crofton 公式计算曲线弧长和在实际问题中应用 Crofton 公式计算曲线的近似弧长，并能学会应用 Crofton 公式相关知识去解决实际问题.

二、教学内容

1. 主要内容

（1）Crofton 公式；
（2）Crofton 公式的证明方法一；
（3）Crofton 公式的证明方法二；
（4）Crofton 公式的应用.

2. 教学重点

（1）Crofton 公式的微积分证明；
（2）应用 Crofton 公式计算曲线弧.

3. 教学难点

（1）Crofton 公式的证明；
（2）在具体问题中确定交点函数.

三、教学设计

1. 教学进程框图

2. 教学环节设计

问题引入

曲线长度计算

掌握基本的微积分后，可以容易的算出抛物线 $y = x^2$ 在区间 $[0,1]$ 上的弧长．但如果给出一条平面曲线，并不知道其对应的解析表达式，怎样求其弧长？或者曲线本身十分复杂，即使知道其对应的解析表达式，计算起来也很困难呢？如何求其弧长？或弧长的近似值？

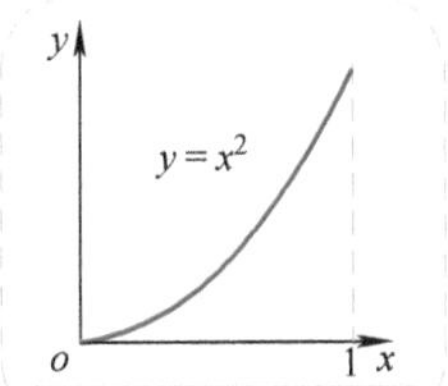

函数表达式已知

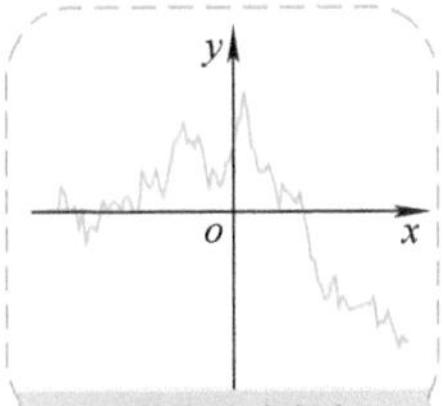

函数表达式复杂

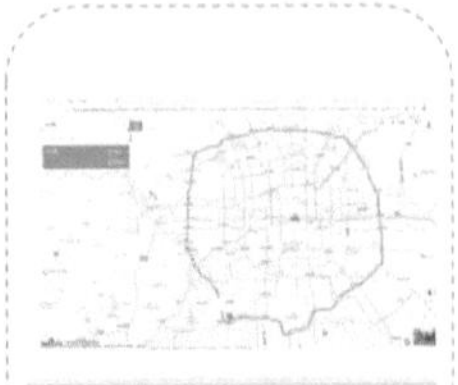

函数表达式未知

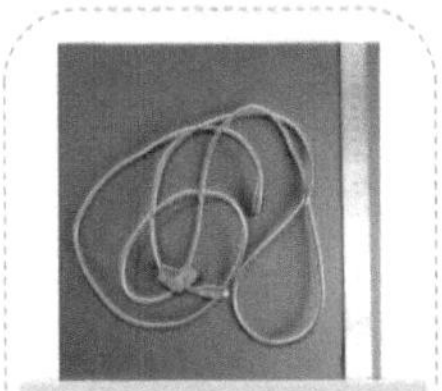

函数表达式未知

与上述问题类似，能否从一张北京地图中计算出五环的长度？一张随意摆放的电源线的照片，电源线的函数表达式未知，能否从这张照片里求出电源线的长度？当然，要计算出这些长度，图片中都必须具有如比例尺的参考长度标尺．

这些问题都能够用 Crofton 公式来解决．

教学意图：

介绍各种情况的曲线长度计算问题．

启发思考：

对于地图或生活中拍摄的照片，显然是不能知道图中曲线的函数表达式的，如何求图中曲线的长度？

能否从图片近似计算出图中曲线的长度

在图片上任意做一组平行的直线，直观上直线与曲线的交点个数越多，曲线应该越长．

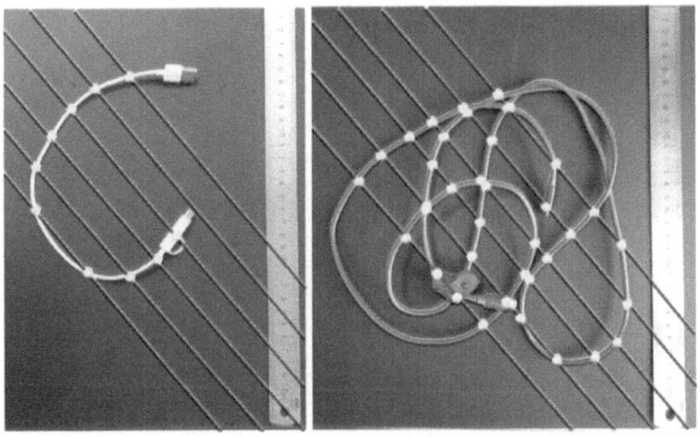

既然交点个数能够反映出曲线的长度，能不能通过交点个数计算出曲线的长度？

粗略来说，如果将平面上所有的直线与曲线的交点都取出来，就相当于取出了构成曲线的所有的点了．对这些点的个数求和显然结果是无穷大，接下来希望做的事情，是对每条直线定义相应的测度，然后通过积分计算出曲线的长度．直线与曲线的交点个数越多，直线的测度值相应应该更大，因此需要利用交点个数定义一个交点函数．为了对直线做积分，我们将直线与平面上的一点对应起来．积分区域如何表示也是接下来需要讨论的．

教学意图：

引导并介绍计算曲线长度的思路．

提问：

直线与曲线的交点个数与曲线的长度有什么关系？

（续）

<table>
<tr><th colspan="2">问题分析</th></tr>
<tr><td>

直线的表示

设 l 为 xOy 平面上的任意一条（不经过原点的）直线，从原点向该直线做垂线，记交点为 P. 注意到，直线 l 可由点 P 唯一确定，反之，由点 P 也可唯一确定一条直线. 即任意一条（不经过原点的）直线可以表示成一个点.

记原点到点 P 的距离为 p，θ 为 x 轴正向与垂线的夹角，实际上 (θ, p) 就是点 P 的极坐标. 由于 P 与其极坐标一一对应，这样直线 l 与参数 θ，p 一一对应. 任意一条（不经过原点的）直线 l 可以用 θOp 平面上的点 (θ, p) 来表示.

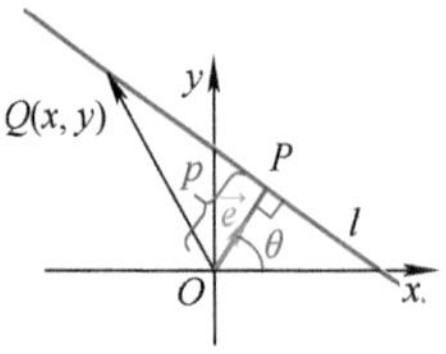

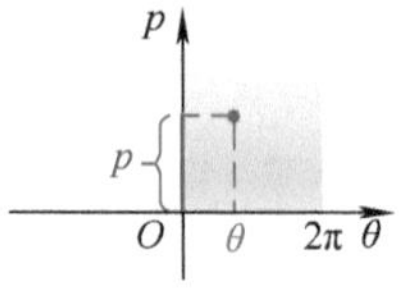

由于 $\overrightarrow{OP}$ 的方向向量为 $\vec{e}=(\cos\theta,\sin\theta)$，直线的方程为 $x\cos\theta+y\sin\theta=p$，$p\geqslant 0, 0\leqslant\theta<2\pi$

</td><td>

教学意图：

介绍直线的表示方法.

（不经过原点的）直线与垂足是一一对应的，而垂足与其极坐标表示也是一一对应的（除坐标原点以外），因此平面上的（不经过原点的）直线可以用极坐标系中的点来表示.

</td></tr>
<tr><td>

交点函数

给定曲线 C，对于任意直线 l，记直线 l 与曲线 C 的交点个数为 $n(l)$. 该函数可看作 θ，p 的函数，即定义出 θOp 平面上区域 $\{(\theta,p)\mid\theta\in[0,2\pi), p\in[0,+\infty)\}$ 中的二元函数.

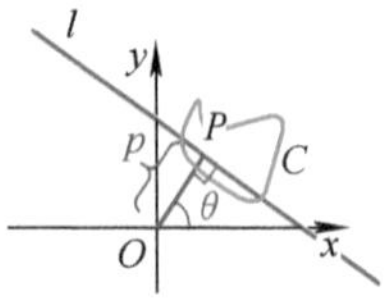

$n(l)=2$

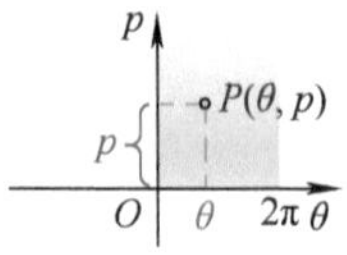

$n(\theta, p)=2$

</td><td>

教学意图：

介绍交点函数.

既然直线可以看作极坐标系中的点，那交点函数就可以看作以极坐标系中的点作为自变量的函数.

</td></tr>
<tr><td>

特殊曲线周长计算

例 1：圆心为原点，半径为 R 的圆，其对应的交点函数为

$$n(\theta,p)=\begin{cases}2,\ \theta\in[0,2\pi), p\in[0,R),\\1,\ \theta\in[0,2\pi), p=R,\\0,\ \theta\in[0,2\pi), p>R.\end{cases}$$

记区域 $D=\{(\theta,p)|C\cap l\neq\varnothing\}$，为与圆相交的直线对应的区域，即 $D=\{(\theta,p)|0\leqslant p\leqslant R,\quad 0\leqslant\theta<2\pi\}$. 此时有

$$L=2\pi R=Area(D)=\frac{1}{2}\iint\limits_D n(\theta,p)\mathrm{d}\theta\mathrm{d}p .$$

即有 $\iint\limits_D n(\theta,p)\mathrm{d}\theta\mathrm{d}p=2L$.

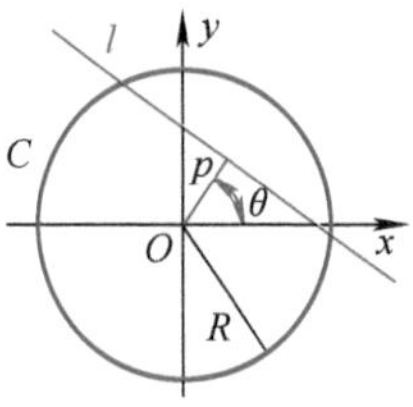

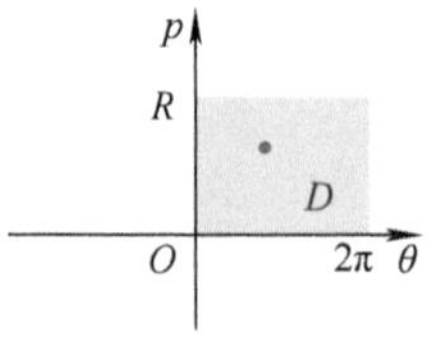

</td><td>

教学意图：

介绍圆的弧长与交点函数的关系.

观察：

观察圆的弧长与区域 D 有什么关系？

</td></tr>
</table>

（续）

问题分析	
例 2：长度为 L 的直线段，位于 x 轴上，以原点为中点.	教学意图：介绍直线的长度与交点函数的关系.

其交点函数为 $n(\theta,p)=\begin{cases}1, & (\theta,p)\in D,\\ 0, & (\theta,p)\notin D.\end{cases}$

$$D=\{(\theta,p)\mid C\cap l\neq\varnothing\}=\left\{(\theta,p)\mid 0<p\leqslant\frac{L}{2}|\cos\theta|,0\leqslant\theta<2\pi\right\}.$$

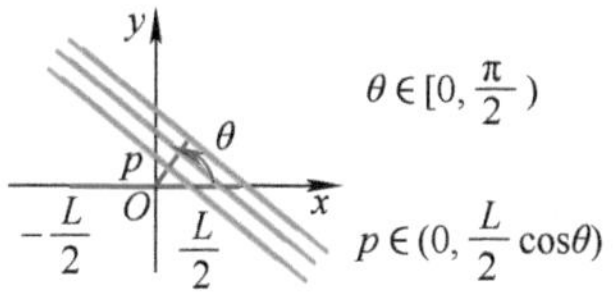

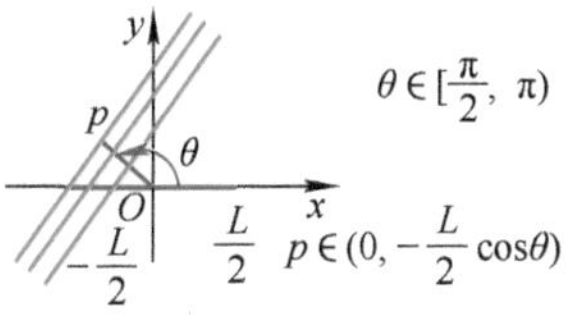

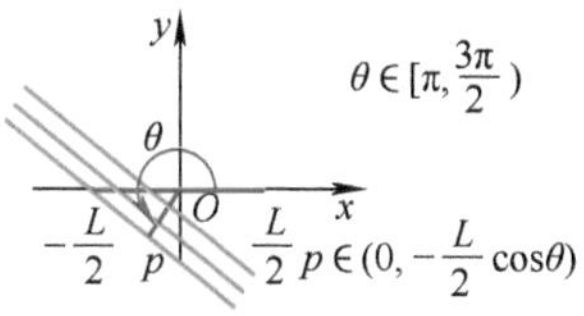

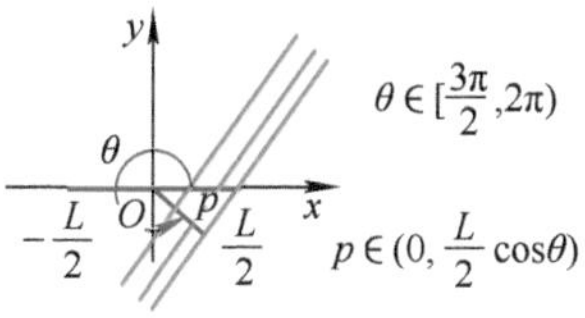

直接计算可知

$$\iint_D n(\theta,p)\,\mathrm{d}\theta\mathrm{d}p=\iint_D 1\,\mathrm{d}\theta\mathrm{d}p=4\iint_{D_1}1\,\mathrm{d}\theta\mathrm{d}p=4\int_0^{\pi/2}\mathrm{d}\theta\int_0^{\frac{L}{2}\cos\theta}1\,\mathrm{d}p=2L.$$

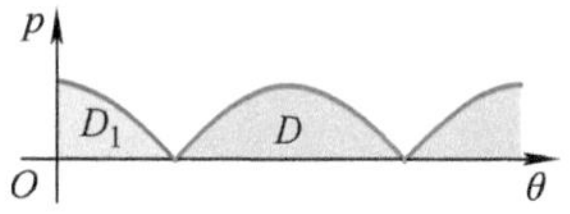

提问：

参数满足什么关系时直线与直线段有交点？交点个数是几个？

思考：

在上面的两个例子中，对交点函数的二重积分均为曲线长度的两倍. 对一般的曲线，是否也有该结果？

Crofton 公式及其证明

Crofton 公式

对于一般的可求长曲线有如下定理.

> **Crofton 公式**　C 为长度为 L 的分段光滑曲线，则
>
> $\iint_D n(\theta,p)\,\mathrm{d}\theta\mathrm{d}p=2L$，　$D=\{(\theta,p)\mid C\cap l\neq\varnothing\}$
>
> 二重积分　曲线长度　垂足区域（与 C 有交点的 l）

教学意图：

介绍 Crofton 公式.

方法一：

Crofton 公式证明

对于一般的可求长的曲线，利用直线段逼近曲线，证明分为三步.

第一步：曲线 C 为一段直线段，位置任意.

第二步：曲线 C 由有线段直线段组成.

第三步：一般曲线.

课程思政：

数学中许多公理、定理的发现都遵循人类的一般认识规律，按照由特殊到一般，再由一般到特殊的认识规律而产生，通过数学的方法进一步归纳、推广、应用的. 进一步地提高学生对科学探究的追求.

（续）

问题分析

证明：

第一步：曲线 C 为长度为 L 的直线段（位置任意）.

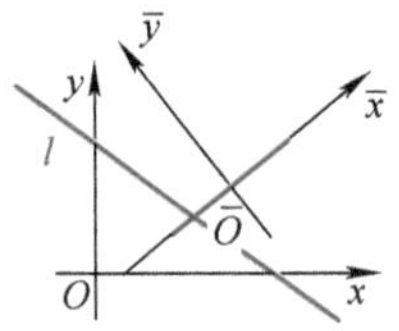

可做新的直角坐标系 $\bar{x}\bar{O}\bar{y}$，使得 $\bar{O}$ 为直线段 C 的中点，$\bar{x}$ 轴与直线段 C 一致. 由例 2 知 $\iint\limits_{\bar{D}} \mathrm{d}\bar{\theta}\mathrm{d}\bar{p} = 2L$，另一方面，设新老坐标系之间的变换为 $\begin{cases} \bar{x} = x\cos\alpha + y\sin\alpha + a, \\ \bar{y} = -x\sin\alpha + y\cos\alpha + b. \end{cases}$

将上述变换代入直线 l 在新坐标系下的方程

$$\bar{x}\cos\bar{\theta} + \bar{y}\sin\bar{\theta} = \bar{p},$$

得到 $x\cos(\bar{\theta}+\alpha) + y\sin(\bar{\theta}+\alpha) = \bar{p} - a\cos\bar{\theta} - b\sin\bar{\theta}$. 再与 l 在旧坐标系下的方程 $x\cos\theta + y\sin\theta = p$ 比较可得

$$\theta = \bar{\theta} + \alpha,\quad p = \bar{p} - a\cos\bar{\theta} - b\sin\bar{\theta},$$

其雅可比行列式为 $J = \left|\dfrac{\partial(\theta, p)}{\partial(\bar{\theta}, \bar{p})}\right| = \begin{vmatrix} 1 & 0 \\ a\sin\bar{\theta} - b\cos\bar{\theta} & 1 \end{vmatrix} = 1$.

考虑到在区域中应有 $n(\theta, p) = 1$，于是

$$\iint\limits_{D} n(\theta, p)\mathrm{d}\theta\mathrm{d}p = \iint\limits_{D} \mathrm{d}\theta\mathrm{d}p = \iint\limits_{\bar{D}} |J|\,\mathrm{d}\bar{\theta}\mathrm{d}\bar{p} = \iint\limits_{\bar{D}} 1\mathrm{d}\bar{\theta}\mathrm{d}\bar{p} = 2L.$$

教学意图：

一般位置的直线段情形证明.

提问：

例 2 中，已经对特殊位置的直线段验证了结论是成立的，一般位置的直线段可否转化为特殊位置的情形？

回答：

通过建立新坐标系转化为特殊位置直线段.

变量代换后的积分区域如何改变？

第二步：曲线 C 为有限段长度为 L_i 的直线段组成的折线.

不妨先考虑，曲线 C 为两段长度分别为 L_1，L_2 的直线段 C_1，C_2 组成的折线. 曲线 C 所相应的区域 D 是由两部分区域 D_1，D_2 所组成，这里 D_1，D_2 分别是与 C_1，C_2 相交的所有直线所相应的区域. 当然 D_1，D_2 是相交的.

由第一步可知，$2L_1 = \iint\limits_{D_1} \mathrm{d}\theta\mathrm{d}p = \iint\limits_{D_1 - D_1\cap D_2} \mathrm{d}\theta\mathrm{d}p + \iint\limits_{D_1\cap D_2} \mathrm{d}\theta\mathrm{d}p$，

$$2L_2 = \iint\limits_{D_2} \mathrm{d}\theta\mathrm{d}p = \iint\limits_{D_2 - D_1\cap D_2} \mathrm{d}\theta\mathrm{d}p + \iint\limits_{D_1\cap D_2} \mathrm{d}\theta\mathrm{d}p.$$

两式相加后得到，

$$\begin{aligned} 2L &= 2L_1 + 2L_2 \\ &= \iint\limits_{D_1 - D_1\cap D_2} \mathrm{d}\theta\mathrm{d}p + 2\iint\limits_{D_1\cap D_2} \mathrm{d}\theta\mathrm{d}p + \iint\limits_{D_2 - D_1\cap D_2} \mathrm{d}\theta\mathrm{d}p \\ &= \iint\limits_{D} n(\theta, p)\mathrm{d}\theta\mathrm{d}p. \end{aligned}$$

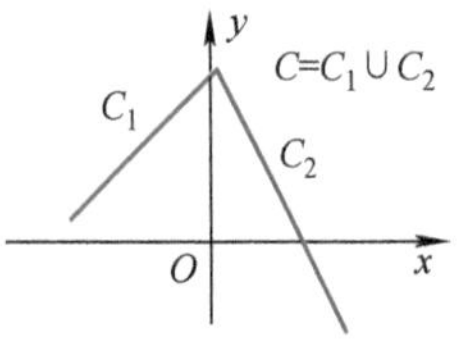

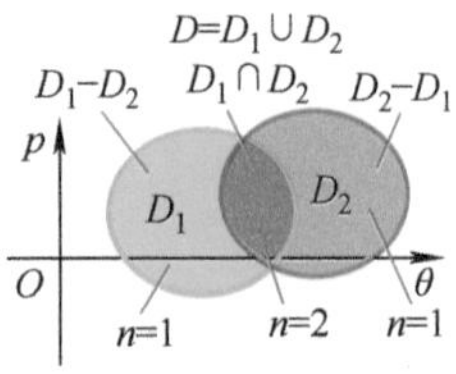

注意到在 $D_1\cap D_2$ 中，n=2.

类似可证曲线 C 为有限段长度为 L_i 的直线段组成的折线.

教学意图：

有限段直线段构成的折线情形.

分析：

分析在 $D_1\cup D_2$ 中交点函数如何取值.

请同学课后思考补充证明有限多段直线情形.

（续）

问题分析

第三步：曲线 C 为一般的长度为 L 的曲线.

$$2L=\lim_{k\to\infty}2L_k=\lim_{k\to\infty}\iint_{D_k}n_k(\theta,p)\mathrm{d}\theta\mathrm{d}p=\iint_{D}n(\theta,p)\mathrm{d}\theta\mathrm{d}p$$

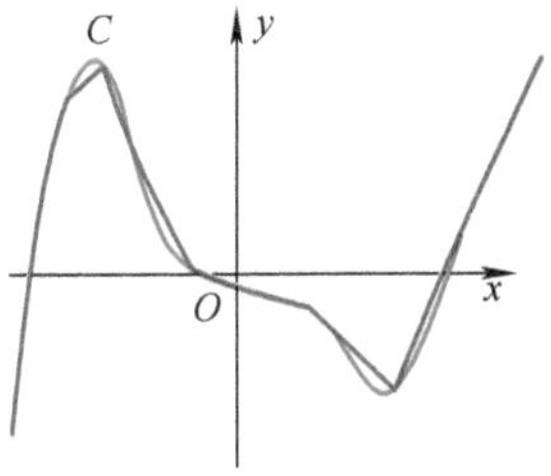

教学意图：

介绍一般的曲线情形的证明.

Crofton 公式证明方法二：

将 Crofton 公式改写为外微分式积分的形式

$$\int_D n(l)\mathrm{d}p\wedge\mathrm{d}\theta=2L,$$

其中，$\mathrm{d}p\wedge\mathrm{d}\theta$ 为曲面的面积元素.

证明：设直线 l 的方程为 $x\cos\theta+y\sin\theta=p$.

曲线 C 的方程为 $\boldsymbol{r}=(x(s),y(s))$，$l$ 与曲线 C 的交点处有 $x(s)\cos\theta+y(s)\sin\theta=p$.对上式两边求外微分得，

$$\mathrm{d}p=\frac{\mathrm{d}x}{\mathrm{d}s}\cos\theta\mathrm{d}s+\frac{\mathrm{d}y}{\mathrm{d}s}\sin\theta\mathrm{d}s-x(s)\sin\theta\mathrm{d}\theta+y(s)\cos\theta\mathrm{d}\theta,$$

其中 $\frac{\mathrm{d}x}{\mathrm{d}s}=\cos\varphi$，$\frac{\mathrm{d}y}{\mathrm{d}s}=\sin\varphi$，代入上式得

$$\mathrm{d}p=(\cos\varphi\cos\theta+\sin\varphi\sin\theta)\mathrm{d}s+(-x\sin\theta+y\cos\theta)\mathrm{d}\theta,$$

两边与 $\mathrm{d}\theta$ 做外积得，$\mathrm{d}p\wedge\mathrm{d}\theta=\cos(\varphi-\theta)\mathrm{d}s\wedge\mathrm{d}\theta$，所以有

$$\int_D n(l)\mathrm{d}p\wedge\mathrm{d}\theta=\int_0^L\mathrm{d}s\int_{\varphi-\frac{\pi}{2}}^{\varphi+\frac{\pi}{2}}\cos(\varphi-\theta)\mathrm{d}\theta=L\int_{+\frac{\pi}{2}}^{-\frac{\pi}{2}}-\cos\psi\mathrm{d}\psi=2L.$$

注意到，经过变量代换，由于同一直线与曲线 C 的不同交点有不同的 s 值，所以代换后的积分已经将交点的个数计算在内了.

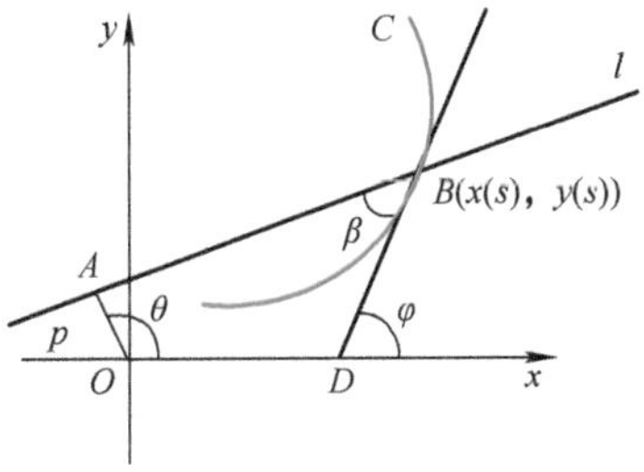

教学意图：

介绍基于外微分式的证明方法.

交点坐标既满足曲线方程，又满足直线方程.

提问：

变量代换后，被积函数和积分上下限如何变化？

课程思政：

数学是一门逻辑性很强、高度抽象的学科，定理的证明都需经过严格的逻辑推理完成. 因此在教学的过程中，训练学生在学习中，逐步形成严谨的逻辑思维和踏实工作的科学作风.

（续）

Crofton 公式的应用	
例 3：利用 Crofton 公式计算直线 $y=x$，$x\in[0,1]$ 的长度. 解：交点函数为：$n(\theta,\ p)=1$， $D=\{(\theta,p)\mid\theta\in(0,\frac{3}{4}\pi)\cup(\frac{7}{4}\pi,2\pi),\ p\in(0,\cos\theta+\sin\theta)\}$. $2L=\iint\limits_D n(\theta,p)\mathrm{d}\theta\mathrm{d}p$ $=\int_0^{\frac{3}{4}\pi}\mathrm{d}\theta\int_0^{\sin\theta+\cos\theta}1\mathrm{d}p+\int_{\frac{7}{4}\pi}^{2\pi}\mathrm{d}\theta\int_0^{\sin\theta+\cos\theta}1\mathrm{d}p$ $=2\sqrt{2}.$ 于是 $L=\sqrt{2}$.	教学意图： 介绍具体问题中应用 Crofton 公式计算弧长的方法.
例 4：利用 Crofton 公式计算圆弧 $y=1-\sqrt{1-x^2},x\in[0,1]$ 的弧长. 解：分区域表示交点函数 （1）当 $(\theta,p)\in D_1=\{(\theta,p)\mid\theta\in(0,\frac{3}{4}\pi),0<p<\cos\theta+\sin\theta\}$ 时，$n(\theta,p)=1$. （2）当 $\theta\in(\frac{3}{4}\pi,\frac{3}{2}\pi),$ 时，$n(\theta,p)=0.$ （3）当 $(\theta,p)\in D_2=\{(\theta,p)\mid\theta\in(\frac{3}{2}\pi,\frac{7}{4}\pi),0<p<1+\sin\theta\}$ 时，$n(\theta,p)=2$. （4）$(\theta,p)\in D_3=\{(\theta,p)\mid\theta\in(\frac{7}{4}\pi,2\pi),0<p<\cos\theta+\sin\theta\}$ 时，$n(\theta,p)=1$. （5）当 $(\theta,p)\in D_4$ 时，$n(\theta,p)=2$. 其中 $D_4=\{(\theta,p)\mid\theta\in(\frac{7}{4}\pi,2\pi),\cos\theta+\sin\theta<p<1+\sin\theta\}$. 计算得 $2L=\iint\limits_D n(\theta,p)\mathrm{d}\theta\mathrm{d}p=\pi$ ，$L=\frac{\pi}{2}$.	
例 5：利用 Crofton 公式计算抛物线 $y=x^2,x\in[0,1]$ 的弧长. 解：分区域表示交点函数 （1）当 $(\theta,p)\in D_1=\{(\theta,p)\mid\theta\in(0,\pi),0<p\leqslant\cos\theta+\sin\theta\}$ 时，$n(\theta,p)=1$. （2）当 $\theta\in\left(\pi,\frac{3}{2}\pi\right),$ 时，$n(\theta,p)=0.$ （3）当 $(\theta,p)\in D_2=\left\{(\theta,p)\mid\theta\in\left(\frac{3}{2}\pi,\frac{7}{4}\pi\right),0<p<-\frac{\cos^2\theta}{4\sin\theta}\right\}$ 时，$n(\theta,p)=2$. （4）当 $(\theta,p)\in D_3=\left\{(\theta,p)\mid\theta\in\left(\frac{7}{4}\pi,2\pi\right),\cos\theta+\sin\theta<p<-\frac{\cos^2\theta}{4\sin\theta}\right\}$ 时，$n(\theta,p)=2$. （5）$(\theta,p)\in D_4=\left\{(\theta,p)\mid\theta\in\left(\frac{7}{4}\pi,2\pi\right),0<p<\cos\theta+\sin\theta\right\}$ ，$n(\theta,p)=1.$ 通过计算二重积分得 $2L=\iint\limits_D n(\theta,p)\mathrm{d}\theta\mathrm{d}p=\frac{1}{2}\left(2\sqrt{5}+\operatorname{arcsinh}(2)\right)$，因此 $L=\frac{1}{4}\left(2\sqrt{5}+\operatorname{arcsinh}(2)\right)$.	提问： 应分为几种情形讨论？ 通过上述例题可以看出在具体问题中用 Crofton 计算曲线弧长是比较烦琐的．该公式的优势在于在曲线表达式未知时，也可以求出近似弧长.

（续）

Crofton 公式的应用

近似计算公式

有了 Crofton 公式，我们最开始提出的问题解决了吗？如果图片中的曲线函数表达式未知，自然无法直接算出 Crofton 公式中的积分，也就无从计算曲线长度．但是注意到，Crofton 公式中的积分的被积函数是交点个数．而在一张图片中，交点个数可以直接数出来，并不需要知道曲线的函数表达式．想到这一点，就可以给出曲线弧长的近似计算公式，从而解决问题．

利用 Crofton 公式近似计算曲线长度的方法如下：取一组平行线，设它们之间的间距为 Δp，将平行直线旋转一周，每转过 $\Delta\theta$ 计算一次直线与曲线的交点个数，记总交点个数为 n，则曲线的近似长度为

$$L=\frac{1}{2}\iint_D n(p,\theta)\mathrm{d}p\mathrm{d}\theta\approx\frac{1}{2}\sum_i n(p_i,\theta_i)\Delta p_i\Delta\theta_i$$

$$=\frac{1}{2}\Delta p\Delta\theta\sum_i n(p_i,\theta_i)=\frac{1}{2}n\Delta p\Delta\theta\ .$$

这里，取 $\Delta p_i=\Delta p$，$\Delta\theta_i=\Delta\theta$.

$L\approx\frac{1}{2}n\Delta p\Delta\theta$

Δp——直线间距
$\Delta\theta$——角度间距
n——总交点个数

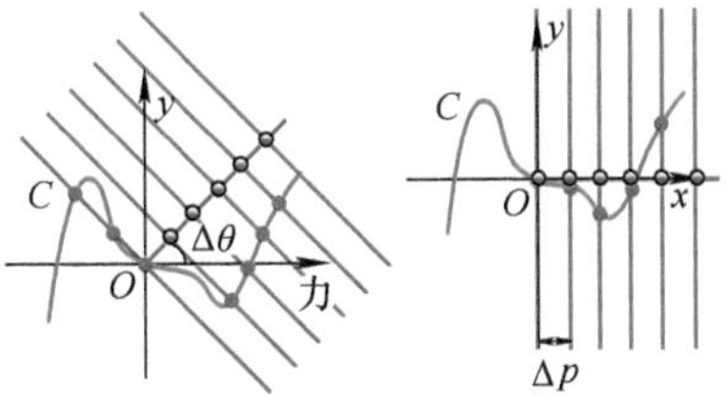

教学意图：

介绍曲线弧长的近似公式.

例 6：计算抛物线 $y=x^2$ 在 [0,1] 上的弧长.

解：首先，利用定积分可得弧长的精确值

$$L=\int_0^1\sqrt{1+4x^2}\,\mathrm{d}x=\frac{1}{4}\left[2\sqrt{5}+\operatorname{arcsinh}(2)\right]\approx 1.47894$$

其次，利用近似计算公式，可以计算弧长的近似值，观察近似计算的效果.

取 $\Delta p=\frac{2}{30},\Delta\theta=\frac{2\pi}{180}$，利用计算机软件计算交点个数为 1256 个．得 $L\approx\frac{1}{2}n\Delta p\Delta\theta\approx 1.461$. 相对误差为 1.21%.

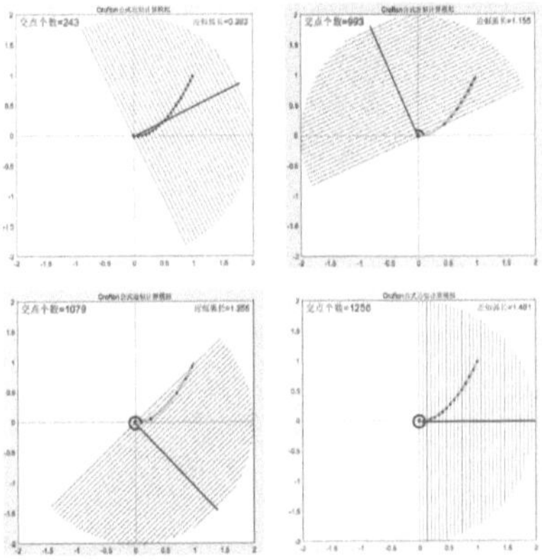

教学意图：

通过抛物线的弧长计算，验证近似公式的正确性.

动画演示：

（ch3sec5- 近似计算抛物线弧长）通过动画直观展示直线与曲线的交点总数的累计过程，使学生从直观上理解公式的计算过程.

（续）

Crofton 公式的应用

复杂曲线的弧长近似计算

对于由有限段曲线段组成的复杂曲线，可以用相同的方法计算出近似弧长.

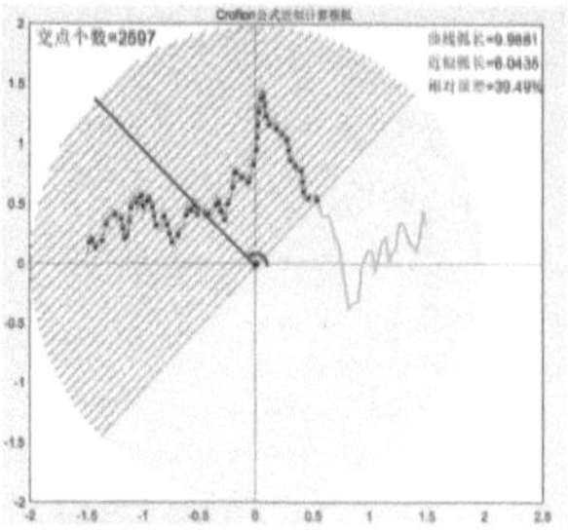

变化 θ 对交点个数求和

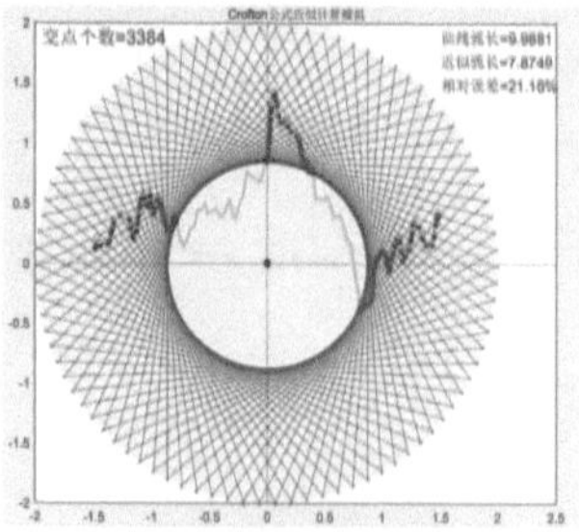

变化 p 对交点个数求和

曲线的弧长为 9.9881，近似弧长为 9.9763，相对误差为 0.12%.

动画展示：

（ch3sec5- 复杂曲线近似弧长 1，ch3sec5- 复杂曲线近似弧长 2）不同求和顺序下的交点累计过程. 两种求和顺序计算的是同样的直线组与曲线的交点，交点个数是相同的. 计算结果也是一样的.

五环总长度的计算

结合图像处理方法，编写程序，自动从北京地图中提取出五环的曲线. 利用地图的比例尺，输入图片中的长度与实际长度的比例关系.

设定直线间距和角度间距的参数. 并利用 Crofton 近似公式计算五环近似长度.

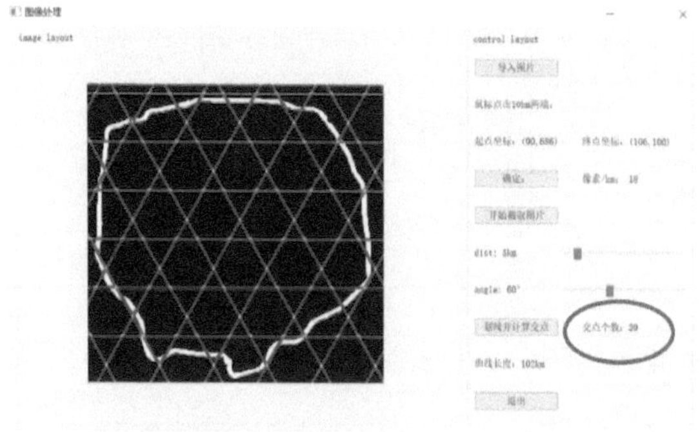

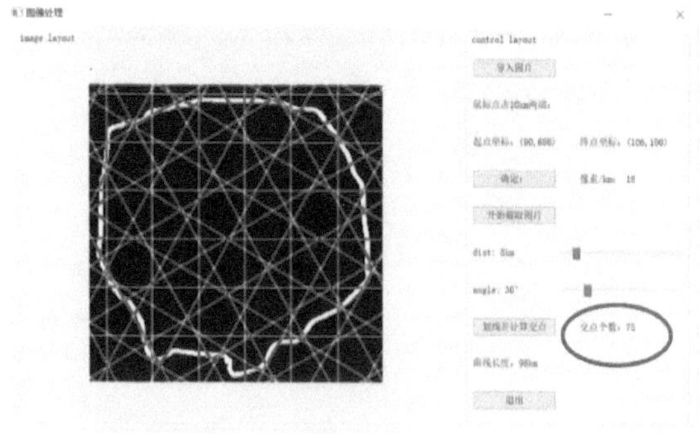

不同参数下的计算结果如下：

$\Delta\theta = \dfrac{\pi}{3}$，$n = 39$，$\Delta p = 5$，近似长度为 $L = 102\text{km}$.

$\Delta\theta = \dfrac{\pi}{6}$，$n = 75$，$\Delta p = 5$，近似长度为 $L = 98\text{km}$.

查阅资料，五环的测量总长度为 98.58km.

教学意图：

展示从地图中计算五环长度的算例.

这里的程序是课程往届的学生课后编写的，感兴趣的同学课后可尝试编写优化该程序.

（续）

课后思考	
课后思考： 能否用 Crofton 公式近似计算南水北调中线工程的总长度？ 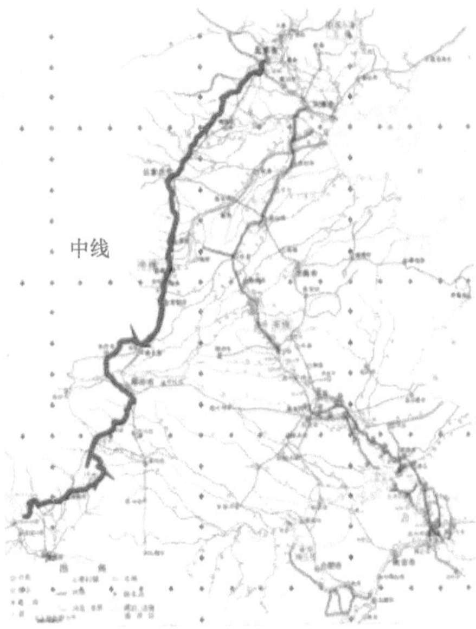 	

四、扩展阅读资料

（1）关于 Crofton 公式的历史及其在积分几何中的推广，可参阅：

陈省身. 微分几何与积分几何 [J]. 赣南师范学院学报（自然科学版），1989,(2):14-21.

（2）对 Crofton 公式的推广感兴趣的同学可自学了解积分几何学，参考：

SANTALO L. Integral Geometry and Geometric Probability[M]. NewYork: Cambridge University Press, 2009.

五、教学评注

本节课的教学重点是 Crofton 公式的微积分证明的数学思想和应用 Crofton 计算曲线弧长的技巧. 在课程设计上，以“能否从一张图片计算出图中曲线的长度”这一实际问题引入，引起学生的好奇心和学习兴趣，引出如何计算曲线弧长的问题. 其后，通过对问题的分析、例题的演示，将计算曲线弧长的问题转化为如何确定交点函数问题. 在这基础上再通过特殊的平面曲线，圆和直线段的长度计算，从直观上观察归纳得到 Crofton 公式. 至此，引导学生给出 Crofton 公式的证明，在证明中从直线段到有限直线段组成的折线再到一般的曲线的思路，可以很好地培养学生从特殊到一般，从几何到微分的数学思想. 最后，结合例题分析如何应用 Crofton 公式计算曲线的弧长，并给出 Crofton 近似计算公式. 通过 Crofton 公式在北京五环总长度和南水北调中线工程中的应用有机地融入思政元素，激发学生兴趣、培养学生积极进行科研探索的精神.

球面上的 Crofton 公式

一、教学目标

Crofton 公式是微分几何中一组重要的积分公式，球面上的 Crofton 公式是平面上的 Crofton 公式的直接推广，凸显出空间曲线的整体性质．通过本节内容的学习，回顾之前平面上的 Crofton 公式，并类比推广到球面上，使学生能理解球面上的 Crofton 公式，掌握其证明思路，运用近似公式求解球面上曲线的弧长，从而能够在今后的学习和研究中，应用球面上的 Crofton 公式解决实际问题．

二、教学内容

1. 主要内容

（1）球面上的大圆及交点函数的表示；
（2）球面上的 Crofton 公式的证明；
（3）球面曲线弧长的近似公式．

2. 教学重点

（1）球面上的 Crofton 公式的证明思路；
（2）利用近似公式，计算球面上的曲线长度．

3. 教学难点

（1）如何计算球面上的曲线长度；
（2）如何近似计算球面上的曲线长度．

三、教学设计

1. 教学进程框图

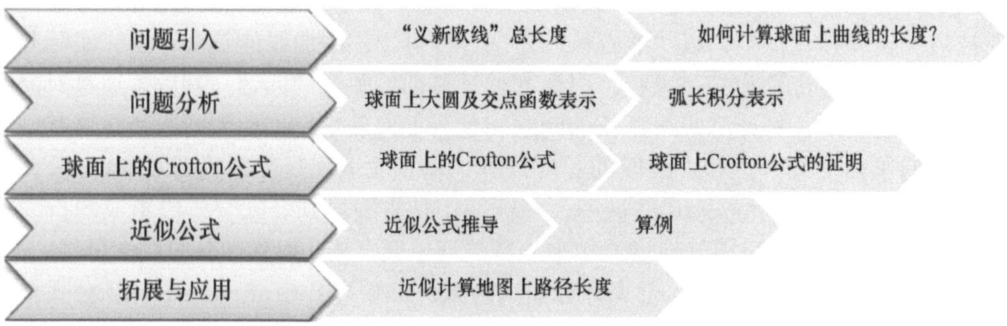

2. 教学环节设计

问题引入

"义新欧线"总长度

"一带一路"贯穿亚欧非大陆，是由我国提出、促进各国共同发展、实现共同繁荣的合作共赢之路. 下图展示了中欧铁路通道规划图，图中红色曲线代表的是"一带一路"的中欧铁路班列——"义新欧线"，横跨亚欧板块，从中国的浙江义乌出发，到欧洲西班牙首都马德里，贯穿着新丝绸之路的经济带. 该班列从 2014 年 11 月首发，是当前中国史上行程最长、途经城市和国家最多、境外铁路换轨次数最多的火车专列. 那么，"义新欧线"的行程到底有多长，我们该如何计算出"义新欧线"的总长度？

教学意图：

通过地球表面一条给定路线长度的计算问题，引导学生与所学知识相联系，进行思考.

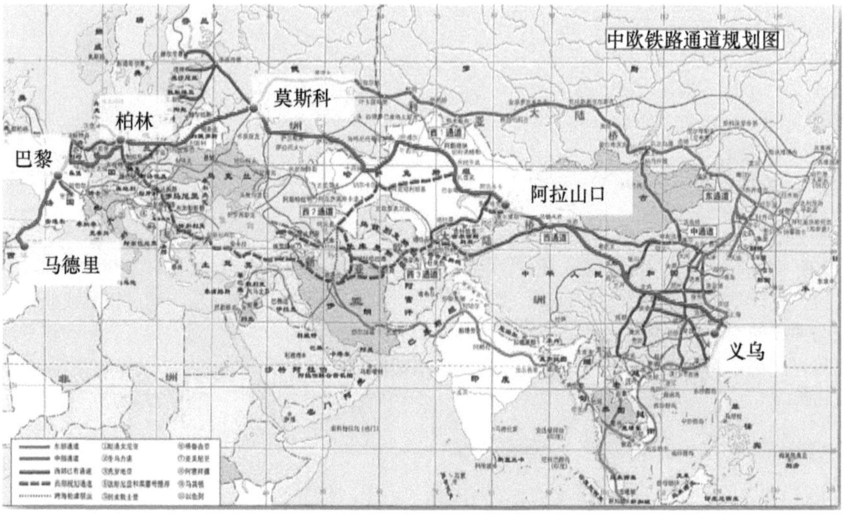

课程思政：

融入"一带一路"和中欧班列的发展，激发学生的自豪感.

中学数学的"比例尺"知识告诉我们，如果拿着一根棉线，绕着地图上"义新欧线"弯曲拟合，计算对应棉线的长度，再根据比例尺进行换算，自然可以计算出近似长度. 但如果仔细思考，这个过程中存在一个问题.

提问：

地图上的比例尺在大范围上误差如何？

问题：如何计算球面上曲线的长度？

之前我们在"曲面论"中学过，不管是何种地图，均是根据特定的投影方式，将地球的球面和平面之间建立某种对应关系. 而这种地图上的投影方式，可能是一种保角变换、等积变换或其他变换，但它一定不是一种等距变换.

"义新欧线"是在地球表面上的路线，即需要计算的是球面上的一条曲线的长度. 由于球面和平面之间不存在等距变换，若根据比例尺进行计算，会产生较大的误差. 因此，我们要解决的问题是：如何利用不等距的地图，计算球面上曲线的长度？

当然，即使对球面上的曲线，如果知道了这条曲线的方程，利用微积分的方法积分就能算出长度了. 难点就在于这条曲线的方程并不知道.

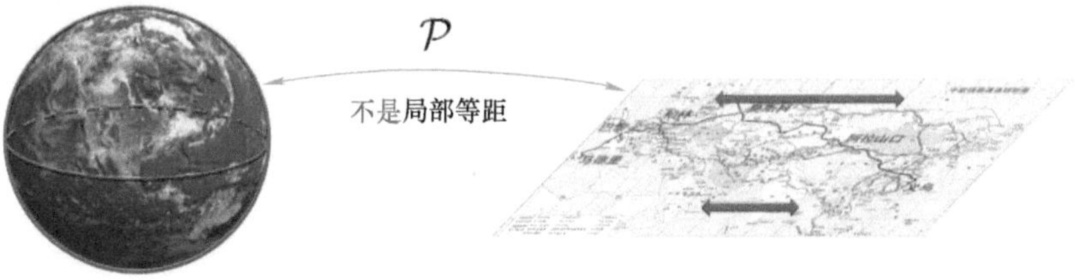

教学意图：

引出教学难点和具体问题，并将实际问题抽象为数学问题.

引导思考：

由于不存在球面到平面的等距变换，因此，如何利用不保持等距的地图，计算球面上的曲线长度，引导学生分析思考该问题.

（续）

<table>
<tr><th colspan="2">问题分析</th></tr>
<tr><td>

知识回顾——平面上的 Crofton 公式

上节我们介绍了平面上的 Crofton 公式，用于计算平面上的曲线长度. 设 C 为长度为 L 的分段光滑曲线，则 $L=\dfrac{1}{2}\iint\limits_{D} n(\theta,p)\mathrm{d}\theta\mathrm{d}p$，其中 $n(\theta,p)$ 为直线 l 与曲线 C 的交点个数，(θ,p) 为原点到 l 的垂线垂足的极坐标，积分区域为 $D=\{(\theta,p)\mid C\cap l\neq\varnothing\}$. 如下图所示：

我们观察到，对于平面上的曲线 C，如果用一族平行直线 l 与这条曲线相交，直观上来说，直线族与曲线的交点个数越多，曲线越长.

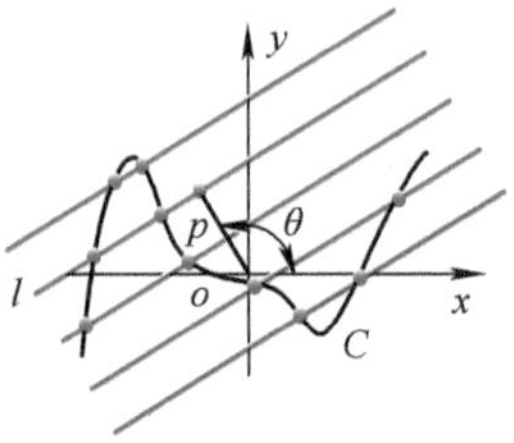

利用这样的特点，我们将曲线长度表示为直线与曲线交点个数函数的二重积分. 这里建立直线与相应垂足的对应关系，这样直线与曲线的交点个数，就可以转换成有关垂足的函数. 该函数是平面上的二元函数，因此，可以对其进行二重积分，即可以计算出平面上曲线的长度. 那么，可否将平面上的 Crofton 公式，推广到球面上呢？

</td><td>

教学意图：

回顾平面上的 Crofton 公式，为类比推广到球面上做铺垫.

提问：

可否将平面结果推广到球面上呢？

</td></tr>
<tr><td>

类比推广——球面上的 Crofton 公式

平面上的 Crofton 公式用平面上的直线与曲线的交点个数的积分表示出曲线的长度，而在“曲面论”也已经介绍过，直线是平面的测地线. 如果要将这个公式推广到球面上，自然的就会考虑球面的测地线与曲线的交点，而球面上的测地线是大圆. 做一族球面上的大圆族（红颜色的大圆）. 直观上可以发现，如果这些大圆与曲线（蓝颜色表示的曲线）的交点个数越多，曲线的长度也应该越长.

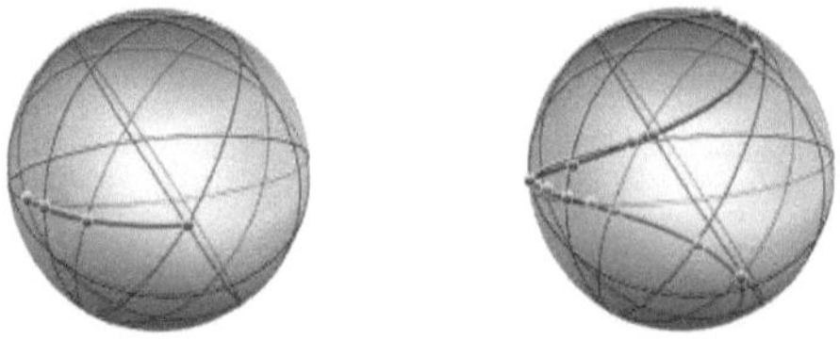

这就提示我们，可否将球面曲线弧长，表示为大圆与曲线交点个数函数的积分？

</td><td>

思政元素：

利用类比迁移方法，通过将直线族推广到大圆族，从而将平面上的 Crofton 公式推广到球面上.

引导思考：

可将球面曲线弧长表示为大圆与曲线交点个数函数的积分.

</td></tr>
<tr><td>

球面上大圆及交点函数的表示

在这里，我们希望将球面上的每一个大圆，用某种特定形式表示出来，从而将交点函数表示为定义在球面上的函数，可以对交点函数在球面上做积分，最终用交点函数的积分表示出大圆弧段的弧长.

首先，给定单位球面 S. 什么是球面上的大圆？即过球心 O 的平面 Π 与球面 S 相交所截得的有向大圆，记为 $W^{\perp}$.

设 $W\in S$ 是球面上的某点，使得向量 $\overline{OW}$ 为平面 Π 的单位法向量，并与 $W^{\perp}$ 成右手系. 此时，称 W 为该有向大圆 $W^{\perp}$ 的**极点**. 通过这种表示方法，将有向大圆与极点建立一一对应的关系，即可以用极点来表示有向大圆.

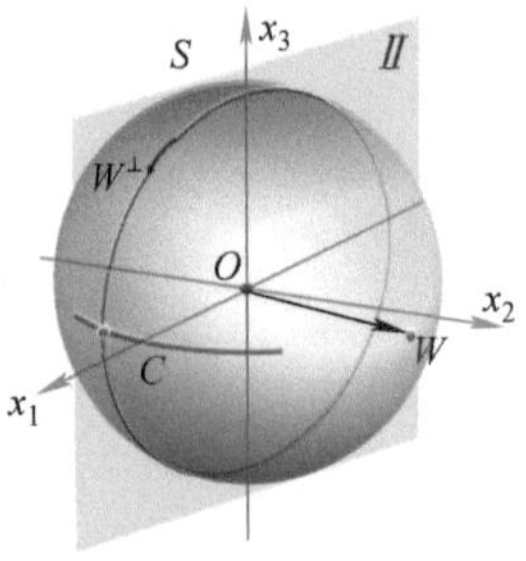

此外，给出球面 S 上的一条曲线 C，它和有向大圆 $W^{\perp}$ 的交点个数可以看成有关极点 W 的函数，记为 $n(W)$，它是定义在球面 S 上的一个函数.

我们考虑集合 $D=\{W\in S\mid W^{\perp}\cap C\neq\varnothing\}$，它是球面上与曲线 C 有交点的大圆极点构成的集合，这就是接下来的积分区域.

</td><td>

教学意图：

启发学生采用特殊方式表示球面上的大圆及交点函数.

依然利用类比迁移方法，借助平面上的交点函数推广到球面上，便于学生理解接受.

引导思考：

通过引入球面上的有向大圆和极点的关系，激发学生思考如何表示，以及为什么要给大圆定向？

提问：

球面上的交点函数应该如何表示？

</td></tr>
</table>

（续）

问题分析

交点函数的情况讨论

列举一些特殊的曲线情况来观察与曲线 C 相交的大圆极点构成的集合，以及相应的交点函数取值.

动画演示：

（1）最简单的情况，曲线 C 退化为一个点 P，观察此时与点 P 相交的大圆极点构成的集合 D.

首先，找到一条过点 P 的大圆（图上蓝色的大圆），然后随着大圆的转动，即可找到球面上所有过点 P 的大圆，给大圆定向后，对应的极点构成的集合即为红色的圆形曲线，也就是上述的集合 D. 进一步观察，集合 D 同时也是以 P 为极点的一个大圆，可以表示为 $P^{\perp}$. 注意到，所有与曲线 C（点 P）相交的大圆与 C（点 P）的交点个数为 1 个，因此表示出的交点函数为：$n(W)=\begin{cases}1, & W\in D,\\ 0, & W\in S\setminus D.\end{cases}$

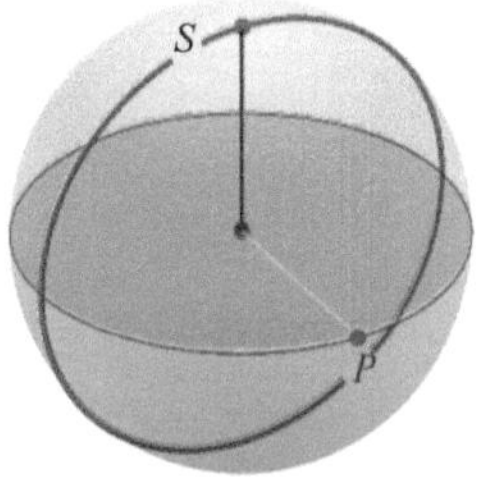

（2）考虑曲线 C 是连接球面上两点 P、Q 的大圆弧段 $\widehat{PQ}$，继续观察此时与 $\widehat{PQ}$ 相交的大圆极点构成的集合 D.

随着点从 P 到 Q 的变化，大圆不断旋转，最终形成与曲线 C（$\widehat{PQ}$）相交的大圆极点构成的集合 D，即右图中两个红色月牙形的区域. 其中，$P^{\perp}$ 是以 P 为极点的大圆，$Q^{\perp}$ 是以 Q 为极点的大圆，L 是曲线 C 对应的圆心角，也是月牙形区域 D 的圆心角.

并且若曲线 C 的弧长 $L<\pi$，则球面上的任意大圆（除了曲线 C 所在的这个大圆）与 C 的交点至多有一个，则有 $n(W)=1,\quad W\in D\setminus\{A,B\}$.

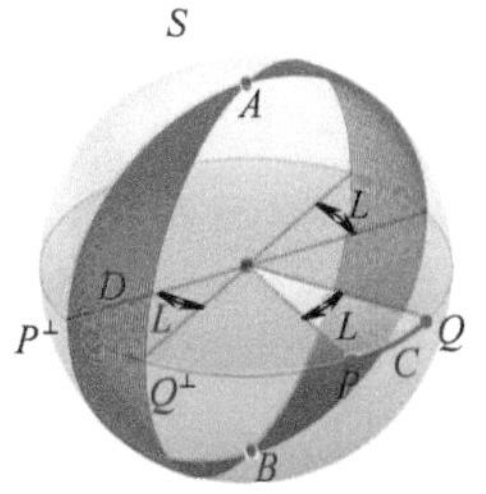

教学意图：

分别讨论曲线 C 为一个给定的点和一段大圆弧段的情况，分析并讨论两种情况下的交点函数.

动画演示：

（ch3sec6-交点函数演示 1）

集合 D 是以 P 为极点的一个大圆，表示为 $P^{\perp}$.

思政元素：

由点到曲线段，以及由简到繁进行讨论，这是处理复杂问题的方法.

动画演示：

（ch3sec6-交点函数演示 2）

集合 D 是 $P^{\perp}$ 与 $Q^{\perp}$ 所夹的两个红色月牙形的区域.

大圆弧段弧长的积分表示

对于弧长为 L 的大圆弧段 C（$\widehat{PQ}$）.

下一步，计算区域 D 的面积. 由于圆心角均为 L，因此 D 的面积恰好为 $4L$，即 $Area(D)=2\cdot 4\pi\cdot\dfrac{L}{2\pi}=4L$.

此时，考虑交点函数，在区域 D 上做第一型曲面积分，结果显然是区域 D 的面积，即 $4L$. 注意到，交点函数在区域 D 内部取常值 1. 因此有

$$\iint_D n(W)\mathrm{d}W=Area(D)=4L.$$

将公式进行改写，即可将曲线 C 的长度 L 用积分来表示：

$$L=\frac{1}{4}\iint_D n(W)\mathrm{d}W.$$

该公式对大圆弧段成立，对球面上一般曲线也成立吗？

教学意图：

利用上述表示方法，得到大圆弧段弧长的积分表示，从而引出球面上的 Crofton 公式.

球面上的 Crofton 公式

球面上的 Crofton 公式

设曲线 C 为单位球面 S 上长度为 L 的分段光滑曲线，则 $L=\dfrac{1}{4}\iint_D n(W)\mathrm{d}W$，其中，$D=\{W\in S\mid W^{\perp}\cap C\neq\varnothing\}$，$n(W)$ 是大圆与曲线 C 交点的个数，$\mathrm{d}W$ 为球面的面积元素.

（续）

球面上的 Crofton 公式

球面上的 Crofton 公式证明——第一步

对于球面上的 Crofton 公式的证明思路，我们分步来考虑．首先第一步，考虑一种简单的情况：曲线是一段大圆弧（见右图），这就是刚刚在“问题分析”中已经讨论过的情况，显然，该情况下定理成立．

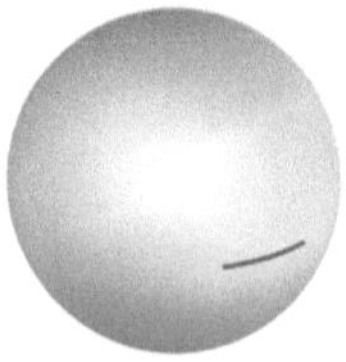

教学意图：

球面上的 Crofton 公式证明是本节课的难点，引导学生分三个步骤完成．

球面上的 Crofton 公式证明——第二步

接下来第二步，我们考虑由有限段大圆弧段组成的曲线（见右图）．这条曲线的每一段都是一个大圆弧，由大圆弧段连接而成．此时，球面上的 Crofton 公式是否成立？

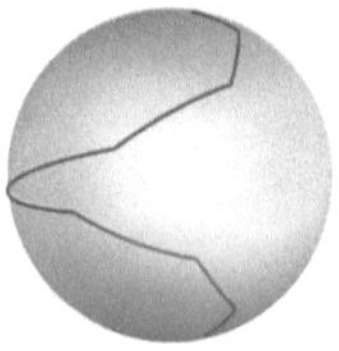

证明：以曲线 C 由两段长度分别为 L_1、L_2 的大圆弧段为例，见下图．此时，由于“第一步”的证明可知，这两段弧长均可以用第一型曲面积分的形式表示，即

$$4L_1=\iint_{D_1}1\mathrm{d}W=\iint_{D_1-D_2}1\mathrm{d}W+\iint_{D_1\cap D_2}1\mathrm{d}W,$$

$$4L_2=\iint_{D_2}1\mathrm{d}W=\iint_{D_2-D_1}1\mathrm{d}W+\iint_{D_1\cap D_2}1\mathrm{d}W.$$

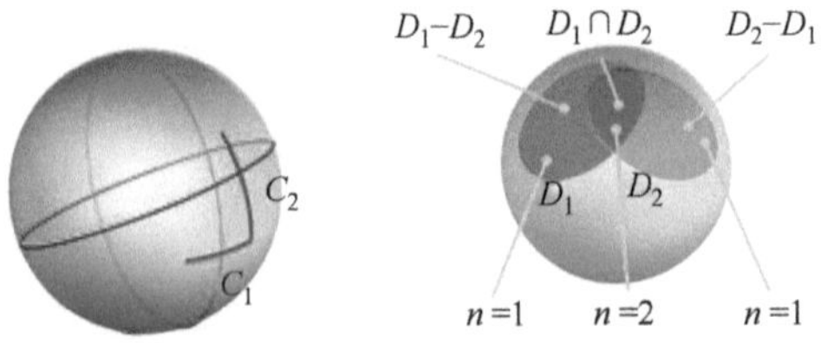

$C=C_1\cup C_2$　　　　$D=D_1\cup D_2$

由于在相应的积分区域中，大圆与曲线 C 的交点函数的取值情况如上右图所示．注意，上面右图中的区域是示意图，并不是真正的区域形状．

因此，两式相加，即可得到

$$\begin{aligned}4L&=4L_1+4L_2\\&=\iint_{D_1-D_2}1\mathrm{d}W+\iint_{D_2-D_1}1\mathrm{d}W+2\iint_{D_1\cap D_2}1\mathrm{d}W\\&=\iint_{D}n(W)\mathrm{d}W.\end{aligned}$$

综上，可以证明：由两段大圆弧段组成的曲线 C，满足球面上的 Crofton 公式．类似可证，曲线 C 由有限段长度为 $L_i(<\pi)$ 的大圆弧段组成的曲线情形（$i=1,2,\cdots,n$）．

教学意图：

从一段大圆弧出发，过渡到证明有限段大圆弧段组成的曲线情况．

提问：

为什么这里的被积函数取 1？

这个证明过程中的难点在于找出与曲线 C 相交的大圆极点构成的集合，以及在 $D_1\cap D_2$ 上的交点函数的取值情况．

球面上的 Crofton 公式证明——第三步

最后第三步，讨论球面上的一般曲线．

教学意图：

最后，延伸到一般曲线的情况．

利用“逼近”的思想，通过取极限，即可证明结论．

（续）

球面上的 Crofton 公式

利用“逼近”的思想，对曲线进行分割，得到用大圆弧段组成曲线族的逼近原曲线，如下图所示.

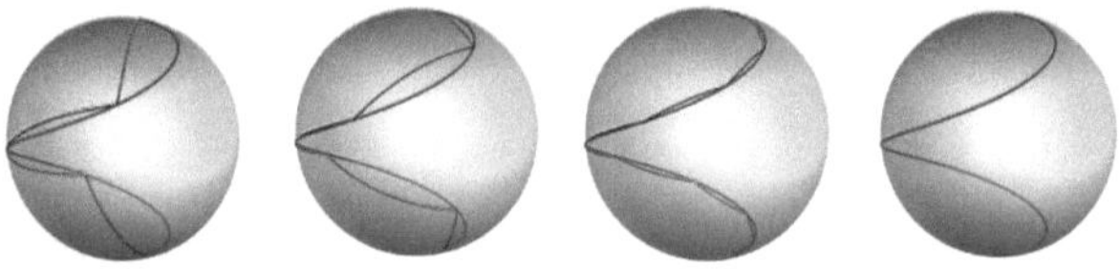

证明过程如下：

$$L=\lim_{i\to\infty}L_i=\lim_{i\to\infty}\frac{1}{4}\iint_{D_i}n_i(W)\mathrm{d}W=\frac{1}{4}\iint_{D}n(W)\mathrm{d}W .$$

最终，取极限，即可证明一般曲线的情况. 综上，球面上的 Crofton 公式证明完毕.

至此，对于所提出的问题“如何计算球面上曲线的长度”已解决，只要已知曲线的参数方程，即可通过球面上的 Crofton 公式，计算出球面上的曲线长度.

引导：

层层递进、利用从特殊到一般的思想，给出球面上的 Crofton 公式的证明.

近似公式

近似公式推导

回到本节课一开始的“义新欧线”的总长度计算问题，由于曲线方程未知，因此，铁路长度还是无法计算出来. 但再仔细想想，Crofton 公式与我们熟悉的其他计算曲线弧长的积分公式不一样，这里的被积函数是交点个数，大圆与曲线的交点个数，是可以数出来的，并不需要知道曲线方程. 注意到这点，就可以给出弧长的近似计算公式，从而能够处理方程未知的曲线长度问题.

由于球面上的 Crofton 公式为 $L=\frac{1}{4}\iint_{D}n(W)\mathrm{d}W$. 利用第一型曲面积分的定义，可用“有限和”的形式来近似积分值. 具体做法如下：

首先，将单位球面 S 等面积分成 k 块，即 $\Delta S_i=\Delta S=\frac{4\pi}{k}$.

接着，在每一块 ΔS_i 上任意取一点 $W_i\in\Delta S_i$ ，做球面上的大圆，即可得到一族球面上的大圆，称为“大圆族”. 计算给定曲线与“大圆族”的总交点个数 $N=\sum_{i=1}^{k}n_i$ ，其中 $n_i=n(W_i)$.

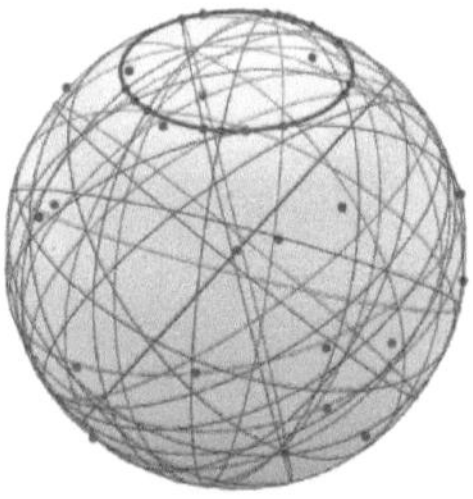

综上，得到球面上弧长的近似计算公式为

$$L\approx\frac{1}{4}\sum_{i=1}^{k}n_i\Delta S_i=\frac{1}{4}\Delta S\sum_{i=1}^{k}n_i=\frac{1}{4}N\Delta S=\frac{\pi}{k}N.$$

其中 k 为单位球面 S 的面积等分块数，N 为曲线与“大圆族”的总交点个数.

$$L\approx\frac{\pi}{k}N$$

N：曲线与大圆族的总交点个数

k：单位球面面积等分的块数

教学意图：

为了解决难点：曲线方程未知，如何计算球面上的曲线长度.

引导学生利用“有限和”的形式来逼近第一型曲面积分，进而得到近似计算公式.

提问：

如何能够将球面等分?

回答：

利用测地线一节中学过的测地穹顶.

引导思考：

利用“有限和”逼近积分式，将球面等分，并计算与“大圆族”的总交点个数，从而推导出近似计算公式.

（续）

近似公式

算例

下面给出具体算例，分析比较精确值和近似值的误差.

设单位球面 $S:\boldsymbol{r}(\varphi,\theta)=(\cos\varphi\sin\theta,\sin\varphi\sin\theta,\cos\theta)$，求曲线 $C:\boldsymbol{r}\left(\varphi,\dfrac{\pi}{6}\right)$ 的弧长.

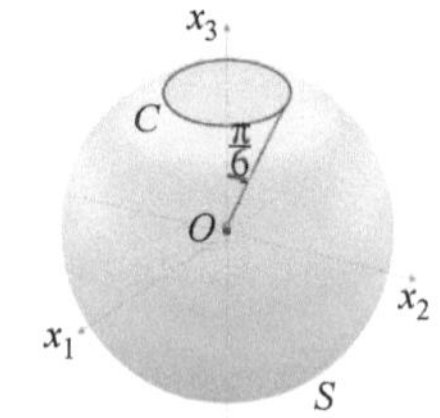

（1）精确值计算：

显然，可以通过角度计算出弧长的精确值为

$$L=2\pi\sin\theta_0=2\pi\cdot\sin\frac{\pi}{6}=\pi\ .$$

接着，用球面上的 Crofton 公式，计算曲线 C 的精确弧长.

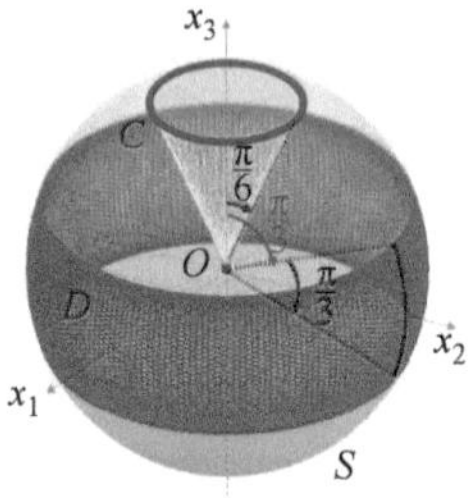

通过动画演示可知，区域 $D=\left\{\boldsymbol{r}(\varphi,\theta)\in S\,\middle|\,\theta\in\left[\dfrac{\pi}{3},\dfrac{2\pi}{3}\right]\right\}$，

交点函数为 $n(W)=\begin{cases}2, & W\in\mathring{D},\\ 1, & W\in\partial D.\end{cases}$

因此，曲线 C 的弧长为

$$L=\frac{1}{4}\iint_D n(W)\mathrm{d}W=\frac{1}{2}Area(D)$$

$$=\frac{1}{2}4\pi\sin\frac{\pi}{6}=\pi.$$

（2）近似计算过程：

对球面进行等分，分割块数 k 的取值不同，得到的总交点个数 N 也不同. 这里统计了 k 分别取 20、80、320、1280 的四种情况.

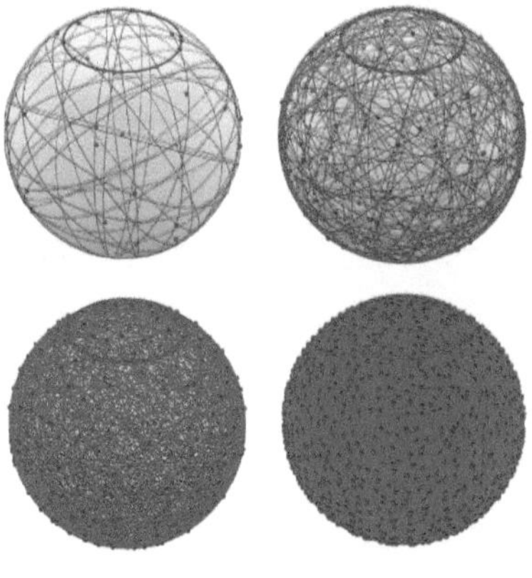

得到的结果见下表.

分割块数 k	交点个数 N	弧长近似值	相对误差
20	16	0.8	20%
80	76	0.95	5%
320	328	1.025	2.5%
1280	1274	0.9953	0.47%

从上面的结果中可以看出，分割块数越多，计算出弧长越接近精确值，相对误差越小. 并且在分割块数足够多时，球面上的 Crofton 公式可用近似公式替代，进而估算曲线长度.

教学意图：

提供具体算例，使学生灵活运用球面上的 Crofton 公式及其近似公式计算球面上的曲线长度，并比较分析结果之间的差异.

动画演示：

（ch3sec6-交点函数演示 3）

找到球面上的积分区域 D，从而利用 Crofton 公式计算出曲线长度的精确值.

（续）

拓展与应用

近似计算地图上路径长度

再回到本节一开始我们提出的问题，如何计算“义新欧线的总长度”. 由于地图上的曲线方程未知，无法对应球面上的具体曲线，因此这里只能采用近似计算的方式. 具体方法是：将球面上的“大圆族”，用地图投影方式映射到地图上，得到地图上的“大圆族”网格，接下来只需按照网格计算路径与大圆网格的总交点个数 N.

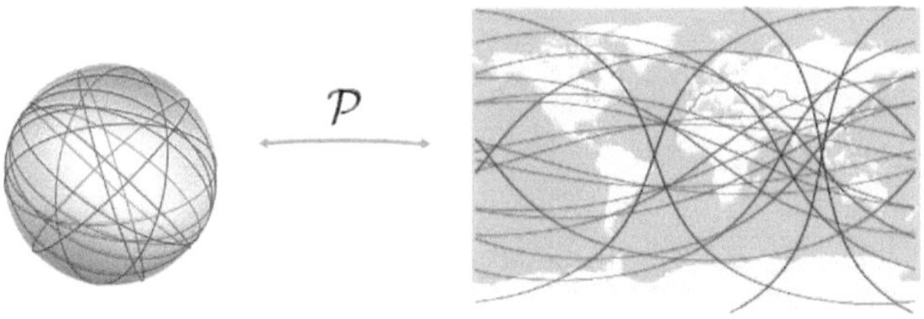

由于之前计算的均为单位球面 S，其半径 $R=1$，因此，对于地图路径的实际问题，需要乘上地球半径 $R=6371$. 得到地球上的实际路径近似长度为 $L\approx\frac{\pi}{k}N\times6371\text{km}$.

考虑“义新欧线”. 首先将球面等分 $k=20$ 块，然后利用地图投影方式将相应的“大圆族”投影到地图上，得到黑色的网格线，如下图所示. 此时，地图上的“义新欧线”（红色曲线）与黑色的网格线总交点个数 $N=12$（粉色的点），从而可计算出近似的“义新欧线”总长度为

$$L\approx\frac{\pi}{20}\times12\times6371\text{km}\approx12000\text{km},$$

“义新欧线”实际总长度为 13052km，与之比较得到相对误差为 8.06%.

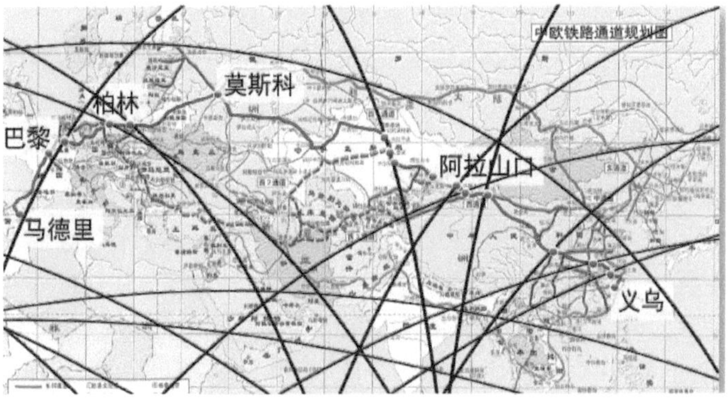

教学意图：

在曲线方程未知的前提下，计算出地图上的“义新欧线”长度.

引导思考：

这样的计算方法有什么优点？

利用计算机编程实现交点累计，便可将分割块数增多，从而减小误差. 此外，即使只选取少量的分割块数，对于同一张地图，只需做一次大圆族的投影，便可快速地计算出地图上任意一条路径的近似长度了.

陈省身先生

陈省身（1911.10.28—2004.12.3），祖籍浙江嘉兴，是 20 世纪最重要的几何学家之一、也是最有影响力的数学家之一，被誉为“整体微分几何之父”.

他是高斯，黎曼与嘉当的继承者与拓展者. 他给出了 Gauss-Bonnet 公式的内蕴证明，该公式此后被命名为“Gauss-Bonnet- 陈省身公式”；提出了陈示性类，成为经典杰作；创立了复流形上的值分布理论；他为广义的积分几何奠定了基础，获得基本运动学公式；他所引入的陈氏示性类与陈 – Simons 微分式，已应用到数学以外的其他领域，成为理论物理的重要工具. 1984 年，因在整体微分几何上的贡献影响了整个数学，陈省身先生获得沃尔夫奖.

陈省身
（1911—2004）

教学意图：

介绍微分几何之父——陈省身先生的生平，让学生了解他在整体微分几何上的卓越贡献和影响，学习陈省身先生献身科学、追求真理的精神.

（续）

<table>
<tr><th colspan="2">拓展与应用</th></tr>
<tr><td>陈省身曾先后任教于国立西南联合大学、芝加哥大学和加州大学伯克利分校，是原中央研究院数学所、美国国家数学科学研究所、他还是南开数学科学研究所的创始所长．几十年来，由于他的存在，世界数学研究的中心由欧洲转移到美国．他培养了包括廖山涛、吴文俊、丘成桐、郑绍远、李伟光等在内的许多著名数学家．其中，丘成桐是取得国际数学联盟的菲尔兹奖（Fields Medal）的第一位华人，也是继陈省身之后第二个获沃尔夫奖的华人数学家.
陈省身先生献身科学、追求真理的精神和在科学上的功绩将永垂青史.</td><td>课程思政：
通过对数学家生平的介绍，激发学生爱国热情与情怀，教育学生树立科学精神和责任担当.</td></tr>
<tr><th colspan="2">课后思考</th></tr>
<tr><td>课后思考：
利用球面上的 Crofton 近似计算我国陆地国境线的全长.</td><td></td></tr>
</table>

四、扩展阅读资料

（1）陈省身 . 微分几何与积分几何 [M]. 北京：高等教育出版社，2016.

（2）邓玲芳 . 关于常曲率曲面上测地线的密度公式及 Crofton 公式的注记 [D]. 重庆：西南大学，2013.

五、教学评注

本节的教学重点是球面上的 Crofton 公式证明思路和利用近似公式计算球面上的曲线长度．在课程设计上，以问题：如何计算“一带一路”中“义新欧线”总长度？引入，吸引学生注意力，引导学生思考．在引出球面上的 Crofton 公式之前，回顾平面上的 Crofton 公式，有利于学生将平面上的相关知识类比推广到球面上．为帮助学生更好地掌握球面上的 Crofton 公式的证明思路，首先证明“有限段大圆弧段组成曲线”的情况，再利用“逼近”的思想，用有线段大圆弧段逼近球面上的一般曲线，从而得到球面上一般的分段光滑曲线的情形的证明．进一步地，对于曲线方程未知的情形，采用近似计算公式来解决，化繁为简，提升学生处理复杂问题的能力．最后，在拓展与应用部分，回答一开始提出的“义新欧线”总长度计算问题，前后呼应，并有机地融入“一带一路”的思政元素，以共同发展为方向，以合作共赢为基础，构建人类命运共同体，激发学生爱国热情与自豪感.

纽结与 Fary-Milnor 定理

一、教学目标

Fary-Milnor 定理是刻画空间曲线整体性质的重要定理之一. 通过本节内容的学习，使学生能理解纽结、打结曲线的概念，认识打结曲线切向量累计转过的角度与全曲率的转化关系，掌握 Fary-Milnor 定理的条件和结论及基本的证明方法，了解 Fary-Milnor 定理的应用，能够在今后的学习和研究中应用相关知识去解决实际问题.

二、教学内容

1. 主要内容

（1）纽结的概念；
（2）曲线不打结的几何直观判别；
（3）Fary-Milnor 定理及其证明；
（4）Fary-Milnor 定理的推论.

2. 教学重点

（1）打结曲线的概念；
（2）Fary-Milnor 定理证明方法的数学思想.

3. 教学难点

（1）切向量累计转过角度问题的转化；
（2）Fary-Milnor 定理的证明.

三、教学设计

1. 教学进程框图

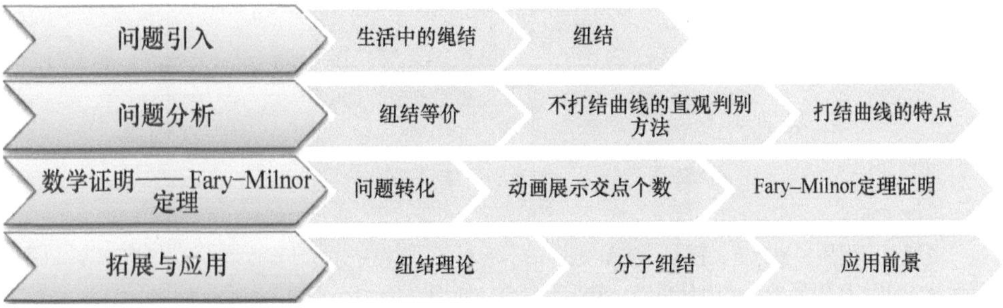

2. 教学环节设计

问题引入

生活中的绳结

系鞋带

登山、出海

外科结

中国结

观察生活中常见的绳结. 如系鞋带时需要把鞋带系成一个结，登山或出海时根据需要可以打成不同的绳结，医生在做手术缝合时也需要打结，另外各种各样漂亮的中国结也是绳结. 撇开绳结的用途、绳子的材质、长短、粗细等因素，本节我们关注的是绳结在几何形状上的本质差别.

教学意图：
通过介绍生活中常见的绳结引起学生的注意和兴趣.

提问：
同学们观察过生活中的绳结吗？

纽结

观察两个简单的绳结（如上图所示）. 直观看上去两个绳结显然是不一样的，想要把黄色的绳结变成蓝色的这个绳结，除非把它解开，变成一根绳子，再重新打结，否则是不能把它变成蓝色的这个绳结的.

可以看出，要研究绳结的异同，可以让绳结在空间中连续形变，但是不允许解开绳结. 由于绳子两头有端点，都可以解开，最终变成一根没有打结的绳子，也就无法区分了.

为了研究绳结本身，想象将打好结的两端黏合到一起，变成没有端点的绳圈. 再将其看成没有体积的曲线，从而抽象成数学上的纽结.

绳结

三叶结

黄色绳结的两端黏合后对应的纽结就是数学上的三叶结，如上图所示. 蓝色绳结两端连接在一起，如下图所示，可以得到右边图形的纽结. 纽结出现了 8 字形状，因此在数学上叫作 **8 字形结**.

绳结

8 字形结

下面给出纽结的数学定义.

纽结：三维空间中的一条简单、正则、闭曲线.

简单曲线是指无自相交点，正则是指每点处均有切线，闭曲线是指它是封闭的头尾相连曲线.

根据纽结的定义，平面上的圆也是一个纽结. 显然，它没有打结，称为**平凡结**.

平凡结

想要研究绳结的本质区别，在数学上，就是要区分不同种类的纽结，这也是纽结理论的核心问题. 而要区分不同的纽结，首先得明确什么叫作相同的纽结.

教学意图：
通过具体绳结的直观分析，给出绳圈抽象成数学概念后的纽结的定义.

引导思考：
左侧的两个绳结有什么区别？
几何形状上的本质差别是什么？

以具体图形说明三叶结和 8 字形结.

（续）

问题分析	

纽结等价

定义：若一个纽结可以经过空间中的连续变形，不剪断、不黏合的变成另一个纽结，则称这两个纽结等价.

定义：与平凡结等价的纽结称为不打结的曲线，否则称为打结的曲线

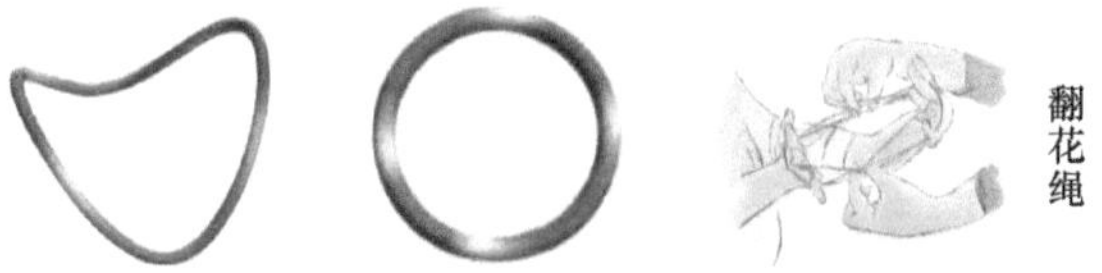

平凡结(不打结的曲线)

如图所示，左边的闭曲线是一个纽结. 它可以通过不剪断、不黏合的连续变形变成平面上的一个圆，这两个纽结是等价的，是一个不打结曲线，即为平凡结. 小时候大家玩的翻花绳，虽然翻花绳过程中绳圈变出了各种样子，但都可以连续形变到最初的绳圈上，因此也是平凡结.

平凡结
(不打结的曲线)　　三叶结

刚才提到的三叶结，它是打结的曲线还是不打结的曲线？直观上，三叶结不能通过不剪断、不黏合的连续变形变成一个平凡结，因此它应该是一条打结的曲线. 这种直观上看到的结果对不对呢？是否它其实可以通过某种连续形变变成平凡结，只是我们还没有找到形变方法呢？

更一般地，我们希望回答下面的基本问题.

问题 1：如何判断一条曲线是否不打结（与平凡结等价）？

教学意图：

介绍纽结等价这一数学概念.

动画演示：

（ch3sec7-平凡结形变）

直观展示一个平凡结通过不剪断、不粘合的连续变形变成平面上的一个圆，进而理解纽结等价的定义.

不打结曲线的直观判别方法

设曲线 C 是空间中的简单正则闭曲线. 若存在一组平行平面，每个平面与 C 至多有两个交点，则曲线 C 是不打结的曲线.

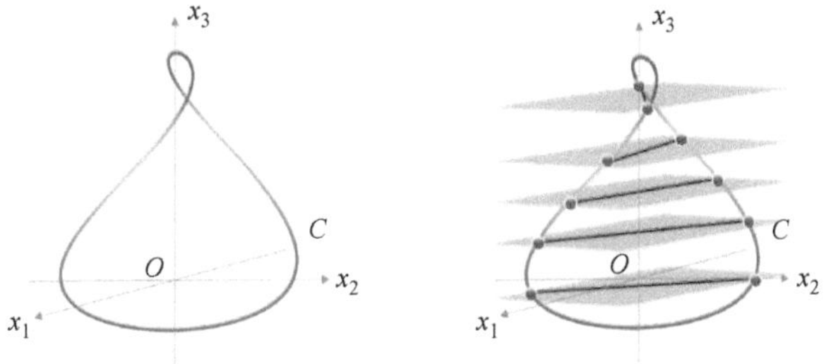

由于此时可把同一个平面上的两个交点用线段连接，将其对应到平面上单位圆盘的一段水平的弦上，从而构造从曲线 C 到平面上的圆周的连续形变，由此证明得到 C 是不打结的曲线.

教学意图：

给出判断曲线不打结的直观几何方法.

（续）

<table>
<tr><th colspan="2">问题分析</th></tr>
<tr><td>

也就是说，此时可以构造出圆盘 $D=\{(x,y)\in\mathbf{R}^2 \mid x^2+y^2\leqslant 1\}$ 的到三维空间的连续映射 F，使得圆周 $\partial D=\{(x,y)\in\mathbf{R}^2 \mid x^2+y^2=1\}$ 映到空间曲线 C 上.

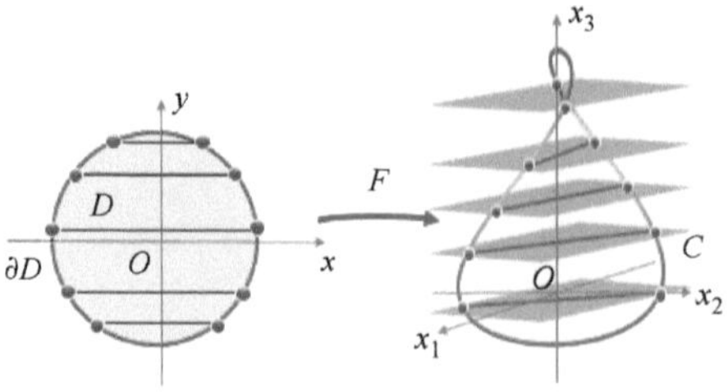

当然，这种几何直观方法，只有在我们找到了平行平面组的情况下可以说明曲线不打结. 那么，如果没有找到满足要求的平行平面组，直观上就看不出来，怎么办？接下来，我们用微积分定量的描述方法来说明一条闭曲线打不打结.

</td><td>

教学意图：

给出判断曲线不打结的直观几何方法.

</td></tr>
<tr><td>

问题分析

问题 2：打结的曲线有什么特点？

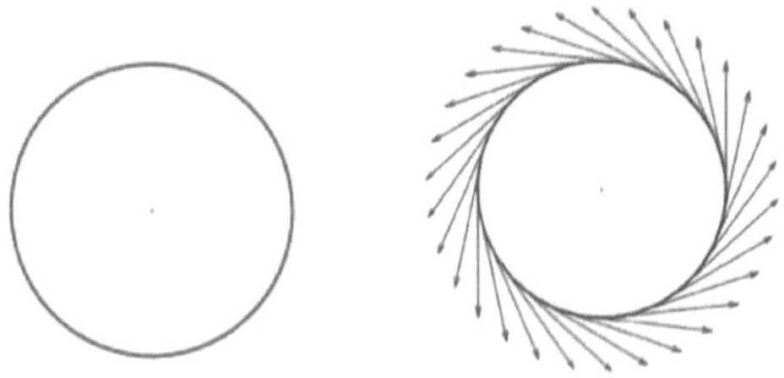

上左图为不打结曲线，观察曲线每点处的单位切向量，显然单位切向量累计转过角度等于 2π. 直观上可以看到，对于封闭曲线，切向量至少要转过 2π. 这也是之前课程中介绍过的 Fenchel 定理的结论.

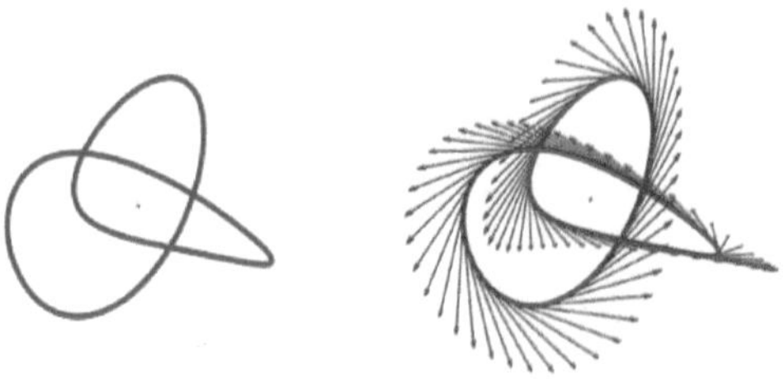

而打结的曲线，直观上看它必然会以某种方式自己绕着自己转过至少一圈，切向量累计转过的角度应该大于 2π，如上图所示.

切向量累计转过的角度，可以用之前学过的全曲率来描述. 曲率是曲线的单位切向量对弧长的转动速度，用切向量相对弧长的转动速度做积分，得到的就是切向量累计转过的角度，它反映了曲线的总的弯曲量. 设曲线 $C:\boldsymbol{r}=\boldsymbol{r}(s)$，$s$ 为弧长参数，$\boldsymbol{\alpha}(s)$ 为单位切向量，则有

$$\text{切向量累计转过的角度等于全曲率}\int_C k(s)\mathrm{d}s=\int_0^L\left|\frac{\mathrm{d}\boldsymbol{\alpha}}{\mathrm{d}s}\right|\mathrm{d}s.$$

直观上，对于打结的曲线，其切向量累计转过的角度不应该太小. 因此，全曲率应该有个一致的下界. 这个下界会是多少？Fary-Milnor 定理给出了这一下界.

</td><td>

教学意图：

直观给出不打结曲线与打结曲线的单位切向量沿曲线变化过程，并观察特点.

动画演示：

（ch3sec7- 平凡结切向量转过的角度，ch3sec7- 三叶结切向量转过的角度）

直观展示不打结曲线——平凡结和打结曲线——三叶结单位切向量的变化过程.

引导思考：

通过观察，可看出打结曲线单位切向量累计转过角度大于 2π.

</td></tr>
</table>

（续）

数学证明——Fary-Milnor 定理

Fary-Milnor 定理

Fary-Milnor 定理	设曲线 C 为打结的简单、正则的空间闭曲线，则其全曲率 $\int_C k(s)\mathrm{d}s \geqslant 4\pi$（打结曲线的特点）

教学意图：

介绍 Fary-Milnor 定理.

问题转化

Fary-Milnor 定理给出了打结曲线具有的共同特点——切向量累计转过的角度的下界为 4π. 注意到，切向量累计转过的角度，与切线向量的长度和位置没关系. 因此，只需考虑单位切向量，并且将它平移到坐标原点，这样终点就会落在单位球面上.

如图所示，对于曲线 C 上取定一点 P 处的单位切向量 $\boldsymbol{\alpha}$，将其的起点平移到点 O，则单位切向量 $\boldsymbol{\alpha}$ 的终点落在单位球面 S^2 上. 当点 P 沿着曲线 C 移动一周，每点的单位切向量的终点在单位球面上构成一条封闭曲线，记为 C^*，称曲线 C^* 为**曲线 C 在切映射下的像**.

通过分析引导学生找到 Fary-Milnor 定理的证明思路.

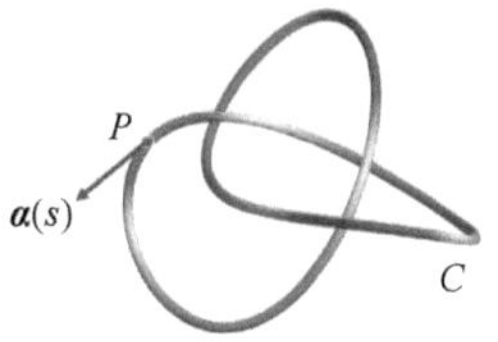

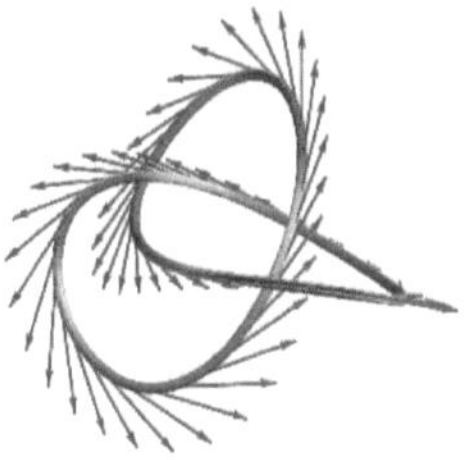

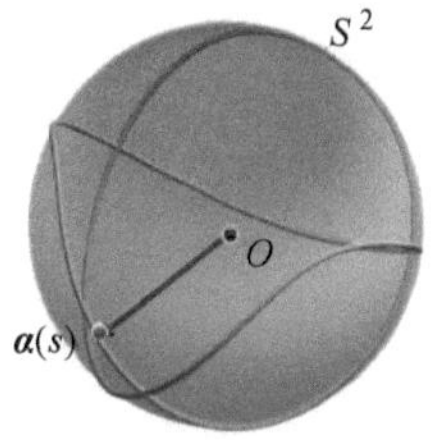

C^*: $\tilde{\boldsymbol{r}}(s) = \boldsymbol{\alpha}(s)$

定义：对于空间曲线 C 上每一点，若把该点处的单位切向量的起始点移到坐标原点，这样就确定了从曲线 C 到单位球面 S^2 的一个映射，称为切映射.

给出切映射的数学定义.

直观上容易看出，切线量累计转过的角度越大，曲线 C^* 的长度就应该越长.

曲线 C^* 的长度与曲线 C 的全曲率数值上有什么关系？曲线 C^* 是由曲线 C 的单位切向量 $\boldsymbol{\alpha}(s)$ 平移得到，因此其参数方程可表示为 $C^*: \tilde{\boldsymbol{r}}(s) = \boldsymbol{\alpha}(s)$.

全曲率的表达式 $\int_C k(s)\mathrm{d}s = \int_0^L \left|\frac{\mathrm{d}\boldsymbol{\alpha}}{\mathrm{d}s}\right| \mathrm{d}s$ 中的被积函数实际为曲线 C^* 的弧长元，因此上式右端的积分等于切向量形成曲线 C^* 的弧长 L^*，即全曲率 $\int_C k(s)\mathrm{d}s = L^*$.

接下来寻找曲线 C 的单位切向量累计转过的角度与单位球面 S^2 上的曲线 C^* 的弧长的关系.

至此，完成了问题的第一步转化：将证明原打结曲线 C 的全曲率的下界为 4π 转化为要证明曲线 C^* 的弧长 $L^* \geqslant 4\pi$.

完成问题的第一次转化.

而弧长 L^* 如何计算呢？注意到到曲线 C^* 为单位球面上的曲线，利用球面上的 Crofton 公式可知

$$L^* = \frac{1}{4}\iint_{S^2} n(W)\,\mathrm{d}W\ ,$$

（续）

数学证明——Fary-Milnor 定理

其中 W 为球面上的一点，$W^{\perp}$ 是为以 W 为极点的大圆，$n(W)$ 为 C^{*} 与大圆 $W^{\perp}$ 的交点个数.

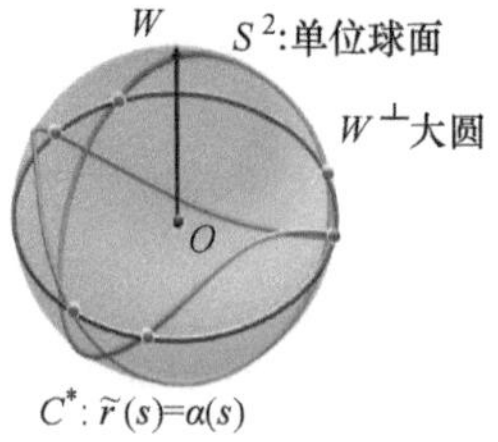

注意到，单位球面的面积恰好就是 4π，如果能够证明交点个数大于等于 4，那么自然可以得到

$$L^{*}=\frac{1}{4}\iint\limits_{S^2} n(W)\ \mathrm{d}W \geqslant \iint\limits_{S^2} 1\ \mathrm{d}W = 4\pi\ .$$

至此，问题又一次转化，只需证明 $n(W)\geqslant 4$，即证明 C^{*} 与大圆 $W^{\perp}$ 的交点个数大于等于 4 个.

完成问题的第二次转化.

动画演示 1：直观展示 $\boldsymbol{W}$ 给定时交点个数的变化情况.

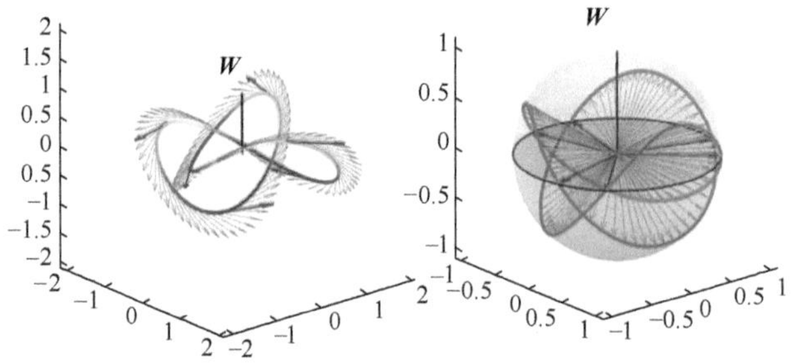

上左图中彩色曲线 C 是一个打结的曲线（三叶纽结），上右图中蓝色曲线为对应的 C^{*}. 上左图中灰色的向量为单位切向量，上右图中灰色的向量为就是原曲线上切向量平移得到的，其终点构成了曲线 C^{*}. 对于给定的单位向量 $\boldsymbol{W}$，在图中用黑色的向量表示，粉色的曲线是球面上由单位向量 $\boldsymbol{W}$ 确定的大圆 $W^{\perp}$. 在曲线 C^{*} 与大圆 $W^{\perp}$ 的交点处，用红色的向量标记出来，同时在上左图原曲线上将对应的切向量也用红色向量标记.

可以清楚地看到，对于图中给定的向量 $\boldsymbol{W}$，对应的大圆 $W^{\perp}$ 与曲线 C^{*} 的交点个数为 6 个，确实是多于 4 个的. 但是是不是对于球面上所有的单位向量，对应的大圆与曲线 C^{*} 的交点个数都大于或等于 4 个？为了证明这一结论，我们需要仔细观察这些交点有什么共同的特点.

换一个角度看上面的两个图形.

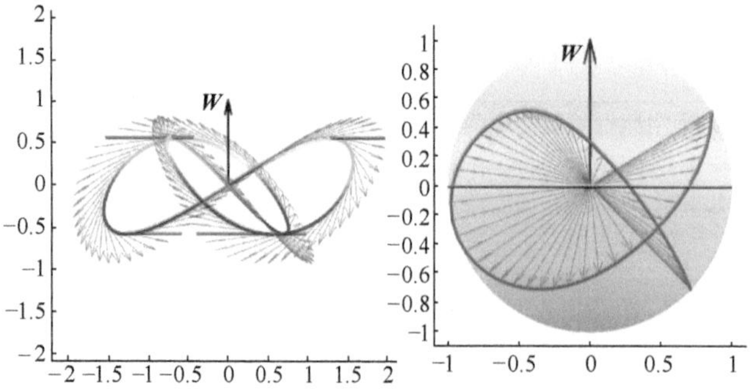

教学意图：

通过动画演示，引导学生观察交点处切向量的特点，启发学生将问题进一步转化.

动画演示：

（ch3sec7- 交点函数演示 1）

通过动画动态演示曲线 C^{*} 的形成过程. 对于动画中给定的向量 $\boldsymbol{W}$，此时大圆与曲线 C^{*} 有几个交点？这些交点具有什么共同的特点？

（续）

数学证明——Fary-Milnor 定理

可以看到大圆 $W^{\perp}$ 与曲线 C^{*} 的交点处，球心与交点相连的向量（红色的单位向量）在大圆所确定的平面上，必与 $\boldsymbol{W}$ 垂直. 切向量平移回到原曲线上，依然与 $\boldsymbol{W}$ 垂直.

因此，大圆 $W^{\perp}$ 与曲线 C^{*} 的交点个数的下界计算问题便转化成要证明原曲线 C 上切向量与方向 $\boldsymbol{W}$ 垂直的点的个数的下界计算问题，即有

$$n(\boldsymbol{W})=C^{*} \text{ 与大圆 } W^{\perp} \text{ 的交点个数}$$
$$=C \text{ 上与 } \boldsymbol{W} \text{ 正交的切向量个数}.$$

至此，问题转化为只需证明：原曲线 C 上与 $\boldsymbol{W}$ 正交的切向量个数大于等于 4 个.

完成问题的第三次转化.

动画演示 2：直观展示 $\boldsymbol{W}$ 变化时交点个数的变化情况.

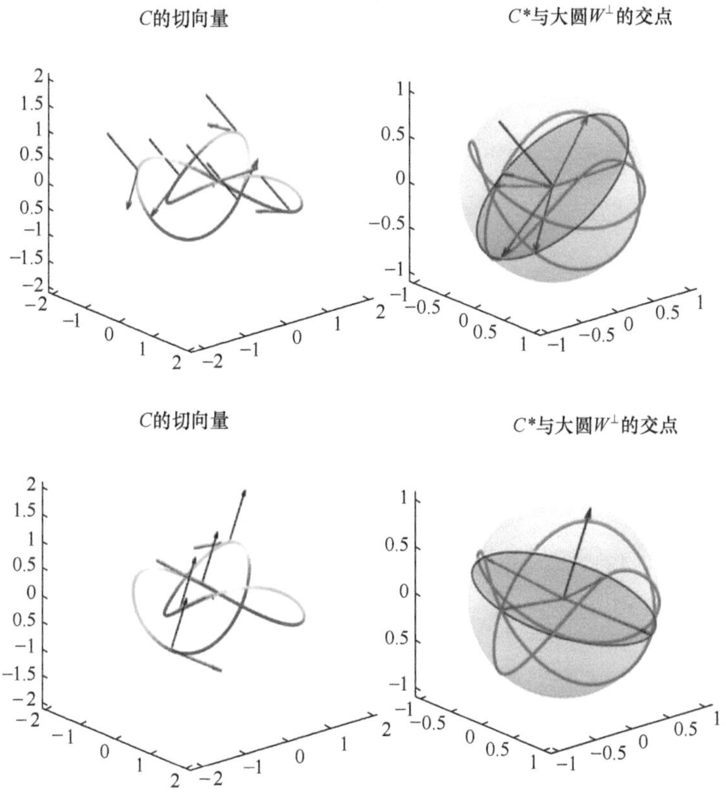

原曲线 C 上与 $\boldsymbol{W}$ 正交的切向量的个数是不是总是大于等于 4 个？让黑色的向量 $\boldsymbol{W}$ 变化起来，观察与它垂直的红色的切向量的个数.

通过动画模拟，观察到当 $\boldsymbol{W}$ 变动时，曲线 C^{*} 与大圆 $W^{\perp}$ 的交点的个数（见上右图）与 C 上与 $\boldsymbol{W}$ 正交的切向量个数（见上左图）一致且始终大于等于 4. 接下来只需从数学上给出此结论的证明.

动画演示：

（ch3sec7- 交点函数演示 2）

直观展示单位向量 $\boldsymbol{W}$ 变动时，交点的个数与 C 上与 $\boldsymbol{W}$ 正交的切向量个数一致且始终大于等于 4.

（续）

数学证明——Fary-Milnor 定理

问题转化

从上述分析中可知，要证 Fary-Milnor 定理，只需证明：任给打结曲线 C，对任意方向的单位向量 $\boldsymbol{W}$，有曲线 C 上切向量与 $\boldsymbol{W}$ 正交的点的个数大于等于 4 个.

切向量与 $\boldsymbol{W}$ 垂直的点有什么特点？

直观上可以看出，如果以 $\boldsymbol{W}$ 为参考方向，这样的点它所处的位置，比附近的点更高或更低，是高度函数的极值点.

接下来证明此结论.

证明：设曲线 C 的参数方程为 $\boldsymbol{r}=\boldsymbol{r}(s)$，弧长参数 $s\in[0,L]$，构造函数 $f(s)=\boldsymbol{r}(s)\cdot\boldsymbol{W}$，它是 $\boldsymbol{r}(s)$ 在 $\boldsymbol{W}$ 方向上投影的长度，称 $f(s)$ 为高度函数（如右图所示）.

若单位切向量 $\boldsymbol{\alpha}(s)=\boldsymbol{r}'(s)$ 与 $\boldsymbol{W}$ 正交，且 $\boldsymbol{W}$ 为给定向量，可得

$$0=\boldsymbol{\alpha}(s)\cdot\boldsymbol{W}=\boldsymbol{r}'(s)\cdot\boldsymbol{W}=f'(s)\ .$$

由此可知：曲线 C 上切向量与 $\boldsymbol{W}$ 正交的点的个数

= 高度函数 $f(s)$ 的驻点个数.

至此，要证明 Fary-Milnor 定理只需证明：高度函数 $f(s)$ 的驻点个数大于等于 4 个.

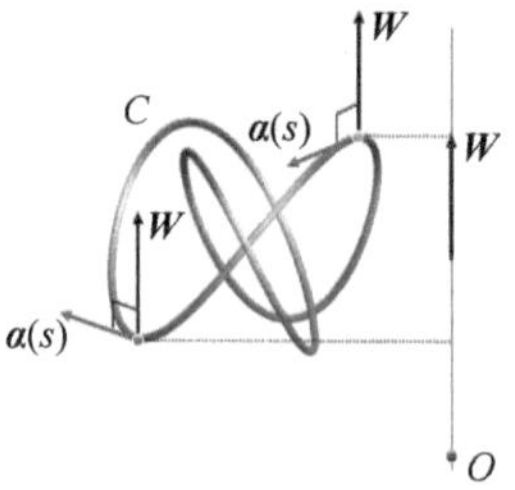

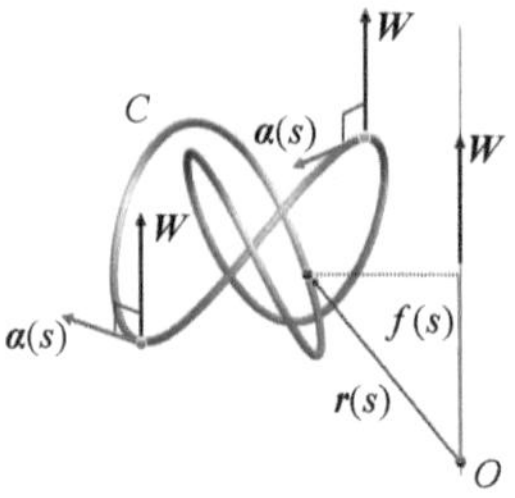

教学意图：

结合左图引导学生进行分析，把问题进一步转化成求高度函数驻点问题.

完成问题的第四次转化.

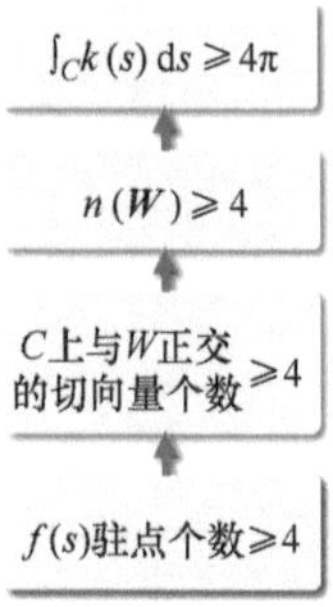

Fary-Milnor 定理的数学证明

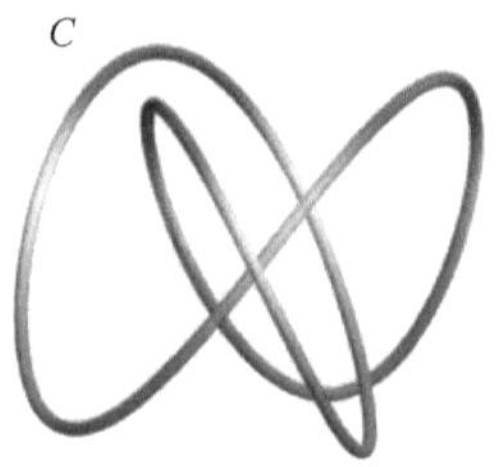

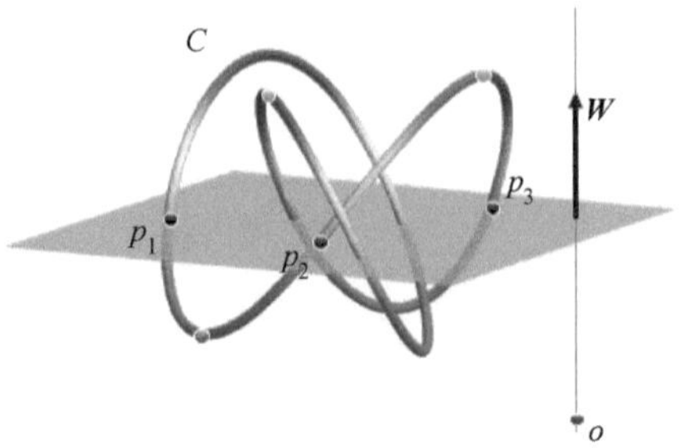

设曲线 C 为打结的闭曲线，对任意单位向量 $\boldsymbol{W}$，做与 $\boldsymbol{W}$ 正交的一族平行平面. 根据不打结曲线几何直观判定的逆否命题知至少有一个平面与曲线至少有三个交点 p_1, p_2, p_3.

由于函数的极值点一定是驻点，如果能证明高度函数的极值点个数大于等于四个，证明就完成了.

首先，由于 p_1, p_2, p_3 这三个点在相对于 $\boldsymbol{W}$ 的同一个高度的平面上，因此有

$$f(p_1)=f(p_2)=f(p_3)\ .$$

这三个点把曲线分成了不相交的三段，而高度函数 f 为连续函数，因此在每段上都可以找到高度函数的一个极值点. 这样就找到了高度函数 f 的 3 个极值点.

而实际上对闭曲线，高度函数的极值点一定是成对出现的，有一个极大值就一定对应有一个极小值. 假设上面的 3 个极值为 2 个极大值和 1 个极小值，因 C 为闭曲线，会有两段不相交的曲线弧连接这 2 个极大值点. 而在这两段曲线弧上，每一段都可以找到一个极小值点. 同理可证 2 个极小值和 1 个极大值的情况，也可找到另一个极大值点.

因此 $f(s)$ 至少有 4 个极值点. 证毕.

教学意图：

给出 Fary-Milnor 定理的严格数学证明.

结合左图分析给出至少有三个交点，且三个点在同一高度的平面上.

进一步讨论连接 p_1, p_2, p_3 的曲线，给出高度函数至少有 3 个极值点的结论.

（续）

数学证明——Fary-Milnor 定理

Fary-Milnor 定理的推论

Fary-Milnor 定理给出了打结的曲线共有的特点，全曲率有下界 4π，并回答了提出的问题 2. 由此定理的逆否命题可给出如下推论.

推论： 若 $\int_C k(s)\mathrm{d}s < 4\pi$，则曲线 C 为不打结的曲线.

平凡结　　　　三叶结

注意，上述推论是曲线不打结的充分非必要条件，即全曲率大于 4π，曲线依然可以不打结.

此推论给出判断一条曲线不打结的充分条件. 但仍然回答不了问题 1，如何判断一条曲线是否不打结？此方法仍然不能帮助判断三叶纽结是否真的打结了. 究其原因，是因为曲线是否打结，是一种拓扑性质，允许曲线自由的做连续形变. 而在微分几何中，我们使用的方法依赖于曲线的微分性质，利用曲率去刻画曲线的形状. 一旦曲线连续变化，那么曲率自然就会改变了. 直观上这样的性质是难以描述曲线的拓扑性质的.

但是，Fary-Milnor 定理却告诉我们：曲线的整体微分性质，可以体现出曲线的拓扑性质. 或者说曲线的拓扑性质限制了曲线整体的微分性质.

教学意图：

由 Fary-Milnor 定理给出推论，并与前面呼应回答问题 1.

提问：

能否举出一个不打结曲线的例子，满足其全曲率大于 4π？

数学家介绍

美国数学家 J. Milnor 的主要贡献在于微分拓扑、K- 理论和低维全纯动力系统. 他曾获得 1962 年度菲尔兹奖、1989 年度沃尔夫奖. 2011 年，他因其在“拓扑、几何和代数的开拓性发现”获得了阿贝尔奖.

1949 年，18 岁的 Milnor 在微分几何课堂上知晓了一个关于根据曲率判断纽结可解性的猜想，几天之后他便给出了自己的解答，从而意外的解决了波兰数学家 K. Borsuk 提出的猜想. 匈牙利数学家 I. Fáry 差不多同时也独立发现了类似的解法. 这就是本节所介绍的 Fary-Milnor 定理.

J. Milnor
美国 数学家
1931—今

I. Fáry
匈牙利 几何学家
1922—1984

（续）

拓展与应用	

纽结理论

想要对纽结做进一步的分类，正是纽结理论的研究内容.

数学上的纽结理论是拓扑学的一个重要部分. 拓扑学是研究几何图形的连续形变的学科，纽结理论研究绳圈（纽结）或多个绳圈（链环）在连续形变下保持不变的特性. 纽结理论的基本问题便是怎样区分不等价的纽结. 利用纽结理论可以证明三叶结与平凡结不等价，它确实是打结的.

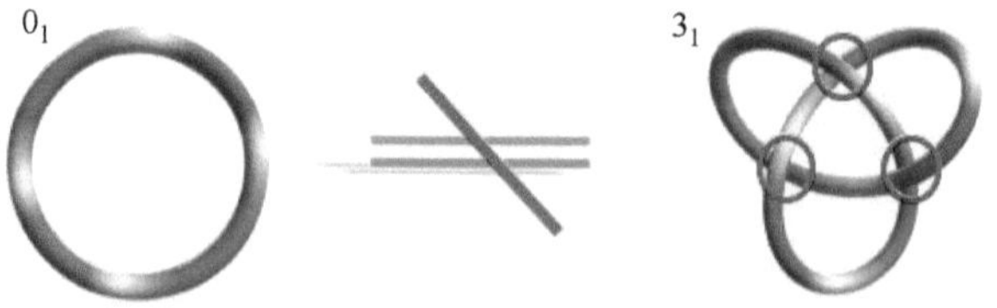

平凡结　　　　三叶结

这两种不同的纽结编号为 0_1 和 3_1. 0 和 3 表示它们投影到平面后，最少交叉点的个数. 平凡结没有交叉点，三叶结至少有三个交叉点. 第二个数字 1 表示其在具有相同的交叉点个数的不同的纽结中的排列位次.

这张表中的纽结目前已知它们是不同的，按照它们的交叉点个数从少到多排列，给出不相同纽结的分类结果.

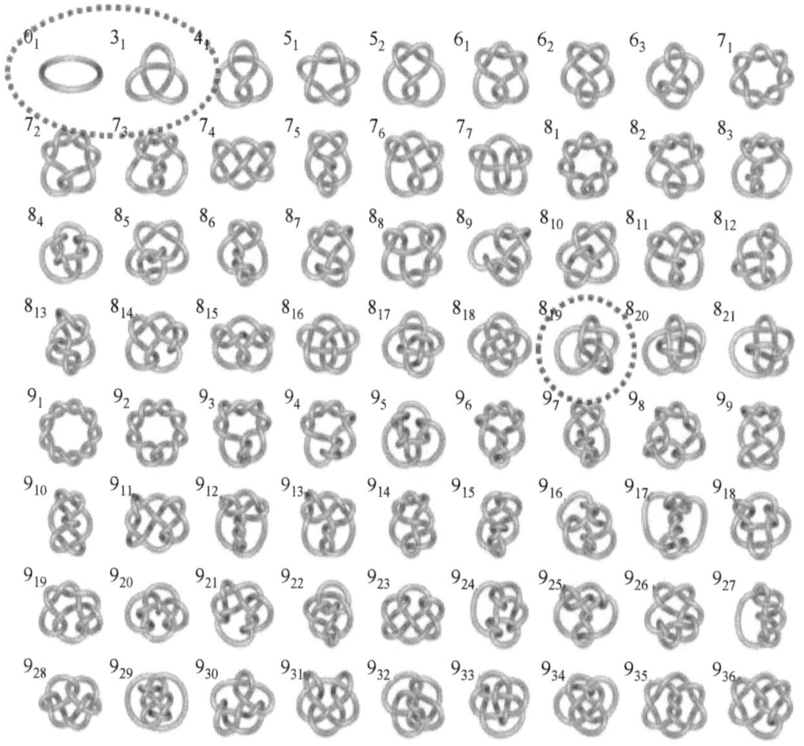

1961 年 Haken 设计出区分纽结是否是平凡结的算法. 但此算法较为复杂只解决了理论上的可判定性，还不切实可行. 20 世纪 80 年代，Jones 发明了纽结多项式，为纽结理论的发展做出了进一步的推动. 目前还没有一种实际可用的能区分所有绳结的方法.

教学意图：

将问题拓展到纽结理论，介绍几种纽结的分类.

以平凡结和三叶结为例，介绍两个纽结的编号，并介绍编号的法则.

展示不相同纽结的分类结果表，进一步介绍纽结理论的发展过程，从而加深纽结理论的印象，激发学生的学习兴趣.

（续）

拓展与应用	
分子纽结 纽结理论近年来引起更多人的兴趣．它也被应用于化学中大分子的空间结构的研究，例如遗传物质 DNA 的研究． 纽结分类表中的 8_{19} 纽结可以变形成下图右这样的对称形状，它是具有 8 个交叉点的纽结中具有对称形状的较简单的一个．	**教学意图：** 从纽结的结构入手介绍 8_{19} 纽结，进而介绍分子纽结．

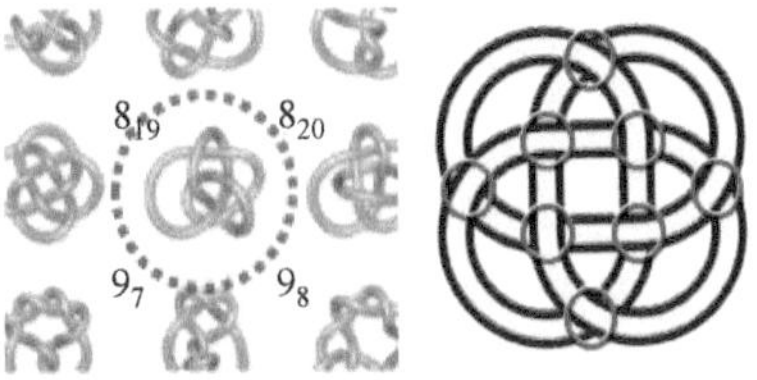

利用 8_{19} 纽结的这种特性，科学家在分子尺度合成了包含 192 个原子、宽度为 20nm 的人工分子结，是迄今为止最复杂、最牢固的人工分子结．

课程思政：
展示发表在 Science 上的一篇文章，介绍利用 8_{19} 纽结的这种特性，科学家在分子尺度合成了包含 192 个原子、宽度为 20nm 的人工分子结．激发学生的学习兴趣，再结合分子纽结的应用前景，开阔学生的眼界，激励学生为科学不断探索奋进的精神．

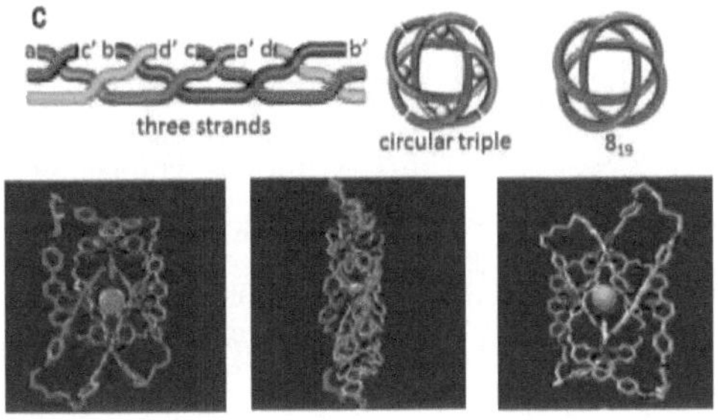
REPORT

Braiding a molecular knot with eight crossings

Jonathan J. Danon, Anneke Krüger, David A. Leigh*, Jean-François Lemonnier, Alexander J. Stephens...

See all authors and affiliations

Science 13 Jan 2017
Vol. 355, Issue 6321, pp. 159-162
DOI: 10.1126/science.aal1619

应用前景

分子的特殊拓扑结构可改变宏观材料的物理、化学性质及表现．未来有望利用人工分子结设计出更轻、更坚固、更有弹性的新材料．从而制作出安全又舒适的防弹衣，以及更好的手术缝合线等．

提问：
平时大家使用绳结的时候有没有注意过什么样的绳结更牢固？

绳结的牢固程度

在生活中我们不仅关心绳结的不同类型，还关心绳结的牢固程度．2020 年发表在 Science 上的这篇论文对绳结牢固程度的影响因素进行了研究．文章指出在相同的材质下，绳结的三种拓扑指标共同决定了绳结的牢固程度．

交叉数：交叉点的个数越多，交叉数越大．

扭转数：相邻的交叉点处，使得绳子向不同的方向扭转，会增大扭转数．

循环数：非交叉点处的两个绳子运动方向相反，产生循环数．

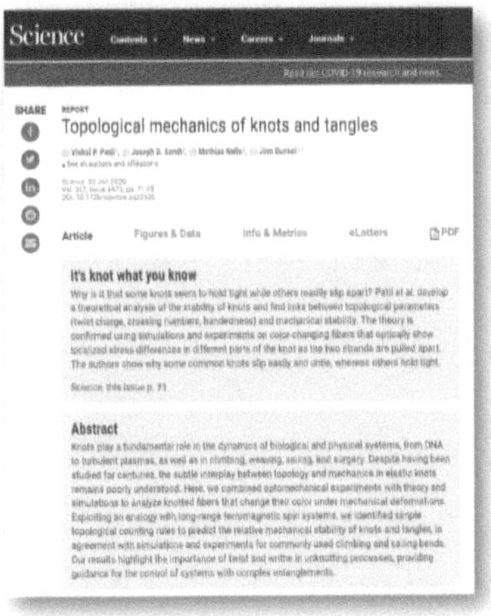

课程思政：
通过拓扑量可以确定绳结的牢固程度，可见数学在生活中有广泛的应用．

（续）

课后思考	
课后思考： （1）举例说明：全曲率大于等于 4π 不是曲线打结的充分条件； （2）Fary-Milnor 定理与 Fenchel 定理区别与内在联系； （3）空间曲线的整体性质还有哪些？	鼓励学生课后查阅文献资料，进行科研探索. 通过补充文献，拓展学生的知识面.

四、扩展阅读资料

（1）姜伯驹 . 绳圈的数学 [M]. 大连：大连理工大学出版社，2011.

（2）MILNOR J. On the total curvature of knots[J]. Annals of Math., 1950, 52(2): 248-257.

（3）吴小平 . Fary-Milnor 定理的直接证法 [J]. 四川师范学院学报（自然科学版）,1, 2020 : 86-88.

（4）DANON J, et al. Braiding a molecular knot with eight crossings[J]. Science, 2017, 355 : 159-162.

（5）PATIL V P, SANDT J D, KOLLE M, DUNKEL J. Topological mechanics of knots and tangles[J]. Science, 367(2020)71-75.

五、教学评注

本节的教学重点是理解曲线打结的概念，以及 Fary-Milnor 定理的证明方法和数学思想. 在课程设计上，以现实生活中的各种绳结为引入，吸引学生注意力、引起学生浓烈的兴趣，引导学生思考. 借助丰富的图形和动画模拟演示，直观而形象地将各种纽结及打结曲线呈现在学生眼前，便于学生理解抽象概念，在这基础上给出纽结和打结曲线的数学定义. 然后，结合动画演示给出曲线不打结的几何直观判定，并用曲线的全曲率描述打结曲线的单位切向量累计转过的角度，引导学生给出 Fary-Milnor 定理的结论. 根据学生认知规律展开 Fary-Milnor 定理证明，先将打结曲线单位切向量累计转过角度问题转化成曲线求弧长问题，进一步由球面上的 Crofton 公式及高度函数，又将问题转化成计算高度函数的极值点个数问题，从直观入手层层递进地完成了定理的严格数学证明. 通过 Fary-Milnor 定理证明过程中的分析、讨论及推理让学生领悟其中内含的数学思想，理解和掌握在几何中常用的技巧和方法. 最后，在拓展与应用部分再次回答开始提出的区分曲线打结问题，前后呼应. 并进一步介绍纽结理论及分子纽结的应用和其应用前景，开阔了学生的眼界.

参考文献

[1] 梅向明，黄敬之．微分几何 [M]. 5 版．北京：高等教育出版社，2019.

[2] 苏步青，胡和生，沈纯理，等．微分几何 [M]. 2 版．北京：高等教育出版社，2016.

[3] 吴大任．微分几何讲义 [M]. 2 版．北京：高等教育出版社，2014.

[4] 姜国英，黄宣国．微分几何一百例 [M]. 北京：高等教育出版社，2014.

[5] CARMO M D. Differential Geometry of Curves and Surfaces[M]. New York: Pearson Education, 1976.

[6] SPIVAK M. A Comprehensive Introduction to Differential Geometry[M]. 2nd ed. New York: Publish or Perish, 1979.

[7] 陈维桓．微分几何 [M]. 2 版．北京：北京大学出版社，2017.

[8] 沈一冰．整体微分几何初步 [M]. 北京：高等教育出版社，2009.

[9] 贝尔热，戈斯丢．微分几何——流形、曲线和曲面 [M]. 王耀东，译．北京：高等教育出版社，2009.

[10] 马力．简明微分几何 [M]. 北京：清华大学出版社，2004.

[11] 陈省身，陈维桓．微分几何讲义 [M]. 2 版．北京：北京大学出版社，2001.

[12] 诺尔金．罗巴切夫斯基几何学初步 [M]. 姜立夫，译．哈尔滨：哈尔滨工业大学出版社，2015.

[13] 伍鸿熙，沈纯理，虞言林．黎曼几何初步 [M]. 北京：北京大学出版社，1989.